国防科工委"十五"规划教材.航空宇航科学与技术

有翼导弹飞行动力学

李新国　方　群　编著

U0195232

西北工业大学出版社

内容简介

本书从理论和实践结合的角度,系统地介绍了有翼导弹飞行动力学的基本理论和方法。全书分为上、下两篇。上篇介绍有翼导弹的弹道学问题,包括气动力计算、导弹运动方程组、导引方法、弹道设计和飞行轨迹仿真等;下篇介绍有翼导弹动态特性分析方法,包括扰动运动方程组、稳定性和操纵性分析等内容。

本书主要作为高等院校飞行器设计和相关专业的本科生、研究生教材,也可供从事导弹设计和控制的科技人员参考。

图书在版编目(CIP)数据

有翼导弹飞行动力学/李新国,方群编著. —西安:西北工业大学出版社,2005.1(2024.11 重印)
国防科工委"十五"规划教材. 航空宇航科学与技术
ISBN 978 - 7 - 5612 - 1806 - 8

Ⅰ.有… Ⅱ.①李…②方… Ⅲ.有翼运载火箭—飞行力学—高等学校—教材 Ⅳ.V475.1

中国版本图书馆 CIP 数据核字(2004)第 064112 号

有翼导弹飞行动力学

李新国　方群　编著
责任编辑　傅高明　雷　军
责任校对　高立新
西北工业大学出版社出版发行
西安市友谊西路 127 号(710072)
发行部电话:029 - 88493844　88491757
http://www.nwpup.com
西安五星印刷有限公司印制　各地书店经销
开本:787 mm×960 mm　1/16
印张:21.625　字数:465 千字
2005 年 1 月第 1 版　2024 年 11 月第 7 次印刷
ISBN 978 - 7 - 5612 - 1806 - 8　　定价:88.00 元

国防科工委"十五"规划教材编委会

总　序

　　国防科技工业是国家战略性产业，是国防现代化的重要工业和技术基础，也是国民经济发展和科学技术现代化的重要推动力量。半个多世纪以来，在党中央、国务院的正确领导和亲切关怀下，国防科技工业广大干部职工在知识的传承、科技的攀登与时代的洗礼中，取得了举世瞩目的辉煌成就。研制、生产了大量武器装备，满足了我军由单一陆军，发展成为包括空军、海军、第二炮兵和其他技术兵种在内的合成军队的需要，特别是在尖端技术方面，成功地掌握了原子弹、氢弹、洲际导弹、人造卫星和核潜艇技术，使我军拥有了一批克敌制胜的高技术武器装备，使我国成为世界上少数几个独立掌握核技术和外层空间技术的国家之一。国防科技工业沿着独立自主、自力更生的发展道路，建立了专业门类基本齐全，科研、试验、生产手段基本配套的国防科技工业体系，奠定了进行国防现代化建设最重要的物质基础；掌握了大量新技术、新工艺，研制了许多新设备、新材料，以"两弹一星"、"神舟"号载人航天为代表的国防尖端技术，大大提高了国家的科技水平和竞争力，使中国在世界高科技领域占有了一席之地。党的十一届三中全会以来，伴随着改革开放的伟大实践，国防科技工业适时地实行战略转移，大量军工技术转向民用，为发展国民经济做出了重要贡献。

　　国防科技工业是知识密集型产业，国防科技工业发展中的一切问题归根到底都是人才问题。50多年来，国防科技工业培养和造就了一支以"两弹一星"元勋为代表的优秀的科技人才队伍，他们具有强烈的爱国主义思想和艰苦奋斗、无私奉献的精神，勇挑重担，敢于攻关，为攀登国防科技高峰进行了创造性劳动，成为推动我国科技进步的重要力量。面向新世纪的机遇与挑战，高等院校在培养国防科技人才，生产和传播国防科技新知识、新思想,攻克国防基础科研和高技术研究难题当中,具有不可替代的作用。国防科工委高度重视,积极探索,锐意改革,大力推进国防科技教育特别是高等教育事业的发展。

高等院校国防特色专业教材及专著是国防科技人才培养当中重要的知识载体和教学工具,但受种种客观因素的影响,现有的教材与专著整体上已落后于当今国防科技的发展水平,不适应国防现代化的形势要求,对国防科技高层次人才的培养造成了相当不利的影响。为尽快改变这种状况,建立起质量上乘、品种齐全、特点突出、适应当代国防科技发展的国防特色专业教材体系,国防科工委全额资助编写、出版200种国防特色专业重点教材和专著。为保证教材及专著的质量,在广泛动员全国相关专业领域的专家学者竞投编著工作的基础上,以陈懋章、王泽山、陈一坚院士为代表的100多位专家、学者,对经各单位精选的近550种教材和专著进行了严格的评审,评选出近200种教材和学术专著,覆盖航空宇航科学与技术、控制科学与工程、仪器科学与工程、信息与通信技术、电子科学与技术、力学、材料科学与工程、机械工程、电气工程、兵器科学与技术、船舶与海洋工程、动力机械及工程热物理、光学工程、化学工程与技术、核科学与技术等学科领域。一批长期从事国防特色学科教学和科研工作的两院院士、资深专家和一线教师成为编著者,他们分别来自清华大学、北京航空航天大学、北京理工大学、华北工学院、沈阳航空工业学院、哈尔滨工业大学、哈尔滨工程大学、上海交通大学、南京航空航天大学、南京理工大学、苏州大学、华东船舶工业学院、东华理工学院、电子科技大学、西南交通大学、西北工业大学、西安交通大学等,具有较为广泛的代表性。在全面振兴国防科技工业的伟大事业中,国防特色专业重点教材和专著的出版,将为国防科技创新人才的培养起到积极的促进作用。

党的十六大提出,进入21世纪,我国进入了全面建设小康社会、加快推进社会主义现代化的新的发展阶段。全面建设小康社会的宏伟目标,对国防科技工业发展提出了新的更高的要求。推动经济与社会发展,提升国防实力，需要造就宏大的人才队伍，而教育是奠基的柱石。全面振兴国防科技工业必须始终把发展作为第一要务，落实科教兴国和人才强国战略，推动国防科技工业走新型工业化道路，加快国防科技工业科技创新步伐。国防科技工业为有志青年展示才华，实现志向，提供了缤纷的舞台，希望广大青年学子刻苦学习科学文化知识，树立正确的世界观、人生观、价值观，努力担当起振兴国防科技工业、振兴中华的历史重任，创造出无愧于祖国和人民的业绩。祖国的未来无限美好，国防科技工业的明天将再创辉煌。

面对飞行力学学科的飞速发展和 21 世纪我国导弹的发展方向以及应用背景,现有的有关导弹飞行力学书籍和教材已经不能满足培养适应 21 世纪导弹设计高水平人才的需要,也不能适应飞行力学专业及其相关专业的大纲和学时要求。因此,编写、出版以满足和适应国家为培养导弹设计人才所急需的导弹飞行力学教材迫在眉睫。同时,本书还可作为现已从事导弹设计的研究人员进行科学研究的参考书籍。

　　本书涉及有翼导弹研究、设计、试验和应用中主要的飞行动力学理论和方法。研究对象以近程有翼导弹为主,研究内容包括:有关导弹运动轨迹的基本概念;导弹作为有控飞行器作用在其上的作用力和力矩特性分析;建立导弹运动方程组的方法,导弹运动的数学模型;过载的概念及其与导弹设计的关系;各种导引规律的弹道特性分析;飞行轨迹优化设计方法;弹体动态特性分析的基本概念;导弹纵向扰动运动模型的建立及处理方法;导弹弹体的纵向动态特性分析;导弹弹体的侧向动态特性分析;倾斜运动的自动稳定;纵向运动的自动稳定与控制;导引飞行的动态特性;工程实际中应用飞行力学解决典型问题的范例;导弹飞行动力学的一些特殊问题。

　　本书注重理论联系实际,且包含的内容比较全面。与已有的类似专著和教材相比,增添了一些既能启发和开阔学生思路,又能对设计高技术含量的导弹有较高的实际指导意义和参考价值的内容。如:弹道计算常用算法、飞行视景仿真、虚拟样机、蒙特卡洛模拟打靶、最优导引律等等。在编写过程中力求循序渐进、内容全面、论述严谨、实用性强。本书既可作为航空航天高等院校、军事院校飞行力学及其相关专业本科生教材,又可作为有关专业的教师、学生以及研究生的参考书,还可作为从事导弹研究、设计、试验和应用单位的飞行力学、自动控制、总体设计以及其他有关专业工程技术人员的主要参考书和常用手册使用。

本书第1～5章由李新国编写，第6～11章由方群编写，全书由李新国统稿。在编写过程中，得到了西北工业大学航天工程学院飞行轨迹与仿真实验室、GPS研究中心的教师和研究生的大力支持，在此表示衷心的感谢！

编著者

2004年5月于西北工业大学

目　　录

上篇　有翼导弹弹道学

绪　　论 ……………………………………………………………………… 2
第1章　导弹飞行的力学环境 ……………………………………………… 4
1.1 空气动力 …………………………………………………………… 4
1.2 气动力矩、压力中心和焦点 …………………………………… 9
1.3 俯仰力矩 ………………………………………………………… 10
1.4 偏航力矩 ………………………………………………………… 16
1.5 滚转力矩 ………………………………………………………… 17
1.6 铰链力矩 ………………………………………………………… 22
1.7 推力 ……………………………………………………………… 22
1.8 重力 ……………………………………………………………… 23
思考题 1 ……………………………………………………………… 25
第2章　导弹运动方程组的建立 ………………………………………… 26
2.1 导弹运动的建模基础 …………………………………………… 26
2.2 常用坐标系及其变换 …………………………………………… 28
2.3 导弹运动方程组 ………………………………………………… 37
2.4 导弹运动方程组的简化与分解 ………………………………… 49
2.5 导弹的质心运动 ………………………………………………… 53
2.6 过载 ……………………………………………………………… 58
思考题 2 ……………………………………………………………… 63
第3章　方案飞行与方案弹道 …………………………………………… 65
3.1 铅垂平面内的方案飞行 ………………………………………… 65
3.2 水平面内的方案飞行 …………………………………………… 74
3.3 方案飞行应用实例 ……………………………………………… 81
思考题 3 ……………………………………………………………… 83
第4章　导引飞行与弹道 ………………………………………………… 84
4.1 导引飞行综述 …………………………………………………… 84
4.2 追踪法 …………………………………………………………… 88
4.3 平行接近法 ……………………………………………………… 94

4.4　比例导引法 ……………………………………………………………… 97
4.5　三点法导引 …………………………………………………………… 102
4.6　前置量法 ……………………………………………………………… 109
4.7　导引飞行的发展 ……………………………………………………… 112
4.8　最优制导律 …………………………………………………………… 114
　　思考题 4 …………………………………………………………………… 118

第 5 章　弹道计算与飞行仿真 ………………………………………………… 120
5.1　仿真的基本概念 ……………………………………………………… 120
5.2　弹道仿真的基本方法 ………………………………………………… 122
5.3　插值方法 ……………………………………………………………… 127
5.4　蒙特卡洛模拟打靶 …………………………………………………… 129
5.5　飞行视景仿真 ………………………………………………………… 136
5.6　飞行器设计与试验的虚拟样机技术 ………………………………… 145
　　思考题 5 …………………………………………………………………… 150

下篇　有翼导弹动态特性分析

第 6 章　导弹动态特性分析的基本概念 …………………………………… 152
6.1　引言 …………………………………………………………………… 152
6.2　导弹动态特性分析中的典型问题 …………………………………… 153
6.3　干扰力和干扰力矩 …………………………………………………… 153
6.4　导弹的稳定性和操纵性 ……………………………………………… 159
6.5　导弹运动方程的线性化 ……………………………………………… 163
　　思考题 6 …………………………………………………………………… 174

第 7 章　导弹纵向扰动运动方程组的建立及求解 ………………………… 176
7.1　纵向扰动运动的数学模型 …………………………………………… 176
7.2　计算纵向扰动运动的解析方法 ……………………………………… 182
7.3　纵向特征方程及其根值 ……………………………………………… 186
7.4　导弹纵向传递函数 …………………………………………………… 193
　　思考题 7 …………………………………………………………………… 196

第 8 章　导弹纵向扰动运动动态性质的分析 ……………………………… 197
8.1　扰动运动的稳定域 …………………………………………………… 197
8.2　导弹纵向自由扰动运动的特点 ……………………………………… 199
8.3　导弹纵向短周期扰动运动的分析 …………………………………… 208
8.4　纵向短周期扰动运动的传递函数 …………………………………… 215
8.5　舵面阶跃偏转时导弹的纵向操纵性 ………………………………… 221
　　思考题 8 ……………………………………………………………………

第9章　导弹弹体的侧向动态特性 ································ 229

9.1　侧向扰动运动的数学模型 ······························· 230

9.2　侧向扰动运动的模态 ································· 235

9.3　导弹弹体的侧向稳定边界图及其讨论 ················· 242

9.4　导弹弹体的侧向扰动运动的传递函数 ················· 252

9.5　轴对称导弹侧向扰动运动的特性 ···················· 258

思考题9 ··· 262

第10章　导弹扰动运动的自动稳定与控制 ···················· 263

10.1　倾斜运动的自动稳定 ································ 263

10.2　纵向运动的自动稳定与控制 ························ 278

10.3　自动驾驶仪惯性对纵向扰动运动的影响 ·············· 289

10.4　纯积分形式的调节规律 ···························· 293

10.5　法向加速度反馈的纵向动态特性分析 ················ 296

10.6　飞行高度的稳定与控制 ···························· 299

思考题10 ·· 305

第11章　导引飞行的动态特性分析 ························· 306

11.1　自动导引飞行 ··································· 306

11.2　自动导引的运动学传递函数 ························ 308

11.3　自动导引扭角计算和分析 ·························· 313

11.4　遥控飞行 ······································ 316

11.5　遥控的运动学传递函数 ···························· 319

11.6　遥控空间扭角的计算和动态分析 ···················· 323

11.7　遥控导引的重力影响和动态误差 ···················· 329

参考文献 ·· 332

上 篇

有翼导弹弹道学

绪　　论

　　自从 1903 年美国莱特兄弟完成了人类第一次重于空气的飞行器动力飞行以来,飞行安全性、飞行器的稳定性与操纵性成为人们普遍关注的问题,由此出现了飞行力学。第二次世界大战以前的飞行器主要是一些低速飞机,因而,飞机飞行力学得到了很大的发展。但是,当时的飞行力学还附属在空气动力学里面,是空气动力学的一部分。第二次世界大战期间和战后,在高性能飞机、导弹、制导兵器、无人驾驶飞行器、人造地球卫星和航天器发展的带动下,在 20 世纪 40～60 年代,飞行力学获得了突飞猛进的发展,形成了相对独立的分支,如飞机飞行力学、直升机飞行力学、火箭动力学、有翼导弹飞行力学、航天动力学、宇宙飞行力学等等。从传统的飞行力学发展到有控飞行力学再发展到计算飞行力学,飞行力学学科的发展实现了两次大的飞跃,经历了三个大的阶段,已成为人类解决飞行问题的强有力的工具。从 20 世纪 50 年代中期至今,在导弹事业迅速发展的引导下,我国导弹飞行力学得到了空前的发展,为型号的研制和应用解决了大量的飞行力学课题。飞行力学作为指导飞行器研制和应用的理论基础,一方面,在飞行器发展的"需求牵引"下,学科本身获得了空前的发展;另一方面,作为一门专业学科,飞行力学对飞行器的发展又发挥了巨大的"专业推动"作用。现在,飞行力学已经发展成为一门研究飞行器运动规律的边缘交叉的应用力学学科。

　　导弹飞行力学是一门研究导弹运动规律的学科,属一般力学范畴。按气动外形不同,导弹可分为有翼和无翼两大类,有翼导弹一般在大气中飞行。有翼导弹飞行力学主要研究有翼导弹在大气中的飞行力学问题。

　　导弹飞行时,既有导弹整体的运动,又有部件(如舵面、陀螺等)和喷流介质的相对运动,因此,导弹飞行问题的研究是非常复杂的。为了方便起见,通常将其分为三个阶段进行研究。

　　第一阶段,将导弹视为一个变质量的可控质点。该质点的质量等于导弹的瞬时质量,作用在质点上的力包括重力、发动机推力和空气动力;导弹控制系统用理想操纵关系式来描述。经过上述简化处理后,关于导弹运动的研究,就是通常所说的弹道学。它是导弹技术/战术指标和系统设计的基础。

　　第二阶段,将导弹作为质点系(或刚体)进行研究。此时,我们所关心的问题是导弹弹体对操纵机构(如升降舵、方向舵和副翼等)偏转和各种外界干扰(干扰力和干扰力矩)作用的反应,也就是导弹的操纵性和稳定性问题。这一部分内容称为动态特性分析。它是导弹控制系统设计与分析的前提条件。

　　第三阶段,将导弹作为可控对象,研究整个制导系统闭合回路的特性,即导弹飞行的准确度。此时,需要考虑的问题很多,如:控制系统元/部件的误差、非线性环节、随机干扰因素、弹体的惯性、导引误差等等,甚至还要考虑弹体的弹性变形、储箱液体的晃动等问题。本书主要研究第一、二两个阶段的一些问题,即关于弹道学和动态特性分析的内容。

　　有翼导弹飞行动力学是一门应用学科,它以数学、理论力学、空气动力学、控制理论和计算机技术为理论基础和研究手段;同时,它也是一门重要的专业基础课。对于从事导弹总体设计和导弹控制系统设计的专业人员而言,飞行力学是必修课。

　　飞行力学的研究方法可分为理论研究和试验研究两大类。试验研究又包括仿真试验和飞行试验。本书内容以理论研究为主,关于试验研究方面的内容不多,只是在第 5 章简单地介绍了进行数字计算机仿真试验的一些初步知识。

第1章　导弹飞行的力学环境

在飞行过程中,作用在导弹上的力主要有空气动力、发动机推力和重力。

空气动力(简称为气动力)是空气对在其中运动的物体的作用力。当可压缩的黏性气流流过导弹各部件的表面时,由于整个表面上压强分布的不对称,出现了压强差;空气对导弹表面又有黏性摩擦,产生黏性摩擦力。这两部分力合在一起,就形成了作用在导弹上的空气动力。

推力是发动机工作时,发动机内燃气流高速喷出,从而在导弹上形成与喷流方向相反的作用力。它是导弹飞行的动力。

作用于导弹上的重力,严格地说,应是地心引力和因地球自转所产生的离心惯性力的合力。

空气动力的作用线一般不通过导弹的质心,因此,将形成对质心的空气动力矩。

推力矢量通常与弹体纵轴重合。若推力矢量的作用线不通过导弹的质心,还将形成对质心的推力矩。

本章将扼要介绍作用在导弹上的空气动力、空气动力矩、推力和重力的有关特性。

1.1　空气动力

一、两个坐标系

空气动力的大小与气流相对于弹体的方位有关。其相对方位可用速度坐标系和弹体坐标系之间的两个角度来确定。习惯上常把作用在导弹上的空气动力 R 沿速度坐标系的轴分解成三个分量来进行研究。而空气动力矩 M 则沿弹体坐标系的轴分解成三个分量。因此,下面先介绍两个与导弹速度矢量及弹体相联系的坐标系。

1. 速度坐标系 $Ox_3y_3z_3$

原点 O 取在导弹的质心上;Ox_3 轴与导弹速度矢量 V 重合;Oy_3 轴位于弹体纵向对称面内与 Ox_3 轴垂直,向上为正;Oz_3 轴垂直于 x_3Oy_3 平面,其方向按右手定则确定(见图 1.1)。此坐标系与导弹速度矢量固联,是一个动坐标系。

2. 弹体坐标系 $Ox_1y_1z_1$

原点 O 取在导弹的质心上;Ox_1 轴与弹体纵轴重合,指向头部为正;Oy_1 轴在弹体纵向对称平面内,垂直于 Ox_1 轴,向上为正;Oz_1 轴垂直于 x_1Oy_1 平面,方向按右手定则确定(见图1.1)。此坐标系与弹体固联,也是动坐标系。

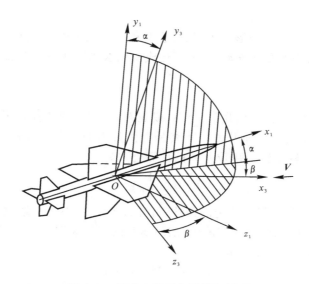

图 1.1 速度坐标系与弹体坐标系

3. 速度坐标系与弹体坐标系之间的关系

由上述坐标系的定义可知,速度坐标系与弹体坐标系之间的相对关系可由两个角度确定(见图 1.1),分别定义如下:

攻角 α:速度矢量 **V** 在纵向对称平面上的投影与纵轴 Ox_1 的夹角,当纵轴位于投影线的上方时,攻角 α 为正;反之为负。

侧滑角 β:速度矢量 **V** 与纵向对称平面之间的夹角,若来流从右侧(沿飞行方向观察)流向弹体,则所对应的侧滑角 β 为正;反之为负。

二、空气动力的表达式

空气动力 **R** 沿速度坐标系分解为三个分量,分别称之为阻力 X(沿 Ox_3 轴负向定义为正)、升力 Y(沿 Oy_3 轴正向定义为正)和侧向力 Z(沿 Oz_3 轴正向定义为正)。实验分析表明:空气动力的大小与来流的动压头 q 和导弹的特征面积(又称参考面积)S 成正比,即

$$
\left.
\begin{aligned}
X &= C_x q S \\
Y &= C_y q S \\
Z &= C_z q S \\
q &= \frac{1}{2} \rho V^2
\end{aligned}
\right\} \tag{1-1}
$$

式中,C_x,C_y,C_z 为无量纲比例因数,分别称为阻力系数、升力系数和侧向力因数(总称为气动力因数);ρ 为空气密度;V 为导弹飞行速度;S 为参考面积,通常取弹翼面积或弹身最大横截

面积。

由式(1-1)看出,在导弹外形尺寸、飞行速度和高度(影响空气密度)给定(即 qS 给定)的情况下,研究导弹飞行中所受的气动力,可简化成研究这些气动力的因数 C_x,C_y,C_z。

三、升力

全弹的升力可以看成是弹翼、弹身、尾翼(或舵面)等各部件产生的升力之和,再加上各部件之间的相互干扰所引起的附加升力。弹翼是提供升力的最主要部件,而导弹的尾翼(或舵面)和弹身产生的升力较小。全弹升力 Y 的计算公式为

$$Y = C_y \frac{1}{2} \rho V^2 S$$

在导弹气动布局和外形尺寸给定的条件下,升力系数 C_y 基本上取决于马赫数 Ma、攻角 α 和升降舵的舵面偏转角 δ_z(简称为舵偏角,按照通常的符号规则,升降舵的后缘相对于中立位置向下偏转时,舵偏角定义为正),即

$$C_y = f(Ma, \alpha, \delta_z) \tag{1-2}$$

在攻角和舵偏角不大的情况下,升力系数可以表示为 α 和 δ_z 的线性函数,即

$$C_y = C_{y0} + C_y^\alpha \alpha + C_y^{\delta_z} \delta_z \tag{1-3}$$

式中,C_{y0} 为攻角和升降舵偏角均为零时的升力系数,简称零升力系数,主要是由导弹气动外形不对称产生的。

对于气动外形轴对称的导弹而言,$C_{y0} = 0$,于是有

$$C_y = C_y^\alpha \alpha + C_y^{\delta_z} \delta_z \tag{1-4}$$

式中,$C_y^\alpha = \partial C_y / \partial \alpha$ 为升力系数对攻角的偏导数,又称升力线斜率,它表示当攻角变化单位角度时升力系数的变化量;$C_y^{\delta_z} = \partial C_y / \partial \delta_z$ 为升力系数对舵偏角的偏导数,它表示当舵偏角变化单位角度时,升力系数的变化量。

当导弹外形尺寸给定时,C_y^α,$C_y^{\delta_z}$ 是 Ma 的函数。$C_y^\alpha - Ma$ 的函数关系如图 1.2 所示,$C_y^{\delta_z} - Ma$ 的关系曲线与此相似。

当马赫数 Ma 固定时,升力系数 C_y 随着攻角 α 的增大而呈线性增大,但升力曲线的线性关系只能保持在攻角不大的范围内,而且,随着攻角的继续增大,升力线斜率可能还会下降。当攻角增至一定程度时,升力系数将达到其极值。与极值相对应的攻角,称为临界攻角。超过临界攻角以后,由于气流分离迅速加剧,升力急剧下降,这种现象称为失速(见图 1.3)。

必须指出:确定升力系数,还应考虑导弹的气动布局和舵偏角的偏转方向等因素。因数 C_y^α 和 $C_y^{\delta_z}$ 的数值可以通过理论计算得到,也可由风洞实验或飞行试验确定。已知因数 C_y^α 和 $C_y^{\delta_z}$,飞行高度 H(用于确定空气密度 ρ)和速度 V,以及导弹的飞行攻角 α 和舵偏角 δ_z 之后,就可以确定升力的大小,即

$$Y = Y_0 + (C_y^\alpha \alpha + C_y^{\delta_z} \delta_z) \frac{\rho V^2}{2} S$$

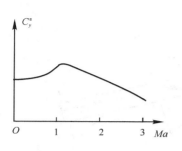

图 1.2　$C_y^\alpha = f(Ma)$ 关系曲线

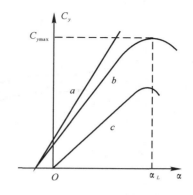

图 1.3　升力曲线示意图

或写成

$$Y = Y_0 + Y^\alpha \alpha + Y^{\delta_z} \delta_z \qquad (1-5)$$

式中

$$Y^\alpha = C_y^\alpha \frac{\rho V^2}{2} S$$

$$Y^{\delta_z} = C_y^{\delta_z} \frac{\rho V^2}{2} S$$

因此,对于给定的导弹气动布局和外形尺寸,升力可以看做是导弹速度、飞行高度、飞行攻角和升降舵偏角 4 个参数的函数。

四、侧向力

侧向力(简称侧力)Z 与升力 Y 类似,在导弹气动布局和外形尺寸给定的情况下,侧向力因数基本上取决于马赫数 Ma、侧滑角 β 和方向舵的偏转角 δ_y(后缘向右偏转为正)。当 β, δ_y 较小时,侧向力因数 C_z 可以表示为

$$C_z = C_z^\beta \beta + C_z^{\delta_y} \delta_y \qquad (1-6)$$

根据所采用的符号规则,正的 β 值对应于负的 C_z 值,正的 δ_y 值也对应于负的 C_z 值,因此,因数 C_z^β 和 $C_z^{\delta_y}$ 永远是负值。

对于气动轴对称的导弹,侧向力的求法和升力是相同的。如果将导弹看做是绕 Ox_3 轴转过了 90°,这时侧滑角将起攻角的作用,方向舵偏角 δ_y 起升降舵偏角 δ_z 的作用,而侧向力则起升力的作用(见图 1.4)。由于所采用的符号规则不同,所以在计算公式中应该用 $-\beta$ 代替 α,而用 $-\delta_y$ 代替 δ_z,于是对气动轴对称的导弹,有

$$C_z^\beta = -C_y^\alpha$$

$$C_z^{\delta_y} = -C_y^{\delta_z}$$

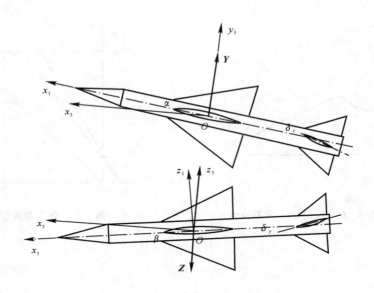

图 1.4 导弹的升力和侧向力

五、阻力

作用在导弹上的空气动力在速度方向的分量称为阻力,它总是与速度方向相反,起阻碍导弹运动的作用。阻力受空气的粘性影响最为显著,用理论方法计算阻力必须考虑空气黏性的影响。但无论采用理论方法还是风洞实验方法,要想求得精确的阻力都比较困难。

导弹阻力的计算方法是:先分别计算出弹翼、弹身、尾翼(或舵面)等部件的阻力,再求和,然后加以适当的修正(一般是放大 10%)。

导弹的空气阻力通常分成两部分来进行研究。与升力无关的部分称为零升阻力(即升力为零时的阻力);另一部分取决于升力的大小,称为诱导阻力。即导弹的空气阻力为

$$X = X_0 + X_i$$

式中,X_0 为零升阻力;X_i 为诱导阻力。

零升阻力包括摩擦阻力和压差阻力,是由于气体的黏性引起的。在超音速情况下,空气还会产生另一种形式的压差阻力 —— 波阻。大部分诱导阻力是由弹翼产生的,弹身和舵面产生的诱导阻力较小。

必须指出:当有侧向力时,与侧向力大小有关的那部分阻力也是诱导阻力。影响诱导阻力的因素与影响升力和侧力的因素相同。计算分析表明,导弹的诱导阻力近似地与攻角、侧滑角的平方成正比。

定义阻力系数

$$C_x = \frac{X}{\frac{1}{2}\rho V^2 S}$$

相应地,阻力系数也可表示成两部分,即

$$C_x = C_{x0} + C_{xi} \tag{1-7}$$

式中,C_{x0} 为零升阻力系数;C_{xi} 为诱导阻力系数。

阻力系数 C_x 可通过理论计算或实验确定。在导弹气动布局和外形尺寸给定的条件下,C_x 主要取决于马赫数 Ma、雷诺数 Re、攻角 α 和侧滑角 β。C_x-Ma 的关系曲线如图 1.5 所示。当 Ma 接近于 1 时,阻力系数急剧增大。这种现象可由在导弹的局部地方和头部形成的激波来解释,即这些激波产生了波阻。随着马赫数的增加,阻力系数 C_x 逐渐减小。

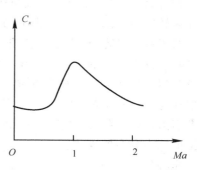

图 1.5 $C_x = f(Ma)$ 关系曲线

因此,在导弹气动布局和外形尺寸给定的情况下,阻力随着导弹的速度、攻角和侧滑角的增大而增大。但是,随着飞行高度的增加,阻力将减小。

1.2 气动力矩、压力中心和焦点

一、气动力矩的表达式

为了便于分析导弹的旋转运动,把总的气动力矩 **M** 沿弹体坐标系 $Ox_1y_1z_1$ 分解为三个分量,分别称为滚转力矩 M_{x1}(与 Ox_1 轴的正向一致时定义为正)、偏航力矩 M_{y1}(与 Oy_1 轴的正向一致时定义为正)和俯仰力矩 M_{z1}(与 Oz_1 轴的正向一致时定义为正)。与研究气动力时一样,用对气动力矩因数的研究来取代对气动力矩的研究。气动力矩表达式为

$$\left.\begin{array}{l} M_{x1} = m_{x1} qSL \\ M_{y1} = m_{y1} qSL \\ M_{z1} = m_{z1} qSL \end{array}\right\} \tag{1-8}$$

式中,m_{x1},m_{y1},m_{z1} 为无量纲的比例因数,分别称为滚转力矩因数、偏航力矩因数和俯仰力矩因数(统称为气动力矩因数);L 为特征长度。

工程应用通常选用弹身长度为特征长度,也有将弹翼的翼展长度或平均气动力弦长作为特征长度的。

必须指出,当涉及气动力、气动力矩的具体数值时,应注意它们所对应的特征尺寸。另外,在不产生混淆的情况下,为了书写方便,通常将与弹体坐标系相关的下标"1"省略。

二、压力中心和焦点

在确定气动力相对于重心（或质心,本书不严格区分）的气动力矩时,必须知道气动力的作用点。空气动力的作用线与导弹纵轴的交点称为全弹的压力中心（简称压心）。在攻角不大的情况下,常近似地把全弹升力作用线与纵轴的交点作为全弹的压力中心。

在升力公式(1-5)中,由攻角所引起的那部分升力 $Y^\alpha \alpha$ 的作用点,称为导弹的焦点。由升降舵偏转所引起的那部分升力 $Y^{\delta_z} \delta_z$ 作用在舵面的压力中心上。

对于有翼导弹,弹翼是产生升力的主要部件,因此,这类导弹的压心位置在很大程度上取决于弹翼相对于弹身的安装位置。此外,压心位置还与飞行马赫数 Ma、攻角 α、舵偏角 δ_z 等参数有关,这是因为这些参数变化时,改变了导弹上的压力分布的缘故。

压心位置常用压力中心至导弹头部顶点的距离 x_p 来表示。压心位置 x_p 与飞行马赫数和攻角的关系如图1.6所示。由图看出,当飞行马赫数接近于1时,压心位置的变化幅度较大。

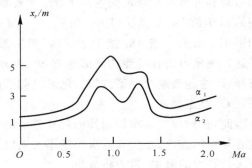

图 1.6 压心位置随 Ma,α 的变化

一般情况下,焦点并不与压力中心重合,仅当 $\delta_z = 0$ 且导弹相对于 $x_1 Oz_1$ 平面完全对称（即 $C_{y0} = 0$）时,焦点才与压力中心重合。

根据上述焦点的概念,还可以这样来定义焦点:该点位于纵向对称平面之内,升力对该点的力矩与攻角无关。

1.3 俯仰力矩

俯仰力矩 M_z 又称纵向力矩,它的作用是使导弹绕横轴 Oz_1 作抬头或低头的转动。在气动布局和外形参数给定的情况下,俯仰力矩的大小不仅与飞行马赫数 Ma、飞行高度 H 有关,还与飞行攻角 α、升降舵偏转角 δ_z、导弹绕 Oz_1 轴的旋转角速度 ω_z（下标"1"也省略,以下同）、攻角的变化率 $\dot\alpha$ 以及升降舵的偏转角速度 $\dot\delta_z$ 等有关。因此,俯仰力矩的函数形式为

$$M_z = f(Ma, H, \alpha, \delta_z, \omega_z, \dot\alpha, \dot\delta_z)$$

当 $\alpha, \delta_z, \dot\alpha, \dot\delta_z$ 和 ω_z 较小时,俯仰力矩与这些量的关系是近似线性的,其一般表达式为

$$M_z = M_{z0} + M_z^\alpha \alpha + M_z^{\delta_z} \delta_z + M_z^{\omega_z} \omega_z + M_z^{\dot\alpha} \dot\alpha + M_z^{\dot\delta_z} \dot\delta_z \tag{1-9}$$

严格地说,俯仰力矩还取决于其他一些参数,例如侧滑角 β,副翼偏转角 δ_x,导弹绕 Ox 轴的旋转角速度 ω_x 等,通常这些参数的影响不大,一般予以忽略。

为了讨论方便,俯仰力矩用无量纲力矩因数来表示,即

$$m_z = m_{z0} + m_z^\alpha \alpha + m_z^{\delta_z} \delta_z + m_z^{\bar{\omega}_z} \bar{\omega}_z + m_z^{\bar{\dot{\alpha}}} \bar{\dot{\alpha}} + m_z^{\bar{\dot{\delta}}_z} \bar{\dot{\delta}}_z \qquad (1-10)$$

式中，$\bar{\omega}_z = \omega_z L / V$，$\bar{\dot{\alpha}} = \dot{\alpha} L / V$，$\bar{\dot{\delta}}_z = \dot{\delta}_z L / V$，分别是与旋转角速度 ω_z，攻角变化率 $\dot{\alpha}$ 以及升降舵的偏转角速度 $\dot{\delta}_z$ 对应的无量纲参数；m_{z0} 是当 $\alpha = \delta_z = \bar{\omega}_z = \bar{\dot{\alpha}} = \bar{\dot{\delta}}_z = 0$ 时的俯仰力矩因数，是由导弹气动外形不对称引起的，主要取决于飞行马赫数、导弹的几何形状、弹翼（或安定面）的安装角等；m_z^α，$m_z^{\delta_z}$，$m_z^{\bar{\omega}_z}$，$m_z^{\bar{\dot{\alpha}}}$，$m_z^{\bar{\dot{\delta}}_z}$，分别是 m_z 关于 α，δ_z，$\bar{\omega}_z$，$\bar{\dot{\alpha}}$，$\bar{\dot{\delta}}_z$ 的偏导数。

由攻角 α 引起的力矩 $M_z^\alpha \alpha$ 是俯仰力矩中最重要的一项，是作用在焦点的导弹升力 $Y_z^\alpha \alpha$ 对重心的力矩，即

$$M_z^\alpha \alpha = Y_z^\alpha \alpha (x_g - x_F) = C_y^\alpha q S \alpha (x_g - x_F)$$

式中，x_F，x_g 分别为导弹的焦点、重心至头部顶点的距离。

又因为

$$M_z^\alpha \alpha = m_z^\alpha q S L \alpha$$

于是有

$$M_z^\alpha = C_y^\alpha (x_g - x_F) / L = C_y^\alpha (\bar{x}_g - \bar{x}_F)$$

式中，$\bar{x}_F = x_F / L$，$\bar{x}_g = x_g / L$，分别为导弹的焦点、重心位置对应的无量纲值。

为方便起见，先讨论定常飞行情况下（此时 $\omega_z = \dot{\alpha} = \dot{\delta}_z = 0$）的俯仰力矩，然后再研究由 ω_z，$\dot{\alpha}$，$\dot{\delta}_z$ 所引起的附加俯仰力矩。

一、定常直线飞行时的俯仰力矩

所谓定常飞行，是指导弹的飞行速度 V、攻角 α、舵偏角 δ_z 等不随时间变化的飞行状态。但是，导弹几乎不会有严格的定常飞行。即使导弹作等速直线飞行，由于燃料的消耗使导弹质量发生变化，保持等速直线飞行所需的攻角也要随之改变，因此只能说导弹在一段比较小的距离上接近于定常飞行。

若导弹作定常直线飞行，即 $\omega_z = \dot{\alpha} = \dot{\delta}_z = 0$，则俯仰力矩系数的表达式变为

$$m_z = m_{z0} + m_z^\alpha \alpha + m_z^{\delta_z} \delta_z \qquad (1-11)$$

对于外形为轴对称的导弹，$m_{z0} = 0$，则有

$$m_z = m_z^\alpha \alpha + m_z^{\delta_z} \delta_z \qquad (1-12)$$

实验表明：只有在小攻角和小舵偏角的情况下，上述线性关系才成立。随着 α，δ_z 增大，线性关系将被破坏（见图 1.7）。

偏导数 m_z^α 和 $m_z^{\delta_z}$ 主要取决于马赫数、重心位置和导弹的几何外形。对应于一组 δ_z 值，可画出一组 m_z 随 α 的变化曲线，如图 1.7 所示。这些曲线与横坐

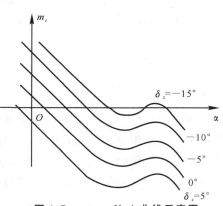

图 1.7 $m_z = f(\alpha)$ 曲线示意图

标轴的交点满足 $m_z=0$；偏导数 m_z^α 表示这些曲线相对于横坐标轴的斜率；m_{z0} 值代表 $\delta_z=0$ 时的 $m_z=f(\alpha)$ 曲线在纵轴上所截的线段长度。

二、纵向平衡状态

$m_z=f(\alpha)$ 曲线与横坐标轴的交点称为静平衡点，对应于 $m_z=0$，即作用在导弹上的升力对重心的力矩为零，亦即导弹处于力矩平衡状态。这种俯仰力矩的平衡又称为导弹的纵向静平衡。

为使导弹在某一飞行攻角下处于平衡状态，必须使升降舵偏转一个相应的角度，这个角度称为升降舵的平衡舵偏角，以符号 δ_{zb} 表示。换句话说，在某一舵偏角下，为保持导弹的纵向静平衡所需要的攻角就是平衡攻角，以 α_b 表示。平衡舵偏角与平衡攻角的关系可令式（1-12）的右端为零求得，即

$$\left(\frac{\delta_z}{\alpha}\right)_b = -\frac{m_z^\alpha}{m_z^{\delta_z}} \tag{1-13}$$

或

$$\delta_{zb} = -\frac{m_z^\alpha}{m_z^{\delta_z}}\alpha_b$$

式中的比值 $(-m_z^\alpha/m_z^{\delta_z})$ 除了与飞行马赫数有关外，还随导弹气动布局的不同而不同（对于正常式布局 $m_z^\alpha/m_z^{\delta_z}>0$，鸭式布局 $m_z^\alpha/m_z^{\delta_z}<0$）。在导弹飞行过程中，这个比值一般来说是变化的，因为马赫数和重心位置均会发生变化，m_z^α 和 $m_z^{\delta_z}$ 也要相应地改变。

平衡状态时的全弹升力，称为平衡升力。平衡升力系数的计算方法为

$$C_{yb} = C_y^\alpha \alpha_b + C_y^{\delta_z}\delta_{zb} = \left(C_y^\alpha - C_y^{\delta_z}\frac{m_z^\alpha}{m_z^{\delta_z}}\right)\alpha_b \tag{1-14}$$

在进行弹道计算时，若假设每一瞬时导弹都处于上述平衡状态，则可用式（1-14）来计算导弹在弹道各点上的平衡升力。这种假设，通常称为"瞬时平衡"假设，即认为导弹从某一平衡状态改变到另一平衡状态是瞬时完成的，也就是忽略了导弹绕质心的旋转运动过程。此时作用在导弹上的俯仰力矩只有 $m_z^\alpha\alpha$ 和 $m_z^{\delta_z}\delta_z$，而且此两力矩总是处于平衡状态，即

$$m_z^\alpha\alpha_b + m_z^{\delta_z}\delta_{zb} = 0 \tag{1-15}$$

导弹初步设计阶段采用瞬时平衡假设，可大大减少计算工作量（将在第 2 章中详述）。

三、纵向静稳定性

导弹的平衡有稳定平衡和不稳定平衡。在稳定平衡中，导弹由于某一小扰动的瞬时作用而破坏了它的平衡之后，经过某一过渡过程仍能恢复到原来的平衡状态。在不稳定平衡中，即便是很小的扰动瞬时作用于导弹，使其偏离平衡位置，导弹也没有恢复到原来平衡位置的能力。判别导弹纵向静稳定性的方法是看偏导数 m_z^α 的性质，即

当 $m_z^\alpha\Big|_{\alpha=\alpha_b}<0$ 时，为纵向静稳定；

当 $m_z^\alpha\Big|_{\alpha=\alpha_b} > 0$ 时,为纵向静不稳定;

当 $m_z^\alpha\Big|_{\alpha=\alpha_b} = 0$ 时,是纵向静中立稳定,因为当 α 稍离开 α_b 时,它不会产生附加力矩。

图 1.8 给出了 $m_z = f(\alpha)$ 的三种典型情况,它们分别对应于静稳定、静不稳定和静中立稳定的三种气动特性。

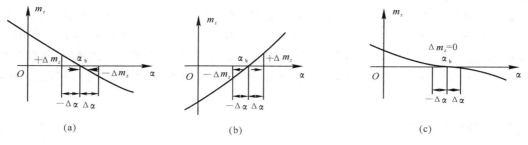

图 1.8　$m_z = f(\alpha)$ 的三种典型情况

(a) 静稳定的; (b) 静不稳定的; (c) 中立稳定的

图 1.8(a) 中所示力矩特性曲线 $m_z = f(\alpha)$ 显示 $m_z^\alpha\Big|_{\alpha=\alpha_b} < 0$。如果导弹在平衡状态下($\alpha=\alpha_b$)飞行,由于某一微小扰动的瞬时作用,使攻角 α 偏离平衡攻角 α_b,增加了一个小量 $\Delta\alpha > 0$,那么,在焦点上将有一附加升力 ΔY 产生,它对重心形成附加俯仰力矩,即

$$\Delta M_z = m_z^\alpha \Delta\alpha q S L$$

由于 $m_z^\alpha < 0$,故 ΔM_z 是个负值,它使导弹低头,即力图减小攻角,由($\alpha_b + \Delta\alpha$)值恢复到原来的 α_b 值。导弹的这种物理属性称为纵向静稳定性。力图使导弹恢复到原来平衡状态的气动力矩 ΔM_z 称为静稳定力矩或恢复力矩。

图 1.8(b) 表示导弹静不稳定的情况($m_z^\alpha\Big|_{\alpha=\alpha_b} > 0$)。导弹一旦偏离平衡状态后,所产生的附加力矩将使导弹更加偏离平衡状态。

图 1.8(c) 表示导弹静中立稳定的情况($m_z^\alpha\Big|_{\alpha=\alpha_b} = 0$)。导弹偏离平衡状态后,不产生附加力矩,则干扰造成的攻角偏量 $\Delta\alpha$ 既不增大,也不能被消除。

综上所述,纵向静稳定性的定义可概述如下:导弹在平衡状态下飞行时,受到外界干扰作用而偏离原来平衡状态,在外界干扰消失的瞬间,若导弹不经操纵能产生附加气动力矩,使导弹具有恢复到原来平衡状态的趋势,则称导弹是静稳定的;若产生的附加气动力矩使导弹更加偏离原平衡状态,则称导弹是静不稳定的;若附加气动力矩为零,导弹既无恢复到原平衡状态的趋势,也不再继续偏离,则称导弹是静中立稳定的。

工程上常用 $m_z^{C_y}$ 评定导弹的静稳定性。与偏导数 m_z^α 一样,偏导数 $m_z^{C_y}$ 也能对导弹的静稳

定性给出质和量的评价,其计算表达式为

$$m_z^{C_y} = \frac{\partial m_z}{\partial C_y} = \frac{\partial m_z}{\partial \alpha} \frac{\partial \alpha}{\partial C_y} = \frac{m_z^\alpha}{C_y^\alpha} = \bar{x}_g - \bar{x}_F \qquad (1-16)$$

显然,对于具有纵向静稳定性的导弹,存在关系式 $m_z^{C_y} < 0$,这时,重心位于焦点之前 $(\bar{x}_g < \bar{x}_F)$。当重心逐渐向焦点靠近时,静稳定性逐渐降低。当重心后移到与焦点重合 $(\bar{x}_g = \bar{x}_F)$ 时,导弹是静中立稳定的。当重心后移到焦点之后 $(\bar{x}_g > \bar{x}_F)$ 时,$m_z^{C_y} > 0$,导弹则是静不稳定的。因此把焦点无量纲坐标与重心的无量纲坐标之间的差值 $(\bar{x}_F - \bar{x}_g)$ 称为静稳定度。

导弹的静稳定度与飞行性能有关。为了保证导弹具有适当的静稳定度,设计过程中常采用两种办法:一是改变导弹的气动布局,从而改变焦点的位置,如改变弹翼的外形、面积以及相对弹身的安装位置,改变尾翼面积,添置小前翼,等等;二是改变导弹内部器件的部位安排,以调整重心的位置。

四、俯仰操纵力矩

对于采用正常式气动布局(舵面安装在弹身尾部),且具有静稳定性的导弹来说,当舵面向上偏转一个角度 $\delta_z < 0$ 时,舵面上会产生向下的操纵力,并形成相对于导弹重心的抬头力矩 $M_z(\delta_z) > 0$,从而使攻角增大,则对应的升力对重心形成一低头力矩(见图1.9)。当达到力矩平衡时,α 与 δ_z 应满足平衡关系式(1-13)。舵面偏转产生的气动力对重心形成的力矩称为操纵力矩,其值为

$$M_z^{\delta_z}\delta_z = m_z^{\delta_z}\delta_z qSL = C_y^{\delta_z}\delta_z qS(x_g - x_r) \qquad (1-17)$$

由此得

$$m_z^{\delta_z} = C_y^{\delta_z}(\bar{x}_g - \bar{x}_r) \qquad (1-18)$$

式中,$\bar{x}_r = x_r/L$ 为舵面压力中心至弹身头部顶点距离的无量纲值;$m_z^{\delta_z}$ 为舵面偏转单位角度时所引起的操纵力矩因数,称为舵面效率;$C_y^{\delta_z}$ 为舵面偏转单位角度时所引起的升力系数,它随马赫数的变化规律如图1.10所示。

对于正常式导弹,重心总是在舵面之前,故 $m_z^{\delta_z} < 0$;而对于鸭式导弹,则 $m_z^{\delta_z} > 0$。

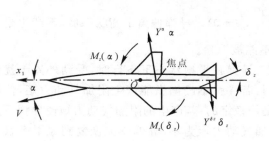

图 1.9　操纵力矩的示意图　　　　　图 1.10　$C_y^{\delta_z}$ 与 Ma 数的关系曲线

五、俯仰阻尼力矩

俯仰阻尼力矩是由导弹绕 Oz_1 轴的旋转运动所引起的,其大小与旋转角速度 ω_z 成正比,而方向与 ω_z 相反。该力矩总是阻止导弹的旋转运动,故称为俯仰阻尼力矩(或称为纵向阻尼力矩)。

假定导弹质心速度为 V,同时又以角速度 ω_z 绕 Oz_1 轴旋转。旋转使导弹表面上各点均获得一附加速度,其方向垂直于连接重心与该点的矢径 r,大小等于 $\omega_z r$(见图1.11)。若 $\omega_z > 0$,则重心之前的导弹表面上各点的攻角将减小一个 $\Delta\alpha$,其值为

$$\Delta\alpha = \arctan\frac{r\omega_z}{V}$$

而处于重心之后的导弹表面上各点将增加一个 $\Delta\alpha$ 值。攻角的变化导致附加升力的出现,在重心之前附加升力向下,而在重心之后,附加升力向上,因此所产生的俯仰力矩与 ω_z 的方向相反,即力图阻止导弹绕 Oz_1 轴的旋转运动。

俯仰阻尼力矩常用无量纲俯仰阻尼力矩因数来表示,即有

$$M_z(\omega_z) = m_z^{\bar{\omega}_z} \bar{\omega}_z qSL \tag{1-19}$$

式中,$m_z^{\bar{\omega}_z}$ 总是一个负值,它的大小主要取决于飞行马赫数、导弹的几何外形和质心位置。为书写方便,通常将 $m_z^{\bar{\omega}_z}$ 简记作 $m_z^{\omega_z}$,但它的原意并不因此而改变。

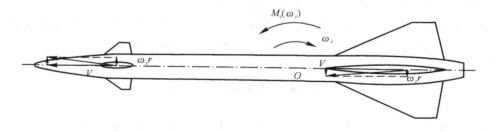

图 1.11　俯仰阻尼力矩

一般情况下,阻尼力矩相对于稳定力矩和操纵力矩来说是比较小的,当旋转角速度 ω_z 较小时,甚至可以忽略它对导弹运动的影响,但在分析导弹运动的过渡过程品质时却不能忽略。

六、下洗延迟俯仰力矩

前面所述关于计算升力和俯仰力矩的方法,严格地说,仅适用于导弹定常飞行这一特殊情况。在一般情况下,导弹的飞行是非定常飞行,其运动参数、空气动力和力矩都是时间的函数。这时的空气动力系数和力矩系数不仅取决于该瞬时的 α,δ_z,ω_z,Ma 等参数值,还取决于这些参数随时间变化的特性。但是,作为初步的近似计算,可以认为作用在导弹上的空气动力和力矩

仅取决于该瞬时的运动参数,这个假设通常称为"定常假设"。采用此假设,不但可以大大减少计算工作量,而且由此所求得的空气动力和力矩也非常接近实际值。但在某些情况下,例如在研究下洗对导弹飞行的影响时,按"定常假设"计算的结果是有偏差的。

对于正常式布局的导弹,流经弹翼和弹身的气流,受到弹翼、弹身的反作用力作用,导致气流速度方向发生偏斜,这种现象称为"下洗"。由于下洗,尾翼处的实际攻角将小于导弹的飞行攻角。若导弹以速度 V 和随时间变化的攻角(例如 $\dot{\alpha}$)作非定常飞行,则弹翼后的气流也是随时间变化的,但是被弹翼下压了的气流不可能瞬间到达尾翼,而必须经过某一时间间隔 Δt(其大小取决于弹翼与尾翼间的距离和气流速度),此即所谓"下洗延迟"现象。因此,尾翼处的实际下洗角 $\varepsilon(t)$ 是与 Δt 间隔以前的攻角 $\alpha(t-\Delta t)$ 相对应的。例如,在 $\dot{\alpha}>0$ 的情况下,实际下洗角 $\varepsilon(t)=\varepsilon^{\alpha} \cdot (\alpha(t)-\dot{\alpha}\Delta t)$ 将比定常飞行时的下洗角 $\varepsilon^{\alpha} \cdot \alpha(t)$ 要小些,也就是说,按"定常假设"计算得到的尾翼升力偏小,应在尾翼上增加一个向上的附加升力,由此形成的附加气动力矩将使导弹低头,其作用是使攻角减小(阻止 α 值的增大);当 $\dot{\alpha}<0$ 时,"下洗延迟"引起的附加力矩将使导弹抬头以阻止 α 值的减小。总之,"下洗延迟"引起的附加气动力矩相当于一种阻尼力矩,力图阻止 α 值的变化。

同样,若导弹的气动布局为鸭式或旋转弹翼式,当舵面或旋转弹翼的偏转角速度 $\dot{\delta}_z \neq 0$ 时,也存在"下洗延迟"现象。同理,由 $\dot{\delta}_z$ 引起的附加气动力矩也是一种阻尼力矩。

当 $\dot{\alpha} \neq 0$ 和 $\dot{\delta}_z \neq 0$ 时,由下洗延迟引起的两个附加俯仰力矩系数分别写成 $m_z^{\bar{\dot{\alpha}}} \bar{\dot{\alpha}}$ 和 $m_z^{\bar{\dot{\delta}}_z} \bar{\dot{\delta}}_z$,为书写方便,简记作 $m_z^{\dot{\alpha}}$ 和 $m_z^{\dot{\delta}_z}$,它们都是无量纲量。

在分析了俯仰力矩的各项组成以后,必须强调指出,尽管影响俯仰力矩的因素很多,但通常情况下,起主要作用的是由攻角引起的 $m_z^{\alpha} \alpha$ 和由舵偏角引起的 $m_z^{\delta_z} \delta_z$。

1.4　偏航力矩

偏航力矩 M_y 是空气动力矩在弹体坐标系 Oy_1 轴上的分量,它将使导弹绕 Oy_1 轴转动。偏航力矩与俯仰力矩产生的物理成因是相同的。

对于轴对称导弹而言,偏航力矩特性与俯仰力矩类似。偏航力矩因数的表达式可仿照式(1-10)写成如下形式:

$$m_y = m_y^{\beta}\beta + m_y^{\delta_y}\delta_y + m_y^{\bar{\omega}_y}\bar{\omega}_y + m_y^{\bar{\dot{\beta}}}\bar{\dot{\beta}} + m_y^{\bar{\dot{\delta}}_y}\bar{\dot{\delta}}_y \qquad (1-20)$$

式中,$\bar{\omega}_y = \omega_y L/V, \bar{\dot{\beta}} = \dot{\beta}L/V, \bar{\dot{\delta}}_y = \dot{\delta}_y L/V$ 均是无量纲参数;$m_y^{\beta}, m_y^{\delta_y}, m_y^{\bar{\omega}_y}, m_y^{\bar{\dot{\beta}}}, m_y^{\bar{\dot{\delta}}_y}$ 分别是 m_y 关于 $\beta, \delta_y, \omega_y, \bar{\dot{\beta}}, \bar{\dot{\delta}}_y$ 的偏导数。

由于所有有翼导弹外形相对于 $x_1 Oy_1$ 平面都是对称的,故在偏航力矩因数中不存在 m_{y0} 这一项。

m_y^{β} 表征着导弹航向静稳定性,若 $m_y^{\beta}<0$,则是航向静稳定的。对于正常式导弹,$m_y^{\beta}<0$;

而对于鸭式导弹,则 $m_y^\delta > 0$。

对于面对称(飞机型)导弹,当存在绕 Ox_1 轴的滚动角速度 ω_x 时,安装在弹身上方的垂直尾翼的各个剖面上将产生附加的侧滑角 $\Delta\beta$(见图 1.12),且

$$\Delta\beta = \frac{\omega_x}{V} y_t$$

式中,y_t 为由弹身纵轴到垂直尾翼所选剖面的距离。

由于附加侧滑角 $\Delta\beta$ 的存在,垂直尾翼将产生侧向力,从而产生相对于 Oy_1 轴的偏航力矩。这个力矩对于面对称的导弹是不可忽视的,因为它的力臂大。该力矩有使导弹作螺旋运动的趋势,故称之为螺旋偏航力矩(又称交叉导数,其值总为负)。因此,对于面对称导弹,式(1-20)右端必须加上一项 $m_y^{\omega_x}\omega_x$,即

$$m_y = m_y^\beta\beta + m_y^\delta\delta_y + m_y^{\omega_y}\bar\omega_y + m_y^{\omega_x}\bar\omega_x + m_y^{\dot\beta}\dot{\bar\beta} + m_y^{\dot\delta_y}\dot{\bar\delta}_y \tag{1-21}$$

式中,$\bar\omega_x = \omega_x L/V$,$m_y^{\bar\omega_x} = \partial m_y/\partial\bar\omega_x$ 均是无量纲参数。

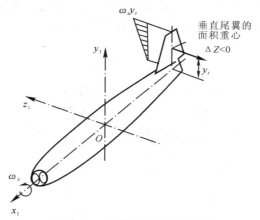

图 1.12 垂直尾翼螺旋偏航力矩

1.5 滚转力矩

滚转力矩(又称滚动力矩或倾斜力矩)M_x 是绕导弹纵轴 Ox_1 的气动力矩,它是由于迎面气流不对称地流过导弹所产生的。当存在侧滑角,或操纵机构偏转,或导弹绕 Ox_1、Oy_1 轴旋转时,均会使气流流动的对称性受到破坏。此外,因生产工艺误差造成的弹翼(或安定面)不对称安装或尺寸大小的不一致,也会破坏气流流动的对称性。因此,滚动力矩的大小取决于导弹的形状和尺寸、飞行速度和高度、攻角、侧滑角、舵面偏转角、角速度及制造误差等多种因素。

与分析其他气动力矩一样,只讨论滚动力矩的无量纲力矩因数,即

$$m_x = \frac{M_x}{qSL} \qquad (1-22)$$

若影响滚动力矩的上述参数都比较小时,可略去一些次要因素,则滚动力矩因数可用线性关系近似地表示为

$$m_x = m_{x0} + m_x^\beta \beta + m_x^{\delta_x} \delta_x + m_x^{\delta_y} \delta_y + m_x^{\bar\omega_x} \bar\omega_x + m_x^{\bar\omega_y} \bar\omega_y \qquad (1-23)$$

式中,m_{x0} 是由制造误差引起的外形不对称产生的;$m_x^\beta, m_x^{\delta_x}, m_x^{\delta_y}, m_x^{\bar\omega_x}, m_x^{\bar\omega_y}$ 分别是滚转力矩因数 m_x 关于 $\beta, \delta_x, \delta_y, \omega_x, \omega_y$ 的偏导数,主要与导弹的几何参数和马赫数有关。

一、横向静稳定性

偏导数 m_x^β 表征导弹的横向静稳定性,它对面对称导弹来说具有重要意义。为了说明这一概念,以导弹作水平直线飞行为例,假定由于某种原因导弹突然向右倾斜了某一角度 γ(见图 1.13),因升力 Y 总在纵向对称平面内,故当导弹倾斜时,会产生水平分量 $Y\sin\gamma$,它使导弹作侧滑飞行,产生正的侧滑角。若 $m_x^\beta < 0$,则 $m_x^\beta \beta < 0$,于是该力矩使导弹具有消除由于某种原因所产生的向右倾斜运动的趋势,可见导弹具有横向静稳定性;若 $m_x^\beta > 0$,则导弹是横向静不稳定的。

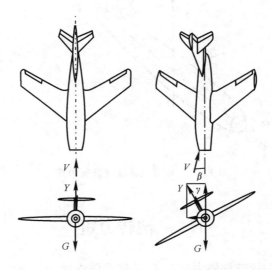

图 1.13 倾斜时产生的侧滑

影响面对称导弹横向静稳定性的因素比较复杂,但静稳定性主要是由弹翼和垂直尾翼产生的。而弹翼的 m_x^β 又主要与弹翼的后掠角和上反角有关。

1. **弹翼后掠角的影响**

导弹空气动力学中曾指出,弹翼的升力与弹翼的后掠角和展弦比有关。设气流以某侧滑角

流经具有后掠角的平置弹翼,左、右两侧弹翼的实际后掠角和展弦比将不同,如图 1.14 所示。当 $\beta > 0$ 时,左翼的实际后掠角为 $(\chi + \beta)$,而右翼的实际后掠角则为 $(\chi - \beta)$,所以,来流速度 V 在右翼前沿的垂直速度分量(称有效速度)$V\cos(\chi - \beta)$ 大于左翼前缘的垂直速度分量 $V\cos(\chi + \beta)$。此外,右翼的有效展弦比也比左翼的大,而且右翼的侧缘一部分变成了前缘,左翼侧缘的一部分却变成了后缘。综合这些因素,右翼产生的升力大于左翼,这就导致弹翼产生负的滚动力矩,即 $m_x^\beta < 0$,由此增加了横向静稳定性。

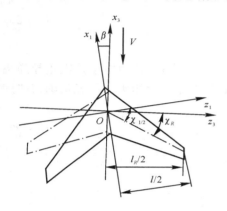

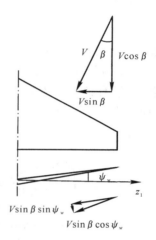

图 1.14　侧滑时弹翼几何参数变化示意图　　**图 1.15　侧滑时上反角导致有效攻角的变化**

2. 弹翼上反角的影响

弹翼上反角 ψ_w 是翼弦平面与 x_1Oz_1 平面之间的夹角(见图 1.15)。翼弦平面在 x_1Oz_1 平面之上时,ψ_w 角为正。设导弹以 $\beta > 0$ 作侧滑飞行,由于上反角 ψ_w 的存在,垂直于右翼面的速度分量 $V\sin\beta\sin\psi_w$ 将使该翼面的攻角有一个增量,其值为

$$\sin\Delta\alpha = \frac{V\sin\beta\sin\psi_w}{V} = \sin\beta\sin\psi_w \tag{1-24}$$

当 β 和 ψ_w 都较小时,式(1-24)可写成

$$\Delta\alpha = \beta\psi_w$$

左翼则有与其大小相等、方向相反的攻角变化量。

不难看出,在 $\beta > 0$ 和 $\psi_w > 0$ 的情况下,右翼 $\Delta\alpha > 0$,$\Delta Y > 0$;左翼 $\Delta\alpha < 0$,$\Delta Y < 0$,于是产生负的滚转力矩,即 $m_x^\beta < 0$,因此,正上反角将增强横向静稳定性。

二、滚动阻尼力矩

当导弹绕纵轴 Ox_1 旋转时,将产生滚动阻尼力矩 $M_x^{\omega_x}\omega_x$,该力矩产生的物理成因与俯仰阻

尼力矩类似。滚动阻尼力矩主要是由弹翼产生的。从图1.16可以看出，导弹绕 Ox_1 轴的旋转使得弹翼的每个剖面均获得相应的附加速度

$$V_y = -\omega_x z \tag{1-25}$$

式中，z 为弹翼所选剖面至导弹纵轴 Ox_1 的垂直距离。

当 $\omega_x > 0$ 时，左翼（前视）每个剖面的附加速度方向是向下的，而右翼与之相反。所以，左翼任一剖面上的攻角增量为

$$\Delta \alpha = \frac{\omega_x z}{V} \tag{1-26}$$

而右翼对称剖面上的攻角则减小了同样的数值。

左、右翼攻角的差别将引起两侧升力的不同，从而产生滚转力矩，该力矩总是阻止导弹绕纵轴 Ox_1 转动，故称该力矩为滚动阻尼力矩。不难证明，滚动阻尼力矩因数与无量纲角速度 $\bar{\omega}_x$ 成正比，即

$$m_x(\omega_x) = m_x^{\bar{\omega}_x} \bar{\omega}_x \tag{1-27}$$

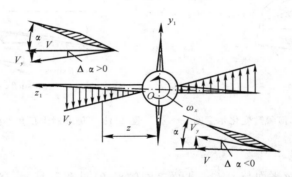

图 1.16　　绕 Ox_1 轴旋转时，弹翼上的附加速度与附加攻角

三、交叉导数 $m_x^{\bar{\omega}_y}$

我们以无后掠弹翼为例，解释 $m_x^{\bar{\omega}_y}$ 产生的物理成因。当导弹绕 Oy_1 轴转动时，弹翼的每一个剖面将获得沿 Ox_1 轴方向的附加速度（见图1.17）

$$\Delta V = \omega_y z \tag{1-28}$$

如果 $\omega_y > 0$，则附加速度在右翼上是正的，而在左翼上是负的。这就导致右翼的绕流速度大于左翼的绕流速度，使左、右弹翼对称剖面的攻角发生变化，即右翼的攻角减小了 $\Delta \alpha$，而左翼则增加了一个 $\Delta \alpha$ 角。但更主要的还是由于左、右翼动压头的改变引起左、右翼面的升力差，综合效应是：右翼面升力大于左翼面升力，形成了负的滚动力矩。当 $\omega_y < 0$ 时，将产生正的滚动力矩，因此，$m_x^{\bar{\omega}_y} < 0$。滚动力矩因数与无量纲角速度 $\bar{\omega}_y$ 成正比，即

$$m_x(\omega_y) = m_x^{\bar{\omega}_y} \bar{\omega}_y \tag{1-29}$$

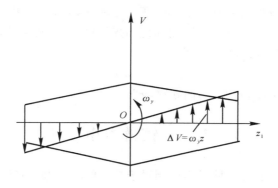

图 1.17   绕 Oy_1 轴转动时,弹翼上的附加速度

四、滚动操纵力矩

面对称导弹绕纵轴 Ox_1 转动或保持倾斜稳定,主要是由一对副翼产生滚动操纵力矩实现的。副翼一般安装在弹翼后缘的翼梢处,两边副翼的偏转角方向相反。

轴对称导弹则利用升降舵和方向舵的差动实现副翼的功能。如果升降舵的一对舵面上下对称偏转(同时向上或向下),那么,它将产生俯仰力矩;如果方向舵的一对舵面左右对称偏转(同时向左或向右),那么,它将产生偏航力矩;如果升降舵或方向舵不对称偏转(方向相反或大小不同),那么,它们将产生滚转力矩。

现以副翼偏转一个 δ_x 角后产生的滚动操纵力矩为例进行讨论。由图 1.18 看出,后缘向下偏转的右副翼产生正的升力增量 ΔY,而后缘向上偏转的左副翼则使升力减小了 ΔY,由此产生了负的滚动操纵力矩 $m_x < 0$。该力矩一般与副翼的偏转角 δ_x 成正比,即

$$m_x(\delta_x) = m_x^{\delta_x}\delta_x \qquad\qquad (1-30)$$

式中,$m_x^{\delta_x}$ 为副翼的操纵效率。通常定义右副翼下偏、左副翼上偏时 δ_x 为正,因此 $m_x^{\delta_x} < 0$。

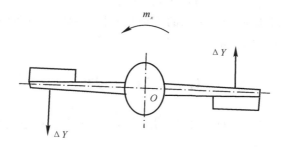

图 1.18   副翼工作原理示意图(后视图)

对于面对称导弹,垂直尾翼相对于 x_1Oz_1 平面是非对称的。如果在垂直尾翼后缘安装有方向舵,那么,当舵面偏转 δ_y 角时,作用于舵面上的侧向力不仅使导弹绕 Oy_1 轴转动,还将产生一个与舵偏角 δ_y 成比例的滚动力矩,即

$$m_x(\delta_y) = m_x^{\delta_y}\delta_y \tag{1-31}$$

式中, $m_x^{\delta_y}$ 为滚动力矩因数 m_x 对 δ_y 的偏导数, $m_x^{\delta_y} < 0$。

1.6　铰链力矩

当操纵面偏转某一个角度时,除了产生相对于导弹质心的力矩之外,还会产生相对于操纵面铰链轴(即转轴)的力矩,称之为铰链力矩,其表达式为

$$M_h = m_h q_r S_r b_r \tag{1-32}$$

式中, m_h 为铰链力矩因数; q_r 为流经舵面气流的动压头; S_r 为舵面面积; b_r 为舵面弦长。

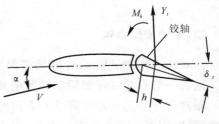

图 1.19　铰链力矩

对于导弹而言,驱动操纵面偏转的舵机所需的功率取决于铰链力矩的大小。以升降舵为例,当舵面处的攻角为 α ,舵偏角为 δ_z 时(见图1.19),铰链力矩主要是由舵面上的升力 Y_r 产生的。若忽略舵面阻力对铰链力矩的影响,则铰链力矩的表达式为

$$M_h = -Y_r h \cos(\alpha + \delta_z) \tag{1-33}$$

式中, h 为舵面压心至铰链轴的距离。

当攻角 α 和舵偏角 δ_z 较小时,式(1-33)中的升力 Y_r 可视为与 α 和 δ_z 呈线性关系,且 $\cos(\alpha + \delta_z) \approx 1$,则式(1-33)可改写成

$$M_h = -(Y_r^\alpha\alpha + Y_r^{\delta_z}\delta_z)h = M_h^\alpha\alpha + M_h^{\delta_z}\delta_z \tag{1-34}$$

相应的铰链力矩因数也可写成

$$m_h = m_h^\alpha\alpha + m_h^{\delta_z}\delta_z \tag{1-35}$$

铰链力矩因数 m_h 主要取决于操纵面的类型及形状、马赫数、攻角(对于垂直安装的操纵面则取决于侧滑角)、操纵面的偏转角以及铰链轴的位置等因素。

1.7　推　力

推力是导弹飞行的动力。有翼导弹常采用固体火箭发动机或空气喷气发动机。发动机的类型不同,推力特性也不一样。

固体火箭发动机的推力可在地面试验台上测定,推力的表达式为

$$P = m_s \mu_e + S_a(p_a - p_H) \tag{1-36}$$

式中，m_s 为单位时间内的燃料消耗量；u_e 为燃气介质相对弹体的喷出速度；S_a 为发动机喷管出口处的横截面积；p_a 为发动机喷管出口处燃气流的压强；p_H 为导弹所处高度的大气压强。

由式（1－36）看出，火箭发动机推力的大小主要取决于发动机性能参数，也与导弹的飞行高度有关，而与导弹的飞行速度无关。式（1－36）中的第一项是由于燃气介质高速喷出而产生的推力，称之为动力学推力或动推力；第二项是由于发动机喷管截面处的燃气流压强 p_a 与大气压强 p_H 的压差引起的推力，一般称之为静力学推力或静推力，它与导弹的飞行高度有关。

空气喷气发动机的推力，不仅与导弹飞行高度有关，还与导弹的飞行速度 V、攻角 α、侧滑角 β 等运动参数有关。

发动机推力 P 的作用方向，一般情况下是沿弹体纵轴 Ox_1 并通过导弹质心的，因此不存在推力矩，即 $M_P = 0$。推力矢量 P 在弹体坐标系 $Ox_1y_1z_1$ 各轴上的投影分量可写成

$$\begin{pmatrix} P_{x1} \\ P_{y1} \\ P_{z1} \end{pmatrix} = \begin{pmatrix} P \\ 0 \\ 0 \end{pmatrix} \tag{1-37}$$

如果推力矢量 P 不通过导弹质心，且与弹体纵轴构成某夹角，那么，推力将产生力矩。设推力作用线至质心的偏心矢径为 R_P，它在弹体坐标系中的投影分量分别为 $[x_{1P} \quad y_{1P} \quad z_{1P}]^T$，推力产生的力矩 M_P 可表示为

$$M_P = R_P \times P = \hat{R}_P P \tag{1-38}$$

式中

$$\hat{R}_P \overset{\wedge}{=\!=\!=} \begin{bmatrix} 0 & -z_{1P} & y_{1P} \\ z_{1P} & 0 & -x_{1P} \\ -y_{1P} & x_{1P} & 0 \end{bmatrix}$$

是矢量 R_P 的反对称阵。所以

$$\begin{pmatrix} M_{x1P} \\ M_{y1P} \\ M_{z1P} \end{pmatrix} = \begin{bmatrix} 0 & -z_{1P} & y_{1P} \\ z_{1P} & 0 & -x_{1P} \\ -y_{1P} & x_{1P} & 0 \end{bmatrix} \begin{pmatrix} P_{x1} \\ P_{y1} \\ P_{z1} \end{pmatrix} = \begin{pmatrix} P_{z1}y_{1P} - P_{y1}z_{1P} \\ P_{x1}z_{1P} - P_{z1}x_{1P} \\ P_{y1}x_{1P} - P_{x1}y_{1P} \end{pmatrix} \tag{1-39}$$

1.8　重　力

导弹在空间飞行将会受到地球、太阳、月球等星球的引力。对于有翼导弹而言，由于它是在近地球的大气层内飞行，所以只需考虑地球对导弹的引力。在考虑地球自转的情况下，导弹除受地心的引力 G_1 外，还要受到因地球自转所产生的离心惯性力 F_e。因而作用于导弹上的重力就是地心引力和离心惯性力的矢量和，即

$$G = G_1 + F_e \tag{1-40}$$

重力 G 的大小和方向与导弹所处的地理位置有关。根据牛顿万有引力定律，引力 G_1 与地

心至导弹的距离的平方成反比。而离心惯性力 $\boldsymbol{F}_e$ 则与导弹至地球极轴的距离有关。

实际上,地球的外形是个凸凹不平的不规则几何体,其质量分布也不均匀。为了研究方便,通常把它看做是均质的椭球体,如图 1.20 所示的那样。若物体在椭球形地球表面上的质量为 m,地心至该物体的矢径为 $\boldsymbol{R}_e$,地理纬度为 φ_e,地球绕极轴的旋转角速度为 Ω_e,则地球对物体的引力 $\boldsymbol{G}_1$ 与 $\boldsymbol{R}_e$ 共线,方向相反;而离心惯性力的大小则为

$$F_e = mR_e\Omega_e^2\cos\varphi_e \tag{1-41}$$

式中,$\Omega_e = 7.292\ 1\times10^{-5}\ \text{s}^{-1}$。

重力的作用方向与悬锤线的方向一致,即与物体所在处的地面法线 $\boldsymbol{n}$ 共线,方向相反。如图 1.20 所示。

计算表明,离心惯性力 $\boldsymbol{F}_e$ 比地心引力 $\boldsymbol{G}_1$ 的量值小得多,因此,通常把引力 $\boldsymbol{G}_1$ 就视为重力,即

$$G = G_1 = mg \tag{1-42}$$

这时,作用在物体上的重力总是指向地心,事实上也就是把地球看做是圆球形状(圆球模型),如图 1.21 所示。

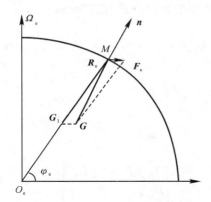

图 1.20　椭球模型上 M 点的重力方向

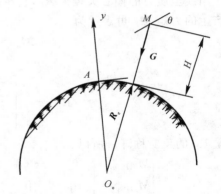

图 1.21　圆球模型上 M 点的重力方向

重力加速度 $\boldsymbol{g}$ 的大小与导弹的飞行高度有关,即

$$g = g_0\frac{R_e^2}{(R_e+H)^2} \tag{1-43}$$

式中,g_0 为地球表面处的重力加速度,一般取值为 $9.81\ \text{m/s}^2$;R_e 为地球半径,一般取值为 $6\ 371\ \text{km}$;H 为导弹离地球表面的高度。

由式(1-43)可知,重力加速度是高度 H 的函数。当 $H=32\ \text{km}$ 时,$g=0.99g_0$,重力加速度仅减小 1%。因此,对于近程有翼导弹,在整个飞行过程中,重力加速度可认为是常量,且可视航程内的地面为平面,即重力场是平行力场。

思 考 题 1

1.1 弹体坐标系、速度坐标系如何定义?

1.2 攻角、侧滑角如何定义?

1.3 简述升力线斜率、阻力系数与马赫数的变化关系。

1.4 简述升力与攻角的关系。

1.5 什么叫失速?

1.6 压力中心和焦点如何定义? 两者有何区别和联系?

1.7 什么叫纵向静稳定性? 改变纵向静稳定性的途径有哪些?

1.8 写出轴对称导弹定常飞行时的纵向平衡关系式。

1.9 正常式导弹重心向后移动时,为保持平衡,舵偏角应如何偏转? 如果是鸭式导弹呢?

1.10 导弹的纵向阻尼力矩是如何产生的?

1.11 什么叫横向静稳定性? 影响横向静稳定性的因素有哪些?

1.12 什么叫铰链力矩? 研究铰链力矩的意义何在?

1.13 简述固体火箭发动机推力的计算方法。

1.14 如何计算近程有翼导弹的重力?

1.15 飞行高度对作用在导弹上的力有何影响?

第 2 章　　导弹运动方程组的建立

在科学技术的研究中,经常需要对某些实际系统中的物理现象或过程进行定性或定量的分析研究,为此,一般应首先建立描述实际系统的数学模型。如果其变量中不含时间因素,则为静态模型;如与时间有关,则为动态模型。根据所建立的数学模型可在数字计算机上进行仿真实验,以获得真实系统的行为特性。研究导弹在空间的运动也不例外,分析、计算或模拟它的运动轨迹及其动态特性的基础,仍是建立描述导弹运动的数学模型。

导弹运动方程组是表征导弹运动规律的数学模型,也是分析、计算或模拟导弹运动的基础。建立导弹运动方程组的理论以牛顿定理为主,同时涉及变质量力学、空气动力学、推进原理和自动控制理论等学科。

导弹运动方程组的建立,是学习本课程的重要理论基础,贯穿于"有翼导弹飞行动力学"课程的各个章节。

本章重点介绍的内容包括:导弹运动方程组的建模方法,常用坐标系及其变换关系,完整的导弹运动方程组,简化的导弹运动方程(平面运动和质心运动),过载及其与运动、导弹设计的关系等。

2.1　　导弹运动的建模基础

一、基本定理

由理论力学可知,任何自由刚体在空间的任意运动,都可以把它视为刚体质心的平移运动和绕质心旋转运动的合成,即决定刚体质心瞬时位置的三个自由度和决定刚体瞬时姿态的三个自由度。对于刚体,可以应用牛顿定律来研究质心的移动,用动量矩定理研究刚体绕质心的转动。

若用 m 表示刚体的质量,$\boldsymbol{V}$ 表示刚体质心的速度,$\boldsymbol{H}$ 表示刚体相对于质心的动量矩,则描述刚体质心移动和绕质心转动的动力学基本方程为

$$m \frac{\mathrm{d}\boldsymbol{V}}{\mathrm{d}t} = \boldsymbol{F}$$

$$\frac{\mathrm{d}\boldsymbol{H}}{\mathrm{d}t} = \boldsymbol{M}$$

式中,$\boldsymbol{F}$ 为作用于刚体上的合外力;$\boldsymbol{M}$ 为外力对刚体质心的合力矩。

值得注意的是，上述定理的应用是有条件的：第一，运动物体是常质量的刚体；第二，运动是在惯性坐标系中考察的，即描述刚体运动应采用绝对运动参数，而不是相对运动参数。

二、导弹运动建模的简化处理

在导弹飞行过程中，操纵机构、控制系统的电气和机械部件都可能有相对于弹体的运动；况且，产生推力的火箭发动机也不断喷出推进剂的燃烧介质，使导弹质量随时间不断变化。因此，研究导弹的运动不能直接应用经典的动力学定理，而应采用变质量力学定理，这比研究刚体运动要复杂得多。

由于实际物理系统的物理现象或过程往往比较复杂，因此建立描绘系统的数学模型时，应抓住反映物理系统最本质和最主要的因素，舍去那些非本质、非主要因素。当然，在不同的研究阶段，描述系统的数学模型也不相同。例如，在导弹设计的方案论证或初步设计阶段，可把导弹视为一个质点，建立一组简单的数学模型，用以估算其运动轨迹。随着设计工作的进行，以及研究导弹运动和分析动态特性的需要，就必须把描述导弹运动的数学模型建立得更加复杂，更加完善。

在现代导弹的设计中，总是力图减小弹体的结构重量，致使柔性成为不可避免的导弹结构特性。许多导弹在接近其最大飞行速度时，总会出现所谓的"气动弹性"现象。这种现象是由空气动力所造成的弹体外形变化与空气动力的耦合效应所致。它对飞行器的稳定性和操纵性有较大影响。从设计的观点来看，弹性现象会影响导弹的运动特性和结构的整体性，但是，这种弹性变形及其对导弹运动的影响均可视为小量，大都采用线性化理论进行处理。

一般在研究导弹运动规律时，为使问题简化，可以把导弹质量与喷射出的燃气质量合在一起考虑，转换为一个常质量系，即采用所谓的"固化原理（或刚化原理）"：在任意研究瞬时，将变质量系的导弹视为虚拟刚体，把该瞬时导弹所包含的所有物质固化在虚拟的刚体上。同时，忽略一些影响导弹运动的次要因素，如弹体结构的弹性变形，哥氏惯性力（液体发动机内流动液体因导弹的转动而产生的惯性力），变分力（由液体发动机内流体的非定常运动引起的力）等。

采用"固化原理"后，某一研究瞬时的变质量导弹运动方程可简化成常质量刚体的方程形式，用该瞬时的导弹质量 $m(t)$ 取代原来的常质量 m。关于导弹绕质心转动的研究也可以用类似的方法处理。这样，导弹运动方程的矢量表达式可写成

$$m(t)\,\frac{\mathrm{d}\boldsymbol{V}}{\mathrm{d}t} = \boldsymbol{F}$$

$$\frac{\mathrm{d}\boldsymbol{H}}{\mathrm{d}t} = \boldsymbol{M}$$

大量实践表明，采用上述简化方法，具有较高的精度，能满足大多数情况下研究问题的需要。

另外，对于近程有翼导弹而言，在建立导弹运动方程时，通常将大地当作静止的平面，也就

是不考虑地球的曲率和旋转。这样的处理大大简化了导弹的运动方程形式。

2.2 常用坐标系及其变换

建立描述导弹运动的标量方程,常常需要定义一些坐标系。由于选取不同的坐标系,所建立的导弹运动方程组的形式和复杂程度也会有所不同。因此,选取合适的坐标系是十分重要的。选取坐标系的原则是:既能正确地描述导弹的运动,又要使描述导弹运动的方程形式简单且清晰明了。

一、坐标系定义

导弹飞行力学中经常用到的坐标系有弹体坐标系 $Ox_1y_1z_1$、速度坐标系 $Ox_3y_3z_3$、地面坐标系 $Axyz$ 和弹道坐标系 $Ox_2y_2z_2$,它们都是右手直角坐标系。前两个坐标系的定义已在第 1 章中介绍过,这里只介绍其余两个坐标系。

1. 地面坐标系

地面坐标系 $Axyz$ 与地球固联,原点 A 通常取导弹质心在地面(水平面)上的投影点,Ax 轴在水平面内,指向目标(或目标在地面的投影)为正;Ay 轴与地面垂直,向上为正;Az 轴按右手定则确定,如图 2.1 所示。为了便于进行坐标变换,通常将地面坐标系平移,即原点 A 移至导弹质心 O 处,各坐标轴平行移动。

对于近程战术导弹而言,地面坐标系就是惯性坐标系,主要是用来作为确定导弹质心位置和空间姿态的基准的。

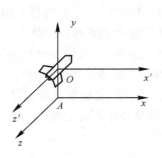

图 2.1　地面坐标系

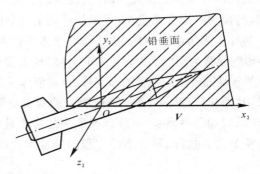

图 2.2　弹道坐标系 $Ox_2y_2z_2$

2. 弹道坐标系

弹道坐标系 $Ox_2y_2z_2$ 的原点 O 取在导弹的质心上;Ox_2 轴同导弹质心的速度矢量 V 重合(即与速度坐标系 $Ox_3y_3z_3$ 的 Ox_3 轴完全一致);Oy_2 轴位于包含速度矢量 V 的铅垂平面内,且垂直于 Ox_2 轴,向上为正;Oz_2 轴按照右手定则确定,如图 2.2 所示。显然,弹道坐标系与导弹的

速度矢量 V 固联,是一个动坐标系。该坐标系主要用于研究导弹质心的运动特性,在以后的研究中将会发现,利用该坐标系建立的导弹质心运动的动力学方程,在分析和研究弹道特性时比较简单清晰。

除了上面定义的两个坐标系之外,在 1.1 节中所定义的弹体坐标系 $Ox_1y_1z_1$ 和速度坐标系 $Ox_3y_3z_3$ 也是导弹飞行力学中经常用到的坐标系。

弹体坐标系 $Ox_1y_1z_1$ 与弹体固连,随导弹在空间运动。它与地面坐标系配合,可以确定弹体的姿态。另外,研究作用在导弹上的推力、推力偏心形成的力矩以及气动力矩时,利用该坐标系也比较方便。

速度坐标系 $Ox_3y_3z_3$ 也是动坐标系,常用来研究作用于导弹上的空气动力 R。该力在速度坐标系各轴上的投影分量就是所谓的阻力 X、升力 Y 和侧向力 Z。

二、坐标系变换

导弹在飞行过程中,作用其上的力包括空气动力、推力和重力。一般情况下,各个力分别定义在上述不同的坐标系中。要建立描绘导弹质心运动的动力学方程,必须将分别定义在各坐标系中的力变换(投影)到某个选定的、能够表征导弹运动特征的动坐标系中。为此,就要首先建立各坐标系之间的变换关系。

实际上,只要知道任意两个坐标系各对应轴的相互方位,就可以用一个确定的变换矩阵给出它们之间的变换关系。首先以地面坐标系与弹体坐标系为例,分析一下坐标变换的过程以及相应的坐标变换矩阵。

1. 地面坐标系与弹体坐标系之间的变换矩阵

将地面坐标系 $Axyz$ 平移,使原点 A 与弹体坐标系的原点 O 重合。弹体坐标系 $Ox_1y_1z_1$ 相对地面坐标系 $Axyz$ 的方位,可用三个姿态角来确定,它们分别为偏航角 ψ、俯仰角 ϑ、滚转角(又称倾斜角)γ,如图 2.3(a) 所示。其定义如下:

(1)偏航角 ψ:导弹的纵轴 Ox_1 在水平面上的投影与地面坐标系 Ax 轴之间的夹角。由 Ax 轴逆时针方向转至导弹纵轴的投影线时,偏航角 ψ 为正(转动角速度方向与 Ay 轴的正向一致),反之为负。

(2)俯仰角 ϑ:导弹的纵轴 Ox_1 与水平面之间的夹角。若导弹纵轴在水平面之上,则俯仰角 ϑ 为正(转动角速度方向与 Az' 轴的正向一致),反之为负。

(3)滚转角 γ:导弹的 Oy_1 轴与包含弹体纵轴 Ox_1 的铅垂平面之间的夹角。从弹体尾部顺 Ox_1 轴往前看,若 Oy_1 轴位于铅垂平面的右侧,形成的夹角 γ 为正(转动角速度方向与 Ox_1 轴的正向一致),反之为负。

以上定义的三个角度,通常称为欧拉角,又称为弹体的姿态角。借助于它们可以推导出地面坐标系 $Axyz$ 到弹体坐标系 $Ox_1y_1z_1$ 的变换矩阵 $L(\psi,\vartheta,\gamma)$。按照姿态角的定义,绕相应坐标轴依次旋转 ψ,ϑ 和 γ,每一次旋转称为基元旋转[29],相应地,得到三个基元变换矩阵(又称初等变换矩阵），这三个基元变换矩阵的乘积，就是坐标变换矩阵 $\boldsymbol{L}(\psi,\vartheta,\gamma)$。具体过程如下：

先将地面坐标系 $Axyz$ 绕 Ay 轴旋转 ψ 角，形成过渡坐标系 $Ax'yz'$（见图 2.3(b)）。

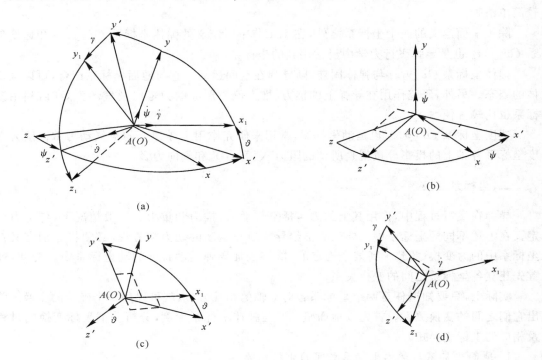

(a)

(b)

(c)

(d)

图 2.3　坐标系 $Axyz$ 与 $Ox_1y_1z_1$ 相对关系

若某矢量在地面坐标系 $Axyz$ 中的分量为 x,y,z，分量列阵为 $[x\quad y\quad z]^{\mathrm{T}}$，则转换到坐标系 $Ax'yz'$ 后的分量列阵为

$$\begin{pmatrix} x' \\ y \\ z' \end{pmatrix} = \boldsymbol{L}_y(\psi) \begin{pmatrix} x \\ y \\ z \end{pmatrix} \tag{2-1}$$

式中的基元变换矩阵

$$\boldsymbol{L}_y(\psi) = \begin{pmatrix} \cos\psi & 0 & -\sin\psi \\ 0 & 1 & 0 \\ \sin\psi & 0 & \cos\psi \end{pmatrix} \tag{2-2}$$

称为绕 Ay 轴转过 ψ 角的基元变换矩阵。

再将坐标系 $Ax'yz'$ 绕 Az' 轴旋转 ϑ 角，组成新的坐标系 $Ax_1y'z'$（见图 2.3(c)）。同样得到

$$\begin{bmatrix} x_1 \\ y' \\ z' \end{bmatrix} = \boldsymbol{L}_z(\vartheta) \begin{bmatrix} x' \\ y \\ z' \end{bmatrix} \tag{2-3}$$

式中的基元变换矩阵

$$\boldsymbol{L}_z(\vartheta) = \begin{bmatrix} \cos\vartheta & \sin\vartheta & 0 \\ -\sin\vartheta & \cos\vartheta & 0 \\ 0 & 0 & 1 \end{bmatrix} \tag{2-4}$$

最后将坐标系 $Ax_1y'z'$ 绕 Ax_1 轴转过 γ 角,即得到弹体坐标系 $Ox_1y_1z_1$(见图 2.3(d))。同样得到

$$\begin{bmatrix} x_1 \\ y_1 \\ z_1 \end{bmatrix} = \boldsymbol{L}_x(\gamma) \begin{bmatrix} x_1 \\ y' \\ z' \end{bmatrix} \tag{2-5}$$

式中的基元变换矩阵

$$\boldsymbol{L}_x(\gamma) = \begin{bmatrix} 1 & 0 & 0 \\ 0 & \cos\gamma & \sin\gamma \\ 0 & -\sin\gamma & \cos\gamma \end{bmatrix} \tag{2-6}$$

由以上推导可知,要将某矢量在地面坐标系 $Axyz$ 中的分量 x,y,z 转换到弹体坐标系 $Ox_1y_1z_1$ 中,只需将式(2-1)和式(2-3)代入式(2-5)即可得到

$$\begin{bmatrix} x_1 \\ y_1 \\ z_1 \end{bmatrix} = \boldsymbol{L}_x(\gamma)\boldsymbol{L}_z(\vartheta)\boldsymbol{L}_y(\psi) \begin{bmatrix} x \\ y \\ z \end{bmatrix} \tag{2-7}$$

令

$$\boldsymbol{L}(\psi,\vartheta,\gamma) = \boldsymbol{L}_x(\gamma)\boldsymbol{L}_z(\vartheta)\boldsymbol{L}_y(\psi) \tag{2-8}$$

则式(2-7)又可写成

$$\begin{bmatrix} x_1 \\ y_1 \\ z_1 \end{bmatrix} = \boldsymbol{L}(\psi,\vartheta,\gamma) \begin{bmatrix} x \\ y \\ z \end{bmatrix} \tag{2-9}$$

$\boldsymbol{L}(\psi,\vartheta,\gamma)$ 称为地面坐标系到弹体坐标系的坐标变换矩阵。将式(2-2)、式(2-4)、式(2-6)代入式(2-8)中,则有

$$\boldsymbol{L}(\psi,\vartheta,\gamma) = \begin{bmatrix} \cos\vartheta\cos\psi & \sin\vartheta & -\cos\vartheta\sin\psi \\ -\sin\vartheta\cos\psi\cos\gamma + \sin\psi\sin\gamma & \cos\vartheta\cos\gamma & \sin\vartheta\sin\psi\cos\gamma + \cos\psi\sin\gamma \\ \sin\vartheta\cos\psi\sin\gamma + \sin\psi\cos\gamma & -\cos\vartheta\sin\gamma & -\sin\vartheta\sin\psi\sin\gamma + \cos\psi\cos\gamma \end{bmatrix} \tag{2-10}$$

地面坐标系与弹体坐标系之间的变换关系也可用表 2-1 中所列的方向余弦给出。

表 2 - 1　　地面坐标系与弹体坐标系之间的坐标变换方向余弦表

	Ax	Ay	Az
Ox_1	$\cos\vartheta\cos\psi$	$\sin\vartheta$	$-\cos\vartheta\sin\psi$
Oy_1	$-\sin\vartheta\cos\psi\cos\gamma+\sin\psi\sin\gamma$	$\cos\vartheta\cos\gamma$	$\sin\vartheta\sin\psi\cos\gamma+\cos\psi\sin\gamma$
Oz_1	$\sin\vartheta\cos\psi\sin\gamma+\sin\psi\cos\gamma$	$-\cos\vartheta\sin\gamma$	$-\sin\vartheta\sin\psi\sin\gamma+\cos\psi\cos\gamma$

由上述过程可以看出,两个坐标系之间的坐标变换矩阵就是各基元变换矩阵的乘积,且基元变换矩阵相乘的顺序与坐标系旋转的顺序相反(左乘)。根据这一规律,我们可以直接写出任何两个坐标系之间的变换矩阵。关于基元变换矩阵的写法也是有规律可循的,请读者自行总结。注意:坐标系旋转的顺序并不是惟一的,有关说明可参见参考文献[29]。

如果已知某矢量在弹体坐标系中的分量为 x_1,y_1,z_1,那么,在地面坐标系中的分量计算式为

$$\begin{bmatrix} x \\ y \\ z \end{bmatrix} = \boldsymbol{L}^{-1}(\psi,\vartheta,\gamma)\begin{bmatrix} x_1 \\ y_1 \\ z_1 \end{bmatrix} \tag{2-11}$$

而且,$\boldsymbol{L}^{-1}(\psi,\vartheta,\gamma)=\boldsymbol{L}^{\mathrm{T}}(\psi,\vartheta,\gamma)$,因此,坐标变换矩阵是规范化正交矩阵,它的元素满足如下条件:

$$\left.\begin{array}{c} \sum_{k=1}^{3} l_{ik}l_{jk}=\delta_{ij} \\ \sum_{k=1}^{3} l_{ki}l_{kj}=\delta_{ij} \\ \delta_{ij}=1, \quad i=j \\ \delta_{ij}=0, \quad i\neq j \end{array}\right\} \tag{2-12}$$

另外,坐标变换矩阵还具有传递性:设想有三个坐标系 A,B,C,若 A 到 B,B 到 C 的转换矩阵分别为 $\boldsymbol{L}_{AB}$,$\boldsymbol{L}_{BC}$,则 A 到 C 的变换矩阵为

$$\boldsymbol{L}_{AC}=\boldsymbol{L}_{AB}\boldsymbol{L}_{BC} \tag{2-13}$$

2. 地面坐标系与弹道坐标系之间的变换矩阵

地面坐标系 $Axyz$ 与弹道坐标系 $Ox_2y_2z_2$ 的变换,可通过两次旋转得到,如图 2.4 所示。它们之间的相互方位可由两个角度确定,分别定义如下:

(1)弹道倾角 θ:导弹的速度矢量 $\boldsymbol{V}$(即 Ox_2 轴)与水平面 xAz 之间的夹角,若速度矢量 $\boldsymbol{V}$ 在水平面之上,则 θ 为正,反之为负。

（2）弹道偏角 ψ_V：导弹的速度矢量 $\mathbf{V}$ 在水平面 xAz 上的投影 Ox' 与 Ax 轴之间的夹角。沿 Ay 轴向下看，当 Ax 轴逆时针方向转到投影线 Ox' 上时，弹道偏角 ψ_V 为正，反之为负。

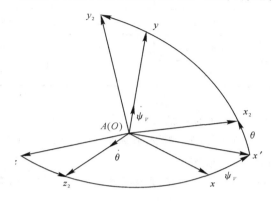

图 2.4　坐标系 $Axyz$ 与 $Ox_2y_2z_2$ 的相对关系

显然地面坐标系到弹道坐标系的变换矩阵可通过两次旋转求得。首先将地面坐标系绕 Ay 轴旋转一个 ψ_V 角，组成过渡坐标系 $Ax'yz_2$，得到基元旋转矩阵为

$$\boldsymbol{L}_y(\psi_V) = \begin{bmatrix} \cos\psi_V & 0 & -\sin\psi_V \\ 0 & 1 & 0 \\ \sin\psi_V & 0 & \cos\psi_V \end{bmatrix} \tag{2-14}$$

然后，使过渡坐标系 $Ax'yz_2$ 绕 Az_2 轴转一个 θ 角，基元旋转矩阵为

$$\boldsymbol{L}_z(\theta) = \begin{bmatrix} \cos\theta & \sin\theta & 0 \\ -\sin\theta & \cos\theta & 0 \\ 0 & 0 & 1 \end{bmatrix} \tag{2-15}$$

因此，地面坐标系与弹道坐标系之间的变换矩阵为

$$\boldsymbol{L}(\psi_V,\theta) = \boldsymbol{L}_z(\theta)\boldsymbol{L}_y(\psi_V) = \begin{bmatrix} \cos\theta\cos\psi_V & \sin\theta & -\cos\theta\sin\psi_V \\ -\sin\theta\cos\psi_V & \cos\theta & \sin\theta\sin\psi_V \\ \sin\psi_V & 0 & \cos\psi_V \end{bmatrix}$$

若已知地面坐标系 $Axyz$ 中的列矢量 x,y,z，求在弹道坐标系 $Ox_2y_2z_2$ 各轴上的分量 x_2，y_2,z_2，则利用上式可得

$$\begin{bmatrix} x_2 \\ y_2 \\ z_2 \end{bmatrix} = \boldsymbol{L}(\psi_V,\theta) \begin{bmatrix} x \\ y \\ z \end{bmatrix} \tag{2-16}$$

地面坐标系与弹道坐标系之间的变换关系也可用方向余弦表即表 2-2 给出。

表 2 - 2   地面坐标系与弹道坐标系之间的坐标变换方向余弦表

	Ax	Ay	Az
Ox_2	$\cos\theta\cos\psi_V$	$\sin\theta$	$-\cos\theta\sin\psi_V$
Oy_2	$-\sin\theta\cos\psi_V$	$\cos\theta$	$\sin\theta\sin\psi_V$
Oz_2	$\sin\psi_V$	0	$\cos\psi_V$

3. 速度坐标系与弹体坐标系之间的变换矩阵

根据这两个坐标系的定义(见 1.1 节),弹体坐标系 $Ox_1y_1z_1$ 相对于速度坐标系 $Ox_3y_3z_3$ 的方位,完全由攻角 α 和侧滑角 β 来确定。

根据攻角 α 和侧滑角 β 的定义,首先将速度坐标系 $Ox_3y_3z_3$ 绕 Oy_3 轴旋转一个 β 角,得到过渡坐标系 $Ox'y_3z_1$(见图 2.5),其基元旋转矩阵为

$$\boldsymbol{L}_y(\beta) = \begin{bmatrix} \cos\beta & 0 & -\sin\beta \\ 0 & 1 & 0 \\ \sin\beta & 0 & \cos\beta \end{bmatrix}$$

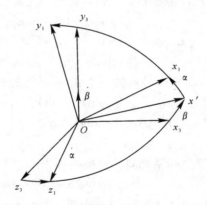

图 2.5   弹体坐标系 $Ox_1y_1z_1$ 与速度坐标系 $Ox_3y_3z_3$ 的相对关系

然后,再将坐标系 $Ox'y_3z_1$ 绕 Oz_1 轴旋转一个 α 角,即得到弹体坐标系 $Ox_1y_1z_1$,对应的基元旋转矩阵为

$$\boldsymbol{L}_z(\alpha) = \begin{bmatrix} \cos\alpha & \sin\alpha & 0 \\ -\sin\alpha & \cos\alpha & 0 \\ 0 & 0 & 1 \end{bmatrix}$$

因此,速度坐标系 $Ox_3y_3z_3$ 到弹体坐标系 $Ox_1y_1z_1$ 的变换矩阵可写成

$$L(\beta,\alpha)=L_z(\alpha)L_y(\beta)=\begin{bmatrix} \cos\alpha\cos\beta & \sin\alpha & -\cos\alpha\sin\beta \\ -\sin\alpha\cos\beta & \cos\alpha & \sin\alpha\sin\beta \\ \sin\beta & 0 & \cos\beta \end{bmatrix}$$

利用上式,可将速度坐标系中的分量 x_3,y_3,z_3 转换到弹体坐标系中,即

$$\begin{bmatrix} x_1 \\ y_1 \\ z_1 \end{bmatrix}=L(\beta,\alpha)\begin{bmatrix} x_3 \\ y_3 \\ z_3 \end{bmatrix} \qquad\qquad (2-17)$$

速度坐标系与弹体坐标系的坐标变换关系也可用方向余弦表即表 2-3 给出。

表 2-3 速度坐标系与弹体坐标系的坐标变换方向余弦表

	Ox_3	Oy_3	Oz_3
Ox_1	$\cos\alpha\cos\beta$	$\sin\alpha$	$-\cos\alpha\sin\beta$
Oy_1	$-\sin\alpha\cos\beta$	$\cos\alpha$	$\sin\alpha\sin$
Oz_1	$\sin\beta$	0	$\cos\beta$

4. 弹道坐标系与速度坐标系之间的变换矩阵

由这两个坐标系的定义可知,Ox_2 轴和 Ox_3 轴都与速度矢量 V 重合,因此,它们之间的相互方位只用一个角参数 γ_V 即可确定。γ_V 称为速度滚转角,定义成位于导弹纵向对称平面 x_1Oy_1 内的 Oy_3 轴与包含速度矢量 V 的铅垂面之间的夹角(Oy_2 轴与 Oy_3 轴的夹角)。沿着速度方向(从导弹尾部)看,Oy_2 轴顺时针方向转到 Oy_3 轴时,γ_V 为正,反之为负(见图 2.6)。

这两个坐标系之间的变换矩阵就是绕 Ox_2 轴旋转 γ_V 角所得的基元旋转矩阵,即

$$L(\gamma_V)=L_x(\gamma_V)=\begin{bmatrix} 1 & 0 & 0 \\ 0 & \cos\gamma_V & \sin\gamma_V \\ 0 & -\sin\gamma_V & \cos\gamma_V \end{bmatrix}$$

应用上式,可将弹道坐标系中的坐标分量变换到速度坐标系中去,即

$$\begin{bmatrix} x_3 \\ y_3 \\ z_3 \end{bmatrix}=L(\gamma_V)\begin{bmatrix} x_2 \\ y_2 \\ z_2 \end{bmatrix} \qquad (2-18)$$

两坐标系之间的方向余弦表由表 2-4 给出。

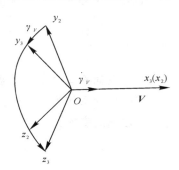

图 2.6 坐标系 $Ox_2y_2z_2$ 与 $Ox_3y_3z_3$ 的相对关系

表 2 - 4   弹道坐标系与速度坐标系之间的坐标变换方向余弦表

	Ox_2	Oy_2	Oz_2
Ox_3	1	0	0
Oy_3	0	$\cos\gamma_V$	$\sin\gamma_V$
Oz_3	0	$-\sin\gamma_V$	$\cos\gamma_V$

5. 地面坐标系与速度坐标系之间的变换矩阵

以弹道坐标系作为过渡坐标系,将式(2-16)代入式(2-18),即可得到地面坐标系与速度坐标系之间的变换关系为

$$\begin{bmatrix} x_3 \\ y_3 \\ z_3 \end{bmatrix} = \boldsymbol{L}(\gamma_V)\boldsymbol{L}(\psi_V,\theta)\begin{bmatrix} x \\ y \\ z \end{bmatrix} \tag{2-19}$$

因此,地面坐标系到速度坐标系的变换矩阵为

$$\boldsymbol{L}(\psi_V,\theta,\gamma_V)=\boldsymbol{L}(\gamma_V)\boldsymbol{L}(\psi_V,\theta)$$

为便于查阅,将 $\boldsymbol{L}(\psi_V,\theta,\gamma_V)$ 展开,写成表 2-5 给出的方向余弦表。

表 2 - 5   地面坐标系与速度坐标系之间的坐标变换方向余弦表

	Ax	Ay	Az
Ox_3	$\cos\theta\cos\psi_V$	$\sin\theta$	$-\cos\theta\sin\psi_V$
Oy_3	$-\sin\theta\cos\psi_V\cos\gamma_V+\sin\psi_V\sin\gamma_V$	$\cos\theta\cos\gamma_V$	$\sin\theta\sin\psi_V\cos\gamma_V+\cos\psi_V\sin\gamma_V$
Oz_3	$\sin\theta\cos\psi_V\sin\gamma_V+\sin\psi_V\cos\gamma_V$	$-\cos\theta\sin\gamma_V$	$-\sin\theta\sin\psi_V\sin\gamma_V+\cos\psi_V\cos\gamma_V$

6. 弹道坐标系与弹体坐标系之间的变换矩阵

以速度坐标系作为过渡坐标系,将式(2-18)式代入式(2-17),即可得到弹道坐标系与弹体坐标系之间的变换关系为

$$\begin{bmatrix} x_1 \\ y_1 \\ z_1 \end{bmatrix} = \boldsymbol{L}(\beta,\alpha)\boldsymbol{L}(\gamma_V)\begin{bmatrix} x_2 \\ y_2 \\ z_2 \end{bmatrix} \tag{2-20}$$

因此,弹道坐标系到弹体坐标系的变换矩阵为

$$\boldsymbol{L}(\gamma_V,\beta,\alpha)=\boldsymbol{L}(\beta,\alpha)\boldsymbol{L}(\gamma_V)$$

为便于查阅,将 $\boldsymbol{L}(\gamma_V,\beta,\alpha)$ 展开,写成表 2-6 给出的方向余弦表。

表 2 - 6   弹道坐标系与弹体坐标系之间的坐标变换方向余弦表

	Ox_2	Oy_2	Oz_2
Ox_1	$\cos\alpha\cos\beta$	$\sin\alpha\cos\gamma_V + \cos\alpha\sin\beta\sin\gamma_V$	$\sin\alpha\sin\gamma_V - \cos\alpha\sin\beta\cos\gamma_V$
Oy_1	$-\sin\alpha\cos\beta$	$\cos\alpha\cos\gamma_V - \sin\alpha\sin\beta\sin\gamma_V$	$\cos\alpha\sin\gamma_V + \sin\alpha\sin\beta\cos\gamma_V$
Oz_1	$\sin\beta$	$-\cos\beta\sin\gamma_V$	$\cos\beta\cos\gamma_V$

2.3   导弹运动方程组

导弹运动方程组是描述作用在导弹上的力、力矩与导弹运动参数之间关系的一组方程。它由描述导弹质心运动和弹体姿态变化的动力学方程、运动学方程、导弹质量变化方程、角度几何关系方程和描述控制系统工作的方程所组成。

一、动力学方程

前面已经提到,导弹的空间运动可看成变质量物体的六自由度运动,由两个矢量方程描述。为研究方便起见,通常将矢量方程投影到坐标系上,写成三个描述导弹质心运动的动力学标量方程和三个描述导弹绕质心转动的动力学标量方程。

1.导弹质心运动的动力学方程

坐标系的选取方法将直接影响到所建立的导弹质心运动方程的繁简程度。工程实践表明:研究近程战术导弹质心运动的动力学问题时,将矢量方程投影到弹道坐标系 $Ox_2y_2z_2$ 是最方便的。

对于近程战术导弹而言,将地面坐标系视为惯性坐标系,能保证所需要的计算准确度。弹道坐标系 $Ox_2y_2z_2$ 是动坐标系,它相对地面坐标系既有位移运动(其速度为 $\boldsymbol{V}$),又有转动运动(其角速度为 Ω)。

在动坐标系中建立动力学方程,需要引用矢量的绝对导数和相对导数之间的关系,即

$$\frac{d\boldsymbol{V}}{dt} = \frac{\partial\boldsymbol{V}}{\partial t} + \Omega \times \boldsymbol{V}$$

式中,$d\boldsymbol{V}/dt$ 为矢量 $\boldsymbol{V}$ 在惯性坐标系(地面坐标系)中的绝对导数;$\partial\boldsymbol{V}/\partial t$ 为矢量 $\boldsymbol{V}$ 在动坐标系(弹道坐标系)中的相对导数。

导弹质心运动方程可写成

$$m\left(\frac{\partial\boldsymbol{V}}{\partial t} + \Omega \times \boldsymbol{V}\right) = \boldsymbol{F} \tag{2-21}$$

式中,各矢量在弹道坐标系 $Ox_2y_2z_2$ 各轴上的投影定义为

$$\left[\dfrac{\mathrm{d}V_{x2}}{\mathrm{d}t} \quad \dfrac{\mathrm{d}V_{y2}}{\mathrm{d}t} \quad \dfrac{\mathrm{d}V_{z2}}{\mathrm{d}t}\right]^{\mathrm{T}}, \qquad \left[\varOmega_{x2} \quad \varOmega_{y2} \quad \varOmega_{z2}\right]^{\mathrm{T}}$$

$$\left[V_{x2} \quad V_{y2} \quad V_{z2}\right]^{\mathrm{T}}, \qquad \left[F_{x2} \quad F_{y2} \quad F_{z2}\right]^{\mathrm{T}}$$

将式(2-21)展开,得到

$$m\begin{bmatrix} \dfrac{\mathrm{d}V_{x2}}{\mathrm{d}t} + \varOmega_{y2}V_{z2} - \varOmega_{z2}V_{y2} \\[2mm] \dfrac{\mathrm{d}V_{y2}}{\mathrm{d}t} + \varOmega_{z2}V_{x2} - \varOmega_{x2}V_{z2} \\[2mm] \dfrac{\mathrm{d}V_{z2}}{\mathrm{d}t} + \varOmega_{x2}V_{y2} - \varOmega_{y2}V_{x2} \end{bmatrix} = \begin{bmatrix} F_{x2} \\ F_{y2} \\ F_{z2} \end{bmatrix} \tag{2-22}$$

根据弹道坐标系 $Ox_2y_2z_2$ 的定义,速度矢量 $\boldsymbol{V}$ 与 Ox_2 轴重合,故 $\boldsymbol{V}$ 在弹道坐标系各轴上的投影分量为

$$\begin{bmatrix} V_{x2} \\ V_{y2} \\ V_{z2} \end{bmatrix} = \begin{bmatrix} V \\ 0 \\ 0 \end{bmatrix} \tag{2-23}$$

由 2.2 节可知,地面坐标系经过两次旋转后与弹道坐标系重合,两次旋转的角速度大小分别为 $\dot{\psi}_V, \dot{\theta}$,则弹道坐标系相对地面坐标系的旋转角速度为两次旋转的角速度合成。它在 $Ox_2y_2z_2$ 各轴上的投影可利用变换矩阵得到,即

$$\begin{bmatrix} \varOmega_{x2} \\ \varOmega_{y2} \\ \varOmega_{z2} \end{bmatrix} = \boldsymbol{L}(\psi_V,\theta)\begin{bmatrix} 0 \\ \dot{\psi}_V \\ 0 \end{bmatrix} + \begin{bmatrix} 0 \\ 0 \\ \dot{\theta} \end{bmatrix} = \begin{bmatrix} \dot{\psi}_V\sin\theta \\ \dot{\psi}_V\cos\theta \\ \dot{\theta} \end{bmatrix} \tag{2-24}$$

将式(2-23)和式(2-24)代入式(2-22)中,得

$$\begin{bmatrix} m\dfrac{\mathrm{d}V}{\mathrm{d}t} \\[2mm] mV\dfrac{\mathrm{d}\theta}{\mathrm{d}t} \\[2mm] -mV\cos\theta\dfrac{\mathrm{d}\psi_V}{\mathrm{d}t} \end{bmatrix} = \begin{bmatrix} F_{x2} \\ F_{y2} \\ F_{z2} \end{bmatrix} \tag{2-25}$$

式中,$\mathrm{d}V/\mathrm{d}t$ 为加速度矢量在弹道切线(Ox_2)上的投影,又称为切向加速度;$V\mathrm{d}\theta/\mathrm{d}t$ 为加速度矢量在弹道法线(Oy_2)上的投影,又称法向加速度;$-V\cos\theta(\mathrm{d}\psi_V/\mathrm{d}t)$ 为加速度矢量在 Oz_2 轴上的投影分量,也称为侧向加速度。

如图 2.7 所示,法向加速度 $V\mathrm{d}\theta/\mathrm{d}t$ 使导弹质心在铅垂平面内作曲线运动。若在 t 瞬时,导弹位于 A 点,经 $\mathrm{d}t$ 时间间隔,导弹飞过弧长 $\mathrm{d}s$ 到达 B 点,弹道倾角的变化量为 $\mathrm{d}\theta$,那么,这时的法向加速度为 $a_{y2} = V^2/\rho$,其中,曲率半径又可写成

$$\rho = \frac{\mathrm{d}s}{\mathrm{d}\theta} = \frac{\mathrm{d}s}{\mathrm{d}t}\frac{\mathrm{d}t}{\mathrm{d}\theta} = \frac{V}{\dfrac{\mathrm{d}\theta}{\mathrm{d}t}} = \frac{V}{\dot{\theta}}$$

故

$$a_{y2} = \frac{V^2}{\rho} = V\frac{\mathrm{d}\theta}{\mathrm{d}t} = V\dot{\theta}$$

法向加速度 $a_{z2} = -V\cos\theta(\mathrm{d}\psi_V/\mathrm{d}t)$ 的"负"号表明,根据弹道偏角 ψ_V 所采用的正负号定义,当 $-\pi/2 < \theta < \pi/2$ 时,正的侧向力将产生负的角速度 $\mathrm{d}\psi_V/\mathrm{d}t$。

下面将讨论式(2-25)右端项,即合外力在弹道坐标系各轴上的投影分量。第1章中已经指出,作用于导弹上的力一般包括空气动力、推力和重力等。它们

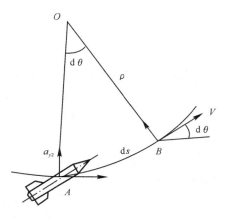

图 2.7 导弹在铅垂平面内作曲线运动

在弹道坐标系各轴上的投影分量可利用有关变换矩阵得到。

(1)空气动力在弹道坐标系上的投影。由第1章的介绍可知,作用在导弹上的空气动力 $\boldsymbol{R}$ 在速度坐标系 $Ox_3y_3z_3$ 的分量形式最为简单,分别与阻力 X、升力 Y 和侧向力 Z 相对应。根据弹道坐标系和速度坐标系之间的坐标变换矩阵式(2-18)或方向余弦表2-4,空气动力在弹道坐标系 $Ox_2y_2z_2$ 各轴上的投影分量为

$$\begin{bmatrix} R_{x2} \\ R_{y2} \\ R_{z2} \end{bmatrix} = \boldsymbol{L}^{-1}(\gamma_V)\begin{bmatrix} -X \\ Y \\ Z \end{bmatrix} = \boldsymbol{L}^{\mathrm{T}}(\gamma_V)\begin{bmatrix} -X \\ Y \\ Z \end{bmatrix} = \begin{bmatrix} -X \\ Y\cos\gamma_V - Z\sin\gamma_V \\ Y\sin\gamma_V + Z\cos\gamma_V \end{bmatrix} \qquad (2-26)$$

(2)推力在弹道坐标系上的投影。假设发动机的推力 $\boldsymbol{P}$ 与弹体纵轴 Ox_1 重合,那么,推力 $\boldsymbol{P}$ 在弹道坐标系 $Ox_2y_2z_2$ 各轴上的投影表达式只要作两次坐标变换即可得到。首先,利用速度坐标系与弹体坐标系之间的变换矩阵式(2-17),将推力 $\boldsymbol{P}$ 投影到速度坐标系 $Ox_3y_3z_3$ 各轴上;然后利用弹道坐标系与速度坐标系之间的变换关系式(2-18),即可得到推力 $\boldsymbol{P}$ 在弹道坐标系各轴上的投影。若推力 $\boldsymbol{P}$ 在 $Ox_1y_1z_1$ 系中的分量用 P_{x1},P_{y1},P_{z1} 表示,则有

$$\begin{bmatrix} P_{x1} \\ P_{y1} \\ P_{z1} \end{bmatrix} = \begin{bmatrix} P \\ 0 \\ 0 \end{bmatrix} \qquad (2-27)$$

利用 $\boldsymbol{L}^{\mathrm{T}}(\beta,\alpha)$,得到推力 $\boldsymbol{P}$ 在速度坐标系各轴上的投影分量,即

$$\begin{bmatrix} P_{x3} \\ P_{y3} \\ P_{z3} \end{bmatrix} = \boldsymbol{L}^{\mathrm{T}}(\beta,\alpha)\begin{bmatrix} P_{x1} \\ P_{y1} \\ P_{z1} \end{bmatrix}$$

再利用弹道坐标系与速度坐标系之间的变换关系,得到推力在弹道坐标系上的投影分量,即

$$\begin{bmatrix} P_{x2} \\ P_{y2} \\ P_{z2} \end{bmatrix} = \boldsymbol{L}^{\mathrm{T}}(\gamma_V) \begin{bmatrix} P_{x3} \\ P_{y3} \\ P_{z3} \end{bmatrix} = \boldsymbol{L}^{\mathrm{T}}(\gamma_V) \boldsymbol{L}^{\mathrm{T}}(\beta,\alpha) \begin{bmatrix} P_{x1} \\ P_{y1} \\ P_{z1} \end{bmatrix} \tag{2-28}$$

将相应坐标变换矩阵的转置代入式(2-28),则有

$$\begin{bmatrix} P_{x2} \\ P_{y2} \\ P_{z2} \end{bmatrix} = \begin{bmatrix} P\cos\alpha\cos\beta \\ P(\sin\alpha\cos\gamma_V + \cos\alpha\sin\beta\sin\gamma_V) \\ P(\sin\alpha\sin\gamma_V - \cos\alpha\sin\beta\cos\gamma_V) \end{bmatrix} \tag{2-29}$$

(3) 重力在弹道坐标系上的投影。对于近程战术导弹,常把重力矢量视为平行力场,即重力与地面坐标系的 Ay 轴平行,且其大小为 mg(见式(1-43)),故有

$$\begin{bmatrix} G_{Ax} \\ G_{Ay} \\ G_{Az} \end{bmatrix} = \begin{bmatrix} 0 \\ -G \\ 0 \end{bmatrix} = \begin{bmatrix} 0 \\ -mg \\ 0 \end{bmatrix}$$

显然,重力 $\boldsymbol{G}$ 在弹道坐标系各轴的投影只要利用变换矩阵式(2-16)或方向余弦表2-2即可得到,即

$$\begin{bmatrix} G_{x2} \\ G_{y2} \\ G_{z2} \end{bmatrix} = \boldsymbol{L}(\psi_V,\theta) \begin{bmatrix} G_{Ax} \\ G_{Ay} \\ G_{Az} \end{bmatrix} = \begin{bmatrix} -mg\sin\theta \\ -mg\cos\theta \\ 0 \end{bmatrix} \tag{2-30}$$

将式(2-26)、式(2-29)和式(2-30)代入式(2-25),即可得到描述导弹质心运动的动力学方程,即

$$\begin{bmatrix} m\dfrac{\mathrm{d}V}{\mathrm{d}t} \\ mV\dfrac{\mathrm{d}\theta}{\mathrm{d}t} \\ -mV\cos\theta\dfrac{\mathrm{d}\psi_V}{\mathrm{d}t} \end{bmatrix} = \begin{bmatrix} P\cos\alpha\cos\beta - X - mg\sin\theta \\ P(\sin\alpha\cos\gamma_V + \cos\alpha\sin\beta\sin\gamma_V) + Y\cos\gamma_V - Z\sin\gamma_V - mg\cos\theta \\ P(\sin\alpha\sin\gamma_V - \cos\alpha\sin\beta\cos\gamma_V) + Y\sin\gamma_V + Z\cos\gamma_V \end{bmatrix}$$

$$\tag{2-31}$$

2. 导弹绕质心转动的动力学方程

导弹绕质心转动的动力学矢量方程投影到弹体坐标系上的标量形式最为简单。

弹体坐标系 $Ox_1y_1z_1$ 是动坐标系,假设弹体坐标系相对地面坐标系的转动角速度为 $\boldsymbol{\omega}$,在弹体坐标系中,导弹绕质心转动的动力学方程为

$$\frac{\mathrm{d}\boldsymbol{H}}{\mathrm{d}t} = \frac{\partial\boldsymbol{H}}{\partial t} + \boldsymbol{\omega} \times \boldsymbol{H} = \boldsymbol{M} \tag{2-32}$$

式中,$\mathrm{d}\boldsymbol{H}/\mathrm{d}t$,$\partial\boldsymbol{H}/\partial t$ 分别为动量矩的绝对、相对导数。

设 $\boldsymbol{i}_1,\boldsymbol{j}_1,\boldsymbol{k}_1$ 分别为沿弹体坐标系各轴的单位矢量;$\omega_{x1},\omega_{y1},\omega_{z1}$ 分别为弹体坐标系转动角

速度 $\boldsymbol{\omega}$ 沿弹体坐标系各轴的分量。动量矩可表示成

$$\boldsymbol{H} = \boldsymbol{J} \cdot \boldsymbol{\omega}$$

式中，$\boldsymbol{J}$ 为惯性张量，其矩阵表示形式为

$$\boldsymbol{J} = \begin{bmatrix} J_{x1} & -J_{x1y1} & -J_{z1x1} \\ -J_{x1y1} & J_{y1} & -J_{y1z1} \\ -J_{z1x1} & -J_{y1z1} & J_{z1} \end{bmatrix}$$

式中，J_{x1}, J_{y1}, J_{z1} 分别为导弹对弹体坐标系各轴的转动惯量；$J_{x1y1}, J_{y1z1}, J_{z1x1}$ 分别为导弹对弹体坐标系各轴的惯性积。

若导弹为轴对称型，则弹体坐标系的轴 Ox_1, Oy_1 与 Oz_1 就是导弹的惯性主轴。此时，导弹对弹体坐标系各轴的惯性积为零。于是，动量矩 $\boldsymbol{H}$ 沿弹体坐标系各轴的分量为

$$\begin{Bmatrix} H_{x1} \\ H_{y1} \\ H_{z1} \end{Bmatrix} = \begin{bmatrix} J_{x1} & 0 & 0 \\ 0 & J_{y1} & 0 \\ 0 & 0 & J_{z1} \end{bmatrix} \begin{Bmatrix} \omega_{x1} \\ \omega_{y1} \\ \omega_{z1} \end{Bmatrix} = \begin{Bmatrix} J_{x1}\omega_{x1} \\ J_{y1}\omega_{y1} \\ J_{z1}\omega_{z1} \end{Bmatrix}$$

而

$$\frac{\partial \boldsymbol{H}}{\partial t} = \frac{\mathrm{d}H_{x1}}{\mathrm{d}t}\boldsymbol{i}_1 + \frac{\mathrm{d}H_{y1}}{\mathrm{d}t}\boldsymbol{j}_1 + \frac{\mathrm{d}H_{z1}}{\mathrm{d}t}\boldsymbol{k}_1 = J_{x1}\frac{\mathrm{d}\omega_{x1}}{\mathrm{d}t}\boldsymbol{i}_1 + J_{y1}\frac{\mathrm{d}\omega_{y1}}{\mathrm{d}t}\boldsymbol{j}_1 + J_{z1}\frac{\mathrm{d}\omega_{z1}}{\mathrm{d}t}\boldsymbol{k}_1$$

$$(2-33)$$

$$\boldsymbol{\omega} \times \boldsymbol{H} = \begin{vmatrix} \boldsymbol{i}_1 & \boldsymbol{j}_1 & \boldsymbol{k}_1 \\ \omega_{x1} & \omega_{y1} & \omega_{z1} \\ H_{x1} & H_{y1} & H_{z1} \end{vmatrix} = \begin{vmatrix} \boldsymbol{i}_1 & \boldsymbol{j}_1 & \boldsymbol{k}_1 \\ \omega_{x1} & \omega_{y1} & \omega_{z1} \\ J_{x1}\omega_{x1} & J_{y1}\omega_{y1} & J_{z1}\omega_{z1} \end{vmatrix} =$$

$$(J_{z1} - J_{y1})\omega_{z1}\omega_{y1}\boldsymbol{i}_1 + (J_{x1} - J_{z1})\omega_{x1}\omega_{z1}\boldsymbol{j}_1 + (J_{y1} - J_{x1})\omega_{y1}\omega_{x1}\boldsymbol{k}_1 \qquad (2-34)$$

将式(2-33)、式(2-34)代入式(2-32)，则导弹绕质心转动的动力学方程就可化成(为了书写方便，将注脚"1"省略)

$$\begin{Bmatrix} J_x\dfrac{\mathrm{d}\omega_x}{\mathrm{d}t} + (J_z - J_y)\omega_z\omega_y \\ J_y\dfrac{\mathrm{d}\omega_y}{\mathrm{d}t} + (J_x - J_z)\omega_x\omega_z \\ J_z\dfrac{\mathrm{d}\omega_z}{\mathrm{d}t} + (J_y - J_x)\omega_y\omega_x \end{Bmatrix} = \begin{Bmatrix} M_x \\ M_y \\ M_z \end{Bmatrix} \qquad (2-35)$$

式中，M_x, M_y, M_z 分别为作用于导弹上的所有外力对质心之力矩在弹体坐标系 $Ox_1y_1z_1$ 各轴上的分量。若推力矢量 $\boldsymbol{P}$ 与 Ox_1 轴完全重合，则只考虑气动力矩就可以了。

如果导弹是面对称型的(关于导弹纵向平面 x_1Oy_1 对称)，即 $J_{yz} = J_{zx} = 0$，那么，导弹绕质心转动的动力学方程可写成

$$
\left\{
\begin{array}{l}
J_x\,\dfrac{\mathrm{d}\omega_x}{\mathrm{d}t} - J_{xy}\,\dfrac{\mathrm{d}\omega_y}{\mathrm{d}t} + (J_z - J_y)\omega_z\omega_y + J_{xy}\omega_x\omega_z \\[2mm]
J_y\,\dfrac{\mathrm{d}\omega_y}{\mathrm{d}t} - J_{xy}\,\dfrac{\mathrm{d}\omega_x}{\mathrm{d}t} + (J_x - J_z)\omega_x\omega_z + J_{xy}\omega_z\omega_y \\[2mm]
J_z\,\dfrac{\mathrm{d}\omega_z}{\mathrm{d}t} + (J_y - J_x)\omega_y\omega_x + J_{xy}(\omega_y^2 - \omega_x^2)
\end{array}
\right\}
=
\begin{bmatrix}
M_x \\ M_y \\ M_z
\end{bmatrix}
$$

二、运动学方程

研究导弹质心运动的运动学方程和绕质心转动的运动学方程,其目的是确定质心每一瞬时的坐标位置以及导弹相对地面坐标系的瞬时姿态。

1. 导弹绕质心运动的运动学方程

在地面坐标系中,导弹速度分量为

$$
\begin{bmatrix}
V_x \\ V_y \\ V_z
\end{bmatrix}
=
\begin{bmatrix}
\dfrac{\mathrm{d}x}{\mathrm{d}t} \\[2mm]
\dfrac{\mathrm{d}y}{\mathrm{d}t} \\[2mm]
\dfrac{\mathrm{d}z}{\mathrm{d}t}
\end{bmatrix}
$$

根据弹道坐标系 $Ox_2y_2z_2$ 的定义可知,速度矢量 $\boldsymbol{V}$ 与 Ox_2 轴重合,利用弹道坐标系和地面坐标系之间的变换矩阵又可得到

$$
\begin{bmatrix}
V_x \\ V_y \\ V_z
\end{bmatrix}
= \boldsymbol{L}^{\mathrm{T}}(\psi_V,\theta)
\begin{bmatrix}
V_{x2} \\ V_{y2} \\ V_{z2}
\end{bmatrix}
= \boldsymbol{L}^{\mathrm{T}}(\psi_V,\theta)
\begin{bmatrix}
V \\ 0 \\ 0
\end{bmatrix}
=
\begin{bmatrix}
V\cos\theta\cos\psi_V \\
V\sin\theta \\
-V\cos\theta\sin\psi_V
\end{bmatrix}
$$

比较上述两式,得到导弹质心的运动学方程为

$$
\begin{bmatrix}
\dfrac{\mathrm{d}x}{\mathrm{d}t} \\[2mm]
\dfrac{\mathrm{d}y}{\mathrm{d}t} \\[2mm]
\dfrac{\mathrm{d}z}{\mathrm{d}t}
\end{bmatrix}
=
\begin{bmatrix}
V\cos\theta\cos\psi_V \\
V\sin\theta \\
-V\cos\theta\sin\psi_V
\end{bmatrix}
\tag{2-36}
$$

通过积分,可以求得导弹质心相对于地面坐标系 $Axyz$ 的位置坐标 x,y,z。

2. 导弹绕质心转动的运动学方程

要确定导弹在空间的姿态,就需要建立描述导弹相对地面坐标系姿态变化的运动学方程,即建立导弹姿态角 ψ,ϑ,γ 对时间的导数与转动角速度分量 $\omega_{x1},\omega_{y1},\omega_{z1}$ 之间的关系式。

根据弹体坐标系与地面坐标系之间的变换关系,可知导弹相对地面坐标系的旋转角速度 $\boldsymbol{\omega}$ 实际上是三次旋转的转动角速度的矢量合成(见图 2.3)。这三次转动的角速度在弹体坐标系

中的分量分别为 $L_x(\gamma)L_z(\vartheta)\begin{bmatrix}0 & \dot{\psi} & 0\end{bmatrix}^T$，$L_x(\gamma)\begin{bmatrix}0 & 0 & \dot{\vartheta}\end{bmatrix}^T$，$\begin{bmatrix}\dot{\gamma} & 0 & 0\end{bmatrix}^T$，因此，导弹转动角速度在弹体坐标系中的分量为

$$
\begin{bmatrix}\omega_{x1}\\ \omega_{y1}\\ \omega_{z1}\end{bmatrix}=L_x(\gamma)L_z(\vartheta)\begin{bmatrix}0\\ \dot{\psi}\\ 0\end{bmatrix}+L_x(\gamma)\begin{bmatrix}0\\ 0\\ \dot{\vartheta}\end{bmatrix}+\begin{bmatrix}\dot{\gamma}\\ 0\\ 0\end{bmatrix}=
$$

$$
\begin{bmatrix}\dot{\psi}\sin\vartheta+\dot{\gamma}\\ \dot{\psi}\cos\vartheta\cos\gamma+\dot{\vartheta}\sin\gamma\\ -\dot{\psi}\cos\vartheta\sin\gamma+\dot{\vartheta}\cos\gamma\end{bmatrix}=\begin{bmatrix}1 & \sin\vartheta & 0\\ 0 & \cos\vartheta\cos\gamma & \sin\gamma\\ 0 & -\cos\vartheta\sin\gamma & \cos\gamma\end{bmatrix}\begin{bmatrix}\dot{\gamma}\\ \dot{\psi}\\ \dot{\vartheta}\end{bmatrix}
$$

经变换后得

$$
\begin{bmatrix}\dot{\gamma}\\ \dot{\psi}\\ \dot{\vartheta}\end{bmatrix}=\begin{bmatrix}1 & -\tan\vartheta\cos\gamma & \tan\vartheta\sin\gamma\\ 0 & \dfrac{\cos\gamma}{\cos\vartheta} & -\dfrac{\sin\gamma}{\cos\vartheta}\\ 0 & \sin\gamma & \cos\gamma\end{bmatrix}\begin{bmatrix}\omega_{x1}\\ \omega_{y1}\\ \omega_{z1}\end{bmatrix}
$$

将上式展开，就得到了导弹绕质心转动的运动学方程（同样将注脚"1"省略），即

$$
\begin{bmatrix}\dfrac{d\vartheta}{dt}\\ \dfrac{d\psi}{dt}\\ \dfrac{d\gamma}{dt}\end{bmatrix}=\begin{bmatrix}\omega_y\sin\gamma+\omega_z\cos\gamma\\ \dfrac{1}{\cos\vartheta}(\omega_y\cos\gamma-\omega_z\sin\gamma)\\ \omega_x-\tan\vartheta(\omega_y\cos\gamma-\omega_z\sin\gamma)\end{bmatrix}\tag{2-37}
$$

　　注意：上述方程在某些情况下是不能应用的。例如：当俯仰角 $\vartheta=90°$ 时，方程是奇异的，偏航角 ψ 是不确定的。此时，可采用四元数来表示导弹的姿态，并用四元数建立导弹绕质心转动的运动学方程；也可用双欧法克服运动学方程的奇异性，但较复杂。四元数法被经常用来研究导弹或航天器的大角度姿态运动[29]，以及导航计算等。

三、导弹的质量方程

　　导弹在飞行过程中，由于发动机不断地消耗燃料，导弹的质量不断减小。所以，在描述导弹运动的方程组中，还需有描述导弹质量变化的微分方程，即

$$
\frac{dm}{dt}=-m_s(t)\tag{2-38}
$$

式中，dm/dt 为导弹质量变化率，其值总为负；$m_s(t)$ 为导弹在单位时间内的质量消耗量（燃料秒流量）。$m_s(t)$ 的大小主要取决于发动机的性能，通常认为 m_s 是已知的时间函数，可能是常量，也可能是变量。这样，方程式（2-38）可独立于导弹运动方程组之外单独求解，即

$$
m=m_0-\int_{t_0}^{t_f}m_s(t)dt
$$

式中,m_0 为导弹的初始质量;t_0 为发动机开始工作时间;t_f 为发动机工作结束时间。

四、角度几何关系方程

在 1.1 节和 2.2 节中,定义了四个常用的坐标系。从研究它们之间的变换矩阵可知,这四个坐标系之间的关系是由 8 个角度参数 $\theta,\psi_V,\gamma_V,\vartheta,\psi,\gamma,\alpha,\beta$ 联系起来的(见图 2.8)。但是,这 8 个角度并不是完全独立的。例如,速度坐标系相对于地面坐标系 $Axyz$ 的方位,既可以通过 θ,ψ_V 和 γ_V 确定(弹道坐标系作为过渡坐标系),也可以通过 $\vartheta,\psi,\gamma,\alpha,\beta$ 来确定(弹体坐标系作为过渡坐标系)。这就说明,这 8 个角度参数中,只有 5 个是独立的,其余 3 个角参数则可以由这 5 个独立的角度参数来表示,相应的 3 个表达式称为角度几何关系方程。这 3 个几何关系可以根据需要表示成不同的形式,也就是说,角度几何关系方程并不是惟一的。

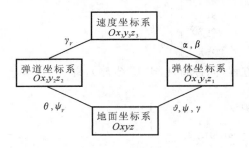

图 2.8　四个坐标系之间的关系

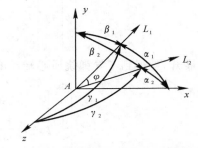

图 2.9　过坐标系原点两矢量的夹角

由于在式(2-31)和式(2-37)中,对 θ,ψ 和 ϑ,ψ,γ 角已有相应的方程来描述,因此,就可用这 5 个角度参量分别求 α,β,γ,从而建立 3 个相应的几何关系方程。

建立角度几何关系方程,可采用球面三角、四元数和方向余弦等方法。下面介绍利用方向余弦和有关矢量运算的知识来建立 3 个角度几何关系方程。

我们知道,过参考坐标系原点的任意两个单位矢量夹角 φ 的余弦,等于它们各自与坐标系对应轴的方向余弦乘积之和(见图 2.9),即

$$\cos\varphi = \cos\alpha_1\cos\alpha_2 + \cos\beta_1\cos\beta_2 + \cos\gamma_1\cos\gamma_2 \qquad (2-39)$$

设 i,j,k 分别为参考坐标系 $Axyz$ 各对应轴的单位矢量,过原点 A 的两个单位矢量夹角的余弦记作 $<l_1 \cdot l_2>$,则式(2-39)又可写成

$$<l_1 \cdot l_2> = <l_1 \cdot i><l_2 \cdot i> + <l_1 \cdot j><l_2 \cdot j> + <l_1 \cdot k><l_2 \cdot k>$$

$$(2-40)$$

若把弹体坐标系的 Ox_1 轴和弹道坐标系的 Ox_2 轴的单位矢量分别视为 l_1 和 l_2,以地面坐标系 $Axyz$ 为参考坐标系,将 $Ox_2y_2z_2$ 和 $Ox_1y_1z_1$ 两坐标系平移至参考系,使其原点 O 与原点 A 重合,查表 2-1、表 2-2 和表 2-6,可得式(2-40)的各单位矢量夹角的余弦项,经整理得

$$\sin\beta = \cos\theta[\cos\gamma\sin(\psi-\psi_V) + \sin\vartheta\sin\gamma\cos(\psi-\psi_V)] - \sin\theta\cos\vartheta\sin\gamma \qquad (2-41)$$

若把弹体坐标系的 Ox_1 轴和弹道坐标系的 Ox_2 轴的单位矢量分别视为 l_1 和 l_2，则可得

$$\cos\alpha = [\cos\vartheta\cos\theta\cos(\psi - \psi_V) + \sin\vartheta\sin\theta]/\cos\beta \qquad (2-42)$$

若把弹体坐标系的 Ox_1 轴和弹道坐标系的 Oz_2 轴的单位矢量分别视为 l_1 和 l_2，同样可得

$$\cos\gamma_V = [\cos\gamma\cos(\psi - \psi_V) - \sin\vartheta\sin\gamma\sin(\psi - \psi_V)]/\cos\beta \qquad (2-43)$$

式(2-41)～式(2-43)即为 3 个角度几何关系方程。

有时几何关系方程显得很简单，例如，当导弹作无侧滑、无滚转飞行时，存在 $\alpha = \vartheta - \theta$；当导弹作无侧滑、零攻角飞行时，存在 $\gamma = \gamma_V$；当导弹在水平面内作无滚转、小攻角($\alpha \approx 0$)飞行时，则有 $\beta = \psi - \psi_V$。

至此，已建立了描述导弹质心运动的动力学方程式(2-31)、导弹绕质心转动的动力学方程式(2-35)、导弹质心运动的运动学方程式(2-36)、导弹绕质心转动的运动学方程式(2-37)、质量变化方程式(2-38)和角度几何关系方程式(2-41)～式(2-43)，以上 16 个方程，构成了无控导弹的运动方程组。如果不考虑外界干扰，只要给出初始条件，求解这组方程，就可惟一地确定一条无控弹道，并得到 16 个相应的运动参数：$V(t)$，$\theta(t)$，$\psi_V(t)$，$\vartheta(t)$，$\psi(t)$，$\gamma(t)$，$\omega_x(t)$，$\omega_y(t)$，$\omega_z(t)$，$x(t)$，$y(t)$，$z(t)$，$m(t)$，$\alpha(t)$，$\beta(t)$，$\gamma_V(t)$ 随时间的变化规律，故方程组是封闭的。但是，对于可控导弹来说，仅有上述 16 个方程还不能求解，因为方程组中的力和力矩不仅与上述一些运动参数有关，还与操纵机构的偏转角 $\delta_x(t)$，$\delta_y(t)$，$\delta_z(t)$ 和发动机的调节参数 $\delta_p(t)$ 有关。也就是说，仅给出起始参数，还不能惟一地确定可控导弹的飞行弹道。要想惟一确定导弹的飞行弹道，还必须增加约束导弹运动的操纵关系方程。

五、操纵关系方程

1. 操纵飞行原理

按照导弹命中目标的要求，改变导弹速度方向和大小的飞行，称为控制飞行。导弹是在控制系统作用下，遵循一定的操纵关系来飞行。要想改变飞行速度的大小和方向，就必须改变作用于导弹上的外力大小和方向。作用于导弹上的力主要有空气动力 $\boldsymbol{R}$、推力 $\boldsymbol{P}$ 和重力 $\boldsymbol{G}$。由于重力 $\boldsymbol{G}$ 始终指向地心，其大小和方向也不能随意改变，因此，控制导弹的飞行只能依靠改变空气动力 $\boldsymbol{R}$ 和推力 $\boldsymbol{P}$，其合力称为控制力 $\boldsymbol{N}$，即

$$\boldsymbol{N} = \boldsymbol{P} + \boldsymbol{R} \qquad (2-44)$$

控制力 $\boldsymbol{N}$ 可分解为沿速度方向和垂直于速度方向的两个分量(见图 2.10)，分别称为切向控制力和法向控制力，即

$$\boldsymbol{N} = \boldsymbol{N}_\tau + \boldsymbol{N}_n$$

切向控制力用来改变速度大小，其计算关系式为

$$\boldsymbol{N}_\tau = \boldsymbol{P}_\tau - \boldsymbol{X}$$

式中，$\boldsymbol{P}_\tau$，$\boldsymbol{X}$ 分别为推力 $\boldsymbol{P}$ 在弹道切向的投影和空气阻力。

速度大小的改变，通常采用推力控制来实现，即控制发动机节气阀偏角 δ_p 达到调节发动

机推力大小的目的。

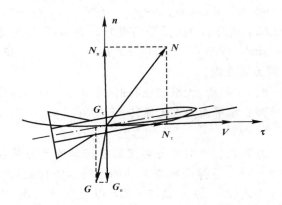

图 2.10　导弹的切向力和法向力

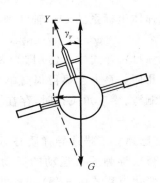

图 2.11　面对称型导弹的倾斜运动

　　法向控制力 N_n 用来改变速度的方向,即导弹的飞行方向,其计算关系式为

$$N_n = P_n + Y + Z$$

式中,N_n,Y,Z 分别为推力 P 的法向分量、升力和侧向力。

　　法向控制力的改变主要是依靠改变空气动力的法向力(升力和侧向力)来实现。当导弹上的操纵机构(如空气舵、气动扰流片等)偏转时,操纵面上会产生相应的操纵力,它对导弹质心形成操纵力矩,使得弹体绕质心转动,从而导致导弹在空中的姿态发生变化。而导弹姿态的改变,将会引起气流与弹体的相对流动状态的改变,攻角、侧滑角亦将随之变化,从而改变了作用在导弹上的空气动力。

　　另外,还可以通过偏转燃气舵或摆动发动机等改变法向力。使用偏转燃气舵、直接摆动发动机或发动机喷管的方法来改变发动机推力的方向,形成对导弹质心的操纵力矩,由此改变导弹的飞行姿态,从而改变作用在导弹上的法向力。

　　对于轴对称型导弹,它装有两对弹翼,并沿纵轴对称分布,所以,气动效应也是对称的。通过改变升降舵的偏转角 δ_z 来改变攻角 α 的大小,从而改变升力 Y 的大小和方向;而改变方向舵的偏转角 δ_y,则可改变侧滑角 β,使侧向力 Z 的大小和方向发生变化;若同时使 δ_z,δ_y 各自获得任意角度,那么 α,β 都将改变,这时将得到任意方向和大小的空气动力。另外,当 α,β 改变时,推力的法向分量也随之变化。

　　对于面对称型导弹,外形与飞机相似,有一对较大的水平弹翼,其升力要比侧向力大得多。俯仰运动的操纵仍是通过改变升降舵的偏转角 δ_z 的大小来实现的;偏航运动的操纵则是通过差动副翼,使弹体倾斜来实现的。当升力转到某一方向(不在铅垂面内)时,升力的水平分量使导弹进行偏航运动,如图 2.11 所示。

　　2. 操纵关系方程

　　导弹制导系统和其他自动控制系统一样也是误差控制系统。当导弹的实际运动参数与导引关系所要求的运动参数不一致时,就会产生控制信号。例如,如果导弹飞行中的俯仰角 ϑ 与要求的俯仰角 ϑ_* 不相等,即存在偏差角 $\Delta\vartheta=\vartheta-\vartheta_*$ 时,控制系统则将根据 $\Delta\vartheta$ 的大小使升降舵偏转相应的角度 $\Delta\delta_z$,即

$$\Delta\delta_z=K_\vartheta(\vartheta-\vartheta_*)=K_\vartheta\Delta\vartheta$$

式中,K_ϑ 为由控制系统决定的比例因数,或称增益因数。

导弹在飞行过程中,控制系统总是作出消除误差信号 $\Delta\vartheta$ 的反应。制导系统越准确,运动参数的误差就越小。假设制导系统的误差用 ε_i 表示,x_{i*} 为导引关系要求的运动参数值,x_i 为实际运动参数值,则有

$$\varepsilon_i=x_i-x_{i*}\quad(i=1,2,3,4)$$

在一般情况下,ε_i 不可能为零。此时控制系统将偏转相应的舵面和发动机调节机构,以求消除误差。舵面偏转角的大小和方向取决于误差 ε_i 的数值和正负号,通常情况下,操纵关系方程可写成

$$\left.\begin{aligned}\delta_x&=f(\varepsilon_1)\\\delta_y&=f(\varepsilon_2)\\\delta_z&=f(\varepsilon_3)\\\delta_p&=f(\varepsilon_4)\end{aligned}\right\}\tag{2-45}$$

在设计导弹弹道时,需要综合考虑导弹的运动方程与控制系统加在导弹上的约束方程,问题比较复杂。在导弹初步设计时,可作近似处理:假设控制系统是按"无误差工作"的理想控制系统,运动参数始终能保持导引关系所要求的变化规律,则有

$$\varepsilon_i=x_i-x_{*i}=0\quad(i=1,2,3,4)\tag{2-46}$$

式(2-46)称为理想操纵关系方程。在某些特殊情况下,理想操纵关系方程的形式非常简单,例如,当轴对称导弹作直线等速飞行时,理想操纵关系方程为

$$\left.\begin{aligned}\varepsilon_1&=\theta-\theta_*=0\\\varepsilon_2&=\psi-\psi_*=0\\\varepsilon_3&=\gamma=0\\\varepsilon_4&=V-V_*=0\end{aligned}\right\}\tag{2-47}$$

再如,面对称导弹在水平面内进行等速倾斜转弯时,理想操纵关系方程为

$$\left.\begin{aligned}\varepsilon_1&=\theta=0\\\varepsilon_2&=\gamma-\gamma_*=0\\\varepsilon_3&=\beta=0\\\varepsilon_4&=V-V_*=0\end{aligned}\right\}\tag{2-48}$$

方程组(2-47)和方程组(2-48)中的 θ_*,ψ_*,γ_*,V_*,β_* 为导引关系要求的运动参数值,θ,ψ,γ,V,β 为导弹飞行过程中的实际运动参数值。

六、导弹运动方程组

综上所述,前面所得到的方程式(2-31)、式(2-35)~式(2-38)、式(2-41)~式(2-43)和(2-46),构成了描述导弹飞行的运动方程组,即

$$
\begin{aligned}
& m\,\frac{\mathrm{d}V}{\mathrm{d}t} = P\cos\alpha\cos\beta - X - mg\sin\theta \\
& mV\,\frac{\mathrm{d}\theta}{\mathrm{d}t} = P(\sin\alpha\cos\gamma_V + \cos\alpha\sin\beta\sin\gamma_V) + Y\cos\gamma_V - Z\sin\gamma_V - mg\cos\theta \\
& J_x\,\frac{\mathrm{d}\omega_x}{\mathrm{d}t} + (J_z - J_y)\omega_y\omega_z = M_x \\
& J_y\,\frac{\mathrm{d}\omega_y}{\mathrm{d}t} + (J_x - J_z)\omega_z\omega_x = M_y \\
& J_z\,\frac{\mathrm{d}\omega_z}{\mathrm{d}t} + (J_y - J_x)\omega_x\omega_y = M_z \\
& \frac{\mathrm{d}x}{\mathrm{d}t} = V\cos\theta\cos\psi_V \\
& \frac{\mathrm{d}y}{\mathrm{d}t} = V\sin\theta \\
& \frac{\mathrm{d}z}{\mathrm{d}t} = -V\cos\theta\sin\psi_V \\
& \frac{\mathrm{d}\vartheta}{\mathrm{d}t} = \omega_y\sin\gamma + \omega_z\cos\gamma \\
& \frac{\mathrm{d}\psi}{\mathrm{d}t} = \frac{1}{\cos\vartheta}(\omega_y\cos\gamma - \omega_z\sin\gamma) \\
& \frac{\mathrm{d}\gamma}{\mathrm{d}t} = \omega_x - \tan\vartheta(\omega_y\cos\gamma - \omega_z\sin\gamma) \\
& \frac{\mathrm{d}m}{\mathrm{d}t} = -m_s \\
& \sin\beta = \cos\theta[\cos\gamma\sin(\psi - \psi_V) + \sin\vartheta\sin\gamma\cos(\psi - \psi_V)] - \sin\theta\cos\vartheta\sin\gamma \\
& \cos\alpha = [\cos\vartheta\cos\theta\cos(\psi - \psi_V) + \sin\vartheta\sin\theta]/\cos\beta \\
& \cos\gamma_V = [\cos\gamma\cos(\psi - \psi_V) - \sin\vartheta\sin\gamma\sin(\psi - \psi_V)]/\cos\beta \\
& \varepsilon_1 = 0 \\
& \varepsilon_2 = 0 \\
& \varepsilon_3 = 0 \\
& \varepsilon_4 = 0
\end{aligned}
\right\} \quad (2-49)
$$

方程组(2-49)以标量的形式给出了导弹的空间运动方程组,它是一组非线性常微分方程。在这 20 个方程中,除了根据第 1 章介绍的方法计算出推力 P、气动力 X,Y,Z 和力矩 M_x,M_y,M_z 以外,还包含有 20 个未知参数:$V(t),\theta(t),\psi_v(t),\omega_x(t),\omega_y(t),\omega_z(t),\vartheta(t),\psi(t)$,$\gamma(t),x(t),y(t),z(t),\alpha(t),\beta(t),\gamma_v(t),m(t),\delta_x(t),\delta_y(t),\delta_z(t),\delta_p(t)$。因此,方程组(2-49)是可以封闭求解的。在给定各参数的初始条件之后,即可用数值积分法求解方程组(2-49),从而获得可控弹道及其相应参数的变化规律。

2.4　导弹运动方程组的简化与分解

在上一节里,用了 20 个方程来描述导弹的空间运动。在工程上,实际用于弹道计算的导弹运动方程个数远不止这些。一般而言,运动方程组的方程数目越多,导弹运动就描述得越完整、越准确,但研究和解算也就越麻烦。在导弹设计的某些阶段,特别是在导弹和制导系统的初步设计阶段,通常在求解精度允许范围内,应用一些近似方法对导弹运动方程组进行简化求解。实践证明,在一定的假设条件下,把导弹运动方程组(2-49)分解为纵向运动和侧向运动方程组,或简化为在铅垂平面和水平面内的运动方程组,都具有一定的实用价值。

一、导弹的纵向运动和侧向运动

所谓纵向运动,是指导弹运动参数 $\beta,\gamma,\gamma_v,\psi,\psi_v,\omega_x,\omega_y,z$ 恒为零的运动。

导弹的纵向运动,是由导弹质心在飞行平面或对称平面 x_1Oy_1 内的平移运动和绕 Oz_1 轴的旋转运动所组成的。在纵向运动中,参数 $V,\theta,\vartheta,\omega_z,\alpha,x,y$ 是随时间变化的,通常称为纵向运动参数。

在纵向运动中等于零的参数 $\beta,\gamma,\gamma_v,\psi,\psi_v,\omega_x,\omega_y,z$ 等称为侧向运动参数。所谓侧向运动,是指侧向运动参数 $\beta,\gamma,\gamma_v,\omega_x,\omega_y,\psi,\psi_v,z$ 随时间变化的运动。它是由导弹质心沿 Oz_1 轴的平移运动和绕弹体 Ox_1 轴、Oy_1 轴的旋转运动所组成的。

由方程组(2-49)不难看出,导弹的飞行过程是由纵向运动和侧向运动所组成的,它们之间相互关联、相互影响。但当导弹在给定的铅垂面内运动时,只要不破坏运动的对称性(不进行偏航、滚转操纵,且无干扰),纵向运动是可以独立存在的。这时,描述侧向运动参数的方程可以去掉,只剩下 10 个描述纵向运动参数的方程,其中包含 $V,\theta,\vartheta,\omega_z,\alpha,x,y,m,\delta_z,\delta_p$ 等 10 个参数。然而,描述侧向运动参数的方程则不能离开纵向运动而单独存在。

1. 纵向运动方程

现将导弹的一般运动方程组(2-49)分解成两个独立的方程组:一是描述纵向运动参数变化的方程组;一是描述侧向运动参数变化的方程组。当研究导弹的运动规律时,就会使联立求解的方程数目减少。为了能独立求解描述纵向运动参数变化的方程组,必须去掉该方程组中的侧向运动参数 $\beta,\gamma,\gamma_V,\psi,\psi_V,\omega_x,\omega_y,z$。也就是说,要把纵向运动和侧向运动分开,应满足下述假设条件:

(1) 侧向运动参数 $\beta,\gamma,\gamma_V,\psi,\psi_V,\omega_x,\omega_y,z$ 及舵偏角 δ_x,δ_y 都是小量,这样可以令 $\cos\beta=\cos\gamma=\cos\gamma_V\approx1$,并略去各小量的乘积如 $\sin\beta\sin\gamma,\omega_y\sin\gamma,\omega_y\omega_x,z\sin\gamma_V$ 等,以及 β,δ_x,δ_y 对空气阻力的影响。

(2) 导弹基本上在某个铅垂面内飞行,即其飞行弹道与铅垂面内的弹道差别不大。

(3) 俯仰操纵机构的偏转仅取决于纵向运动参数;而偏航、滚转操纵机构的偏转仅取决于侧向运动参数。

利用上述假设,就能将导弹运动方程组分为描述纵向运动的方程组和描述侧向运动的方程组。

描述导弹纵向运动的方程组为

$$\left.\begin{aligned}
& m\frac{\mathrm{d}V}{\mathrm{d}t}=P\cos\alpha-X-mg\sin\theta \\
& mV\frac{\mathrm{d}\theta}{\mathrm{d}t}=P\sin\alpha+Y-mg\cos\theta \\
& J_z\frac{\mathrm{d}\omega_z}{\mathrm{d}t}=M_z \\
& \frac{\mathrm{d}x}{\mathrm{d}t}=V\cos\theta \\
& \frac{\mathrm{d}y}{\mathrm{d}t}=V\sin\theta \\
& \frac{\mathrm{d}\vartheta}{\mathrm{d}t}=\omega_z \\
& \frac{\mathrm{d}m}{\mathrm{d}t}=-m_s \\
& \alpha=\vartheta-\theta \\
& \varepsilon_1=0 \\
& \varepsilon_4=0
\end{aligned}\right\} \qquad (2-50)$$

纵向运动方程组(2-50),就是描述导弹在铅垂平面内运动的方程组。它共有 10 个方程,包含有 10 个未知参数:$V,\theta,\vartheta,\omega_z,\alpha,x,y,m,\delta_z,\delta_p$。因此,方程组(2-50)是封闭的,可以独立求解。

2. 侧向运动方程组

描述导弹侧向运动的方程组为

$$- mV\cos\theta\,\frac{\mathrm{d}\psi_V}{\mathrm{d}t} = P(\sin\alpha + Y)\sin\gamma_V - (P\cos\alpha\sin\beta - Z)\cos\gamma_V$$

$$J_x\,\frac{\mathrm{d}\omega_x}{\mathrm{d}t} = M_x - (J_z - J_y)\omega_z\omega_y$$

$$J_y\,\frac{\mathrm{d}\omega_y}{\mathrm{d}t} = M_y - (J_x - J_z)\omega_z\omega_x$$

$$\frac{\mathrm{d}z}{\mathrm{d}t} = -V\cos\theta\sin\psi_V$$

$$\frac{\mathrm{d}\psi}{\mathrm{d}t} = \frac{1}{\cos\vartheta}(\omega_y\cos\gamma - \omega_z\sin\gamma)$$

$$\frac{\mathrm{d}\gamma}{\mathrm{d}t} = \omega_x - \tan\vartheta(\omega_y\cos\gamma - \omega_z\sin\gamma)$$

$$\sin\beta = \cos\theta[\cos\gamma\sin(\psi - \psi_V) + \sin\vartheta\sin\gamma\cos(\psi - \psi_V)] - \sin\theta\cos\vartheta\sin\gamma$$

$$\cos\gamma_V = [\cos\gamma\cos(\psi - \psi_V) - \sin\vartheta\sin\gamma\sin(\psi - \psi_V)]/\cos\beta$$

$$\varepsilon_2 = 0$$

$$\varepsilon_3 = 0$$

$$(2-51)$$

侧向运动方程组(2-51)共有 10 个方程,除了含有 $\psi_v,\psi,\gamma,\gamma_v,\beta,\omega_x,\omega_y,z,\delta_x,\delta_y$ 等 10 个侧向运动参数之外,还包括纵向运动参数 $V,\theta,\vartheta,\omega_z,\alpha,x,y$ 等。无论怎样简化式(2-51),也不能从中消去这些纵向参数。因此,若要由方程组(2-51)求得侧向运动参数,就必须首先求解纵向运动方程组(2-50),然后,将解出的纵向运动参数代入侧向运动方程组(2-51)中,才可解出侧向运动参数的变化规律。

将导弹运动分解为纵向运动和侧向运动,能使联立求解的方程组的数目降低一半,同时,也能获得比较准确的计算结果。但是,当侧向运动参数不满足上述假设条件时,即侧向运动参数变化较大时,就不能再将导弹的运动分为纵向运动和侧向运动来研究,而应该直接研究完整的运动方程组(2-49)。

二、导弹的平面运动

通常情况下,导弹是在三维空间内运动的,平面运动只是导弹运动的一种特殊情况。在某些情况下,导弹的运动可近似地视为在一个平面内,例如,地-空导弹在许多场合是在铅垂面或倾斜平面内飞行;飞航式导弹在爬升段和末制导段也可近似地认为是在铅垂平面内运动;空-空导弹的运动,在许多场合也可看做是在水平面内。所以,在导弹的初步设计阶段,研究、解算导弹的平面弹道,是具有一定应用价值的。

1. 导弹在铅垂平面内的运动

导弹在铅垂平面内运动时,导弹的速度矢量 V 始终处于该平面内,弹道偏角 ψ_v 为常值(若选地面坐标系的 Ax 轴位于该铅垂平面内,则 $\psi_v = 0$)。设弹体纵向对称平面 x_1Oy_1 与飞行平面重合,推力矢量 $\boldsymbol{P}$ 与弹体纵轴重合。若要保证导弹在铅垂平面内飞行,那么在水平方向的侧向力应恒等于零。此时,导弹只有在铅垂面内的质心平移运动和绕 Oz_1 轴的转动。导弹在铅垂平面内的运动方程组与式(2-50)完全相同,这里不再赘述。

2. 导弹在水平面内的运动

导弹在水平面内运动时,它的速度矢量 $\boldsymbol{V}$ 始终处于该平面之内,即弹道倾角 θ 恒等于零。此时,作用于导弹上在铅垂方向的法向控制力应与导弹的重力相平衡,因此,要保持导弹在水平面内飞行,导弹应具有一定的攻角,以产生所需的法向控制力。导弹在主动段飞行过程中,质量不断减小,要想保持法向力平衡,就必须不断改变攻角的大小,也就是说,导弹要偏转升降舵 δ_z 角度,使弹体绕 Oz_1 轴转动。

若要使导弹在水平面内作机动飞行,则要求在水平方向上产生一定的侧向力,该力通常是借助于侧滑(轴对称型)或倾斜(面对称型)运动形成的。若导弹飞行既有侧滑又有倾斜,则将使控制复杂化,因此,轴对称导弹通常是采用有侧滑、无倾斜的控制飞行,而面对称导弹则是采用有倾斜、无侧滑的控制飞行。

由于导弹在水平面内作机动飞行时,在水平方向上产生侧向控制力的方式不同,因此,描述导弹在水平面内运动的方程组也不同。

3. 有侧滑无倾斜的导弹水平运动方程组

导弹在水平面内作有侧滑、无倾斜的机动飞行时,$\theta \equiv 0$,y 为常值,且 $\gamma = \gamma_v \equiv 0$,$\omega_x \equiv 0$,因此,根据方程组(2-49)的第 2 个方程,可得法向平衡关系式为

$$mg = P\sin\alpha + Y \tag{2-52}$$

由导弹运动方程组(2-49)得到导弹在水平面内作有侧滑无倾斜飞行的运动方程组为

$$
\left.
\begin{aligned}
& m\frac{\mathrm{d}V}{\mathrm{d}t} = P\cos\alpha\cos\beta - X && \frac{\mathrm{d}\vartheta}{\mathrm{d}t} = \omega_z \\
& mg = P\sin\alpha + Y && \frac{\mathrm{d}\psi}{\mathrm{d}t} = \frac{\omega_y}{\cos\vartheta} \\
& -mV\frac{\mathrm{d}\psi_v}{\mathrm{d}t} = -P\cos\alpha\sin\beta + Z && \frac{\mathrm{d}m}{\mathrm{d}t} = -m_s \\
& J_y\frac{\mathrm{d}\omega_y}{\mathrm{d}t} = M_y && \beta = \psi - \psi_v \\
& J_z\frac{\mathrm{d}\omega_z}{\mathrm{d}t} = M_z && \alpha = \vartheta \\
& \frac{\mathrm{d}x}{\mathrm{d}t} = V\cos\psi_v && \varepsilon_2 = 0 \\
& \frac{\mathrm{d}z}{\mathrm{d}t} = -V\sin\psi_v && \varepsilon_4 = 0
\end{aligned}
\right\} \tag{2-53}
$$

方程组(2-53)共 14 个方程,其中包含 14 个未知参数:V,ψ_v,ω_y,ω_z,x,z,ϑ,ψ,m,α,β,δ_z,δ_y,δ_p,方程组(2-53)是封闭的。

4. 有倾斜无侧滑的导弹水平运动方程组

导弹在水平面内作有倾斜、无侧滑的机动飞行时，$\theta \equiv 0$，y 为常值，且 $\beta \equiv 0$，$\omega_y \equiv 0$，假设攻角 α（或俯仰角 ϑ）、角速度 ω_z 比较小，由导弹运动方程组（2-49）简化得到导弹在水平面内作有倾斜、无侧滑飞行的运动方程组为

$$
\left.
\begin{aligned}
& m \frac{\mathrm{d}V}{\mathrm{d}t} = P - X \\[4pt]
& mg = (P\alpha + Y)\cos\gamma_V \\[4pt]
& -mV \frac{\mathrm{d}\psi_V}{\mathrm{d}t} = (P\alpha + Y)\sin\gamma_V \\[4pt]
& J_x \frac{\mathrm{d}\omega_x}{\mathrm{d}t} = M_x \\[4pt]
& J_z \frac{\mathrm{d}\omega_z}{\mathrm{d}t} = M_z \\[4pt]
& \frac{\mathrm{d}x}{\mathrm{d}t} = V\cos\psi_V \\[4pt]
& \frac{\mathrm{d}z}{\mathrm{d}t} = -V\sin\psi_V \\[4pt]
& \frac{\mathrm{d}\vartheta}{\mathrm{d}t} = \omega_z \cos\gamma \\[4pt]
& \frac{\mathrm{d}\gamma}{\mathrm{d}t} = \omega_x \\[4pt]
& \frac{\mathrm{d}m}{\mathrm{d}t} = -m_s \\[4pt]
& \alpha = \vartheta / \cos\gamma \\[4pt]
& \gamma = \gamma_V \\[4pt]
& \varepsilon_3 = 0 \\[4pt]
& \varepsilon_4 = 0
\end{aligned}
\right\}
\tag{2-54}
$$

该方程组共有 14 个方程，含有 14 个未知参数：V，ψ_V，ω_x，ω_z，x，z，ϑ，γ，m，α，γ_V，δ_z，δ_x，δ_p，方程组（2-54）是封闭的。

2.5　导弹的质心运动

一、"瞬时平衡"假设

导弹的运动是由其质心运动和绕其质心的转动所组成的。在导弹初步设计阶段，为了能够简捷地获得导弹的飞行弹道及其主要的飞行特性，研究过程通常分两步进行：首先，暂不考虑

导弹绕质心的转动,而将导弹当做一个可操纵质点来研究;然后,在此基础上再研究导弹绕其质心的转动运动。这种简化的处理方法,通常基于以下假设:

(1) 导弹绕弹体轴的转动是无惯性的,即

$$J_x = J_y = J_z = 0 \qquad\qquad (2-55)$$

(2) 导弹控制系统理想地工作,既无误差,也无时间延迟;

(3) 不考虑各种干扰因素对导弹的影响。

前两点假设的实质,就是认为导弹在整个飞行期间的任一瞬时都处于平衡状态,即导弹操纵机构偏转时,作用在导弹上的力矩在每一瞬时都处于平衡状态,这就是所谓的"瞬时平衡"假设。

对于轴对称导弹,根据第 1 章纵向静平衡关系式(1-13)和对偏航运动的类似处理,可得俯仰和偏航力矩的平衡关系式为

$$\left.\begin{array}{l} m_z^\alpha \alpha_b + m_z^{\delta_z} \delta_{zb} = 0 \\ m_y^\beta \beta_b + m_y^{\delta_y} \delta_{yb} = 0 \end{array}\right\} \qquad\qquad (2-56)$$

式中,α_b,β_b,δ_{zb},δ_{yb} 分别为相应参数的平衡值。式(2-56)也可写成

$$\left.\begin{array}{l} \delta_{zb} = -\dfrac{m_z^\alpha}{m_z^{\delta_z}} \alpha_b \\[3mm] \delta_{yb} = -\dfrac{m_y^\beta}{m_y^{\delta_y}} \beta_b \end{array}\right\} \qquad\qquad (2-57)$$

或

$$\left.\begin{array}{l} \alpha_b = -\dfrac{m_z^{\delta_z}}{m_z^\alpha} \delta_{zb} \\[3mm] \beta_b = -\dfrac{m_y^{\delta_y}}{m_y^\beta} \delta_{yb} \end{array}\right\} \qquad\qquad (2-58)$$

由此可见,关于导弹转动无惯性的假设意味着:当操纵机构偏转时,参数 α,β 都瞬时达到其平衡值。

利用"瞬时平衡"假设,即控制系统无误差地工作,操纵关系方程可写成

$$\varepsilon_1 = 0, \quad \varepsilon_2 = 0, \quad \varepsilon_3 = 0, \quad \varepsilon_4 = 0 \qquad (2-59)$$

实际上,导弹的运动是一个可控过程,由于导弹控制系统及其控制对象(弹体)都存在惯性,导弹从操纵机构偏转到运动参数发生变化,并不是在瞬间完成的,而是要经过一段时间。例如,升降舵偏转一个 δ_z 角之后,将引起弹体相对于 Oz_1 轴产生振荡运动,攻角的变化过程也是振荡的(见图 2.12),直到过渡过程结束时,攻角 α 才能达到它的稳态值。

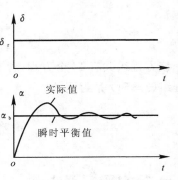

图 2.12　过渡过程示意图

而利用"瞬时平衡"假设之后，认为在舵面偏转的同时，运动参数就立即达到它的稳态值，即过渡过程的时间为零。

另外，导弹的振荡运动会引起升力 Y 和侧向力 Z 的附加增量以及阻力 X 的增大。而阻力的增大，会使飞行速度减小，因此，在采用"瞬时平衡"假设研究导弹的质心运动时，为尽可能接近真实弹道，应适当加大阻力。

二、导弹质心运动方程组

基于"瞬时平衡"假设，将导弹的质心运动和绕质心的转动运动分别加以研究，利用导弹运动方程组（2-49），可以得到如下描述导弹质心运动的方程组：

$$
\left.
\begin{aligned}
& m\frac{\mathrm{d}V}{\mathrm{d}t} = P\cos\alpha_\mathrm{b}\cos\beta_\mathrm{b} - X_\mathrm{b} - mg\sin\theta \\[6pt]
& mV\frac{\mathrm{d}\theta}{\mathrm{d}t} = P(\sin\alpha_\mathrm{b}\cos\gamma_V + \cos\alpha_\mathrm{b}\sin\beta_\mathrm{b}\sin\gamma_V) + Y_\mathrm{b}\cos\gamma_V - Z_\mathrm{b}\sin\gamma_V - mg\cos\theta \\[6pt]
& -mV\cos\theta\frac{\mathrm{d}\psi_V}{\mathrm{d}t} = P(\sin\alpha_\mathrm{b}\sin\gamma_V - \cos\alpha_\mathrm{b}\sin\beta_\mathrm{b}\cos\gamma_V) + Y_\mathrm{b}\sin\gamma_V + Z_\mathrm{b}\cos\gamma_V \\[6pt]
& \frac{\mathrm{d}x}{\mathrm{d}t} = V\cos\theta\cos\psi_V \\[6pt]
& \frac{\mathrm{d}y}{\mathrm{d}t} = V\sin\theta \\[6pt]
& \frac{\mathrm{d}z}{\mathrm{d}t} = -V\cos\theta\sin\psi_V \\[6pt]
& \frac{\mathrm{d}m}{\mathrm{d}t} = -m_\mathrm{s} \\[6pt]
& \alpha_\mathrm{b} = -\frac{m_z^{\delta z}}{m_z^{\alpha}}\delta_{z\mathrm{b}} \\[6pt]
& \beta_\mathrm{b} = -\frac{m_y^{\delta y}}{m_y^{\beta}}\delta_{y\mathrm{b}} \\[6pt]
& \varepsilon_1 = 0 \\[4pt]
& \varepsilon_2 = 0 \\[4pt]
& \varepsilon_3 = 0 \\[4pt]
& \varepsilon_4 = 0
\end{aligned}
\right\}
\quad (2-60)
$$

式中，α_b，β_b 分别为平衡攻角、平衡侧滑角；X_b，Y_b，Z_b 分别为与 α_b，β_b 对应的平衡阻力、平衡升力、平衡侧向力。

有翼导弹飞行动力学

方程组(2-60)共有 13 个方程,其中含有 13 个未知参数:$V,\theta,\psi_v,x,y,z,m,\alpha_b,\beta_b,\gamma_v$,$\delta_{zb},\delta_{yb},\delta_p$,故方程组是封闭的。对于固体火箭发动机,其推力一般是不可调节的,m_s 可以认为是时间的已知函数,那么,方程组(2-60)中的第 7 个方程可以独立求解,且 $\varepsilon_4=0$ 也就不存在了。这样,方程的个数就减少为 11 个,未知参数也去掉 2 个:m,δ_p,方程组仍是可以封闭求解的。

利用控制系统理想工作情况下的运动方程组(2-60),计算导弹飞行弹道,所得结果就是导弹运动参数的"稳态值",它对导弹总体和导引系统设计都具有重要意义。

值得指出的是:对于操纵性能比较好,绕质心旋转运动不太剧烈的导弹,利用质心运动方程组(2-60)进行弹道计算,可以得到令人满意的结果。但当导弹的操纵性能较差,并且绕质心的旋转运动比较剧烈时,必须考虑导弹旋转运动对质心运动的影响。

1. 导弹在铅垂平面内的质心运动

基于"瞬时平衡"假设,忽略随机干扰影响,简化方程组(2-50),可以得到描述导弹在铅垂平面内运动的质心运动方程组为

$$
\left.
\begin{aligned}
&m\frac{dV}{dt}=P\cos\alpha_b-X_b-mg\sin\theta\\
&mV\frac{d\theta}{dt}=P\sin\alpha_b+Y_b-mg\cos\theta\\
&\frac{dx}{dt}=V\cos\theta\\
&\frac{dy}{dt}=V\sin\theta\\
&\frac{dm}{dt}=-m_s\\
&\delta_{zb}=-\frac{m_z^\alpha}{m_z^{\delta_z}}\alpha_b\\
&\varepsilon_1=0\\
&\varepsilon_4=0
\end{aligned}
\right\}
\tag{2-61}
$$

方程组(2-61)共有 8 个方程,包含 8 个未知参数:$V,\theta,x,y,m,\alpha_b,\delta_{zb},\delta_p$,故方程组是封闭的。

2. 导弹在水平面内的质心运动方程组

基于"瞬时平衡"假设,忽略随机干扰影响,根据运动方程组(2-53)和(2-54)可以简化得到导弹在水平面内运动的质心运动方程组。以导弹利用侧滑产生侧向控制力为例,在攻角和侧滑角较小的情况下,导弹在水平面内的质心运动方程组为

56

$$m \frac{\mathrm{d}V}{\mathrm{d}t} = P - X_\mathrm{b}$$

$$mg = P\alpha_\mathrm{b} + Y_\mathrm{b}$$

$$-mV \frac{\mathrm{d}\psi_V}{\mathrm{d}t} = -P\beta_\mathrm{b} + Z_\mathrm{b}$$

$$\frac{\mathrm{d}x}{\mathrm{d}t} = V\cos\psi_V$$

$$\frac{\mathrm{d}z}{\mathrm{d}t} = -V\sin\psi_V$$

$$\frac{\mathrm{d}m}{\mathrm{d}t} = -m_\mathrm{s}$$

$$\psi = \psi_V + \beta_\mathrm{b}$$

$$\vartheta = \alpha_\mathrm{b}$$

$$\delta_{z\mathrm{b}} = -\frac{m_z^\alpha}{m_z^{\delta_z}} \alpha_\mathrm{b}$$

$$\delta_{y\mathrm{b}} = -\frac{m_y^\beta}{m_y^{\delta_y}} \beta_\mathrm{b}$$

$$\varepsilon_2 = 0$$

$$\varepsilon_4 = 0$$

(2-62)

　　方程组(2-62)共有 12 个方程,其中含有 12 个未知参数:$V, \psi_V, x, z, m, \alpha_\mathrm{b}, \beta_\mathrm{b}, \delta_{z\mathrm{b}}, \delta_{y\mathrm{b}}, \vartheta,$ ψ, δ_p,故方程组是封闭的。

三、理想弹道、理论弹道和实际弹道

　　所谓"理想弹道",就是将导弹视为一个可操纵的质点,认为控制系统理想地工作,且不考虑弹体绕质心的转动以及外界的各种干扰,求解质心运动方程组得到的飞行弹道。

　　所谓"理论弹道",是指将导弹视为某一力学模型(可操纵质点、刚体、弹性体),作为控制系统的一个环节(控制对象),将动力学方程、运动学方程、控制系统方程以及其他方程(质量变化方程、角度几何关系方程等)综合在一起,通过数值积分而求得的弹道,而且方程中所用的弹体结构参数、外形几何参数、发动机的特性参数均取设计值;大气参数取标准大气值;控制系统的参数取额定值;方程组的初值符合规定条件。

　　由此可知,理想弹道是理论弹道的一种简化情况。

　　导弹在真实情况下的飞行弹道称为"实际弹道",它与理想弹道和理论弹道的最大区别在于,导弹在飞行过程中会受到各种随机干扰和误差的影响,因此,每发导弹的实际弹道是不可能完全相同的。

2.6 过 载

导弹在飞行过程中受到的作用力和产生的加速度可以用过载来衡量。导弹的机动性是评价导弹飞行性能的重要指标之一。导弹的机动性也可以用过载进行评定。过载与弹体结构、制导系统的设计存在密切的关系。本节将介绍过载和机动性的有关概念，过载的投影，过载与导弹运动的关系等内容。

一、机动性与过载的概念

所谓机动性，是指导弹在单位时间内改变飞行速度大小和方向的能力。如果要攻击活动目标，特别是攻击空中的机动目标，导弹必须具有良好的机动性。导弹的机动性可以用切向和法向加速度来表征。但人们通常用过载矢量的概念来评定导弹的机动性。

所谓过载 n，是指作用在导弹上除重力之外的所有外力的合力 N（即控制力）与导弹重量 G 的比值

$$n = \frac{N}{G} \tag{2-63}$$

由过载定义可知，过载是个矢量，它的方向与控制力 N 的方向一致，其模值表示控制力大小为重量的多少倍。这就是说，过载矢量表征了控制力 N 的大小和方向。

过载的概念，除用于研究导弹的运动之外，在弹体结构强度和控制系统设计中也常用到。因为过载矢量决定了弹上各个部件或仪表所承受的作用力。例如，导弹以加速度 a 作平移运动时，相对弹体固定的某个质量为 m_i 的部件，除受到随导弹作加速运动引起的惯性力 $-m_i a$ 之外，还要受到重力 $G_i = m_i g$ 和连接力 F_i 的作用，部件在这三个力的作用下处于相对平衡状态，即

$$-m_i a + G_i + F_i = 0$$

导弹的运动加速度 a 为

$$a = \frac{N + G}{m}$$

所以

$$F_i = m_i \frac{N + G}{m} - m_i g = G_i \frac{N}{G} = n G_i$$

可以看出：弹上任何部件所承受的连接力等于本身重量 G_i 乘以导弹的过载矢量。因此，如果已知导弹在飞行时的过载，就能确定其上任何部件所承受的作用力。

过载这一概念，还有另外的定义（在第4章中将详细介绍，参见式(4-12)，即把过载定义为作用在导弹上的所有外力的合力（包括重力）与导弹重量的比值）。显然，在同样的情况下，过载的定义不同，其值也不同。

二、过载的投影

过载矢量的大小和方向,通常是由它在某坐标系上的投影来确定的。研究导弹运动的机动性时,需要给出过载矢量在弹道坐标系 $Ox_2y_2z_2$ 中的标量表达式;而在研究弹体或部件受力情况和进行强度分析时,又需要知道过载矢量在弹体坐标系 $Ox_1y_1z_1$ 中的投影。

根据过载的定义,将推力投影到速度坐标系 $Ox_3y_3z_3$,得到过载矢量 $\boldsymbol{n}$ 在速度坐标系 $Ox_3y_3z_3$ 各轴上的投影为

$$\begin{bmatrix} n_{x_3} \\ n_{y_3} \\ n_{z_3} \end{bmatrix} = \frac{1}{G} \begin{bmatrix} P\cos\alpha\cos\beta - X \\ P\sin\alpha + Y \\ -P\cos\alpha\sin\beta + Z \end{bmatrix} \tag{2-64}$$

过载矢量 $\boldsymbol{n}$ 在弹道坐标系 $Ox_2y_2z_2$ 各轴上的投影为

$$\begin{bmatrix} n_{x_2} \\ n_{y_2} \\ n_{z_2} \end{bmatrix} = \boldsymbol{L}^{\mathrm{T}}(\gamma_V) \begin{bmatrix} n_{x_3} \\ n_{y_3} \\ n_{z_3} \end{bmatrix} = \frac{1}{G} \begin{bmatrix} P\cos\alpha\cos\beta - X \\ P(\sin\alpha\cos\gamma_V + \cos\alpha\sin\beta\sin\gamma_V) + Y\cos\gamma_V - Z\sin\gamma_V \\ P(\sin\alpha\sin\gamma_V + \cos\alpha\sin\beta\cos\gamma_V) + Y\sin\gamma_V + Z\cos\gamma_V \end{bmatrix}$$

$$\tag{2-65}$$

过载矢量在速度方向上的投影 n_{x_2},n_{x_3} 分别称为切向过载;过载矢量在垂直于速度方向上的投影 n_{y_2},n_{z_2} 和 n_{y_3},n_{z_3} 分别称为法向过载。

导弹的机动性可以用导弹的切向和法向过载来评定。切向过载越大,导弹产生的切向加速度就越大,说明导弹改变速度大小的能力越强;法向过载越大,导弹产生的法向加速度就越大,在同一速度下,导弹改变飞行方向的能力就越强,即导弹越能沿较弯曲的弹道飞行。因此,导弹过载越大,机动性就越好。

对弹体强度进行分析计算时,需要知道过载 $\boldsymbol{n}$ 在弹体坐标系 $Ox_1y_1z_1$ 各轴上的投影分量。利用变换矩阵式(2-17)和式(2-64)即可求得过载 $\boldsymbol{n}$ 在弹体坐标系 $Ox_1y_1z_1$ 各轴上的投影为

$$\begin{bmatrix} n_{x_1} \\ n_{y_1} \\ n_{z_1} \end{bmatrix} = \boldsymbol{L}(\beta,\alpha) \begin{bmatrix} n_{x_3} \\ n_{y_3} \\ n_{z_3} \end{bmatrix} = \begin{bmatrix} n_{x_3}\cos\alpha\cos\beta + n_{y_3}\sin\alpha - n_{z_3}\cos\alpha\sin\beta \\ -n_{x_3}\sin\alpha\cos\beta + n_{y_3}\cos\alpha + n_{z_3}\sin\alpha\sin\beta \\ n_{x_3}\sin\beta + n_{z_3}\cos\beta \end{bmatrix} \tag{2-66}$$

式中,过载 $\boldsymbol{n}$ 在弹体纵轴 Ox_1 上的投影分量 n_{x_1} 称为纵向过载;在垂直于弹体纵轴方向上的投影分量 n_{y_1},n_{z_1} 分别称为横向过载。

三、运动与过载

过载不仅是评定导弹机动性的指标,而且和导弹的运动之间存在着密切的联系。

根据过载的定义,描述导弹质心运动的动力学方程可以写成

$$\begin{cases} m\dfrac{\mathrm{d}V}{\mathrm{d}t} = N_{x_2} + G_{x_2} \\[2mm] mV\dfrac{\mathrm{d}\theta}{\mathrm{d}t} = N_{y_2} + G_{y_2} \\[2mm] -mV\cos\theta\dfrac{\mathrm{d}\psi_V}{\mathrm{d}t} = N_{z_2} + G_{z_2} \end{cases}$$

将式(2-30)代入上式,方程两端同除以 mg,得到

$$\left.\begin{aligned} \frac{1}{g}\frac{\mathrm{d}V}{\mathrm{d}t} &= n_{x_2} - \sin\theta \\[2mm] \frac{V}{g}\frac{\mathrm{d}\theta}{\mathrm{d}t} &= n_{y_2} - \cos\theta \\[2mm] -\frac{V}{g}\cos\theta\frac{\mathrm{d}\psi_V}{\mathrm{d}t} &= n_{z_2} \end{aligned}\right\} \tag{2-67}$$

式(2-67)左端表示导弹质心的无量纲加速度在弹道坐标系上的3个分量,式(2-67)描述了导弹质心运动与过载之间的关系。由此可见,用过载表示导弹质心运动的动力学方程,形式很简单。

同样,过载也可以用运动参数 V,θ,ψ_V 来表示,即

$$\left.\begin{aligned} n_{x_2} &= \frac{1}{g}\frac{\mathrm{d}V}{\mathrm{d}t} + \sin\theta \\[2mm] n_{y_2} &= \frac{V}{g}\frac{\mathrm{d}\theta}{\mathrm{d}t} + \cos\theta \\[2mm] n_{z_2} &= -\frac{V}{g}\cos\theta\frac{\mathrm{d}\psi_V}{\mathrm{d}t} \end{aligned}\right\} \tag{2-68}$$

式(2-68)中,参数 V,θ,ψ_V 表示飞行速度的大小和方向,方程的右边含有这些参数对时间的导数。由此看出,过载矢量在弹道坐标系上的投影表征着导弹改变飞行速度大小和方向的能力。

由式(2-68)可以得到导弹在某些特殊飞行情况下所对应的过载,例如:

(1) 导弹在铅垂平面内飞行时:$n_{z_2}=0$;

(2) 导弹在水平面内飞行时:$n_{y_2}=1$;

(3) 导弹作直线飞行时:$n_{y_2}=\cos\theta=$ 常数,$n_{z_2}=0$;

(4) 导弹作等速直线飞行时:$n_{x_2}=\sin\theta=$ 常数,$n_{y_2}=\cos\theta=$ 常数,$n_{z_2}=0$;

(5) 导弹作水平直线飞行时:$n_{y_2}=1$,$n_{z_2}=0$;

(6) 导弹作水平等速直线飞行时:$n_{x_2}=0$,$n_{y_2}=1$,$n_{z_2}=0$。

利用过载矢量在弹道坐标系上的投影还能定性地表示弹道上各点的切向加速度和弹道的形状。由式(2-67)可得

$$\left.\begin{array}{l} \dfrac{\mathrm{d}V}{\mathrm{d}t} = g(n_{x_2} - \sin\theta) \\[2mm] \dfrac{\mathrm{d}\theta}{\mathrm{d}t} = \dfrac{g}{V}(n_{y_2} - \cos\theta) \\[2mm] \dfrac{\mathrm{d}\psi_V}{\mathrm{d}t} = -\dfrac{g}{V\cos\theta}n_{z_2} \end{array}\right\} \qquad (2-69)$$

根据式(2-69),可以建立过载在弹道坐标系中的投影与导弹切向加速度之间的关系:

当 n_{x_2} $\begin{cases} = \sin\theta \text{ 时,导弹作等速飞行;} \\ > \sin\theta \text{ 时,导弹作加速飞行;} \\ < \sin\theta \text{ 时,导弹作减速飞行。} \end{cases}$

在铅垂平面 $x_2 O y_2$ 内(见图2.13):

当 n_{y_2} $\begin{cases} > \cos\theta \text{ 时,} \dfrac{\mathrm{d}\theta}{\mathrm{d}t} > 0,\text{此时弹道向上弯曲;} \\[2mm] = 0 \text{ 时,} \dfrac{\mathrm{d}\theta}{\mathrm{d}t} = 0,\text{弹道在该点处曲率为零;} \\[2mm] < \cos\theta \text{ 时,} \dfrac{\mathrm{d}\theta}{\mathrm{d}t} < 0,\text{此时弹道向下弯曲。} \end{cases}$

同样,在水平平面 $x_2 O z_2$ 内(见图2.14):

当 n_{z_2} $\begin{cases} > 0 \text{ 时,} \dfrac{\mathrm{d}\psi_V}{\mathrm{d}t} < 0,\text{弹道向右弯曲;} \\[2mm] = 0 \text{ 时,} \dfrac{\mathrm{d}\psi_V}{\mathrm{d}t} = 0,\text{弹道在该点处曲率为零;} \\[2mm] < 0 \text{ 时,} \dfrac{\mathrm{d}\psi_V}{\mathrm{d}t} > 0,\text{弹道向左弯曲。} \end{cases}$

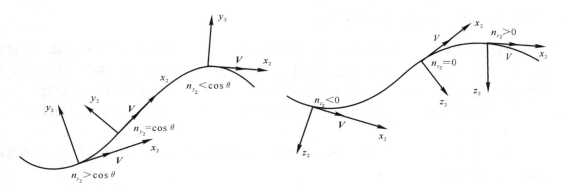

图2.13 过载 n_{y_2} 与弹道特性之间的关系   **图2.14 过载 n_{z_2} 与弹道特性之间的关系**

四、弹道曲率半径与法向过载的关系

建立弹道曲率半径与法向过载之间的关系,对研究弹道特性也是必要的。如果导弹是在铅垂平面 x_2Oy_2 内运动,那么,弹道上某点的曲率就是该点处的弹道倾角 θ 对弧长 s 的导数,即

$$K = \frac{\mathrm{d}\theta}{\mathrm{d}s}$$

而该点的曲率半径 ρ_{y_2} 则为曲率的倒数,所以有

$$\rho_{y_2} = \frac{\mathrm{d}s}{\mathrm{d}\theta} = \frac{\mathrm{d}s}{\mathrm{d}t}\frac{\mathrm{d}t}{\mathrm{d}\theta} = \frac{V}{\mathrm{d}\theta/\mathrm{d}t}$$

将式(2-69)的第 2 个方程代入上式,可得到

$$\rho_{y_2} = \frac{V^2}{g(n_{y_2} - \cos\theta)} \tag{2-70}$$

式(2-70)表明:在给定速度 V 的情况下,法向过载越大,曲率半径越小,导弹转弯速率

$$\frac{\mathrm{d}\theta}{\mathrm{d}t} = \frac{V}{\rho_{y_2}}$$

就越大;若 n_{y_2} 值不变,随着飞行速度 V 的增加,弹道曲率半径就增加,这说明速度越大,导弹越不容易转弯。

同理,如果导弹在水平面 x_2Oz_2 内飞行,那么曲率半径 ρ_{z_2} 可写成

$$\rho_{z_2} = -\frac{\mathrm{d}s}{\mathrm{d}\psi_V} = -\frac{V}{\mathrm{d}\psi_V/\mathrm{d}t}$$

将式(2-69)的第 3 个方程代入上式,则有

$$\rho_{z_2} = \frac{V^2\cos\theta}{gn_{z_2}} \tag{2-71}$$

五、需用过载、极限过载和可用过载

在弹体结构和控制系统设计中,常需要考虑导弹在飞行过程中能够承受的过载。根据战术技术要求的规定,飞行过程中过载不得超过某一数值。这个数值决定了弹体结构和弹上各部件能够承受的最大载荷。为保证导弹能正常飞行,飞行中的过载也必须小于这个数值。

在导弹设计过程中,经常用到需用过载、极限过载和可用过载的概念,下面分别加以叙述。

1. 需用过载

所谓需用过载是指导弹按给定的弹道飞行时所需要的法向过载,用 n_R 表示。导弹的需用过载是飞行弹道的一个重要特性。

需用过载必须满足导弹的战术技术要求,例如,导弹要攻击机动性强的空中目标,则导弹按一定的导引规律飞行时必须具有较大的法向过载(即需用过载);另一方面,从设计和制造的观点来看,希望需用过载在满足导弹战术技术要求的前提下越小越好。因为需用过载越小,导

弹在飞行过程中所承受的载荷越小,这对防止弹体结构破坏、保证弹上仪器和设备的正常工作以及减小导引误差都是有利的。

2. 极限过载

在给定飞行速度和高度的情况下,导弹在飞行中所能产生的过载取决于攻角 α、侧滑角 β 及操纵机构的偏转角。正如 1.1 节导弹气动力分析指出的那样,导弹在飞行中,当攻角达到临界值 α_L 时,对应的升力系数达到最大值 C_{ymax},这是一种极限情况。若使攻角继续增大,则会出现所谓的"失速"现象。攻角或侧滑角达到临界值时的法向过载称为极限过载 n_L。

以纵向运动为例,相应的极限过载可写成

$$n_L = \frac{1}{G}(P\sin\alpha_L + qSC_{ymax})$$

3. 可用过载

当操纵面的偏转角为最大时,导弹所能产生的法向过载称为可用过载 n_P。它表征着导弹产生法向控制力的实际能力。若要使导弹沿着导引规律所确定的弹道飞行,那么,在这条弹道的任一点上,导弹所能产生的可用过载都应大于需用过载。

例如,在某一时刻,从 O 点向运动着的目标 O' 发射一枚导弹,采用追踪法导引(见第 4 章),亦即导弹的速度矢量始终跟随目标转动(见图 2.15)。这时导弹跟踪目标所需的过载,即为需用过载 n_R。如果在某时刻,操纵面偏转角达到最大允许值所产生的可用过载仍小于需用过载,则导弹速度矢量就不可能再跟随目标转动,从而导致脱靶。

在实际飞行过程中,各种干扰因素总是存在的,导弹不可能完全沿着理论弹道飞行,因此,在导弹设计时,必须留有一定的过载余量,用以克服各种扰动因素导致的附加过载。

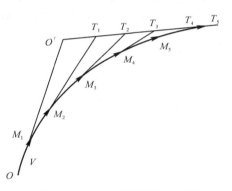

图 2.15 追踪导引弹道示意图

然而,考虑到弹体结构、弹上仪器设备的承载能力,可用过载也不是越大越好。实际上,导弹的舵面偏转总是会受到一定的限制,如操纵机构的输出限幅和舵面的机械限制等。

通过分析,不难发现:极限过载 $n_L >$ 可用过载 $n_P >$ 需用过载 n_R。

思 考 题 2

2.1 简述导弹运动建模的简化处理方法。

2.2 地面坐标系、弹道坐标系如何定义?

2.3 弹道倾角、弹道偏角、速度倾斜角如何定义?

2.4 导弹的三个姿态角是如何定义的?

2.5 导弹质心运动和绕质心转动的动力学方程一般分别投影到哪个坐标系？为什么？

2.6 导弹质心运动和绕质心转动的运动学方程一般投影到哪个坐标系？为什么？

2.7 总结任意两个坐标系之间坐标变换的规律，并以地面坐标系和弹体坐标系之间的变换为例加以说明。

2.8 用矩阵法推导速度坐标系和地面坐标系之间的转换矩阵。

2.9 导弹运动方程组由哪些方程构成？共有多少个未知数？

2.10 轴对称导弹和面对称导弹的控制飞行过程有何不同？

2.11 何谓纵向运动和侧向运动？各自包括哪些参数？

2.12 何谓"瞬时平衡"假设？它隐含的意义是什么？

2.13 写出导弹在铅垂面内运动的质心运动方程组。

2.14 什么叫理想弹道、理论弹道和实际弹道？

2.15 过载和机动性如何定义？两者有何联系？

2.16 法向过载与弹道形状有何关系？

2.17 弹道曲率半径、导弹转弯速率与导弹法向过载有何关系？

2.18 需用过载、可用过载和极限过载如何定义？它们之间有何关系？

第 3 章 　 方案飞行与方案弹道

导弹的弹道可以分为方案弹道和导引弹道两大类。本章介绍导弹的方案飞行弹道。

所谓飞行方案,是指设计弹道时所选定的某些运动参数随时间的变化规律。运动参数是指弹道倾角 $\theta_*(t)$、俯仰角 $\vartheta_*(t)$、攻角 $\alpha_*(t)$ 或高度 $H_*(t)$ 等。在这类导弹上,一般装有一套程序自动控制装置,导弹飞行时的舵面偏转规律,就是由这套装置实现的。这种控制方式称为自主控制。飞行方案选定以后,导弹的飞行弹道也就随之确定。也就是说,导弹发射出去后,它的飞行轨迹就不能随意变更。导弹按预定的飞行方案所做的飞行称为方案飞行。它所对应的飞行弹道称为方案弹道。

方案飞行的情况是经常遇到的。许多导弹的弹道除了引向目标的导引段之外,也具有方案飞行段。例如,攻击静止或缓慢运动目标的飞航式导弹,其弹道的爬升段(或称起飞段)、平飞段(或称巡航段),甚至在俯冲攻击的初段都是方案飞行段(见图 3.1)。反坦克导弹的某些飞行段也有按方案飞行的。某些垂直发射的地-空导弹的初始段、空-地导弹的下滑段以及弹道式导弹的主动段通常也采用方案飞行。此外,方案飞行在一些无人驾驶靶机、侦察机上也被广泛采用。

飞行方案设计也就是导弹飞行轨迹设计。飞行方案设计的主要依据是使用部门提出的技术战术指标和使用要求,包括发射载体、射程、巡航速度和高度、制导体制、动力装置、导弹几何尺寸和重量、目标类型等。在进行飞行方案设计时,除了要掌握导弹本身的总体特性外,还要了解发射载体和目标特性。只有充分发挥各系统的优点,扬长避短,才能设计出理想的飞行方案。

需要说明一下,方案弹道的设计都是基于理想弹道(质点弹道),也就是说,采用了"瞬时平衡"假设。

图 3.1 　 飞航式反舰导弹的典型弹道

3.1 　 铅垂平面内的方案飞行

飞航式导弹、空-地导弹和弹道式导弹的方案飞行段,基本上是在铅垂平面内。本节讨论导弹在铅垂平面内的方案飞行。

一、导弹运动基本方程

设地面坐标系的 Ax 轴选取在飞行平面（铅垂平面）内，则导弹质心的坐标 z 和弹道偏角 ψ_V 恒等于零。假定导弹的纵向对称面 x_1Oy_1 始终与飞行平面重合，则速度倾斜角 γ_V 和侧滑角 β 也等于零，这样，导弹在铅垂平面内的质心运动方程组为

$$
\left.
\begin{aligned}
m\frac{\mathrm{d}V}{\mathrm{d}t} &= P\cos\alpha - X - mg\sin\theta \\
mV\frac{\mathrm{d}\theta}{\mathrm{d}t} &= P\sin\alpha + Y - mg\cos\theta \\
\frac{\mathrm{d}x}{\mathrm{d}t} &= V\cos\theta \\
\frac{\mathrm{d}y}{\mathrm{d}t} &= V\sin\theta \\
\frac{\mathrm{d}m}{\mathrm{d}t} &= -m_\mathrm{s} \\
\varepsilon_1 &= 0 \\
\varepsilon_4 &= 0
\end{aligned}
\right\}
\tag{3-1}
$$

在导弹气动外形给定的情况下，平衡状态的阻力 X、升力 Y 取决于 V,α,y，因此，方程组（3-1）中共含有 7 个未知数：V,θ,α,x,y,m,P。

导弹在铅垂平面内的方案飞行取决于：① 飞行速度的方向，其理想控制关系式为 $\varepsilon_1=0$；② 发动机的工作状态，其理想控制关系式为 $\varepsilon_4=0$。

飞行速度的方向或者直接用弹道倾角 $\theta_*(t)$ 来给出，或者间接地用俯仰角 $\vartheta_*(t)$、攻角 $\alpha_*(t)$、法向过载 $n_{y_2*}(t)$、高度 $H_*(t)$ 给出。

因为方程组（3-1）中各式的右端项均与坐标 x 无关，所以在积分此方程组时，可以将第 3 个方程从中独立出来，在其余方程求解之后再进行积分。

如果导弹采用固体火箭发动机，则燃料的质量秒流量 m_s 为已知（在许多情况下 m_s 可视为常值）；发动机的推力 P 仅与飞行高度有关，在计算弹道时，它们之间的关系通常也是给定的。因此，在采用固体火箭发动机的情况下，方程组中的第 5 式和第 7 式可以用已知的关系式 $m(t)$ 和 $P(t,y)$ 代替。

对于涡轮风扇发动机或冲压发动机，m_s 和 P 不仅与飞行速度和高度有关，而且还与发动机的工作状态有关。因此，方程组（3-1）中必须给出约束方程 $\varepsilon_4=0$。

在计算弹道时，常会遇到发动机产生额定推力的情况，而燃料的质量秒流量可以取常值，即等于秒流量的平均值。这时，方程组中的第 5 式和第 7 式也可以去掉（无须积分）。

二、几种典型飞行方案

理论上,可采取的飞行方案有:弹道倾角 $\theta_*(t)$、俯仰角 $\vartheta_*(t)$、攻角 $\alpha_*(t)$、法向过载 $n_{y_2*}(t)$、高度 $H_*(t)$。下面分别给出各种飞行方案的理想操纵关系式。

1. 给定弹道倾角

如果给出弹道倾角的飞行方案 $\theta_*(t)$,则理想控制关系式为

$$\varepsilon_1 = \theta - \theta_*(t) = 0 \quad (\text{即 } \theta = \theta_*(t))$$

或

$$\varepsilon_1 = \dot{\theta} - \dot{\theta}_*(t) = 0 \quad (\text{即 } \dot{\theta} = \dot{\theta}_*(t))$$

式中,θ 为导弹实际飞行的弹道倾角。

选择飞行方案的目的是为了使导弹按所要求的弹道飞行。例如飞航式导弹以 θ_0 发射并逐渐爬升,然后转入平飞,这时飞行方案 $\theta_*(t)$ 可以设计成各种变化规律,可以是直线,也可以是曲线(见图3.2)。

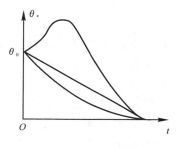

图 3.2　爬升段 $\theta_*(t)$ 的示意图

利用函数 $\theta_*(t)$ 对时间求导,得到 $\dot{\theta}_*(t)$ 的表达式,改写方程组(3-1)中的第 2 式,得

$$\frac{\mathrm{d}\theta}{\mathrm{d}t} = \frac{g}{V}(n_{y_2} - \cos\theta)$$

无倾斜飞行时,$\gamma_V = 0$,故 $n_{y_2} = n_{y_3}$。

平衡状态下的法向过载为

$$n_{y_3} = n_{y_3 b}^\alpha \alpha + (n_{y_3 b})_{\alpha=0} \tag{3-2}$$

式中

$$n_{y_3 b}^\alpha = \frac{1}{mg}\left(P + Y^\alpha - \frac{m_z^\alpha}{m_z^{\delta_z}} Y^{\delta_z}\right) \tag{3-3}$$

$$(n_{y_3 b})_{\alpha=0} = \frac{1}{mg}\left(Y_0 - \frac{m_{z0}}{m_z^{\delta_z}} Y^{\delta_z}\right) \tag{3-4}$$

由式(3-2)求出

$$\alpha = \frac{1}{n_{y_3 b}^\alpha}\left[\frac{V}{g}\frac{\mathrm{d}\theta}{\mathrm{d}t} + \cos\theta - (n_{y_3 b})_{\alpha=0}\right]$$

对于轴对称导弹,$(n_{y_3 b})_{\alpha=0} = 0$。

于是,描述按给定弹道倾角的方案飞行的运动方程组为

$$\left.\begin{array}{l} \dfrac{\mathrm{d}V}{\mathrm{d}t} = \dfrac{P\cos\alpha - X}{m} - g\sin\theta \\[3mm] \alpha = \dfrac{1}{n^{\alpha}_{y_3\mathrm{b}}} \left[\dfrac{V}{g}\dfrac{\mathrm{d}\theta}{\mathrm{d}t} + \cos\theta - (n_{y_3\mathrm{b}})_{\alpha=0} \right] \\[3mm] \dfrac{\mathrm{d}x}{\mathrm{d}t} = V\cos\theta \\[3mm] \dfrac{\mathrm{d}y}{\mathrm{d}t} = V\sin\theta \\[3mm] \theta = \theta_*(t) \end{array}\right\} \qquad (3-5)$$

联立上述方程组的第 1,2,4,5 方程,进行数值积分,就可以解得其中的未知数 V,α,y,θ。然后再积分第 3 式,就可以解出 $x(t)$,从而得到按给定弹道倾角飞行的方案弹道。

如果 $\theta_*(t) = C$(常数),则方案飞行弹道为直线。如果 $\theta_*(t) = 0$,则方案飞行弹道为水平直线(等高飞行)。如果 $\theta_*(t) = \pi/2$,则导弹作垂直上升飞行。

2.给定俯仰角

如果给出俯仰角的飞行方案 $\vartheta_*(t)$,则理想控制关系式为

$$\varepsilon_1 = \vartheta - \vartheta_*(t) = 0$$

即

$$\vartheta = \vartheta_*(t)$$

式中,ϑ 为导弹飞行过程中的实际俯仰角。

在进行弹道计算时,还需引入角度关系式

$$\alpha = \vartheta - \theta$$

于是,描述按给定俯仰角的方案飞行的运动方程组为

$$\left.\begin{array}{l} \dfrac{\mathrm{d}V}{\mathrm{d}t} = \dfrac{P\cos\alpha - X}{m} - g\sin\theta \\[3mm] \dfrac{\mathrm{d}\theta}{\mathrm{d}t} = \dfrac{1}{mV}(P\sin\alpha + Y - G\cos\theta) \\[3mm] \dfrac{\mathrm{d}x}{\mathrm{d}t} = V\cos\theta \\[3mm] \dfrac{\mathrm{d}y}{\mathrm{d}t} = V\sin\theta \\[3mm] \alpha = \vartheta - \theta \\[2mm] \vartheta = \vartheta_*(t) \end{array}\right\} \qquad (3-6)$$

此方程组包含 6 个未知参量:V,θ,α,x,y 和 ϑ。解算这组方程就能得到这些参量随时间的变化规律,同时也就得到了按给定俯仰角的方案弹道。

这种飞行方案的控制系统最容易实现。利用三自由度陀螺测量,或者通过捷联惯导系统测量、解算得到导弹实际飞行时的俯仰角,与飞行方案 $\vartheta_*(t)$ 比较,形成角偏差信号,经放大送至

舵机。升降舵的偏转规律为

$$\delta_z = K_\vartheta(\vartheta - \vartheta_*(t))$$

式中，K_ϑ 为放大因数。

3. 给定攻角

给定攻角的飞行方案，是为了使导弹爬升得最快，即希望飞行所需的攻角始终等于允许的最大值；或者是为了防止需用过载超过可用过载而对攻角加以限制；若导弹采用冲压发动机，为了保证发动机能正常工作，也必须将攻角限制在一定范围内。

如果给出了攻角的飞行方案 $\alpha_*(t)$，则理想控制关系式为

$$\varepsilon_1 = \alpha - \alpha_*(t) = 0$$

即

$$\alpha = \alpha_*(t)$$

式中，α 为导弹飞行过程中的实际攻角。

由于目前测量导弹实际攻角的传感器的精度比较低，所以一般不直接采用控制导弹攻角参量，而是将 $\alpha_*(t)$ 折算成俯仰角 $\vartheta_*(t)$，通过对俯仰角的控制来实现对攻角的控制。

4. 给定法向过载

给定法向过载的飞行方案，往往是为了保证导弹不会出现结构破坏。此时，理想控制关系式为

$$\varepsilon_1 = n_{y_2} - n_{y_2*}(t) = 0$$

即

$$n_{y_2} = n_{y_2*}(t)$$

式中，n_{y_2} 为导弹飞行的实际法向过载。

在平衡状态下，由式(3-2)和 $\gamma_V = 0$ 得

$$\alpha = \frac{n_{y_2} - (n_{y_2 b})_{\alpha=0}}{n_{y_2 b}^\alpha}$$

按给定法向过载的方案飞行可以用下列方程组来描述：

$$\left.\begin{aligned}
\frac{dV}{dt} &= \frac{P\cos\alpha - X}{m} - g\sin\theta \\[2mm]
\frac{d\theta}{dt} &= \frac{g}{V}(n_{y_2} - \cos\theta) \\[2mm]
\frac{dx}{dt} &= V\cos\theta \\[2mm]
\frac{dy}{dt} &= V\sin\theta \\[2mm]
\alpha &= \frac{n_{y_2} - (n_{y_2 b})_{\alpha=0}}{n_{y_2 b}^\alpha} \\[2mm]
n_{y_2} &= n_{y_2*}(t)
\end{aligned}\right\} \qquad (3-7)$$

这组方程包含未知参量 V,θ,α,x,y 及 n_{y_2}。解算这组方程,就能得到这些参量随时间的变化量,并可得到按给定法向过载飞行的方案弹道。

由方程组(3-7)可见,按给定法向过载的方案飞行实际上是通过相应的 α 来实现的。

5.给定高度

如果给出导弹高度的飞行方案 $H_*(t)$,则理想控制关系式为

$$\varepsilon_1 = H - H_*(t) = 0$$

即

$$H = H_*(t)$$

式中,H 为导弹的实际飞行高度。

上式对时间求导,可以得到关系式

$$\frac{dH}{dt} = \frac{dH_*(t)}{dt} \tag{3-8}$$

式中,$dH_*(t)/dt$ 为给定的导弹飞行高度变化率。

对于近程战术导弹,在不考虑地球曲率时,存在关系式

$$\frac{dH}{dt} = \frac{dy}{dt} = V\sin\theta \tag{3-9}$$

由式(3-8)和式(3-9)解得

$$\theta = \arcsin\left(\frac{1}{V}\frac{dH_*(t)}{dt}\right) \tag{3-10}$$

参照给定弹道倾角方案飞行的运动方程组,描述给定高度的方案飞行的运动方程组为

$$\left.\begin{array}{l} \dfrac{dV}{dt} = \dfrac{P\cos\alpha - X}{m} - g\sin\theta \\[2mm] \alpha = \dfrac{1}{n_{y_3 b}^{\alpha}}\left[\dfrac{V}{g}\dfrac{d\theta}{dt} + \cos\theta - (n_{y_3 b})_{\alpha=0}\right] \\[2mm] \dfrac{dx}{dt} = V\cos\theta \\[2mm] \dfrac{dy}{dt} = \dfrac{dH_*(t)}{dt} \\[2mm] \theta = \arcsin\left[\dfrac{1}{V}\dfrac{dH_*(t)}{dt}\right] \end{array}\right\} \tag{3-11}$$

联立上述方程组,就可以求出其中的未知数 V,α,x,y,θ,从而得到按给定高度飞行的方案弹道。

三、直线弹道问题

直线飞行的情况是常见的,例如,飞航式导弹在平飞段(巡航段)的飞行;空-地导弹、巡航导弹在巡航段的飞行;地-空导弹在初始弹道段的飞行等。前文已经介绍过,如果给定飞行方案

$\theta_*(t)=C$（常数），则方案弹道为直线。如果 $\theta_*(t)=0(\pi/2)$，则方案飞行弹道为水平（垂直）直线；另外，如果给定高度飞行方案且 $dH_*(t)/dt=0$，则方案飞行弹道为水平直线（等高飞行）。下面以飞航式导弹在爬升段的飞行为例，讨论两种其他形式的直线弹道问题。

1. 直线爬升时的飞行方案 $\vartheta_*(t)$

导弹作直线爬升飞行时，弹道倾角应为常值，即 $d\theta_*(t)/dt=0$，将其代入方程组（3-1）的第 2 式可以得到

$$P\sin\alpha + Y = G\cos\theta \qquad (3-12)$$

式（3-12）表明：直线爬升时，作用在导弹上的法向控制力必须和重力的法向分量平衡。在飞行攻角不大的情况下，攻角可表示成

$$\alpha = \frac{G\cos\theta}{P+Y^{\alpha}} \qquad (3-13)$$

这样直线爬升时的俯仰角飞行方案为

$$\vartheta_*(t) = \theta + \frac{G\cos\theta}{P+Y^{\alpha}} \qquad (3-14)$$

显然，如果能按式（3-14）给定俯仰角的飞行方案，导弹就会直线爬升。

2. 等速直线爬升

若要求导弹作等速直线爬升飞行，必须使 $\dot{V}=0,\dot{\theta}=0$，代入方程组（3-1）的第 1,2 式可得

$$\left.\begin{array}{l}P\cos\alpha - X = G\sin\theta\\P\sin\alpha + Y = G\cos\theta\end{array}\right\} \qquad (3-15)$$

式（3-15）表明：导弹要实现等速直线飞行，发动机推力在弹道切线方向上的分量与阻力之差必须等于重力在弹道切线方向上的分量；同时，作用在导弹上的法向控制力应等于重力在法线方向上的分量。下面就来讨论同时满足这两个条件的可能性。

等速爬升的条件：根据方程组（3-15）的第 1 式，导弹等速爬升时的需用攻角为

$$\alpha_1 = \arccos\left(\frac{X+G\sin\theta}{P}\right) \qquad (3-16)$$

直线爬升的条件：根据方程组（3-15）的第 2 式，在飞行攻角不大的情况下，导弹直线爬升时的需用攻角为

$$\alpha_2 = \frac{G\cos\theta}{P+Y^{\alpha}} \qquad (3-17)$$

为使导弹等速直线爬升，必须同时满足式（3-16）和式（3-17），因此，导弹等速直线爬升的条件应是 $\alpha_1=\alpha_2$，即

$$\arccos\left(\frac{X+G\sin\theta}{P}\right) = \frac{G\cos\theta}{P+Y^{\alpha}} \qquad (3-18)$$

且 $\theta=C$（常数）。

实际上,上述条件是很难满足的,因为通过精心设计或许能找到一组参数(V,θ,P,G,C_x,C_y^α 等)满足式(3-18),可是在飞行过程中,导弹不可避免地受到各种干扰,一旦某一参数偏离了它的设计值,导弹就不可能真正实现等速直线爬升飞行。特别是在发动机不能自动调节的情况下,要使导弹时刻都严格地按等速直线爬升飞行是不可能的。即使发动机推力可以自动调节,要实现等速直线爬升飞行也只能是近似的。

四、等高飞行的实现问题

飞航式导弹的平飞段(巡航段),空-地导弹、巡航导弹的巡航段,导弹都要求等高飞行。从理论上讲,实现等高飞行有两种飞行方案:$\theta_*(t) \equiv 0$ 或 $H_*(t) =$ 常值。等高飞行应满足

$$P\sin\alpha + Y = mg$$

据此求出

$$\alpha = \frac{mg}{P + Y^\alpha}$$

再由平衡条件,可求得保持等高飞行所需要的升降舵偏转角为

$$\delta_z = -\frac{m_{z0} + \dfrac{mg \cdot m_z^\alpha}{P + Y^\alpha}}{m_z^{\delta_z}} \tag{3-19}$$

由于在等高飞行过程中,导弹的重量和速度(影响 Y^α)都在变化,因此,升降舵的偏转角 δ_z 也是变化的。

若发动机推力基本上与空气阻力相平衡,则等高飞行段内的速度变化较为缓慢,且导弹在等高飞行中所需的攻角变化不大,那么,升降舵偏转角的变化也就不大,在它的变化范围内选定一个常值偏转角 δ_{z0}。如果导弹始终以这个偏转角飞行,显然,不可能实现等高飞行。为了实现等高飞行,就必须在常值偏转角 δ_{z0} 的基础上进行调节。调节的方式是多种多样的,例如,利用高度差进行调节是常采用的一种方式。这时升降舵偏转角的变化规律可以写成

$$\delta_z = \delta_{z0} + K_H(H - H_0) \tag{3-20}$$

式中,H 为导弹的实际飞行高度;H_0 为给定的常值飞行高度;K_H 为放大系数,它表示:为了消除单位高度偏差,升降舵应该偏转的角度。

式(3-20)表明:如果导弹就在预定的高度上飞行(即 $\Delta H = H - H_0 = 0$),则维持常值偏转角 δ_{z0} 就可以了。若导弹偏离了预定的飞行高度,要想回到原来的预定高度上飞行,则舵面的偏转角应为

$$\delta_z = \delta_{z0} + \Delta\delta_z$$

其中附加舵偏角

$$\Delta\delta_z = K_H(H - H_0) = K_H\Delta H \tag{3-21}$$

式(3-21)中的高度差 ΔH 可以采用微动气压计或无线电高度表等弹上设备来测量。

现在来讨论 K_H 值的符号。对于正常式导弹来说，当飞行的实际高度小于预定高度 H_0 时（即高度差 $\Delta H < 0$），为使导弹恢复到预定的飞行高度，则要使导弹产生一个附加的向上升力，即附加攻角 $\Delta\alpha$ 应为正，亦即要有一个使导弹抬头的附加力矩，为此，升降舵的附加偏转角应是一个负值，即 $\Delta\delta_z < 0$；反之，当 $\Delta H > 0$ 时，则要求 $\Delta\delta_z > 0$。因此，对于正常式导弹来说，放大系数 K_H 为正值；同理，对于鸭式导弹，放大系数 K_H 则为负值。

式（3-21）中的 $\Delta\delta_z$ 角是使导弹保持等高飞行所必需的。由于控制系统和弹体具有惯性，在导弹恢复到预定飞行高度的过程中，会不可避免地出现超高和掉高的现象，使导弹在预定高度的某一范围内处于振荡状态（见图 3.3 中虚线），而不能很快地进入预定高度稳定飞行。因此，为了使导弹能尽快地稳定在预定的高度上，必须在式（3-20）中再引入一项与高度变化率 $\Delta\dot{H} = \mathrm{d}\Delta H/\mathrm{d}t$ 有关的量，即

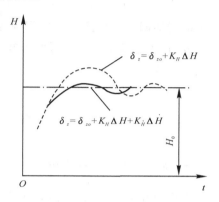

$$\delta_z = \delta_{z0} + K_H\Delta H + K_{\dot{H}}\Delta\dot{H} \qquad (3-22)$$

式中，$K_{\dot{H}}$ 为放大系数，它表示为了消除单位高度变化率升降舵所应偏转的角度。

图 3.3　等高飞行的过渡过程

此时，附加舵偏转角则为

$$\Delta\delta_z = K_H\Delta H + K_{\dot{H}}\Delta\dot{H}$$

与式（3-21）相比，上式增加了一项 $K_{\dot{H}}\Delta\dot{H}$，它将起阻尼作用，以减小导弹在进入预定高度飞行过程中产生的超高和掉高现象，使导弹较平稳地恢复到预定的高度上飞行（见图 3.3 中实线），从而改善了过渡过程的品质。

下文以正常式导弹为例，来具体说明引入 $K_{\dot{H}}\Delta\dot{H}$ 的作用。为了简单起见，均不考虑常值舵偏角 δ_{z0}，而只研究附加舵偏角的规律分别为 $\Delta\delta_z = K_H\Delta H$ 和 $\Delta\delta_z = K_H\Delta H + K_{\dot{H}}\Delta\dot{H}$ 时，对等高飞行带来的差异。

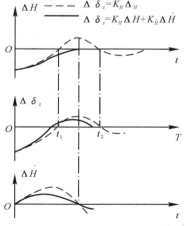

首先分析 $\Delta\delta_z = K_H\Delta H$ 时导弹飞行高度的变化情况。如果导弹的实际飞行高度低于预定高度（$\Delta H < 0$），则 $\Delta\delta_z$ 应为负值，这时 ΔH 和 $\Delta\delta_z$ 的对应关系如图 3.4 中虚线所示。当 $t = t_1$ 时，虽然飞行高度已经达到了预定高度 H_0，但此时 $\Delta\dot{H} > 0$，导弹的惯性使其飞行高度继续上升，超过了预定飞行高度 H_0，从而使得 $\Delta H > 0$。这时，舵面附加偏角 $\Delta\delta_z$ 也应变号，即 $\Delta\delta_z > 0$。而当 $t = t_2$ 时，再次出现 $H =$

图 3.4　ΔH 的变化曲线

H_0,但此时 $\Delta \dot{H} < 0$,导弹的惯性又会使其飞行高度继续下降。导弹在预定飞行高度 H_0 附近经过几次振荡之后才能稳定在预定的飞行高度上。

下面再来分析 $\Delta \delta_z = K_H \Delta H + K_{\dot H} \Delta \dot{H}$ 时的导弹飞行高度的变化情况。只要放大系数 K_H 和 $K_{\dot H}$ 之间比值选择得合理,就可以很快地稳定在预定的飞行高度上,得到比较满意的过渡过程。例如,当 $\Delta \dot{H} < 0$ 时,由 $K_{\dot H} \Delta \dot{H}$ 产生的附加舵偏角为负值,相应地当 $\Delta \dot{H} > 0$ 时,由 $K_{\dot H} \Delta \dot{H}$ 产生的附加偏角为正值,它相对于附加舵偏角调节规律 $\Delta \delta_z = K_H \Delta H$ 来说,可以提前改变舵面偏转方向,于是就降低了导弹的爬升率 $\Delta \dot{H}$,使导弹能较平稳地恢复到预定的高度上飞行(见图 3.4 中的实线)。

3.2 水平面内的方案飞行

一、水平面内飞行的方程组

当攻角和侧滑角较小时,导弹在水平面内的质心运动方程组为

$$\left.\begin{aligned}
&m \frac{\mathrm{d}V}{\mathrm{d}t} = P - X \\
&(P\alpha + Y)\cos\gamma_V - (-P\beta + Z)\sin\gamma_V - G = 0 \\
&-mV \frac{\mathrm{d}\psi_V}{\mathrm{d}t} = (P\alpha + Y)\sin\gamma_V + (-P\beta + Z)\cos\gamma_V \\
&\frac{\mathrm{d}x}{\mathrm{d}t} = V\cos\psi_V \\
&\frac{\mathrm{d}z}{\mathrm{d}t} = -V\sin\psi_V \\
&\frac{\mathrm{d}m}{\mathrm{d}t} = -m_s \\
&\varepsilon_2 = 0 \\
&\varepsilon_3 = 0 \\
&\varepsilon_4 = 0
\end{aligned}\right\} \qquad (3-23)$$

在这方程组中含有 9 个未知数:$V, \psi_V, \alpha, \beta, \gamma_V, x, z, m, P$。

在水平面内的方案飞行取决于下列给定的条件:

(1) 给定飞行方向,其相应的理想控制关系式为 $\varepsilon_2 = 0, \varepsilon_3 = 0$。

飞行速度的方向可以由下面三组约束关系:$\psi_{V*}(t)$(或 $\dot{\psi}_{V*}(t)$ 或 $n_{z_2*}(t)$),$\beta_*(t)$(或 $\psi_*(t)$),$\gamma_{V*}(t)$ 中的任意两个参量的组合给出。但是,导弹通常不作既操纵倾斜又操纵侧滑的

水平面飞行,因为这样将使控制系统复杂化。

(2) 给定发动机的工作状态,其相应的理想控制关系式为 $\varepsilon_4 = 0$。

如果飞行方案是由偏航角的变化规律 $\psi_*(t)$ 给出的,或者需要确定偏航角,则方程组 (3 - 23)中还需要补充一个方程,即

$$\psi = \psi_v + \beta$$

因为方程组(3 - 23)右端与坐标 x,z 无关,所以积分此方程组时,第 4 式和第 5 式可以独立出来,在其余方程积分之后,单独进行积分。

当导弹采用固体火箭发动机时,方程组中的第 6 式和第 9 式可以用 $m(t)$ 和 $P(t)$ 的已知关系式来代替。

下面讨论水平面内飞行的攻角。由方程组(3 - 23)中的第 2 式可以看出:水平飞行时,导弹的重力被空气动力和推力在沿铅垂方向上的分量所平衡。该式可改写为

$$n_{y_3}\cos\gamma_V - n_{z_3}\sin\gamma_V = 1$$

攻角可以用平衡状态下的法向过载来表示,即

$$\alpha = \frac{n_{y_3} - (n_{y_3 b})_{\alpha=0}}{n_{y_3 b}^{\alpha}}$$

在无倾斜飞行时,$\gamma_V = 0$,则 $n_{y_2} = n_{y_3} = 1$,于是

$$\alpha = \frac{1 - (n_{y_3 b})_{\alpha=0}}{n_{y_3 b}^{\alpha}} \tag{3 - 24}$$

在无侧滑飞行时,$\beta = 0$,则 $n_{z_3} = 0$,于是

$$n_{y_3} = 1/\cos\gamma_V$$

$$\alpha = \frac{1/\cos\gamma_V - (n_{y_3 b})_{\alpha=0}}{n_{y_3 b}^{\alpha}} \tag{3 - 25}$$

比较式(3 - 24)和式(3 - 25)可知:在具有相同动压头时,作倾斜的水平曲线飞行所需攻角比侧滑飞行时要大些。这是因为倾斜飞行时,须使升力和推力的铅垂分量 $(P\alpha + Y)\cos\gamma_V$ 与重力相平衡。同时还可看出,在作倾斜的水平机动飞行时,因受导弹临界攻角和可用法向过载的限制,速度倾斜角 γ_V 不能太大。

二、无倾斜的机动飞行

假设导弹在水平面内作侧滑而无倾斜的曲线飞行,导弹质心运动方程组由方程组(3 - 23)改写得

$$\left.\begin{aligned}
\frac{\mathrm{d}V}{\mathrm{d}t} &= \frac{P-X}{m} \\
\alpha &= \frac{1-(n_{y_3\mathrm{b}})_{\alpha=0}}{n_{y_3\mathrm{b}}^\alpha} \\
\frac{\mathrm{d}\psi_V}{\mathrm{d}t} &= \frac{1}{mV}(P\beta-Z) \\
\frac{\mathrm{d}x}{\mathrm{d}t} &= V\cos\psi_V \\
\frac{\mathrm{d}z}{\mathrm{d}t} &= -V\sin\psi_V \\
\psi &= \psi_V+\beta \\
\varepsilon_2 &= 0
\end{aligned}\right\} \qquad (3-26)$$

此方程组含有 7 个未知参量：$V, \psi_V, \alpha, \beta, x, z$ 和 ψ。

方程组(3-26)中描述飞行速度方向的理想控制关系方程 $\varepsilon_2=0$ 可以用下列不同的参量表示：弹道偏角 ψ_V 或弹道偏角的变化率 $\dot{\psi}_V$、侧滑角 β 或偏航角 ψ、法向过载 n_{z_2}。现在分别讨论以上 3 种方案飞行。

1. 给定弹道偏角的方案飞行

如果给出弹道偏角的变化规律 $\psi_{V*}(t)$，则理想控制关系式为

$$\varepsilon_2 = \psi_V - \psi_{V*}(t) = 0$$

或

$$\varepsilon_2 = \dot{\psi}_V - \dot{\psi}_{V*}(t) = 0$$

描述按给定弹道偏角的方案飞行的运动方程组为

$$\left.\begin{aligned}
\frac{\mathrm{d}V}{\mathrm{d}t} &= \frac{P-X}{m} \\
\alpha &= \frac{1-(n_{y_3\mathrm{b}})_{\alpha=0}}{n_{y_3\mathrm{b}}^\alpha} \\
\beta &= -\frac{V}{g}\frac{\dfrac{\mathrm{d}\psi_V}{\mathrm{d}t}}{n_{z_3\mathrm{b}}^\beta} \\
\frac{\mathrm{d}x}{\mathrm{d}t} &= V\cos\psi_V \\
\frac{\mathrm{d}z}{\mathrm{d}t} &= -V\sin\psi_V \\
\psi_V &= \psi_{V*}(t)
\end{aligned}\right\} \qquad (3-27)$$

式中，$n_{z_3\mathrm{b}}^\beta = \dfrac{1}{mg}\left(-P+Z^\beta-(m_y^\beta/m_{y^y}^\beta)Z^{\delta_y}\right)$，可参照式(3-3)进行推导得到。

方程组(3-27)含有 6 个未知参量：$V, \alpha, \beta, \psi_V, x$ 和 z。解算这组方程，就能获得这些参量随时间的变化关系，并由 $x(t), z(t)$ 画出按给定弹道偏角飞行的方案弹道。

2. 给定侧滑角或偏航角的方案飞行

如果给出侧滑角的变化规律 $\beta_*(t)$，则控制系统的理想控制关系式为

$$\varepsilon_2 = \beta - \beta_*(t) = 0$$

描述按给定侧滑角的方案飞行的运动方程组可写成

$$\left.\begin{aligned}
\frac{\mathrm{d}V}{\mathrm{d}t} &= \frac{P - X}{m} \\
\alpha &= \frac{1 - (n_{y_3 b})_{\alpha=0}}{n_{y_3 b}^{\alpha}} \\
\frac{\mathrm{d}\psi_V}{\mathrm{d}t} &= \frac{1}{mV}(P\beta - Z) \\
\frac{\mathrm{d}x}{\mathrm{d}t} &= V\cos\psi_V \\
\frac{\mathrm{d}z}{\mathrm{d}t} &= -V\sin\psi_V \\
\beta &= \beta_*(t)
\end{aligned}\right\} \qquad (3-28)$$

如果给出偏航角的变化规律 $\psi_*(t)$，则控制系统的理想控制关系式为

$$\varepsilon_2 = \psi - \psi_*(t) = 0$$

描述按给定偏航角的方案飞行的运动方程组为

$$\left.\begin{aligned}
\frac{\mathrm{d}V}{\mathrm{d}t} &= \frac{P - X}{m} \\
\alpha &= \frac{1 - (n_{y_3 b})_{\alpha=0}}{n_{y_3 b}^{\alpha}} \\
\frac{\mathrm{d}\psi_V}{\mathrm{d}t} &= \frac{1}{mV}(P\beta - Z) \\
\frac{\mathrm{d}x}{\mathrm{d}t} &= V\cos\psi_V \\
\frac{\mathrm{d}z}{\mathrm{d}t} &= -V\sin\psi_V \\
\beta &= \psi - \psi_V \\
\psi &= \psi_*(t)
\end{aligned}\right\} \qquad (3-29)$$

3. 给定法向过载的方案飞行

如果给出法向过载的变化规律 $n_{z_2 *}(t)$，则控制系统的理想控制关系式为

$$\varepsilon_2 = n_{z_2} - n_{z_2 *}(t) = 0$$

描述按给定法向过载的方案飞行的运动方程组为

$$
\left.
\begin{aligned}
&\frac{\mathrm{d}V}{\mathrm{d}t}=\frac{P-X}{m} \\[4pt]
&\alpha=\frac{1-(n_{y_3 \mathrm{b}})_{\alpha=0}}{n^{\alpha}_{y_3 \mathrm{b}}} \\[4pt]
&\frac{\mathrm{d}\psi_V}{\mathrm{d}t}=-\frac{g}{V}n_{x_2} \\[4pt]
&\beta=\frac{n_{z_2}}{n^{\beta}_{z_2 \mathrm{b}}} \\[4pt]
&\frac{\mathrm{d}x}{\mathrm{d}t}=V\cos\psi_V \\[4pt]
&\frac{\mathrm{d}z}{\mathrm{d}t}=-V\sin\psi_V \\[4pt]
&n_{z_2}=n_{z_2 *}(t)
\end{aligned}
\right\}
\qquad (3-30)
$$

三、无侧滑的机动飞行

导弹在水平面内作倾斜而无侧滑的机动飞行时,导弹质心的运动方程组为

$$
\left.
\begin{aligned}
&\frac{\mathrm{d}V}{\mathrm{d}t}=\frac{P-X}{m} \\[4pt]
&(P\alpha+Y)\cos\gamma_V-G=0 \\[4pt]
&\frac{\mathrm{d}\psi_V}{\mathrm{d}t}=-\frac{1}{mV}(P\alpha+Y)\sin\gamma_V \\[4pt]
&\frac{\mathrm{d}x}{\mathrm{d}t}=V\cos\psi_V \\[4pt]
&\frac{\mathrm{d}z}{\mathrm{d}t}=-V\sin\psi_V \\[4pt]
&\varepsilon_3=0
\end{aligned}
\right\}
\qquad (3-31)
$$

在该方程组中含有 6 个未知参量:$V,\alpha,\gamma_V,\psi_V,x$ 和 z。

上述方程组中描述飞行速度方向的理想控制关系方程 $\varepsilon_3=0$ 可以由下列参量表示:速度倾斜角 γ_V,或法向过载 n_{y_3},或者攻角 α;弹道偏角 ψ_V,或者弹道偏角的变化率 $\dot{\psi}_V$,或者弹道曲率半径 ρ。

1. 给定速度倾斜角的方案飞行

如果给出速度倾斜角的变化规律 $\gamma_{V*}(t)$,则控制系统的理想控制关系方程为

$$
\varepsilon_3=\gamma_V-\gamma_{V*}(t)=0
$$

由方程组(3-31)改写得到描述按给定速度倾斜角的方案飞行的运动方程组

$$\left. \begin{aligned} &\frac{\mathrm{d}V}{\mathrm{d}t} = \frac{P-X}{m} \\[2mm] &\alpha = \frac{\dfrac{1}{\cos\gamma_V} - (n_{y_3 b})_{\alpha=0}}{n_{y_3 b}^{\alpha}} \\[2mm] &\frac{\mathrm{d}\psi_V}{\mathrm{d}t} = -\frac{g}{V}\sin\gamma_V \left[n_{y_3 b}^{\alpha}\alpha + (n_{y_3 b})_{\alpha=0} \right] \\[2mm] &\frac{\mathrm{d}x}{\mathrm{d}t} = V\cos\psi_V \\[2mm] &\frac{\mathrm{d}z}{\mathrm{d}t} = -V\sin\psi_V \\[2mm] &\gamma_V = \gamma_{V*}(t) \end{aligned} \right\} \tag{3-32}$$

2. 给定法向过载 n_{y_3} 的方案飞行

如果给定法向过载的变化规律 $n_{y_3*}(t)$，则理想控制关系方程为

$$\varepsilon_3 = n_{y_3} - n_{y_3*}(t) = 0$$

在水平面内作无侧滑飞行时，法向过载 n_{y_3} 与速度倾斜角 γ_V 之间的关系为

$$n_{y_3} = \frac{1}{\cos\gamma_V}$$

那么，改写方程组(3-31)就可得到按给定法向过载的方案飞行的运动方程组为

$$\left. \begin{aligned} &\frac{\mathrm{d}V}{\mathrm{d}t} = \frac{P-X}{m} \\[2mm] &\alpha = \frac{n_{y_3} - (n_{y_3 b})_{\alpha=0}}{n_{y_3 b}^{\alpha}} \\[2mm] &\frac{\mathrm{d}\psi_V}{\mathrm{d}t} = -\frac{g}{V}n_{y_3}\sin\gamma_V \\[2mm] &\frac{\mathrm{d}x}{\mathrm{d}t} = V\cos\psi_V \\[2mm] &\frac{\mathrm{d}z}{\mathrm{d}t} = -V\sin\psi_V \\[2mm] &n_{y_3} = n_{y_3*}(t) \end{aligned} \right\} \tag{3-33}$$

3. 给定弹道偏角的方案飞行

如果给定弹道偏角的变化规律 $\psi_{V*}(t)$，求导数得到 $\dot{\psi}_{V*}(t)$，则相应的控制系统的理想控制关系方程为

$$\varepsilon_3 = \psi_V - \psi_{V*}(t) = 0$$

改写方程组(3-32)，得到描述按给定弹道偏角的方案飞行的运动方程组为

$$
\left.\begin{aligned}
&\frac{\mathrm{d}V}{\mathrm{d}t}=\frac{P-X}{m}\\[2mm]
&\alpha=\frac{\dfrac{1}{\cos\gamma_V}-(n_{y_3\mathrm{b}})_{\alpha=0}}{n_{y_3\mathrm{b}}^{\alpha}}\\[2mm]
&\tan\gamma_V=-\frac{V}{g}\frac{\mathrm{d}\psi_V}{\mathrm{d}t}\\[2mm]
&\frac{\mathrm{d}x}{\mathrm{d}t}=V\cos\psi_V\\[2mm]
&\frac{\mathrm{d}z}{\mathrm{d}t}=-V\sin\psi_V\\[2mm]
&\psi_V=\psi_{V*}(t)
\end{aligned}\right\}
\tag{3-34}
$$

4. 按给定弹道曲率半径的方案飞行

若给定水平面内转弯飞行的曲率半径 $\rho_*(t)$，则控制系统的理想控制关系方程为

$$
\varepsilon_3=\rho-\rho_*(t)=0
$$

导弹在水平面内曲线飞行时，曲率半径与弹道切线的转动角速度 $\dot\psi_V$ 之间的关系为

$$
\rho=\frac{V}{\dfrac{\mathrm{d}\psi_V}{\mathrm{d}t}}
$$

改写方程组(3-34)，得到描述按给定弹道曲率半径的方案飞行的运动方程组为

$$
\left.\begin{aligned}
&\frac{\mathrm{d}V}{\mathrm{d}t}=\frac{P-X}{m}\\[2mm]
&\alpha=\frac{\dfrac{1}{\cos\gamma_V}-(n_{y_3\mathrm{b}})_{\alpha=0}}{n_{y_3\mathrm{b}}^{\alpha}}\\[2mm]
&\tan\gamma_V=-\frac{V}{g}\frac{\mathrm{d}\psi_V}{\mathrm{d}t}\\[2mm]
&\frac{\mathrm{d}\psi_V}{\mathrm{d}t}=\frac{V}{\rho}\\[2mm]
&\frac{\mathrm{d}x}{\mathrm{d}t}=V\cos\psi_V\\[2mm]
&\frac{\mathrm{d}z}{\mathrm{d}t}=-V\sin\psi_V\\[2mm]
&\rho=\rho_*(t)
\end{aligned}\right\}
\tag{3-35}
$$

3.3 方案飞行应用实例

一、地-空导弹的垂直上升段

某些地-空导弹(如美国的"波马克B型")和舰载导弹采用垂直发射方式,其初始段弹道是一条直线,且弹道倾角 $\theta = \pi/2$。

将 $\theta = \pi/2$,$\mathrm{d}\theta/\mathrm{d}t = 0$ 代入方程组(3-5),得到描述垂直上升方案飞行的运动方程组为

$$\left.\begin{aligned} \frac{\mathrm{d}V}{\mathrm{d}t} &= \frac{P\cos\alpha - X}{m} - g \\ \alpha &= -\frac{(n_{y_3 b})_{\alpha=0}}{n_{y_3 b}^{\alpha}} \\ \frac{\mathrm{d}y}{\mathrm{d}t} &= V \end{aligned}\right\} \tag{3-36}$$

由方程组(3-36)的第 2 式可以得到

$$n_{y_2 b} = n_{y_3 b} = n_{y_3 b}^{\alpha}\alpha + (n_{y_3 b})_{\alpha=0} = 0$$

上式表明:平衡时的法向过载为零。这就是说,在垂直上升飞行时应该没有法向力。

对于气动轴对称导弹,因 $(n_{y_3 b})_{\alpha=0} = 0$,故它在作垂直上升飞行时,攻角应为零。

由于利用弹上设备直接测量弹道倾角比较困难,所以方案飞行通常也不直接采用控制导弹的弹道倾角,而是采用给定俯仰角的飞行方案,即利用关系 $\vartheta = \theta + \alpha$($\alpha$ 一般为 0),将飞行方案 $\theta_*(t)$ 转化成方案 $\vartheta_*(t)$。

二、中远程空-地导弹的下滑段

空-地导弹是由轰炸机、战斗攻击机、攻击机和武装直升机携载,从空中发射,用于攻击地面目标的一种导弹。它分为战略型和战术型两种。

空-地导弹由下滑段转入平飞段时,为了使导弹稳定地转入平飞,消除高度超调量,在下滑段加入方案控制,使导弹的飞行高度按某一规律变化。下滑段可以采用抛物线变化规律,如

$$H_* = \begin{cases} a(t - t_\tau)^2 + H_p & t_H \leqslant t \leqslant t_H + t_\tau \\ H_p & t \geqslant t_H + t_\tau \end{cases} \tag{3-37}$$

式中,H_* 为方案飞行高度;H_p 为导弹的平飞高度;t_H 为高度指令发出时间;t_τ 为下滑段至转平段的时间;a 根据 $t=0$ 时刻的状态解算,计算公式为

$$a = (H_{t=t_H} - H_p)/t_\tau^2$$

式中,$H_{t=t_H}$ 为 $t = t_H$ 时刻导弹的飞行高度。

另外,也可以采用指数形式的高度程序,其具体表达式为

$$H_*(t) = \begin{cases} H_1 & t < t_1 \\ (H_1 - H_p)e^{-k(t-t_1)} + H_p & t_1 \leqslant t < t_2 \\ H_p & t \geqslant t_2 \end{cases} \quad (3-38)$$

式中，H_1 为下滑段起始点高度；H_p 为导弹的平飞高度；t_1,t_2 为给定的指令时间；k 为给定的控制常数。

H_1,H_2 根据导弹技术战术指标要求确定。t_1,t_2,k 的确定应综合考虑以下因素；满足最小射程的要求；下滑过程中高度超调量要小；转入平飞的时间最短；飞行过载小于导弹结构允许值；导弹姿态运动不影响发动机的正常工作等。

三、巡航导弹的爬升段

某型巡航导弹从地面发射，按给定的俯仰角方案爬升，然后转入平飞。爬升段俯仰角方案为

$$\vartheta_*(t) = \begin{cases} \vartheta_0 & 0 \leqslant t < t_1 \\ \vartheta_0 - \dot{\vartheta}(t-t_1) & t_1 \leqslant t < t_2 \\ \vartheta_1 & t_2 \leqslant t < t_3 \\ \vartheta_1 - k_t(H - H_p)e^{\frac{|H-H_p|}{\Delta H_m}} & t \geqslant t_3 \end{cases} \quad (3-39)$$

式中，ϑ_0 为助推段俯仰角；t_1 为助推器分离时间；$\dot{\vartheta}$ 为过渡段俯仰角变化率；t_2 为过渡段结束时间；ϑ_1 为转平前俯仰角；t_3 为转平段开始时间，从 $(H - H_p) \leqslant \Delta H_m$ 起计；k_1 为转平段系数；H 为导弹飞行高度；H_p 为平飞高度；ΔH_m 为最大高度差。

四、飞航式导弹的平飞段

对于从地面或舰上发射的飞航式导弹，在加速爬升段（助推段），速度变化大，纵向运动参数变化剧烈，侧向运动则一般不实行控制。只在主发动机工作飞行段，才对侧向运动实施控制。由于助推段侧向运动无控制，各种干扰因素的作用势必会造成导弹飞行的姿态和位置偏差。如果主发动机一开始工作就把较大的偏差作为控制量加入，很可能会造成侧向运动的振荡，严重时甚至会发散。为避免这种情况的发生，可采用下述偏航角程序信号：

$$\psi_*(t) = \begin{cases} \psi_1 & t < t_1 \\ \psi_1 e^{-k(t-t_1)} & t_1 \leqslant t < t_2 \\ 0 & t \geqslant t_2 \end{cases} \quad (3-40)$$

式中，ψ_1 为助推器分离时刻的偏航角；t_1 为助推器分离时刻；t_2 为给定的指令时间；k 为给定的控制常数。

式（3-40）表明：助推段终点的偏航角偏差不是陡然直接加入，而是按指数形式引入的，从而避免了因起控不当造成失控的现象发生。相应的方向舵偏转控制规律为

$$\delta_y = K_{\Delta\psi}(\psi - \psi_*) + K_{\Delta\dot\psi}\Delta\dot\psi \qquad (3-41)$$

式中，$\Delta\psi = \psi - \psi_*$，$\Delta\dot\psi = \mathrm{d}\Delta\psi/\mathrm{d}t$。

思 考 题 3

3.1 何谓"方案飞行"？ 有何研究意义？

3.2 导弹在铅垂面内运动时，典型的飞行方案有哪些？

3.3 写出按给定俯仰角的方案飞行的导弹运动方程组。

3.4 导弹在水平面内作侧滑而无倾斜飞行的方案有哪些？

3.5 导弹垂直飞行时的攻角是否一定等于零？ 如不等于零，怎样才能使导弹作垂直飞行？

3.6 哪些导弹采用方案飞行？

第4章 导引飞行与弹道

4.1 导引飞行综述

导弹的制导系统有三种基本类型：自主控制、自动瞄准（又称自动寻的）和遥远控制（简称遥控）。

所谓自动瞄准制导是由导引头（弹上敏感器）感受目标辐射或反射的能量，自动形成制导指令，控制导弹飞向目标的制导技术。其特点是比较机动灵活，接近目标时精度较高。但导弹本身装置较复杂，作用距离也较短。

所谓遥控制导是指由制导站测量、计算导弹 — 目标运动参数，形成制导指令，导弹接收指令后，通过弹上控制系统的作用，飞向目标。制导站可设在地面、空中或海上，导弹上只安装接收指令和执行指令的装置。因此，导弹内装置比较简单，作用距离较远。但在制导过程中，制导站不能撤离，易被敌方攻击，而且制导站离导弹较远时，制导精度下降。

按制导系统的不同，弹道分为方案弹道和导引弹道。与自主控制对应的方案弹道已在第3章作过讨论。导引弹道是根据目标运动特性，以某种导引方法将导弹导向目标的导弹质心运动轨迹。空-空导弹、地-空导弹、空-地导弹的弹道以及飞航导弹、巡航导弹的末段弹道都是导引弹道。导引弹道的制导系统有自动瞄准和遥控两种类型，也有两种兼用的（称为复合制导）。

一、导引方法的分类

根据导弹和目标的相对运动关系，导引方法可分为以下几种：

（1）按导弹速度向量与目标线（又称视线，即导弹 — 目标连线）的相对位置分为追踪法（导弹速度向量与视线重合，即导弹速度方向始终指向目标）和常值前置角法（导弹速度向量超前视线一个常值角度）。

（2）按目标线在空间的变化规律分为平行接近法（目标线在空间平行移动）和比例导引法（导弹速度矢量的转动角速度与目标线的转动角速度成比例）。

（3）按导弹纵轴与目标线的相对位置分为直接法（两者重合）和常值方位角法（纵轴超前一个常值角度）。

（4）按制导站 — 导弹连线和制导站 — 目标连线的相对位置分为三点法（两连线重合）和前置量法（又称角度法或矫直法，制导站 — 导弹连线超前一个角度）。

二、导引弹道的研究方法

导引弹道的特性主要取决于导引方法和目标运动特性。对应某种确定的导引方法,导引弹道的研究内容包括需用过载、导弹飞行速度、飞行时间、射程和脱靶量等,这些参数将直接影响导弹的命中精度。

在导弹和制导系统初步设计阶段,为简化起见,通常采用运动学分析方法研究导引弹道。导引弹道的运动学分析基于以下假设:① 将导弹、目标和制导站视为质点;② 制导系统理想工作;③ 导弹速度(大小)是已知函数;④ 目标和制导站的运动规律是已知的;⑤ 导弹、目标和制导站始终在同一个平面内运动,该平面称为攻击平面,它可能是水平面、铅垂平面或倾斜平面。

三、自动瞄准的相对运动方程

建立相对运动方程时,常采用极坐标(r,q)来表示导弹和目标的相对位置,如图 4.1 所示。

r 表示导弹(M)与目标(T)之间的相对距离,当导弹命中目标时,$r=0$。导弹和目标的连线$\overline{MT}$ 称为目标瞄准线,简称目标线或瞄准线。

q 表示目标瞄准线与攻击平面内某一基准线$\overline{Mx}$之间的夹角,称为目标线方位角(简称视角),从基准线逆时针转向目标线为正。

σ,σ_T 分别表示导弹速度向量、目标速度向量与基准线之间的夹角,从基准线逆时针转向速度向量为正。当攻击平面为铅垂平面时,σ 就是弹道倾角 θ;当攻击平面是水平面时,σ 就是弹道偏角 ψ_v。η,η_T 分别表示导弹速度向量、目标速度向量与目标线之间的夹角,称为导弹前置角和目标前置角。速度矢量逆时针转到目标线时,前置角为正。

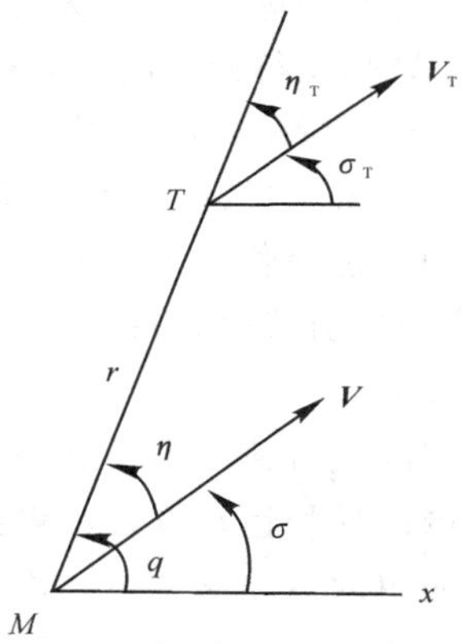

由图 4.1 可见,导弹速度向量 V 在目标线上的分量为 $V\cos\eta$,是指向目标的,它使相对距离 r 缩短;而目标速度向量 V_T 在目标线上的分量为 $V_T\cos\eta_T$,它使 r 增大。$\mathrm{d}r/\mathrm{d}t$ 为导弹到目标的距离变化率。显然,相对距离 r 的变化率 $\mathrm{d}r/\mathrm{d}t$ 等于目标速度向量和导弹速度向量在目标线上分量的代数和,即

$$\frac{\mathrm{d}r}{\mathrm{d}t}=V_T\cos\eta_T-V\cos\eta$$

$\mathrm{d}q/\mathrm{d}t$ 表示目标线的旋转角速度。显然,导弹速度向量 V 在垂直于目标线方向上的分量为 $V\sin\eta$,使目标线逆时针旋转,q 角增大;而目标速度向量 V_T 在垂直于目标线方向上的分量为 $V_T\sin\eta_T$,使目标顺时针旋转,q 角减小。由理论力学知识可知,目标线的旋转角速度 $\mathrm{d}q/\mathrm{d}t$ 等于导弹速度向量和目标速度向量在垂直于目标线方向上分量的代数和除以相对距离 r,即

图 4.1　导弹与目标的相对位置

$$\frac{\mathrm{d}q}{\mathrm{d}t} = \frac{1}{r}(V\sin\eta - V_{\mathrm{T}}\sin\eta_{\mathrm{T}})$$

再考虑图 4.1 所示的几何关系,可以列出自动瞄准的相对运动方程组为

$$\left.\begin{aligned} \frac{\mathrm{d}r}{\mathrm{d}t} &= V_{\mathrm{T}}\cos\eta_{\mathrm{T}} - V\cos\eta \\ r\frac{\mathrm{d}q}{\mathrm{d}t} &= V\sin\eta - V_{\mathrm{T}}\sin\eta_{\mathrm{T}} \\ q &= \sigma + \eta \\ q &= \sigma_{\mathrm{T}} + \eta_{\mathrm{T}} \\ \varepsilon &= 0 \end{aligned}\right\} \tag{4-1}$$

方程组(4-1)中包含 8 个参数:$r, q, V, \eta, \sigma, V_{\mathrm{T}}, \eta_{\mathrm{T}}, \sigma_{\mathrm{T}}$。$\varepsilon = 0$ 是导引关系式,与导引方法有关,它反映出各种不同导引弹道的特点。

分析相对运动方程组(4-1)可以看出,导弹相对目标的运动特性由以下 3 个因素来决定:

(1)目标的运动特性,如飞行高度、速度及机动性能。

(2)导弹飞行速度的变化规律。

(3)导弹所采用的导引方法。

在导弹研制过程中,不能预先确定目标的运动特性,一般只能根据所要攻击的目标,在其性能范围内选择若干条典型航迹。例如,等速直线飞行或等速盘旋等。只要典型航迹选得合适,导弹的导引特性大致可以估算出来。这样,在研究导弹的导引特性时,认为目标运动的特性是已知的。

导弹的飞行速度大小取决于发动机特性、结构参数和气动外形,由求解第 2 章包括动力学方程在内的导弹运动方程组得到。当需要简便地确定航迹特性,以便选择导引方法时,一般采用比较简单的运动学方程。可以用近似计算方法,预先求出导弹速度的变化规律。因此,在研究导弹的相对运动特性时,速度可以作为时间的已知函数。这样,相对运动方程组中就可以不考虑动力学方程,而仅需单独求解相对运动方程组(4-1)。显然,该方程组与作用在导弹上的力无关,称为运动学方程组。单独求解该方程组所得的轨迹,称为运动学弹道。

四、导引弹道的求解

可以采用数值积分法、解析法或图解法求解相对运动方程组(4-1)。

数值积分法的优点是可以获得运动参数随时间变化的函数,求得任何飞行情况下的轨迹。它的局限性即给定一组初始条件得到相应的一组特解,而得不到包含任意待定常数的一般解。高速计算机的出现,使数值解可以得到较高的计算精度,而且大大提高了计算效率。

解析法即用解析式表达的方法。满足一定初始条件的解析解,只有在特定条件下才能得到,其中最基本的假设是,导弹和目标在同一平面内运动,目标作等速直线飞行,导弹的速度大小是已知的。这种解法可以提供导引方法的某些一般性能。

采用图解法可以得到任意飞行情况下的轨迹,图解法比较简单直观,但是精确度不高。作图时,比例尺选得大些,细心些,就能得到较为满意的结果。图解法也是在目标运动特性和导弹速度大小已知的条件下进行的,它所得到的轨迹是给定初始条件(r_0,q_0)下的运动学弹道。例如,三点法导引弹道(见图4.2)的作图步骤如下:首先取适当的时间间隔,把各瞬时目标的位置$0',1',2',3',\cdots$标注出来,然后作目标各瞬时位置与制导站的连线。按三点法的导引关系,制导系统应使导弹时刻处于制导站与目标的连线上。在初始时刻,导弹处于0点。经过Δt时间后,导弹飞经的距离为$\overline{01}=V(t_0)\Delta t$,点$1$又必须在$\overline{01'}$线段上,按照这两个条件确定$1$的位置。类似地确定对应时刻导弹的位置$2,3,\cdots$。最后用光滑曲线连接$0,1,2,3,\cdots$各点,就得到三点法导引时的运动学弹道。导弹飞行速度的方向就是沿着轨迹各点的切线方向。

　　图4.2所示的弹道是导弹相对地面坐标系的运动轨迹,称为绝对弹道。而导弹相对于目标的运动轨迹,则称为相对弹道。或者说,相对弹道就是观察者在活动目标上所能看到的导弹运动轨迹。

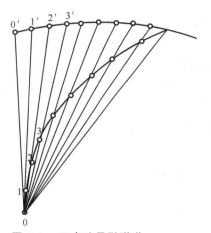

图 4.2　三点法导引弹道

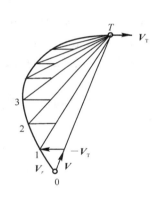

图 4.3　追踪法相对弹道

　　相对弹道也可以用图解法作出。图4.3所示为目标作等速直线飞行,按追踪法导引时的相对弹道。作图时,假设目标固定不动,按追踪法的导引关系,导弹速度向量$\boldsymbol{V}$应始终指向目标。首先求出起始点(r_0,q_0)导弹的相对速度$\boldsymbol{V}_r=\boldsymbol{V}-\boldsymbol{V}_T$,这样可以得到第一秒时导弹相对目标的位置$1$。然后,依次确定瞬时导弹相对目标的位置$2,3,\cdots$。最后,光滑连接$0,1,2,3,\cdots$各点,就得到追踪法导引时的相对弹道。显然,导弹相对速度的方向就是相对弹道的切线方向。

　　由图4.3看出,按追踪法导引时,导弹的相对速度总是落后于目标线,而且总要绕到目标正后方去攻击,因而它的轨迹比较弯曲,要求导弹具有较高的机动性,不能实现全向攻击。

4.2　追 踪 法

所谓追踪法是指导弹在攻击目标的导引过程中,导弹的速度矢量始终指向目标的一种导引方法。这种方法要求导弹速度矢量的前置角 η 始终等于零。因此,追踪法导引关系方程为

$$\varepsilon = \eta = 0$$

一、弹道方程

追踪法导引时,导弹与目标之间的相对运动由方程组(4-1)可得

$$\left.\begin{aligned}
\frac{\mathrm{d}r}{\mathrm{d}t} &= V_{\mathrm{T}}\cos\eta_{\mathrm{T}} - V \\
r\frac{\mathrm{d}q}{\mathrm{d}t} &= -V_{\mathrm{T}}\sin\eta_{\mathrm{T}} \\
q &= \sigma_{\mathrm{T}} + \eta_{\mathrm{T}}
\end{aligned}\right\} \tag{4-2}$$

若 V,V_{T} 和 σ_{T} 为已知的时间函数,则方程组(4-2)还包含 3 个未知参数:r,q 和 η_{T}。给出初始值 r_0,q_0 和 $\eta_{\mathrm{T}0}$,用数值积分法可以得到相应的特解。

为了得到解析解,以便了解追踪法的一般特性,必须作以下假定:目标作等速直线运动,导弹作等速运动。

取基准线 $\overline{Ax}$ 平行于目标的运动轨迹,这时,$\sigma_{\mathrm{T}} = 0$,$q = \eta_{\mathrm{T}}$(由图 4.4 看出),则方程组(4-2)可改写为

$$\left.\begin{aligned}
\frac{\mathrm{d}r}{\mathrm{d}t} &= V_{\mathrm{T}}\cos q - V \\
r\frac{\mathrm{d}q}{\mathrm{d}t} &= -V_{\mathrm{T}}\sin q
\end{aligned}\right\} \tag{4-3}$$

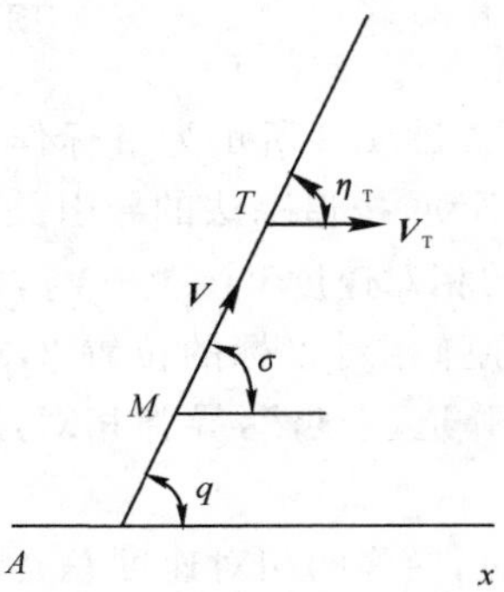

图 4.4　追踪法导引导弹与目标的相运动关系

由方程组(4-3)可以导出相对弹道方程 $r=f(q)$。用方程组(4-3)的第1式除以第2式得

$$\frac{\mathrm{d}r}{r} = \frac{V_T \cos q - V}{-V_T \sin q}\mathrm{d}q \tag{4-4}$$

令 $p = V/V_T$，称为速度比。因假设导弹和目标作等速运动，所以 p 为一常值。于是

$$\frac{\mathrm{d}r}{r} = \frac{-\cos q + p}{\sin q}\mathrm{d}q \tag{4-5}$$

积分得

$$r = r_0 \frac{\tan^p \dfrac{q}{2} \sin q_0}{\tan^p \dfrac{q_0}{2} \sin q} \tag{4-6}$$

令

$$c = r_0 \frac{\sin q_0}{\tan^p \dfrac{q_0}{2}} \tag{4-7}$$

式中，(r_0, q_0) 为开始导引瞬时导弹相对目标的位置。

最后得到以目标为原点的极坐标形式的导弹相对弹道方程为

$$r = c \frac{\tan^p \dfrac{q}{2}}{\sin q} = c \frac{\sin^{p-1} \dfrac{q}{2}}{2\cos^{(p+1)} \dfrac{q}{2}} \tag{4-8}$$

由式(4-8)即可画出追踪法导引的相对弹道(又称追踪曲线)。步骤如下：

(1) 求命中目标时的 q_f 值。命中目标时 $r_f = 0$，当 $p > 1$，由式(4-8)得到 $q_f = 0$；

(2) 在 q_0 到 q_f 之间取一系列 q 值，由目标所在位置(T 点)相应引出射线；

(3) 将一系列 q 值分别代入式(4-8)中，可以求得相对应的 r 值，并在射线上截取相应线段长度，则可求得导弹的对应位置；

(4) 逐点描绘即可得到导弹的相对弹道。

二、直接命中目标的条件

从方程组(4-3)的第2式可以看出：$\dot{q}$ 和 q 的符号总是相反的。这表明不管导弹开始追踪时的 q_0 为何值，导弹在整个导引过程中 $|q|$ 是不断减小的，即导弹总是绕到目标的正后方去命中目标(见图4.3)。因此，$q \to 0$。

由式(4-8)可以得到：

若 $p > 1$，且 $q \to 0$，则 $r \to 0$；

若 $p = 1$，且 $q \to 0$，则 $r \to r_0 \dfrac{\sin q_0}{2\tan \dfrac{q_0}{2}}$；

若 $p < 1$，且 $q \to 0$，则 $r \to \infty$。

显然，只有导弹的速度大于目标的速度才有可能直接命中目标；若导弹的速度等于或小于目标的速度，则导弹与目标最终将保持一定的距离或距离越来越远而不能直接命中目标。由此可见，导弹直接命中目标的必要条件是导弹的速度大于目标的速度（即 $p > 1$）。

三、导弹命中目标需要的飞行时间

导弹命中目标所需的飞行时间直接关系到控制系统及弹体参数的选择，它是导弹武器系统设计的必要数据。

方程组（4-3）中的第 1 式和第 2 式分别乘以 $\cos q$ 和 $\sin q$，然后相减，经整理得

$$\frac{dr}{dt}\cos q - \frac{dq}{dt} r \sin q = V_T - V \cos q \tag{4-9}$$

方程组（4-3）的第 1 式可改写为

$$\cos q = \frac{\dfrac{dr}{dt} + V}{V_T}$$

将上式代入式（4-9）中，整理后得

$$\frac{dr}{dt}(p + \cos q) - \frac{dq}{dt} r \sin q = V_T - pV$$

$$d[r(p + \cos q)] = (V_T - pV)dt$$

积分得

$$t = \frac{r_0(p + \cos q_0) - r(p + \cos q)}{pV - V_T} \tag{4-10}$$

将命中目标的条件（即 $r \to 0$，$q \to 0$）代入式（4-10）中，可得导弹从开始追踪至命中目标所需的飞行时间为

$$t_f = \frac{r_0(p + \cos q_0)}{pV - V_T} = \frac{r_0(p + \cos q_0)}{(V - V_T)(1 + p)} \tag{4-11}$$

由式（4-11）可以看出：

当迎面攻击（$q_0 = \pi$）时，$t_f = \dfrac{r_0}{V + V_T}$；

当尾追攻击（$q_0 = 0$）时，$t_f = \dfrac{r_0}{V - V_T}$；

当侧面攻击（$q_0 = \dfrac{\pi}{2}$）时，$t_f = \dfrac{r_0 p}{(V - V_T)(1 + p)}$。

因此，在 r_0，V 和 V_T 相同的条件下，q_0 在 0 至 π 范围内，随着 q_0 的增加，命中目标所需的飞行时间将缩短。当迎面攻击（$q_0 = \pi$）时，所需飞行时间最短。

四、导弹的法向过载

导弹的过载特性是评定导引方法优劣的重要标志之一。过载的大小直接影响制导系统的工作条件和导引误差，也是计算导弹弹体结构强度的重要条件。沿导引弹道飞行的需用法向过载必须小于可用法向过载。否则，导弹的飞行将脱离追踪曲线并按着可用法向过载所决定的弹道曲线飞行，在这种情况下，直接命中目标是不可能的。

本章的法向过载定义（与第 2 章中过载的第二种定义对应）为法向加速度与重力加速度（大小）之比，即

$$n = \frac{a_\mathrm{n}}{g} \tag{4-12}$$

式中，a_n 为作用在导弹上所有外力（包括重力）的合力所产生的法向加速度。

追踪法导引导弹的法向加速度为

$$a_\mathrm{n} = V\frac{\mathrm{d}\sigma}{\mathrm{d}t} = V\frac{\mathrm{d}q}{\mathrm{d}t} = -\frac{VV_\mathrm{T}\sin q}{r} \tag{4-13}$$

将式（4-6）代入式（4-13）得

$$a_\mathrm{n} = -\frac{VV_\mathrm{T}\sin q}{r_0\dfrac{\tan^p\dfrac{q}{2}\sin q_0}{\tan^p\dfrac{q_0}{2}\sin q}} = -\frac{VV_\mathrm{T}\tan^p\dfrac{q_0}{2}}{r_0\sin q_0}\frac{4\cos^p\dfrac{q}{2}\sin^2\dfrac{q}{2}\cos^2\dfrac{q}{2}}{\sin^p\dfrac{q}{2}} =$$

$$-\frac{4VV_\mathrm{T}}{r_0}\frac{\tan^p\dfrac{q_0}{2}}{\sin q_0}\cos^{(p+2)}\frac{q}{2}\sin^{(2-p)}\frac{q}{2} \tag{4-14}$$

将式（4-14）代入（4-12）中，且法向过载只考虑其绝对值，则过载可表示为

$$n = \frac{4VV_\mathrm{T}}{gr_0}\left|\frac{\tan^p\dfrac{q_0}{2}}{\sin q_0}\cos^{(p+2)}\frac{q}{2}\sin^{(2-p)}\frac{q}{2}\right| \tag{4-15}$$

导弹命中目标时，$q \to 0$，由式（4-15）看出：

当 $p > 2$ 时，$\lim\limits_{q\to 0}n = \infty$；

当 $p = 2$ 时，$\lim\limits_{q\to 0}n = \dfrac{4VV_\mathrm{T}}{gr_0}\left|\dfrac{\tan^p\dfrac{q_0}{2}}{\sin q_0}\right|$；

当 $p < 2$ 时，$\lim\limits_{q\to 0}n = 0$。

由此可见：对于追踪法导引，考虑到命中点的法向过载，只有当速度比满足 $1 < p \leqslant 2$ 时，导弹才有可能直接命中目标。

五、允许攻击区

所谓允许攻击区是指导弹在此区域内按追踪法导引飞行,其飞行弹道上的需用法向过载均不超过可用法向过载。

由式(4-13)得

$$r = -\frac{VV_{\mathrm{T}}\sin q}{a_{\mathrm{n}}}$$

将式(4-12)代入上式,如果只考虑其绝对值,则上式可改写为

$$r = \frac{VV_{\mathrm{T}}}{gn} \mid \sin q \mid \tag{4-16}$$

在 V,V_{T} 和 n 给定的条件下,在由 r,q 所组成的极坐标系中,式(4-16)是一个圆的方程,即追踪曲线上过载相同点的连线(简称等过载曲线)是个圆。 圆心在 $(VV_{\mathrm{T}}/(2gn),\pm\pi/2)$ 上,圆的半径等于 $VV_{\mathrm{T}}/(2gn)$。在 V,V_{T} 一定时,给出不同的 n 值,就可以绘出圆心在 $q = \pm\pi/2$ 上,半径大小不同的圆族,且 n 越大,等过载圆半径越小。这族圆正通过目标,与目标的速度相切(见图4.5)。

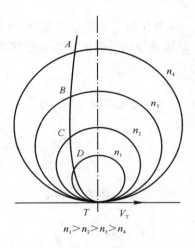

图 4.5 等过载圆族

假设可用法向过载为 n_{p},相应地有一等过载圆。现在要确定追踪导引起始时刻导弹 — 目标相对距离 r_0 为某一给定值的允许攻击区。

设导弹的初始位置分别在 M_{01},M_{02},M_{03} 点。各自对应的追踪曲线为 1,2,3(见图 4.6)。追踪曲线 1 不与 n_{p} 决定的圆相交,因而追踪曲线 1 上的任意一点的法向过载 $n < n_{\mathrm{p}}$;追踪曲线 3 与 n_{p} 决定的圆相交,因而追踪曲线 3 上有一段的法向过载 $n > n_{\mathrm{p}}$,显然,导弹从 M_{03} 点开始追踪导引是不允许的,因为它不能直接命中目标;追踪曲线 2 与 n_{p} 决定的圆正好相切,切点 E 的过载最大,且 $n = n_{\mathrm{p}}$,追踪曲线 2 上任意一点均满足 $n \leqslant n_{\mathrm{p}}$。因此,$M_{02}$ 点是追踪法导引的极限初始位置,它由 r_0,q_0 确定。于是 r_0 值给定时,允许攻击区必须满足

$$\mid q_0 \mid \leqslant \mid q_0^* \mid$$

(r_0,q_0^*) 对应的追踪曲线 2 把攻击平面分成两个区域,$\mid q_0 \mid \leqslant \mid q_0^* \mid$ 的那个区域就是由导弹可用法向过载所决定的允许攻击区,如图 4.7 中阴影线所示的区域。因此,要确定允许攻击区,在 r_0 值给定时,首先必须确定 q_0^* 值。

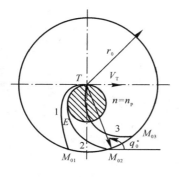

图 4.6 确定极限起始位置

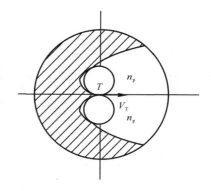

图 4.7 追踪法导引的允许攻击区

追踪曲线 2 上，E 点过载最大，此点所对应的坐标为 (r^*,q^*)。q^* 值可以由 $\mathrm{d}n/\mathrm{d}q = 0$ 求得。由式（4-15）可得

$$\frac{\mathrm{d}n}{\mathrm{d}q} = \frac{2VV_T}{r_0 g \dfrac{\sin q_0}{\tan^p \dfrac{q_0}{2}}} \left[(2-p)\sin^{(1-p)} \frac{q}{2}\cos^{(p+3)} \frac{q}{2} - (2+p)\sin^{(3-p)} \frac{q}{2}\cos^{(p+1)} \frac{q}{2} \right] = 0$$

即

$$(2-p)\sin^{1-p} \frac{q^*}{2}\cos(p+3) \frac{q^*}{2} = (2+p)\sin^{(3-p)} \frac{q^*}{2}\cos^{(p+1)} \frac{q^*}{2}$$

整理后得

$$(2-p)\cos^2 \frac{q^*}{2} = (2+p)\sin^2 \frac{q^*}{2}$$

又可以写成

$$2\left(\cos^2 \frac{q^*}{2} - \sin^2 \frac{q^*}{2}\right) = p\left(\sin^2 \frac{q^*}{2} + \cos^2 \frac{q^*}{2}\right)$$

于是

$$\cos q^* = \frac{p}{2}$$

由上式可知，追踪曲线上法向过载最大值处的视线角 q^* 仅取决于速度比 p 的大小。

因 E 点在 n_p 的等过载圆上，且所对应的 r^* 值满足式（4-16），于是

$$r^* = \frac{VV_T}{gn_p} \mid \sin q^* \mid$$

因为

$$\sin q^* = \sqrt{1 - \frac{p^2}{4}}$$

所以

$$r^* = \frac{VV_T}{gn_p}\left(1 - \frac{p^2}{4}\right)^{\frac{1}{2}} \tag{4-17}$$

E 点在追踪曲线 2 上，r^* 也同时满足弹道方程式（4-6），即

$$r^* = r_0 \frac{\tan^p \dfrac{q_0^*}{2}\sin q_0^*}{\tan^p \dfrac{q_0^*}{2}\sin q^*} = \frac{r_0 \sin q_0^* \, 2(2-p)^{\frac{p-1}{2}}}{\tan^p \dfrac{q_0^*}{2}(2+p)^{(\frac{p+1}{2})}} \tag{4-18}$$

同时满足式（4-17）和式（4-18），于是有

$$\frac{VV_T}{gn_p}(1-\frac{p}{2})^{\frac{1}{2}}(1+\frac{p}{2})^{\frac{1}{2}} = \frac{r_0 \sin q_0^* \, 2(2-p)^{\frac{p-1}{2}}}{\tan^p \dfrac{q_0^*}{2}(2+p)^{\frac{p+1}{2}}} \tag{4-19}$$

显然，当 V, V_T, n_p 和 r_0 给定时，由式（4-19）解出 q_0^* 值，那么，允许攻击区也就相应确定了。

如果导弹从发射时刻就开始实现追踪法导引，那么 $|q_0| \leqslant |q_0^*|$ 所确定的范围也就是允许发射区。

追踪法是最早提出的一种导引方法，技术上实现追踪法导引是比较简单的。例如，只要在弹内装一个"风标"装置，再将目标位标器安装在风标上，使其轴线与风标指向平行，由于风标的指向始终沿着导弹速度矢量的方向，只要目标影像偏离了位标器轴线，这时，导弹速度矢量没有指向目标，制导系统就会形成控制指令，以消除偏差，实现追踪法导引。由于追踪法导引在技术实施方面比较简单，部分空-地导弹、激光制导炸弹采用了这种导引方法。但这种导引方法的弹道特性存在着严重的缺点。因为导弹的绝对速度始终指向目标，相对速度总是落后于目标线，不管从哪个方向发射，导弹总是要绕到目标的后面去命中目标，这样导致导弹的弹道较弯曲（特别在命中点附近），需用法向过载较大，要求导弹要有很高的机动性。由于受到可用法向过载的限制，导弹不能实现全向攻击。同时，考虑到追踪法导引命中点的法向过载，速度比受到严格的限制，$1 < p \leqslant 2$。因此，追踪法目前应用很少。

4.3 平行接近法

前文所讲的追踪法的根本缺点，在于它的相对速度落后于目标线，总要绕到目标正后方去攻击。为了克服追踪法的这一缺点，人们又研究出了新的导引方法 —— 平行接近法。

平行接近法是指在整个导引过程中，目标线在空间保持平行移动的一种导引方法。其导引关系式（即理想操纵关系式）为

$$\varepsilon = \frac{dq}{dt} = 0 \tag{4-20}$$

或

$$\varepsilon = q - q_0 = 0$$

代入方程组(4-1)的第2式,可得

$$r \frac{\mathrm{d}q}{\mathrm{d}t} = V\sin\eta - V_{\mathrm{T}}\sin\eta_{\mathrm{T}} = 0 \qquad (4-21)$$

即

$$\sin\eta = \frac{V_{\mathrm{T}}}{V}\sin\eta_{\mathrm{T}} = \frac{1}{p}\sin\eta_{\mathrm{T}} \qquad (4-22)$$

式(4-21)表示,不管目标作何种机动飞行,导弹速度向量 $\mathbf{V}$ 和目标速度向量 $\mathbf{V}_{\mathrm{T}}$ 在垂直于目标线方向上的分量相等。因此,导弹的相对速度 $\mathbf{V}_r$ 正好在目标线上,它的方向始终指向目标(见图 4.8)。

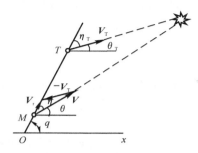

图 4.8 平行接近法相对运动关系

在铅垂平面内,按平行接近法导引时,导弹与目标的相对运动方程组为

$$
\left.
\begin{aligned}
\frac{\mathrm{d}r}{\mathrm{d}t} &= V_{\mathrm{T}}\cos\eta_{\mathrm{T}} - V\cos\eta \\
r \frac{\mathrm{d}q}{\mathrm{d}t} &= V\sin\eta - V_{\mathrm{T}}\sin\eta_{\mathrm{T}} \\
q &= \eta + \theta \\
q &= \eta_{\mathrm{T}} + \theta_{\mathrm{T}} \\
\varepsilon &= \frac{\mathrm{d}q}{\mathrm{d}t} = 0
\end{aligned}
\right\} \qquad (4-23)
$$

一、直线弹道问题

按平行接近法导引时,在整个导引过程中视线角 q 为常值,因此,如果导弹速度的前置角 η 保持不变,则导弹弹道倾角(或弹道偏角)为常值,导弹的飞行轨迹(绝对弹道)就是一条直线弹道。由式(4-22)可以看出,只要满足 p 和 η_{T} 为常值,则 η 为常值,此时导弹就沿着直线弹道飞行。因此,对于平行接近法导引,在目标直线飞行情况下,只要速度比保持为常数,且 $p > 1$,那么导弹无论从什么方向攻击目标,它的飞行弹道都是直线弹道。

二、导弹的法向过载

当目标作机动飞行,且导弹速度也不断变化时,如果速度比 $p = V/V_{\mathrm{T}} =$ 常数,且 $p > 1$,则导弹按平行接近法导引的需用法向过载总是比目标的过载小。证明如下:将式(4-22)对时间求导,在 p 为常数时,有

$$\dot{\eta}\cos\eta = \frac{1}{p}\dot{\eta}_\mathrm{T}\cos\eta_\mathrm{T}$$

或

$$V\dot{\eta}\cos\eta = V_\mathrm{T}\dot{\eta}_\mathrm{T}\cos\eta_\mathrm{T} \tag{4-24}$$

设攻击平面为铅垂平面,则

$$q = \eta + \theta = \eta_\mathrm{T} + \theta_\mathrm{T} = 常数$$

因此

$$\dot{\eta} = -\dot{\theta}, \qquad \dot{\eta}_\mathrm{T} = -\dot{\theta}_\mathrm{T}$$

用 $\dot{\theta}, \dot{\theta}_\mathrm{T}$ 置换 $\dot{\eta}, \dot{\eta}_\mathrm{T}$,改写式(4-24),得

$$\frac{V\dot{\theta}}{V_\mathrm{T}\dot{\theta}_\mathrm{T}} = \frac{\cos\eta_\mathrm{T}}{\cos\eta} \tag{4-25}$$

因恒有 $p > 1$,即 $V > V_\mathrm{T}$,由式(4-22)可得 $\eta_\mathrm{T} > \eta$,于是有

$$\cos\eta_\mathrm{T} < \cos\eta$$

从式(4-25)显然可得

$$V\dot{\theta} < V_\mathrm{T}\dot{\theta}_\mathrm{T} \tag{4-26}$$

为了保持 q 值为某一常数,在 $\eta_\mathrm{T} > \eta$ 时,必须有 $\theta > \theta_\mathrm{T}$,因此有不等式

$$\cos\theta < \cos\theta_\mathrm{T} \tag{4-27}$$

导弹和目标的需用法向过载可表示为

$$\left. \begin{array}{l} n_y = \dfrac{V\dot{\theta}}{g} + \cos\theta \\[3mm] n_{y\mathrm{T}} = \dfrac{V_\mathrm{T}\dot{\theta}_\mathrm{T}}{g} + \cos\theta_\mathrm{T} \end{array} \right\} \tag{4-28}$$

注意到式(4-26)和式(4-27),比较式(4-28)右端,有

$$n_y < n_{y\mathrm{T}} \tag{4-29}$$

由此可以得到以下结论:无论目标作何种机动飞行,采用平行接近法导引时,导弹的需用法向过载总是小于目标的法向过载,即导弹弹道的弯曲程度比目标航迹弯曲的程度小。因此,导弹的机动性就可以小于目标的机动性。

三、平行接近法的图解法弹道

首先确定目标的位置 $0', 1', 2', 3', \cdots$,导弹初始位置在 0 点。连接 $\overline{00'}$,就确定了目标线方向。通过 $1', 2', 3', \cdots$ 引平行于 $\overline{00'}$ 的直线。导弹在第一个 Δt 内飞过的路程 $\overline{01} = V(t_0)\Delta t$。同时,点 1 必须处在对应的平行线上,按照这两个条件确定 1 点的位置。同样可以确定 $2, 3, \cdots$,这样就得到导弹的飞行弹道(见图 4.9)。

由以上讨论可以看出,当目标机动时,按平行接近法导引的弹道需用过载将小于目标的机动过载。进一步的分析表明,与其他导引方法相比,用平行接近法导引的弹道最为平直,还可实行全向攻击。因此,从这个意义上说,平行接近法是最好的导引方法。

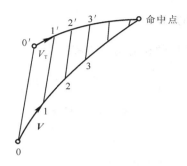

图 4.9 平行接近法图解弹道

但是,到目前为止,平行接近法并未得到应用。其主要原因是,这种导引方法对制导系统提出了严格的要求,使制导系统复杂化。它要求制导系统在每一瞬时都要精确地测量目标及导弹的速度和前置角,并严格保持平行接近法的导引关系。而实际上,由于发射偏差或干扰的存在,不可能绝对保证导弹的相对速度 V_r 始终指向目标,因此,平行接近法很难实现。

4.4 比例导引法

比例导引法是指导弹飞行过程中速度向量 V 的转动角速度与目标线的转动角速度成比例的一种导引方法。其导引关系式为

$$\varepsilon = \frac{\mathrm{d}\sigma}{\mathrm{d}t} - K \frac{\mathrm{d}q}{\mathrm{d}t} = 0 \qquad (4-30)$$

式中,K 为比例系数,又称导航比。
即

$$\frac{\mathrm{d}\sigma}{\mathrm{d}t} = K \frac{\mathrm{d}q}{\mathrm{d}t} \qquad (4-31)$$

假定比例系数 K 为一常数,对式(4-30)进行积分,就得到比例导引关系式的另一种形式为

$$\varepsilon = (\sigma - \sigma_0) - K(q - q_0) = 0 \qquad (4-32)$$

由式(4-32)不难看出:如果比例系数 $K=1$,且 $q_0=\sigma_0$,即导弹前置角 $\eta=0$,这就是追踪法;如果比例系数 $K=1$,且 $q_0=\sigma_0+\eta_0$,则 $q=\sigma+\eta_0$,即导弹前置角 $\eta=\eta_0=$常值,这就是常值前置角法(显然,追踪法是常值前置角法的一个特例)。

当比例系数 $K \to \infty$ 时,由式(4-30)知:$\mathrm{d}q/\mathrm{d}t \to 0$,$q=q_0=$常值,说明目标线只是平行移动,这就是平行接近法。

由此不难得出结论:追踪法,常值前置角法和平行接近法都可看做是比例导引法的特殊情况。由于比例导引法的比例系数 K 在 $(1,\infty)$ 范围内,它是介于追踪法和平行接近法之间的一种导引方法。它的弹道性质,也介于追踪法和平行接近法的弹道性质之间。

一、比例导引法的相对运动方程组

按比例导引法时,导弹—目标的相对运动方程组为

$$\left.\begin{array}{l}
\dfrac{\mathrm{d}r}{\mathrm{d}t}=V_{\mathrm{T}}\cos\eta_{\mathrm{T}}-V\cos\eta \\[2mm]
r\dfrac{\mathrm{d}q}{\mathrm{d}t}=V\sin\eta-V_{\mathrm{T}}\sin\eta_{\mathrm{T}} \\[2mm]
q=\eta+\sigma \\[1mm]
q=\eta_{\mathrm{T}}+\sigma_{\mathrm{T}} \\[1mm]
\dfrac{\mathrm{d}\sigma}{\mathrm{d}t}=K\dfrac{\mathrm{d}q}{\mathrm{d}t}
\end{array}\right\} \qquad (4-33)$$

如果知道了 $V,V_{\mathrm{T}},\sigma_{\mathrm{T}}$ 的变化规律以及 3 个初始条件:r_0,q_0,σ_0(或 η_0),就可以用数值积分法或图解法解算这组方程。采用解析法解此方程组则比较困难,只有当比例系数 $K=2$,且目标等速直线飞行、导弹等速飞行时,才能得到解析解。

二、弹道特性的讨论

解算运动方程组(4-33),可以获得导弹的运动特性。下面着重讨论采用比例导引法时,导弹的直线弹道和需用法向过载。

1. 直线弹道

对导弹—目标的相对运动方程组(4-33)的第 3 式求导得

$$\dot{q}=\dot{\eta}+\dot{\sigma}$$

将导引关系式 $\dot{\sigma}=K\dot{q}$ 代入上式,得到

$$\dot{\eta}=(1-K)\dot{q} \qquad (4-34)$$

直线弹道的条件为 $\dot{\sigma}=0$,即

$$\dot{q}=\dot{\eta} \qquad (4-35)$$

在 $K\neq0,1$ 的条件下,式(4-34)和式(4-35)若要同时成立,必须满足

$$\dot{q}=0, \qquad \dot{\eta}=0 \qquad (4-36)$$

亦即

$$\begin{array}{l}
q=q_0=常数 \\[1mm]
\eta=\eta_0=常数
\end{array} \qquad (4-37)$$

考虑到相对运动方程组(4-33)中的第 2 式,导弹直线飞行的条件亦可写为

$$\left.\begin{array}{l}
V\sin\eta-V_{\mathrm{T}}\sin\eta_{\mathrm{T}}=0 \\[2mm]
\eta_0=\arcsin\left(\dfrac{V_{\mathrm{T}}}{V}\sin\eta_{\mathrm{T}}\right)\Big|_{t=t_0}
\end{array}\right\} \qquad (4-38)$$

式(4-38)表明:导弹和目标的速度矢量在垂直于目标线方向上的分量相等,即导弹的相

对速度要始终指向目标。

直线弹道要求导弹速度向量的前置角始终保持其初始值 η_0，而前置角的起始值 η_0 有两种情况：一种是导弹发射装置不能调整的情况，此时 η_0 为确定值；另一种是 η_0 可以调整的，发射装置可根据需要改变 η_0 的数值。

(1) 在第一种情况下（η_0 为定值），由直线弹道条件式(4-38)解得

$$\eta_T = \arcsin \frac{V\sin\eta_0}{V_T} \quad 或 \quad \eta_T = \pi - \arcsin \frac{V\sin\eta_0}{V_T} \tag{4-39}$$

将 $q_0 = \sigma_T + \eta_T$ 代入，可得发射时目标线的方位角为

$$\begin{cases} q_{01} = \sigma_T + \arcsin \dfrac{V\sin\eta_0}{V_T} \\[3mm] q_{02} = \sigma_T + \pi - \arcsin \dfrac{V\sin\eta_0}{V_T} \end{cases}$$

上式说明，只有在两个方向发射导弹才能得到直线弹道，即直线弹道只有两条。

(2) 在第二种情况下，η_0 可以根据 q_0 的大小加以调整，此时，只要满足条件

$$\eta_0 = \arcsin \frac{V_T \sin(q_0 - \sigma_T)}{V}$$

导弹沿任何方向发射都可以得到直线弹道。

当 $\eta_0 = \pi - \arcsin \dfrac{V_T \sin(q_0 - \sigma_T)}{V}$ 时，也可满足式(4-38)，但此时 $|\eta_0| > 90°$，表示导弹背向目标，因而没有实际意义。

2. 需用法向过载

比例导引法要求导弹的转弯角速度 $\dot\sigma$ 与目标线旋转角速度 $\dot q$ 成正比，因而导弹的需用法向过载也与 $\dot q$ 成正比，即

$$n = \frac{V}{g}\frac{\mathrm{d}\theta}{\mathrm{d}t} = \frac{VK}{g}\frac{\mathrm{d}q}{\mathrm{d}t} \tag{4-40}$$

因此，要了解弹道上各点需用法向过载的变化规律，只需讨论 $\dot q$ 的变化规律。

相对运动方程组式(4-33)的第2式对时间求导，得

$$\dot r\dot q + r\ddot q = \dot V\sin\eta + V\dot\eta\cos\eta - \dot V_T\sin\eta_T - V_T\dot\eta_T\cos\eta_T$$

将

$$\begin{cases} \dot\eta = \dot q - \dot\sigma = (1-K)\dot q \\ \dot\eta_T = \dot q - \dot\sigma_T \\ \dot r = V_T\cos\eta_T - V\cos\eta \end{cases}$$

代入上式，经整理后得

$$r\ddot q = -(KV\cos\eta + 2\dot r)(\dot q - \dot q^*) \tag{4-41}$$

式中

$$\dot{q}^{*} = \frac{\dot{V}\sin\eta - \dot{V}_{T}\sin\eta_{T} + V_{T}\dot{\sigma}_{T}\cos\eta_{T}}{KV\cos\eta + 2\dot{r}} \tag{4-42}$$

现分两种情况讨论。

（1）假设目标等速直线飞行，导弹等速飞行。此时，由式（4-42）可知

$$\dot{q}^{*} = 0$$

于是，式（4-41）可写成

$$\ddot{q} = -\frac{1}{r}(KV\cos\eta + 2\dot{r})\dot{q} \tag{4-43}$$

由式（4-43）可知，如果 $(KV\cos\eta + 2\dot{r}) > 0$，那么 $\ddot{q}$ 的符号与 $\dot{q}$ 相反。当 $\dot{q} > 0$ 时，$\ddot{q} < 0$，即 $\dot{q}$ 值将减小；当 $\dot{q} < 0$ 时，$\ddot{q} > 0$，即 $\dot{q}$ 值将增大。总之，$|\dot{q}|$ 总是减小的（见图4.10）。$\dot{q}$ 随时间的变化规律是向横坐标接近，弹道的需用法向过载随 $|\dot{q}|$ 的不断减小而减小，弹道变得平直，这种情况称为 $\dot{q}$ "收敛"。

当 $(KV\cos\eta + 2\dot{r}) < 0$ 时，$\ddot{q}$ 与 $\dot{q}$ 同号，$|\dot{q}|$ 将不断增大，弹道的需用法向过载随 $|\dot{q}|$ 的不断增大而增大，弹道变得弯曲，这种情况称为 $\dot{q}$ "发散"（见图4.11）。

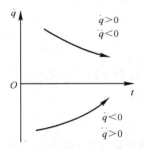

图 4.10　$(KV\cos\eta + 2\dot{r}) > 0$ 时 $\dot{q}$ 的变化趋势

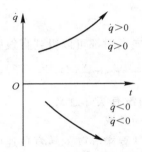

图 4.11　$(KV\cos\eta + 2\dot{r}) < 0$ 时 $\dot{q}$ 的变化趋势

显然，要使导弹转弯较为平缓，就必须使 $\dot{q}$ 收敛，这时应满足条件

$$K > \frac{2|\dot{r}|}{V\cos\eta} \tag{4-44}$$

由此得出结论：只要比例系数 K 选得足够大，使其满足式（4-44），$|\dot{q}|$ 就可逐渐减小而趋向于零；相反，如不能满足式（4-44），则 $|\dot{q}|$ 将逐渐增大，在接近目标时，导弹要以无穷大的速率转弯，这实际上是无法实现的，最终将导致脱靶。

（2）目标机动飞行，导弹变速飞行。由式（4-42）可知：$\dot{q}^{*}$ 与目标的切向加速度 $\dot{V}_{T}$、法向加速度 $V_{T}\dot{\sigma}_{T}$ 和导弹的切向加速度 $\dot{V}$ 有关，$\dot{q}^{*}$ 不再为零。当 $(KV\cos\eta + 2\dot{r}) \neq 0$ 时，$\dot{q}^{*}$ 是有限值。

由式（4-41）可见：当 $(KV\cos\eta + 2\dot{r}) > 0$ 时，若 $\dot{q} < \dot{q}^{*}$，则 $\ddot{q} > 0$，这时 $\dot{q}$ 将不断增大；若 $\dot{q} > \dot{q}^{*}$，则 $\ddot{q} < 0$，此时 $\dot{q}$ 将不断减小。总之，$\dot{q}$ 有接近 $\dot{q}^{*}$ 的趋势。

当 $(KV\cos\eta + 2\dot{r}) < 0$ 时，$\dot{q}$ 有逐渐离开 $\dot{q}^{*}$ 的趋势，弹道变得弯曲。在接近目标时，导弹要

以极大的速率转弯。

3. 命中点的需用法向过载

前面已经提到,如果$(KV\cos\eta + 2\dot{r}) > 0$,那么,$\dot{q}^*$是有限值。由式(4-41)可以看出,在命中点,$r = 0$,因此

$$\dot{q}_f = \dot{q}_f^* = \frac{\dot{V}\sin\eta - \dot{V}_T\sin\eta_T + V_T\dot{\sigma}_T\cos\eta_T}{KV\cos\eta + 2\dot{r}}\bigg|_{t=t_f} \qquad (4-45)$$

导弹的需用法向过载为

$$n_f = \frac{V_f\dot{\sigma}_f}{g} = \frac{KV_f\dot{q}_f}{g} = \frac{1}{g}\left[\frac{\dot{V}\sin\eta - \dot{V}_T\sin\eta_T + V_T\dot{\sigma}_T\cos\eta_T}{\cos\eta - \frac{2\,|\,\dot{r}\,|}{KV}}\right]_{t=t_f} \qquad (4-46)$$

由式(4-46)可知,导弹命中目标时的需用法向过载与命中点的导弹速度V_f和导弹接近速度$|\dot{r}|_f$有直接关系。如果命中点导弹的速度较小,则需用法向过载将增大。由于空-空导弹通常在被动段攻击目标,因此,很有可能出现上述情况。值得注意的是,导弹从不同方向攻击目标,$|\dot{r}|$的值是不同的。例如,迎面攻击时,$|\dot{r}| = V + V_T$;尾追攻击时,$|\dot{r}| = V - V_T$。

另外,从式(4-46)还可看出:目标机动$(\dot{V}_T, \dot{\sigma}_T)$对命中点导弹的需用法向过载也是有影响的。

当$(KV\cos\eta + 2\dot{r}) < 0$时,$\dot{q}$是发散的,$|\dot{q}|$不断增大,因此

$$\dot{q}_f \to \infty$$

这意味着K较小时,在接近目标的瞬间,导弹要以无穷大的速率转弯,命中点的需用法向过载也趋于无穷大,这实际上是不可能的。所以,当$K < (2\,|\,\dot{r}\,|\,/V\cos\eta)$时,导弹就不能直接命中目标。

三、比例系数 K 的选择

由上述讨论可知,比例系数K的大小,直接影响弹道特性,影响导弹能否命中目标。因此,如何选择合适的K值,是需要研究的一个重要问题。K值的选择不仅要考虑弹道特性,还要考虑导弹结构强度所允许承受的过载,以及制导系统能否稳定工作等因素。

1. $\dot{q}$ 收敛的限制

$\dot{q}$收敛使导弹在接近目标的过程中目标线的旋转角速度$|\dot{q}|$不断减小,弹道各点的需用法向过载也不断减小,$\dot{q}$收敛的条件为

$$K > \frac{2\,|\,\dot{r}\,|}{V\cos\eta} \qquad (4-47)$$

式(4-47)给出了K的下限。由于导弹从不同的方向攻击目标时,$|\dot{r}|$是不同的,因此,K的下限也是变化的。这就要求根据具体情况选择适当的K值,使导弹从各个方向攻击的性能都能兼顾,不至于优劣悬殊;或者重点考虑导弹在主攻方向上的性能。

2.可用过载的限制

式(4-47)限制了比例系数 K 的下限。但是,这并不是意味着 K 值可以取任意大。如果 K 取得过大,则由 $n = VK\dot{q}/g$ 可知,即使 $\dot{q}$ 值不大,也可能使需用法向过载值很大。导弹在飞行中的可用过载受到最大舵偏角的限制,若需用过载超过可用过载,则导弹便不能沿比例导引弹道飞行。因此,可用过载限制了 K 的最大值(上限)。

3.制导系统的要求

如果比例系数 K 选得过大,那么外界干扰信号的作用会被放大,这将影响导弹的正常飞行。由于 $\dot{q}$ 的微小变化将会引起 $\dot{\sigma}$ 的很大变化,因此,从制导系统稳定工作的角度出发,K 值的上限值也不能选得太大。

综合考虑上述因素,才能选择出一个合适的 K 值。它可以是一个常数,也可以是一个变数。一般认为,K 值通常在 $3 \sim 6$ 范围内。

四、比例导引法的优、缺点

比例导引法的优点是:可以得到较为平直的弹道;在满足 $K > (2|\dot{r}|/V\cos\eta)$ 的条件下,$|\dot{q}|$ 逐渐减小,弹道前段较弯曲,充分利用了导弹的机动能力;弹道后段较为平直,导弹具有较充裕的机动能力;只要 K, η_0, q_0, p 等参数组合适当,就可以使全弹道上的需用过载均小于可用过载,从而实现全向攻击。另外,与平行接近法相比,它对发射瞄准时的初始条件要求不严,在技术实施上是可行的,因为只需测量 $\dot{q}, \dot{\sigma}$。因此,比例导引法得到了广泛的应用。

但是,比例导引法还存在明显的缺点,即命中点导弹需用法向过载受导弹速度和攻击方向的影响。这一点由式(4-46)不难发现。

为了消除比例导引法的缺点,多年来人们一直致力于比例导引法的改进,研究出了很多形式的比例导引方法。例如,需用法向过载与目标线旋转角速度成比例的广义比例导引法,其导引关系式为

$$n = K_1\dot{q} \tag{4-48}$$

或

$$n = K_2|\dot{r}|\dot{q} \tag{4-49}$$

式中,K_1, K_2 为比例系数;$|\dot{r}|$ 为导弹接近速度。

4.5　三点法导引

遥控制导与自动瞄准导引的不同点在于:导弹和目标的运动参数都由制导站来测量。在研究遥控弹道时,既要考虑导弹相对于目标的运动,还要考虑制导站运动对导弹运动的影响。制导站可以是活动的,如发射空-空导弹的载机;也可以是固定不动的,如设在地面的地-空导弹的遥控制导站。

在讨论遥控弹道特性时,把导弹、目标、制导站都看成质点,并设目标、制导站的运动特性是已知的,导弹的速度 $V(t)$ 的变化规律也是已知的。

一、雷达坐标系 $Ox_Ry_Rz_R$

在讨论遥控导弹运动特性前,先介绍一下遥控制导所采用的坐标系。遥控制导习惯上采用雷达坐标系 $Ox_Ry_Rz_R$,如图 4.12 所示。取地面制导站为坐标原点;Ox_R 轴指向目标方向;Oy_R 轴位于铅垂平面内并与 Ox_R 轴相垂直;Oz_R 轴与 Ox_R 轴、Oy_R 轴组成右手直角坐标系。雷达坐标系与地面坐标系之间的关系由两个角度确定:高低角 ε——Ox_R 轴与地平面 xOz 的夹角;方位角 β——Ox_R 轴在地平面上的投影 Ox_R' 与地面坐标系 Ox 轴的夹角。以 Ox 逆时针转到 Ox_R' 为正。空间任一点的位置可以用 (x_R,y_R,z_R) 表示,也可用 (R,ε,β) 表示,其中 R 表示该点到坐标原点的距离,称为矢径。

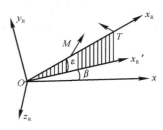

图 4.12 雷达坐标系

二、三点法导引关系式

三点法导引是指导弹在攻击目标过程中始终位于目标和制导站的连线上。如果观察者从制导站上看,则目标和导弹的影像彼此重合。故三点法又称为目标覆盖法或重合法(见图 4.13)。

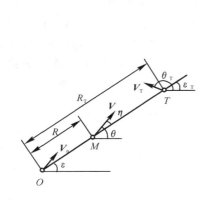

图 4.13 三点法

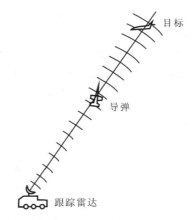

图 4.14 三点法波束制导

由于导弹始终处于目标和制导站的连线上,故导弹与制导站连线的高低角 ε 和目标与制导站连线的高低角 ε_T 必须相等。因此,三点法的导引关系为

$$\varepsilon = \varepsilon_T \qquad (4-50)$$

在技术上实施三点法比较容易。例如,可以用一根雷达波束跟踪目标,同时又控制导弹,使导弹在波束中心线上运动(见图 4.14)。如果导弹偏离了波束中心线,则制导系统将发出指令控制导弹回到波束中心线上来。

三、运动学方程组

在讨论三点法弹道特性前,首先要建立三点法导引的相对运动方程组。以地-空导弹为例,设导弹在铅垂平面内飞行,制导站固定不动(见图 4.13)。三点法导引的相对运动方程组为

$$\left.\begin{aligned}
&\frac{\mathrm{d}R}{\mathrm{d}t}=V\cos\eta \\
&R\,\frac{\mathrm{d}\varepsilon}{\mathrm{d}t}=-V\sin\eta \\
&\varepsilon=\theta+\eta \\
&\frac{\mathrm{d}R_{\mathrm{T}}}{\mathrm{d}t}=V_{\mathrm{T}}\cos\eta_{\mathrm{T}} \\
&R_{\mathrm{T}}\,\frac{\mathrm{d}\varepsilon_{\mathrm{T}}}{\mathrm{d}t}=-V_{\mathrm{T}}\sin\eta_{\mathrm{T}} \\
&\varepsilon_{\mathrm{T}}=\theta_{\mathrm{T}}+\eta_{\mathrm{T}} \\
&\varepsilon=\varepsilon_{\mathrm{T}}
\end{aligned}\right\} \qquad (4-51)$$

方程组(4-51)中,目标运动参数 $V_{\mathrm{T}},\theta_{\mathrm{T}}$ 以及导弹速度 V 的变化规律是已知的。方程组的求解可用数值积分法、图解法和解析法。在应用数值积分法解算方程组时,可先积分方程组中的第 $4\sim6$ 式,求出目标运动参数 $R_{\mathrm{T}},\varepsilon_{\mathrm{T}}$。然后积分其余方程,解出导弹运动参数 $R,\varepsilon,\eta,\theta$ 等。三点法弹道的图解法在 4.1 节已做过介绍(见图 4.2)。在特定情况(目标水平等速直线飞行,导弹速度大小不变)下,可用解析法求出(推导过程从略)方程组(4-51)的解为

$$\left.\begin{aligned}
&y=\sqrt{\sin\theta}\left\{\frac{y_0}{\sqrt{\sin\theta_0}}+\frac{pH}{2}\big[F(\theta_0)-F(\theta)\big]\right\} \\
&\cot\varepsilon=\cot\theta+\frac{y}{pH\sin\theta} \\
&R=\frac{y}{\sin\varepsilon}
\end{aligned}\right\} \qquad (4-52)$$

式中,y_0,θ_0 为导引开始的导弹飞行高度和弹道倾角;H 为目标飞行高度(见图 4.15);$F(\theta_0)$,$F(\theta)$ 为椭圆函数,可查表,计算公式为 $F(\theta)=\displaystyle\int_{\theta}^{\frac{\pi}{2}}\frac{\mathrm{d}\theta}{\sin^{3/2}\theta}$。

四、导弹转弯速率

如果知道了导弹的转弯速率,就可获得需用法向过载在弹道各点的变化规律。因此,我们

从研究导弹的转弯速率 $\dot{\theta}$ 入手,分析三点法导引时的弹道特性。

1. 目标水平等速直线飞行,导弹速度为常值

设目标作水平等速直线飞行,飞行高度为 H,导弹在铅垂平面内迎面拦截目标,如图 4.15 所示。在这种情况下,将运动学方程组(4-51)中的第 3 式代入第 2 式,得到

$$R \frac{\mathrm{d}\varepsilon}{\mathrm{d}t} = V\sin(\theta - \varepsilon) \qquad (4-53)$$

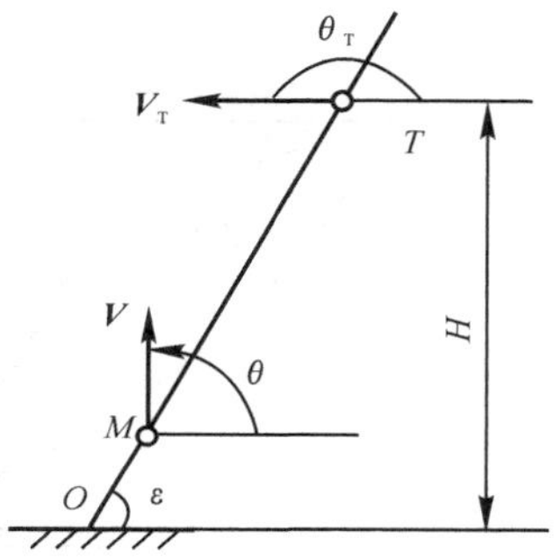

求导得

$$\dot{R}\dot{\varepsilon} + R\ddot{\varepsilon} = V(\dot{\theta} - \dot{\varepsilon})\cos(\theta - \varepsilon) \qquad (4-54)$$

将方程组(4-51)中的第 1 式代入式(4-54),整理后得

$$\dot{\theta} = 2\dot{\varepsilon} + \frac{R}{\dot{R}}\ddot{\varepsilon} \qquad (4-55)$$

式(4-55)中的 $\dot{\varepsilon}, \ddot{\varepsilon}$ 可用已知量 V_{T}, H 来表示。根据导引关系 $\varepsilon = \varepsilon_{\mathrm{T}}$,易知

$$\dot{\varepsilon} = \dot{\varepsilon}_{\mathrm{T}}$$

考虑到 $H = R_{\mathrm{T}}\sin\varepsilon_{\mathrm{T}}$,有

$$\dot{\varepsilon} = \dot{\varepsilon}_{\mathrm{T}} = \frac{V_{\mathrm{T}}}{R_{\mathrm{T}}}\sin\varepsilon_{\mathrm{T}} = \frac{V_{\mathrm{T}}}{H}\sin^2\varepsilon_{\mathrm{T}} \qquad (4-56)$$

对时间求导,得

$$\ddot{\varepsilon} = \frac{V_{\mathrm{T}}\dot{\varepsilon}_{\mathrm{T}}}{H}\sin2\varepsilon_{\mathrm{T}} \qquad (4-57)$$

而

$$\dot{R} = V\cos\eta = V\sqrt{1-\sin^2\eta} = V\sqrt{1-(\frac{R\dot{\varepsilon}}{V})^2} \qquad (4-58)$$

将式(4-56)~式(4-58)代入式(4-55),经整理后得

$$\dot{\theta} = \frac{V_{\mathrm{T}}}{H}\left(2 + \frac{R\sin2\varepsilon_{\mathrm{T}}}{\sqrt{p^2 H^2 - R^2\sin^4\varepsilon_{\mathrm{T}}}}\right)\sin^2\varepsilon_{\mathrm{T}} \qquad (4-59)$$

式(4-59)表明,在已知 V_{T}, V, H 的情况下,导弹按三点法飞行所需要的 $\dot{\theta}$ 完全取决于导弹所处的位置 R 及 ε。在已知目标航迹和速度比 p 的情况下,$\dot{\theta}$ 是导弹矢径 R 与高低角 ε 的函数。

假如给定 $\dot{\theta}$ 为某一常值,则由式(4-59)得到一个只包含 ε_{T}(或 ε)与 R 的关系式为

$$f = (\varepsilon, R) = 0 \qquad (4-60)$$

式(4-60)在极坐标系(ε, R)中表示一条曲线。在这条曲线上,各点的 $\dot{\theta}$ 为常数。在速度 V 为常值的情况下,该曲线上各点的法向加速度 a_{n} 也是常值。所以称这条曲线为等法向加速度曲线或等 $\dot{\theta}$ 曲线。如果给出一系列的 $\dot{\theta}$ 值,就可以在极坐标系中画出相应的等加速度曲线族,如图 4.16 中实线所示。

图中序号 $1,2,3,\cdots$ 表示曲线具有不同的 $\dot{\theta}$ 值,且 $\dot{\theta}_1 < \dot{\theta}_2 < \cdots$ 或 $a_{\mathrm{n}1} < a_{\mathrm{n}2} < \cdots$。图中虚

图 4.15 目标水平等速直线飞行

线是等加速度曲线最低点的连线,它表示法向加速度的变化趋势。沿这条虚线越往上,法向加速度值越大。这条虚线称为主梯度线。

等法向加速度曲线是在已知 V_T, H, p 值下画出来的。当另给一组 V_T, H, p 值时,得到的将是与之对应的另一族等法向加速度曲线,而曲线的形状将是类似的。

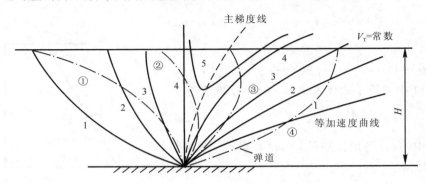

图 4.16 三点法弹道与等法向加速度曲线

现将各种不同初始条件 (ε_0, R_0) 下的弹道,画在相应的等法向加速度曲线图上,如图 4.16 中的点划线所示。可以发现,所有的弹道按其相对于主梯度线的位置可以分成三组:一组在其右,一组在其左,另一组则与主梯度线相交。在主梯度线左边的弹道(见图 4.16 中的弹道①),首先与 θ 较大的等法向加速度曲线相交,然后与 θ 较小的相交,此时弹道的法向加速度随矢径 R 增大而递减,在发射点的法向加速度最大,命中点的法向加速度最小。初始发射的高低角 $\varepsilon_0 \geqslant \pi/2$。从式 (4-59) 可以求出弹道上的最大法向加速度(发生在导引弹道的始端)为

$$a_{n\,max} = \frac{2VV_T \sin^2\varepsilon_0}{H} = 2V\dot{\varepsilon}_0$$

式中,$\dot{\varepsilon}_0$ 表示按三点法导引初始高低角的变化率,其绝对值与目标速度成正比,与目标飞行高度成反比。当目标速度与高度为定值时,$\dot{\varepsilon}_0$ 取决于矢径的高低角。越接近正顶上空时,其值越大。因此,这一组弹道中,最大的法向加速度发生在初始高低角 $\varepsilon_0 = \pi/2$ 时,即

$$(a_{n\,max})_{max} = \frac{2VV_T}{H}$$

这种情况相当于目标飞临正顶上空时才发射导弹。

上面讨论的这组弹道对应于尾追攻击的情况。

在主梯度线右边的弹道(见图 4.16 中的弹道③,④),首先与 θ 较小的等法向加速度曲线相交,然后与 θ 较大的相交。此时弹道的法向加速度随矢径 R 的增大而增大,在命中点法向加速度最大。弹道各点的高低角 $\varepsilon < \pi/2, \sin 2\varepsilon > 0$。由式 (4-59) 得到命中点的法向加速度为

$$a_{n\,max} = \frac{VV_T}{H}\left(2 + \frac{R_f \sin^2\varepsilon_f}{\sqrt{p^2 H^2 - R_f^2 \sin^4\varepsilon_f}}\right)\sin^2\varepsilon_f \tag{4-61}$$

式中，ε_f，R_f 为命中点的高低角和矢径。这组弹道相当于迎击的情况，即目标尚未飞到制导站顶空时，便将其击落。在这组弹道中，末段都比较弯曲。其中，以弹道 ③ 的法向加速度为最大，它与主梯度线正好在命中点相会。

与主梯度线相交的弹道（见图 4.16 弹道 ②），介于以上两组弹道之间，最大法向加速度出现在弹道中段的某一点上。这组弹道的法向加速度沿弹道非单调地变化。

2. 目标机动飞行

实战中，目标为了逃脱导弹对它的攻击，要不断作机动飞行。另外，导弹飞行速度在整个导引过程中往往变化亦比较大。因此，下面研究目标在铅垂平面内作机动飞行，导弹速度不是常值的情况下，导弹的转弯速率。将方程组（4-51）的第 2 式和第 5 式改写为

$$\sin(\theta-\varepsilon)=\frac{R}{V}\dot{\varepsilon} \tag{4-62}$$

$$\dot{\varepsilon}_T=\frac{V_T}{R_T}\sin(\theta_T-\varepsilon) \tag{4-63}$$

考虑到

$$\dot{\varepsilon}=\dot{\varepsilon}_T$$

于是由式（4-62）、式（4-63）得到

$$\sin(\theta-\varepsilon)=\frac{V_T}{V}\frac{R}{R_T}\sin(\theta_T-\varepsilon) \tag{4-64}$$

改写成

$$VR_T\sin(\theta-\varepsilon)=V_TR\sin(\theta_T-\varepsilon)$$

将上式两边对时间求导，有

$$(\dot{\theta}-\dot{\varepsilon})VR_T\cos(\theta-\varepsilon)+\dot{V}R_T\sin(\theta-\varepsilon)+V\dot{R}_T\sin(\theta-\varepsilon)=$$
$$(\dot{\theta}_T-\dot{\varepsilon})V_TR\cos(\theta_T-\varepsilon)+\dot{V}_TR\sin(\theta_T-\varepsilon)+V_T\dot{R}\sin(\theta_T-\varepsilon)$$

再将运动学关系式

$$\cos(\theta-\varepsilon)=\frac{\dot{R}}{V}$$

$$\cos(\theta_T-\varepsilon)=\frac{\dot{R}_T}{V_T}$$

$$\sin(\theta-\varepsilon)=\frac{R\dot{\varepsilon}}{V}$$

$$\sin(\theta_T-\varepsilon)=\frac{R_T\dot{\varepsilon}_T}{V_T}$$

代入，并整理后得

$$\dot{\theta}=\frac{R\dot{R}_T}{R_T\dot{R}}\dot{\theta}_T+\left(2-\frac{2R\dot{R}_T}{R_T\dot{R}}-\frac{R\dot{V}}{\dot{R}V}\right)\dot{\varepsilon}+\frac{\dot{V}_T}{V_T}\tan(\theta-\varepsilon)$$

或者

$$\dot{\theta} = \frac{R\dot{R}_T}{R_T\dot{R}}\dot{\theta}_T + \left(2 - \frac{2R\dot{R}_T}{R_T\dot{R}} - \frac{R\dot{V}}{\dot{R}V}\right)\dot{\varepsilon}_T + \frac{\dot{V}_T}{V_T}\tan(\theta - \varepsilon_T) \qquad (4-65)$$

当命中目标时,有 $R = R_T$,此时导弹的转弯速率为

$$\dot{\theta}_f = \left[\frac{\dot{R}_T}{\dot{R}}\dot{\theta}_T + \left(2 - \frac{2\dot{R}_T}{\dot{R}} - \frac{R\dot{V}}{\dot{R}V}\right)\dot{\varepsilon}_T + \frac{\dot{V}_T}{V_T}\tan(\theta - \varepsilon_T)\right]_{t=t_f} \qquad (4-66)$$

由此可以看出,导弹按三点法导引时,弹道受目标机动($\dot{V}_T$, $\dot{\theta}_T$)的影响很大,尤其在命中点附近将造成相当大的导引误差。

五、攻击禁区

所谓攻击禁区是指在此区域内导弹的需用法向过载将超过可用法向过载,导弹无法沿要求的导引弹道飞行,因而不能命中目标。

影响导弹攻击目标的因素很多,其中导弹的法向过载是基本因素之一。如果导弹的需用过载超过了可用过载,导弹就不能沿理想弹道飞行,从而大大减小其击毁目标的可能性,甚至不能击毁目标。下面以地-空导弹为例,讨论按三点法导引时的攻击禁区。

如果知道了导弹的可用法向过载以后,就可以算出相应的法向加速度 a_n 或转弯速率 $\dot{\theta}$。然后按式(4-59),在已知 $\dot{\theta}$ 下求出各组对应的 ε 和 R 值,作出等法向加速度曲线,如图 4.17 所示。如果由导弹可用过载决定的等法向加速度曲线为曲线 2,设目标航迹与该曲线在 D, F 两点相交,则存在由法向加速度决定的攻击禁区,即图 4.17 中的阴影部分。现在来考察阴影区边界外的两条弹道:一条为 OD,与阴影区交于 D 点;另一条为 OC,与阴影区相切于 C 点。于是,攻击平面被这两条弹道分割成 I,II,III 三个部分。可以看出,位于 I,III 区域内的任一条

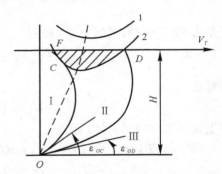

图 4.17　由可用法向过载决定的攻击禁区

弹道,都不会与曲线 2 相交,即理想弹道所要求的法向加速度值,都小于导弹可用法向加速度值。此区域称为允许发射区。位于 II 区域内的任一条弹道,在命中目标之前,必然要与等法向加速度曲线相交,这表示需用法向过载将超过可用法向过载。因此,应禁止导弹进入阴影区。我们把通过 C, D 两点的弹道称为极限弹道。显然,应当这样来选择初始发射角 ε_0,使它比 OC 弹道所要求的大或者比 OD 弹道所要求的还小。如果用 ε_{OC}, ε_{OD} 分别表示 OC, OD 两条弹道的初始高低角,则应有

$$\varepsilon_0 \leqslant \varepsilon_{OD}$$

或

$$\varepsilon_0 \geqslant \varepsilon_{OC}$$

但是,对于地-空导弹来说,为了阻止目标进入阴影区,总是尽可能迎击目标,所以这时就

要选择小于 ε_{OD} 的初始发射高低角，即

$$\varepsilon_0 \leqslant \varepsilon_{OD}$$

以上讨论的是等法向加速度曲线与目标航迹相交的情况。如果 a_n 值相当大，它与目标航迹不相交（见图4.17曲线1），这说明以任何一个初始高低角发射，弹道各点的需用法向过载都将小于可用法向过载。从过载角度上说，这种情况下就不存在攻击禁区。

六、三点法的优缺点

三点法最显著的优点就是技术实施简单，抗干扰性能好。但它也存在明显的缺点：

（1）弹道比较弯曲。当迎击目标时，越是接近目标，弹道越弯曲，且命中点的需用法向过载较大。这对攻击高空目标非常不利，因为随着高度增加，空气密度迅速减小，由空气动力所提供的法向力也大大下降，使导弹的可用过载减小。这样，在接近目标时，可能出现导弹的可用法向过载小于需用法向过载的情况，从而导致脱靶。

（2）动态误差难以补偿。所谓动态误差是指制导系统在过渡响应过程中复现输入时的误差。由于目标机动、外界干扰以及制导系统的惯性等影响，制导回路很难达到稳定状态，因此，导弹实际上不可能严格地沿理想弹道飞行，即存在动态误差。而且，理想弹道越弯曲，相应的动态误差就越大。为了消除误差，必须在指令信号中加入补偿信号，这需要测量目标机动时的位置坐标及其一阶和二阶导数。由于来自目标的反射信号有起伏误差，以及接收机存在干扰等原因，使得制导站测量的坐标不准确；如果再引入坐标的一阶、二阶导数，就会出现更大的误差，致使形成的补偿信号不准确，甚至很难形成。因此，对于三点法导引，由目标机动引起的动态误差难以补偿，往往会形成偏离波束中心线有十几米的动态误差。

（3）弹道下沉现象。按三点法导引迎击低空目标时，导弹的发射角很小，导弹离轨时的飞行速度也很小，操纵舵面产生的法向力也较小，因此，导弹离轨后可能会出现下沉现象。若导弹下沉太大，则有可能碰到地面。为了克服这一缺点，某些地-空导弹采用了小高度三点法，其目的主要是提高初始段弹道高度。所谓小高度三点法是指在三点法的基础上，加入一项前置偏差量，其导引关系式为

$$\varepsilon = \varepsilon_T + \Delta\varepsilon$$

式中，$\Delta\varepsilon$ 为前置偏差量，随时间衰减，当导弹接近目标时，趋于零。具体表示形式为

$$\Delta\varepsilon = \frac{h_\varepsilon}{R} e^{\frac{t-t_0}{\tau}} \quad \text{或} \quad \Delta\varepsilon = \Delta\varepsilon_0 e^{-k\left(1-\frac{R}{R_T}\right)}$$

式中，h_ε, τ, k 为对应给定弹道的常值（$k>0$）；$\Delta\varepsilon_0$ 为初始前置偏差量；t_0 为导弹进入波束时间；t 为导弹飞行时间。

4.6　前置量法

上节已经分析过，三点法的弹道比较弯曲，需用法向过载较大。为了改善遥控制导导弹的

弹道特性,必须研究能使弹道(特别是弹道末段)变得比较平直的导引方法。前置量法就是根据这个要求提出来的。

前置量法也称角度法或矫直法,采用这种导引方法导引导弹时,在整个飞行过程中,导弹与制导站的连线始终提前于目标与制导站连线,而两条连线之间的夹角 $\Delta\varepsilon = \varepsilon - \varepsilon_T$ 则按某种规律变化。

实现角度法导引一般采用双波束制导,一根用于跟踪目标,测量目标位置;另一根波束用于跟踪和控制导弹,测量导弹的位置。

一、前置量法

按前置量法导引时,导弹的高低角 ε 和方位角 β 应分别超前目标的高低角 ε_T 和方位角 β_T 一个角度。下面研究攻击平面为铅垂面的情况。根据前置量法的定义有

$$\varepsilon = \varepsilon_T + \Delta\varepsilon \tag{4-67}$$

式中,$\Delta\varepsilon$ 为前置角。必须注意,遥控中的前置角是指导弹的位置矢径与目标矢径的夹角,而自动瞄准中的前置角是指导弹速度向量与目标线的夹角。

根据命中点的条件,当 R_T 与 R 之差 $\Delta R = R_T - R = 0$ 时,$\Delta\varepsilon$ 也应等于零。因此,如果令 $\Delta\varepsilon$ 与 ΔR 成比例关系变化,则可以达到这一目的,即

$$\Delta\varepsilon = F(\varepsilon, t)\Delta R \tag{4-68}$$

式中,$F(\varepsilon, t)$ 为与 ε, t 有关的函数。

将式(4-68)代入式(4-67),得

$$\varepsilon = \varepsilon_T + F(\varepsilon, t)\Delta R \tag{4-69}$$

显然,当式(4-69)中的函数 $F(\varepsilon, t) = 0$ 时,它就是三点法的导引关系式。

前置量法中,对 $F(\varepsilon, t)$ 的选择,应尽量使得弹道平直。若导弹高低角的变化率 $\dot\varepsilon$ 为零,则弹道是一条直线弹道。当然,要求整条弹道上 $\dot\varepsilon \equiv 0$ 是不现实的,只能要求导弹在接近目标时 $\dot\varepsilon \to 0$,使得弹道末段平直一些。下面根据这一要求确定 $F(\varepsilon, t)$ 的表达式。

式(4-69)对时间求一阶导数,得

$$\dot\varepsilon = \dot\varepsilon_T + \dot{F}(\varepsilon, t)\Delta R + F(\varepsilon, t)\Delta\dot{R}$$

在命中点,$\Delta R = 0$,要求使 $\dot\varepsilon = 0$,代入上式后得到

$$F(\varepsilon, t) = -\frac{\dot\varepsilon_T}{\Delta\dot{R}} \tag{4-70}$$

将式(4-70)代入式(4-69),就得到前置量法的导引关系式

$$\varepsilon = \varepsilon_T - \frac{\dot\varepsilon_T}{\Delta\dot{R}}\Delta R \tag{4-71}$$

由于前置量法能使飞行弹道的末段变得较为平直,所以它又称为矫直法。

前面已指出,按三点法导引时,导弹在命中点的过载受目标机动的影响。那么,按前置量法

导引时,导弹命中点过载是否也受目标机动的影响呢?

式(4-62)对时间求一阶导数,得

$$\dot{R\dot{\varepsilon}} + R\ddot{\varepsilon} = \dot{V}\sin(\theta - \varepsilon) + V(\dot{\theta} - \dot{\varepsilon})\cos(\theta - \varepsilon) \quad (4-72)$$

将 $\sin(\theta - \varepsilon) = \dfrac{R\dot{\varepsilon}}{V}$,$V\cos(\theta - \varepsilon) = \dot{R}$ 代入式(4-72),可解得

$$\dot{\theta} = \left(2 - \frac{\dot{V}R}{V\dot{R}}\right)\dot{\varepsilon} + \frac{R}{\dot{R}}\ddot{\varepsilon} \quad (4-73)$$

可见 $\dot{\theta}$ 不仅与 $\dot{\varepsilon}$ 有关,还与 $\ddot{\varepsilon}$ 有关。令 $\dot{\varepsilon}=0$,可得导弹按前置量法导引时,在命中点的转弯速率为

$$\dot{\theta}_{\mathrm{f}} = \left(\frac{R}{\dot{R}}\ddot{\varepsilon}\right)_{t=t_{\mathrm{f}}} \quad (4-74)$$

为了比较前置量法与三点法在命中点的法向过载,对式(4-71)所表示的导引关系求二阶导数,再把式(4-51)中的第5式对时间求一阶导数,然后一并代入式(4-74),同时考虑到在命中点 $\Delta R = 0$,$\varepsilon = \varepsilon_{\mathrm{T}}$,$\dot{\varepsilon} = 0$,经整理后可得

$$\ddot{\varepsilon}_{\mathrm{f}} = \left(-\ddot{\varepsilon}_{\mathrm{T}} + \frac{\ddot{\varepsilon}_{\mathrm{T}}\Delta\dot{R}}{\dot{R}}\right)_{t=t_{\mathrm{f}}} \quad (4-75)$$

$$\ddot{\varepsilon}_{\mathrm{Tf}} = \frac{1}{R_{\mathrm{T}}}\left(-2\dot{R}_{\mathrm{T}}\dot{\varepsilon}_{\mathrm{T}} + \frac{\dot{V}_{\mathrm{T}}R_{\mathrm{T}}}{V_{\mathrm{T}}}\dot{\varepsilon}_{\mathrm{T}} + \dot{R}_{\mathrm{T}}\dot{\theta}_{\mathrm{T}}\right)_{t=t_{\mathrm{f}}} \quad (4-76)$$

将式(4-75)与式(4-76)代入式(4-74),得

$$\dot{\theta}_{\mathrm{f}} = \left[\left(2\frac{\dot{R}_{\mathrm{T}}}{\dot{R}} + \frac{R\Delta\dot{R}}{\dot{R}\Delta R}\right)\dot{\varepsilon}_{\mathrm{T}} - \frac{\dot{V}}{\dot{R}}\sin(\theta_{\mathrm{T}} - \varepsilon_{\mathrm{T}}) - \frac{\dot{R}_{\mathrm{T}}}{\dot{R}}\dot{\theta}_{\mathrm{T}}\right]_{t=t_{\mathrm{f}}} \quad (4-77)$$

由式(4-77)可见,按前置量法导引时,导弹在命中点的法向过载仍受目标机动的影响,这是不利的。因为目标机动参数 $\dot{V}_{\mathrm{T}}$,$\dot{\theta}_{\mathrm{T}}$ 不易测量,难以形成补偿信号来修正弹道,从而引起动态误差,特别是 $\dot{\theta}_{\mathrm{T}}$ 的影响较大。它与三点法比较,所不同的是,同样的目标机动动作,即同样的 $\dot{\theta}_{\mathrm{T}}$,在三点法中造成的影响与前置量法中造成的影响却刚好相反。

通过比较式(4-66)和式(4-77),不难发现,同样的机动动作,即同样的 $\dot{\theta}_{\mathrm{T}}$,$\dot{V}_{\mathrm{T}}$ 值,对导弹命中点的转弯速率的影响在三点法和前置量法中刚好相反,若在三点法中为正,则在前置量法中为负。这就说明,在三点法和前置量法之间,还存在着另一种导引方法,按此导引方法,目标机动对导弹命中点的转弯速率的影响正好是零。它就是半前置量法。

二、半前置量法

三点法和前置量法的导引关系式可以写成通式,即

$$\varepsilon = \varepsilon_{\mathrm{T}} + \Delta\varepsilon = \varepsilon_{\mathrm{T}} - C_{\varepsilon}\frac{\dot{\varepsilon}_{\mathrm{T}}}{\Delta\dot{R}}\Delta R \quad (4-78)$$

显然,当 $C_{\varepsilon}=0$ 时,式(4-78)就是三点法;而 $C_{\varepsilon}=1$ 时,它就是前置量法。半前置量法介

于三点法与前置量法之间,其系数 C_ε 也应介于 0 与 1 之间。

为求出 C_ε,将式(4-78)对时间求二阶导数,并代入式(4-73),得

$$\dot{\theta}_f = \left\{ \left(2 - \frac{\dot{V}R}{V\dot{R}}\right)(1 - C_\varepsilon)\dot{\varepsilon}_T + \frac{R}{\dot{R}}\left[(1 - 2C_\varepsilon)\ddot{\varepsilon}_T + C_\varepsilon \frac{\Delta\ddot{R}\cdot}{\Delta\dot{R}}\dot{\varepsilon}_T\right]\right\}_{t=t_f} \tag{4-79}$$

由式(4-76)知,目标机动参数 $\dot{\theta}_T$,$\dot{V}_T$ 影响着 $\ddot{\varepsilon}_{Tf}$,为使 $\dot{\theta}_T$,$\dot{V}_T$ 不影响命中点过载,可令式(4-79)中与 $\dot{\theta}_T$,$\dot{V}_T$ 有关的系数 $(1 - 2C_\varepsilon)$ 等于零,即

$$C_\varepsilon = \frac{1}{2}$$

于是,半前置量法的导引关系式为

$$\varepsilon = \varepsilon_T - \frac{1}{2}\frac{\dot{\varepsilon}_T}{\Delta\dot{R}}\Delta R \tag{4-80}$$

其命中点的转弯速率为

$$\dot{\theta}_f = \left[\left(1 - \frac{R\dot{V}}{2\dot{R}V} + \frac{R\Delta\ddot{R}}{2\dot{R}\Delta\dot{R}}\right)\dot{\varepsilon}_T\right]_{t=t_f} \tag{4-81}$$

将式(4-81)与前置量法的式(4-77)相比较,可以看到,在半前置量法中,不包含影响导弹命中点法向过载的目标机动参数 $\dot{\theta}_T$,$\dot{V}_T$,这就减小了动态误差,提高了导引精度。所以从理论上来说,半前置量法是一种比较好的导引方法。

综上所述,半前置量法的主要优点是,命中点过载不受目标机动的影响。但是要实现这种导引方法,就必须不断地测量导弹和目标的位置矢径 R,R_T,高低角 ε,ε_T,及其导数 $\dot{R}$,$\dot{R}_T$,$\dot{\varepsilon}_T$ 等参数,以便不断形成制导指令信号。这就使得制导系统的结构比较复杂,技术实施比较困难。在目标发出积极干扰、造成假像的情况下,导弹的抗干扰性能较差,甚至可能造成很大的起伏误差。

4.7　导引飞行的发展

本章讨论了包括自动瞄准和遥控制导在内的几种常见的导引方法及其弹道特性。显然,导弹的弹道特性与选用的导引方法密切相关。如果导引方法选择得合适,就能改善导弹的飞行特性,充分发挥导弹武器系统的作战性能。因此,选择合适的导引方法,改进完善现有导引方法或研究新的导引方法是导弹设计的重要课题之一。

一、选择导引方法的基本原则

每种导引方法都有它产生和发展的过程,都具有一定的优点和缺点。那么,在实践中应该怎样来选用它们呢? 一般而言,在选择导引方法时,需要从导弹的飞行性能、作战空域、技术实施、制导精度、制导设备、战术使用等方面的要求进行综合考虑。

(1)弹道需用法向过载要小,变化要均匀,特别是在与目标相遇区,需用法向过载应趋近

于零。需用法向过载小,一方面可以提高制导精度、缩短导弹攻击目标的航程和飞行时间,进而扩大导弹的作战空域;另一方面,可用法向过载可以相应减小,从而降低对导弹结构强度、控制系统的设计要求。

(2)作战空域尽可能大。空中活动目标的飞行高度和速度可在相当大的范围内变化,因此,在选择导引方法时,应考虑目标运动参数的可能变化范围,尽量使导弹能在较大的作战空域内攻击目标。对于空-空导弹来说,所选导引方法应使导弹具有全向攻击能力;对于地-空导弹来说,不仅能迎击目标,而且还能尾追或侧击目标。

(3)目标机动对导弹弹道(特别是末段)的影响要小。例如,半前置量法的命中点法向过载就不受目标机动的影响,这将有利于提高导弹的命中精度。

(4)抗干扰能力要强。空中目标为了逃避导弹的攻击,常常施放干扰来破坏导弹对目标的跟踪,因此,所选导引方法应能保证在目标施放干扰的情况下,使导弹能顺利攻击目标。例如,(半)前置量法抗干扰性能就不如三点法好,当目标发出积极干扰时应转而选用三点法来制导。

(5)技术实施要简单可行。导引方法即使再理想,但一时不能实施,还是无用。从这个意义上说,比例导引法就比平行接近法好。遥控中的三点法,技术实施比较容易,而且可靠。

总之,各种导引方法都有它自己的优缺点,只有根据武器系统的主要矛盾,综合考虑各种因素,灵活机动地予以取舍,才能克敌制胜。例如,现在采用较多的方法就是根据导弹特点实行复合制导。

二、复合制导

每一种导引律都有自己独特的优点和缺点,如遥远控制的无线电指令制导和无线电波束制导,作用距离较远,但制导精度较差;自动瞄准,无论采用红外导引头,还是雷达导引头或电视导引头,其作用距离太近,但命中精度较高。因此,为了弥补单一导引方法的缺点,并满足战术技术要求,提高导弹的命中准确度,在攻击较远距离的活动目标时,常把各种导引规律组合起来应用,这就是多种导引规律的复合制导。复合制导又分为串联复合制导和并联复合制导。

所谓串联复合制导就是在一段弹道上利用一种导引方法,而在另一段弹道上利用另一种导引方法,包括初制导、中制导和末制导。相应的弹道可分为 4 段:发射起飞段,巡航段(中制导),过渡段和攻击段(末制导段)。例如:遥控中制导 + 自动瞄准末制导,自主中制导 + 自动瞄准末制导等。

并联复合制导一般指导引头的复合,即同时采用两种导引头的信号进行处理,从而获得目标信息。

到目前为止,应用最多的是串联复合制导,例如,"萨姆-4"采用"无线电指令 + 雷达半主动自动瞄准";"飞鱼"采用"自主制导 + 雷达主动自动瞄准"。关于复合制导的弹道特性研究,主要是不同导引弹道的转接问题,如弹道平滑过渡、目标截获、制导误差补偿等。

三、现代制导律

前面讨论的导引方法都是经典制导律。一般而言,经典制导律需要的信息量少,结构简单,易于实现,因此,现役的战术导弹大多数使用经典的导引律或其改进形式。但是对于高性能的大机动目标,尤其在目标采用各种干扰措施的情况下,经典的导引律就不太适用了。随着计算机技术的迅速发展,基于现代控制理论的现代制导律(如最优制导律、微分对策制导律、自适应制导律、微分几何制导律[21]、反馈线性化制导律、神经网络制导律、$H\infty$ 制导律[22] 等)得到迅速发展。与经典导引律相比,现代制导律有许多优点,如脱靶量小,导弹命中目标时姿态角满足特定要求,对抗目标机动和干扰能力强,弹道平直,弹道需用法向过载分布合理,作战空域增大,等等。因此,用现代制导律制导的导弹截击未来战场上出现的高速度、大机动、有施放干扰能力的目标是非常有效的。但是,现代制导律结构复杂,需要测量的参数较多,给制导律的实现带来了困难。不过,随着微型计算机的不断发展,现代制导律的应用是可以实现的。

4.8　最优制导律

现代制导律有多种形式,其中研究最多的就是最优制导律。最优制导律的优点是它可以考虑导弹 — 目标的动力学问题,并可考虑起点或终点的约束条件或其他约束条件,根据给出的性能指标(泛函)寻求最优制导律。根据具体要求性能指标可以有不同的形式,战术导弹考虑的性能指标主要是导弹在飞行中的总的法向过载最小、终端脱靶量最小、控制能量最小、拦截时间最短、导弹 — 目标的交会角满足要求等。但是,因为导弹的制导律是一个变参数并受到随机干扰的非线性问题,求解非常困难,所以,通常只好把导弹拦截目标的过程作线性化处理,这样可以获得近似最优解,在工程上也易于实现,并且在性能上接近于最优制导律。下面介绍二次型线性最优制导律。

一、导弹运动状态方程

视导弹、目标为质点,它们在同一个固定平面内运动(见图 4.18)。在此平面内任选固定坐标系 Oxy,导弹速度矢量 $\boldsymbol{V}$ 与 Oy 轴的夹角为 σ,目标速度矢量 $\boldsymbol{V}_\mathrm{T}$ 与 Oy 轴的夹角为 σ_T,导弹与目标的连线 $\overline{MT}$ 与 Oy 轴的夹角为 q。设 σ,σ_T 和 q 都比较小,并且假定导弹和目标都作等速飞行,即 V,V_T 是常值。

设导弹与目标在 Ox 轴、Oy 轴方向上的距离偏差分别为

$$\left.\begin{array}{l} x = x_\mathrm{T} - x_\mathrm{M} \\ y = y_\mathrm{T} - y_\mathrm{M} \end{array}\right\} \tag{4-82}$$

式(4-82)对时间 t 求导,并根据导弹相对目标运动关系得

$$\left.\begin{array}{l} \dot{x} = \dot{x}_T - \dot{x}_M = V_T \sin\sigma_T - V\sin\sigma \\ \dot{y} = \dot{y}_T - \dot{y}_M = V_T \cos\sigma_T - V\cos\sigma \end{array}\right\} \qquad (4-83)$$

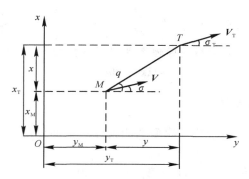

图 4.18　导弹与目标运动关系图

由于 σ, σ_T 很小,因此 $\sin\sigma \approx \sigma, \sin\sigma_T \approx \sigma_T, \cos\sigma \approx 1, \cos\sigma_T \approx 1$,于是

$$\left.\begin{array}{l} \dot{x} = V_T\sigma_T - V\sigma \\ \dot{y} = V_T - V \end{array}\right\} \qquad (4-84)$$

以 x_1 表示 x,x_2 表示 $\dot{x}$(即 $\dot{x}_1$),则

$$\left.\begin{array}{l} \dot{x}_1 = x_2 \\ \dot{x}_2 = \ddot{x} = V_T\dot{\sigma}_T - V\dot{\sigma} \end{array}\right\} \qquad (4-85)$$

式中,$V_T\dot{\sigma}_T, V\dot{\sigma}$ 分别为目标、导弹的法向加速度,以 a_T, a 表示,则

$$\dot{x}_2 = a_T - a \qquad (4-86)$$

导弹的法向加速度 a 为一控制量,一般作为控制信号加给舵机,舵面偏转后产生攻角 α,而后产生法向过载。如果忽略舵机的惯性及弹体的惯性,设控制量的量纲与加速度的量纲相同,则可用控制量 u 来表示 $-a$,即令 $u = -a$,于是式(4-86)变成

$$\dot{x}_2 = u + a_T \qquad (4-87)$$

这样可得导弹运动的状态方程为

$$\left.\begin{array}{l} \dot{x}_1 = x_2 \\ \dot{x}_2 = u + a_T \end{array}\right\} \qquad (4-88)$$

设目标不机动,则 $a_T = 0$,导弹运动状态方程可简化为

$$\left.\begin{array}{l} \dot{x}_1 = x_2 \\ \dot{x}_2 = u \end{array}\right\} \qquad (4-89)$$

用矩阵简明地表示为

$$\begin{bmatrix} \dot{x}_1 \\ \dot{x}_2 \end{bmatrix} = \begin{bmatrix} 0 & 1 \\ 0 & 0 \end{bmatrix} \begin{bmatrix} x_1 \\ x_2 \end{bmatrix} + \begin{bmatrix} 0 \\ 1 \end{bmatrix} u \qquad (4-90)$$

令

$$\boldsymbol{x} = \begin{bmatrix} x_1 & x_2 \end{bmatrix}^{\mathrm{T}}, \qquad \boldsymbol{A} = \begin{bmatrix} 0 & 1 \\ 0 & 0 \end{bmatrix}, \qquad \boldsymbol{B} = \begin{bmatrix} 0 & 1 \end{bmatrix}^{\mathrm{T}}$$

则以 x_1, x_2 为状态变量，u 为控制变量的导弹运动状态方程为

$$\dot{\boldsymbol{x}} = \boldsymbol{A}\boldsymbol{x} + \boldsymbol{B}u \qquad (4-91)$$

二、基于二次型的最优制导律

对于自动瞄准制导系统，通常选用二次型性能指标。下面讨论基于二次型性能指标的最优制导律。

将导弹相对目标运动关系式(4-83)的第 2 式改写为

$$\dot{y} = -(V - V_{\mathrm{T}}) = -V_{\mathrm{C}}$$

式中，V_{C} 为导弹对目标的接近速度，$V_{\mathrm{C}} = V - V_{\mathrm{T}}$。

设 t_{f} 为导弹与目标的遭遇时刻（在此时刻导弹与目标相碰撞或两者间距离为最小），则在某一瞬时 t，导弹与目标在 Oy 轴方向上的距离偏差为

$$y = V_{\mathrm{C}}(t_{\mathrm{f}} - t) = (V - V_{\mathrm{T}})(t_{\mathrm{f}} - t)$$

如果性能指标选为二次型，它应首先含有制导误差的平方项，还要含有控制所需的能量项。对任何制导系统，最重要的是希望导弹与目标遭遇时刻 t_{f} 的脱靶量（即制导误差的终值）极小。对于二次型性能指标，应以脱靶量的平方表示，即

$$[x_{\mathrm{T}}(t_{\mathrm{f}}) - x_{\mathrm{M}}(t_{\mathrm{f}})]^2 + [y_{\mathrm{T}}(t_{\mathrm{f}}) - y_{\mathrm{M}}(t_{\mathrm{f}})^2]$$

为简化分析，通常选用 $y = 0$ 时的 x 值作为脱靶量。于是，要求 t_{f} 时 x 值越小越好。由于舵偏角受限制，导弹的可用过载有限，导弹结构能承受的最大载荷也受到限制，所以控制量 u 也应受到约束。因此，选择下列形式的二次型性能指标函数：

$$J = \frac{1}{2}\boldsymbol{x}^{\mathrm{T}}(t_{\mathrm{f}})\boldsymbol{C}\boldsymbol{x}(t_{\mathrm{f}}) + \frac{1}{2}\int_{t_0}^{t_{\mathrm{f}}}(\boldsymbol{x}^{\mathrm{T}}\boldsymbol{Q}\boldsymbol{x} + \boldsymbol{u}^{\mathrm{T}}\boldsymbol{R}\boldsymbol{u})\,\mathrm{d}t \qquad (4-92)$$

式中，$\boldsymbol{C}, \boldsymbol{Q}, \boldsymbol{R}$ 为正数对角线矩阵，它保证了指标为正数，在多维情况下还保证了性能指标为二次型。比如，对于讨论的二维情况，则有

$$\boldsymbol{C} = \begin{bmatrix} c_1 & 0 \\ 0 & c_2 \end{bmatrix}$$

此时，性能指标函数中含有 $c_1 x_1^2(t_{\mathrm{f}})$ 和 $c_2 x_2^2(t_{\mathrm{f}})$。如果不考虑导弹相对运动速度项 $x_2(t_{\mathrm{f}})$，则令 $c_2 = 0$，$c_1 x_1^2(t_{\mathrm{f}})$ 便表示了脱靶量。积分项中 $\boldsymbol{u}^{\mathrm{T}}\boldsymbol{R}\boldsymbol{u}$ 为控制能量项，对控制矢量为一维的情况，则可表示为 Ru^2。$\boldsymbol{R}$ 根据对过载限制的大小来选择。$\boldsymbol{R}$ 小时，对导弹过载的限制小，过载就可能较大，但是计算出来的最大过载不能超过导弹的可用过载；$\boldsymbol{R}$ 大时，对导弹过载的限制大，过载就

可能较小,但为了充分发挥导弹的机动性,过载也不能太小。因此,应按导弹的最大过载恰好与可用过载相等这个条件来选择 $\boldsymbol{R}$。积分项中的 $\boldsymbol{x}^{\mathrm{T}}\boldsymbol{Q}\boldsymbol{x}$ 为误差项。由于主要是考虑脱靶量 $\boldsymbol{x}(t_{\mathrm{f}})$ 和控制量 u,因此,该误差项不予考虑,即 $\boldsymbol{Q}=\boldsymbol{0}$。这样,用于制导系统的二次型性能指标函数可简化为

$$J=\frac{1}{2}\boldsymbol{x}^{\mathrm{T}}(t_{\mathrm{f}})\boldsymbol{C}\boldsymbol{x}(t_{\mathrm{f}})+\frac{1}{2}\int_{t_0}^{t_{\mathrm{f}}}\boldsymbol{R}u^2\,\mathrm{d}t \tag{4-93}$$

当给定导弹运动的状态方程为

$$\dot{\boldsymbol{x}}=\boldsymbol{A}\boldsymbol{x}+\boldsymbol{B}u$$

时,应用最优控制理论,可得最优制导律为

$$u=-\boldsymbol{R}^{-1}\boldsymbol{B}^{\mathrm{T}}\boldsymbol{P}\boldsymbol{x} \tag{4-94}$$

其中,$\boldsymbol{P}$ 由黎卡提(Riccati)微分方程

$$\boldsymbol{A}^{\mathrm{T}}\boldsymbol{P}+\boldsymbol{P}\boldsymbol{A}-\boldsymbol{P}\boldsymbol{B}\boldsymbol{R}^{-1}\boldsymbol{B}^{\mathrm{T}}\boldsymbol{P}+\boldsymbol{Q}=\dot{\boldsymbol{P}}$$

解得。终端条件为

$$\boldsymbol{P}(t_{\mathrm{f}})=\boldsymbol{C}$$

在不考虑速度项 $x_2(t_{\mathrm{f}})$,即 $c_2=0$,且控制矢量为一维的情况下,最优制导律为

$$u=-\frac{(t_{\mathrm{f}}-t)x_1+(t_{\mathrm{f}}-t)^2x_2}{\dfrac{R}{c_1}+\dfrac{(t_{\mathrm{f}}-t)^3}{3}} \tag{4-95}$$

为了使脱靶量最小,应选取 $c_1\rightarrow\infty$,则

$$u=-3\left[\frac{x_1}{(t_{\mathrm{f}}-t)^2}+\frac{x_2}{t_{\mathrm{f}}-t}\right] \tag{4-96}$$

从图 4.18 可得

$$\tan q=\frac{x}{y}=\frac{x_1}{V_{\mathrm{C}}(t_{\mathrm{f}}-t)}$$

当 q 比较小时,$\tan q\approx q$,则

$$q=\frac{x_1}{V_{\mathrm{C}}(t_{\mathrm{f}}-t)} \tag{4-97}$$

$$\dot{q}=\frac{x_1+(t_{\mathrm{f}}-t)\dot{x}_1}{V_{\mathrm{C}}(t_{\mathrm{f}}-t)^2}=\frac{1}{V_{\mathrm{C}}}\left[\frac{x_1}{(t_{\mathrm{f}}-t)^2}+\frac{x_2}{t_{\mathrm{f}}-t}\right] \tag{4-98}$$

将式(4-98)代入式(4-96)中,可得

$$u=-3V_{\mathrm{C}}\dot{q} \tag{4-99}$$

考虑到

$$u=-a=-V\dot{\sigma}$$

故

$$\dot{\sigma}=-\frac{3V_{\mathrm{C}}}{V}\dot{q} \tag{4-100}$$

由此看出,当不考虑弹体惯性时,自动瞄准制导的最优制导规律是比例导引,其比例系数为 $3V_c/V$,这也证明,比例导引法是一种很好的导引方法。

随着计算机技术和现代控制理论的发展,最优制导律的研究也越来越受到重视,国内外研究成果很多,这里给出两种最优制导律。

1. 考虑目标机动过载的最优制导律

$$n = K \frac{(r + \dot{r}t_{go})}{t_{go}^2} + \frac{K}{2}n_T \tag{4-101}$$

式中,n 为导弹过载;K 为比例系数;$\dot{r}$ 为导弹—目标的接近速度;$t_{go} = t_f - t$ 为导弹剩余飞行时间;n_T 为目标机动过载。

2. 考虑目标加速度的最优制导律

$$n = K\dot{r}(\dot{q} + t_{go}\ddot{q}/2) + K\dot{V}_T(q - \sigma_T)/2 \tag{4-102}$$

式中,$\dot{q},\ddot{q}$ 为视线角对时间的一阶、二阶导数;$\dot{V}_T$ 为目标加速度;σ_T 为目标方位角。

思 考 题 4

4.1 导引弹道运动学分析的假设条件是什么?

4.2 导引弹道的特点是什么?

4.3 写出自动瞄准导弹相对目标运动的方程组。

4.4 何谓相对弹道、绝对弹道?

4.5 要保持导弹—目标线在空间的方位不变,应满足什么条件?

4.6 导弹和目标的相对运动关系如图 4.19 所示。设某瞬时 $V_T = 300$ m/s,$V = 490$ m/s,$|\eta| = 12°$,$q = 48°$,$r = 5\,260$ m。试求接近速度 $\dot{r}$ 及目标线的转动角速度 $\dot{q}$。

4.7 设目标作等速直线飞行,已知导弹的相对弹道,能否作出其绝对弹道?

4.8 什么叫平行接近法?它有哪些优缺点?

4.9 写出铅垂平面内比例导引法的导弹—目标相对运动方程组。

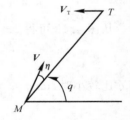

图 4.19 题 4.6 图

4.10 采用比例导引法,$\dot{q}$ 的变化对过载有什么影响?

4.11 比例导引法中的比例系数与制导系统有什么关系?应如何选取比例系数?

4.12 选择比例系数需要考虑哪些问题?为什么?

4.13 导弹发射瞬时目标的航迹倾角 $\theta_{T0} = 0$,以后目标以 $\dot{\theta}_T = 0.05$ s^{-1} 作机动飞行,导弹按 $\dot{\theta} = 4\dot{q}$ 导引规律飞行,在 $t_f = 10$ s 时命中目标。命中目标瞬时,$V_T = 250$ m/s,$\dot{V}_T = 0$,$V = 500$ m/s,$\dot{V} = 0$,$q_f = 25°$。求命中瞬时导弹的弹道倾角与需用法向过载。

4.14 如何用雷达坐标系确定导弹在空间的位置?

4.15　什么是三点法导引的等加速度曲线？如何用等加速度曲线分析弹道特性？

4.16　目标机动飞行是如何影响三点法导引弹道的？

4.17　什么叫攻击禁区？攻击禁区与哪些因素有关？

4.18　试以三点法为例，画出相对弹道与绝对弹道。

4.19　设敌机迎面向制导站水平飞来，且作等速直线运动，$V_T = 400$ m/s，$H_T = 20$ km，地－空导弹发射时目标的高低角 $\varepsilon_{T0} = 30°$，导弹按三点法导引。试求发射后 10 s 时导弹的高低角。

4.20　写出三点法、前置量法和半前置量法的导引关系式。

4.21　试比较三点法、前置量法和半前置量法的优缺点。

4.22　选择导引方法的基本原则是什么？

4.23　目标作等速平飞，$\theta_T = 180°$，高度 $H_T = 20$ km，速度 $V_T = 300$ m/s，导弹先按三点法导引飞行，在下列条件下转为比例导引：$V = 600$ m/s，$\varepsilon_T = 45°$，$R = 25$ km，$\dot{\theta} = 3\dot{q}$。求按比例导引法飞行的起始需用过载。

4.24　最优制导律有何优缺点？

第 5 章　弹道计算与飞行仿真

随着科学技术的发展,各种飞行器系统日趋复杂,计算机技术的迅猛发展为这些系统的技术进步提供了可能。目前,计算机仿真技术在飞行器系统的设计、论证、试验、鉴定以及作战训练和演习中越来越受到人们的重视。

现代飞行力学的发展是与计算机技术的进步紧密相连的。1946 年诞生于美国阿伯汀试验场弹道研究所的世界上第一台电子计算机,就是用来计算火箭飞行弹道的。时至今日,可以说,几乎飞行力学学科研究的所有领域无一不依赖于电子计算机技术。例如,从飞机的飞行性能计算到飞行剖面设计;从导弹的飞行方案设计到稳定性、操纵性分析;以及运载火箭、人造卫星、载人飞船等各类航天器的轨道计算,如果没有高速的电子计算机的参与那将是不可想像的。

20 世纪 80 年代以来,飞行器仿真技术发展很快。从最初的简单弹道计算到全系统仿真;从质点弹道到六自由度弹道;从刚体到挠性、弹性体;从纯数字仿真到图形、图像仿真;从单武器平台仿真到多武器平台仿真;从性能仿真到性能与构造仿真相结合。特别是近年来出现的虚拟现实及虚拟样机技术,使得飞行器飞行仿真的前景一片光明。

本章主要介绍飞行器仿真的基本概念和方法,弹道计算的数值解算法,气动力计算的插值问题,蒙特卡洛模拟打靶仿真,飞行视景仿真和虚拟样机技术的概况。

5.1　仿真的基本概念

一、仿真的定义

关于仿真(simulation)(或系统仿真:system simulation)有过不少定义。其中雷诺(T. H. Naylor)于 1966 年在其专著中对仿真作了如下定义:"仿真是在数字计算机上进行试验的数字化技术,它包括数字与逻辑模型的某些模式,这些模型描述某一事件或经济系统(或者它们的某些部分)在若干周期内的特征。"其他一些定义只对仿真作一些概况性的描述,如:仿真就是模拟真实系统;仿真就是利用模型来作试验;等等。从这些有关仿真的定义中不难看出,要进行仿真试验,系统和系统模型是两个主要因素。同时由于对复杂系统的模型处理和模型求解离不开高性能的信息处理装置,而现代化的计算机又责无旁贷地充当了这一角色,所以系统仿真实质上应该包括 3 个基本因素:系统,系统模型和计算机。而联系这三项要素的基本活动则是:模型建立,仿真模型建立和仿真试验。

综合国内外仿真界对仿真的定义,可对系统仿真作如下定义[15]:

仿真是建立在控制理论、计算技术、信息处理技术和计算机技术等理论基础之上的，以计算机和其他专业物理效应设备为工具，利用系统模型对真实或假想的系统进行试验，并借助于专家经验知识、统计数据和信息资料对试验结果进行分析研究，进而作出决策的一门综合性和试验性的科学。

上述定义中的计算技术，除了包含通常意义下的计算理论和技术，还应包括现代运筹学的绝大部分内容。定义中的模型可以是定量的，也可以是定性的；可以是物理的，也可以是数学的，或二者兼而有之。

二、仿真的分类

依据不同的分类标准，可将仿真进行不同的分类。

根据被研究系统的特征可分为两大类：连续系统仿真和离散事件系统仿真。

连续系统仿真是指对那些系统状态量随时间连续变化的系统的仿真研究，包括数据采集与处理系统的仿真。这类系统的数学模型包括连续模型（微分方程等），离散时间模型（差分方程等）以及连续离散混合模型。

离散事件系统仿真则是指对那些系统状态只在一些时间点上由于某种随机事件的驱动而发生变化的系统进行仿真试验。这类系统的状态量是由于事件的驱动而发生变化的，在两个事件之间状态量保持不变，因而是离散变化的，称之为离散事件系统。这类系统的数学模型通常用流程图或网络图来描述。

按仿真试验过程中的时间 t 与自然时钟 T 之间的比例关系，分为实时仿真和非实时仿真。

若 $t/T=1$，则称为实时仿真，否则称为非实时仿真。非实时仿真又分为超实时仿真（$t/T<1$）和亚实时仿真（$t/T>1$）。

按照参与仿真的模型种类，分为物理仿真，数学仿真和物理数学仿真（又称半物理仿真或半实物仿真）。

物理仿真，又称物理效应仿真，是指按照实际系统的物理性质构造系统的物理模型，并在物理模型上进行试验研究。物理仿真直观形象，逼真度高，但不如数学仿真方便；虽然不必采用昂贵的原型系统，但在某些情况下构造一套物理模型也需花费较大的投资，且周期也较长；此外，在物理模型上做试验不易修改系统的结构和参数。

数学仿真是指首先建立系统的数学模型，并将数学模型转化成仿真计算模型，通过仿真模型的运行达到对系统运行的目的。现代数学仿真由仿真系统的软件／硬件环境，动画与图形显示，输入／输出等设备组成。数学仿真在系统分析与设计阶段是十分重要的，通过它可以检验理论设计的正确性与合理性。数学仿真具有经济性、灵活性和仿真模型通用性等特点，今后随着并行处理技术、集成化软件技术、图形技术、人工智能技术和先进的交互式建模／仿真软硬件技术的发展，数学仿真必将获得飞速发展。

物理-数学仿真，又称为半实物仿真，准确称谓是硬件（实物）在回路中（Hardware in the

Loop)的仿真。这种仿真将系统的一部分以数学模型描述,并把它转化为仿真计算模型;另一部分以实物(或物理模型)方式引入仿真回路。半实物仿真有以下几个特点:

（1）原系统中的若干子系统或部件很难建立准确的数学模型,再加上各种难以实现的非线性因素和随机因素的影响,使得进行纯数学仿真十分困难或难以取得理想效果。在半实物仿真中,可将不易建模的部分以实物代之参与仿真试验,可以避免建模的困难。

（2）利用半实物仿真可以进一步检验系统数学模型的正确性和数学仿真结果的准确性。

（3）半实物仿真可以检验构成真实系统的某些物理部件乃至整个系统的性能指标及可靠性,准确调整系统参数和控制规律。在航空、航天、武器系统等研究领域,半实物仿真是不可缺少的重要手段。

5.2　弹道仿真的基本方法

弹道仿真属于连续系统仿真范畴。相应地,有两类数字仿真方法,一类是建立在数值积分法基础上的,另一类是建立在离散相似法基础上的。

数值积分法分单步法和多步法两种。应用最为广泛的龙格-库塔法就是一种单步法,多步法中最常用的是阿当姆斯法。

离散相似法是一种模型变换方法,它是将连续系统离散化,然后针对等效的离散化模型进行仿真计算的方法。其实质是用差分方程近似"等效"原来的常系数微分方程。

由于弹道仿真的数学模型一般情况下是变系数的微分方程组,因此,在进行弹道仿真时,通常采用数值积分法。

一、飞行弹道的仿真模型

在前几章,已经介绍了如何建立弹道计算的理论模型(theoretical model),但这样的模型还不能直接用于计算机仿真。只有根据一定的算法和语言标准,将其编写成能够在计算机上运行的程序 —— 仿真模型(simulation model)—— 才能进行弹道仿真实验。

从理论模型到仿真模型的二次建模过程中,算法是个核心问题。众所周知,目前计算机只能机械地执行人的指令,不会主动地进行思维,不可能发挥任何创造性,任何解题方案都需要事先加以确定。所谓"算法",就是指解题方案的准确而完整的描述,它可以用文字和算式来描述,也可用框图来表示。如果有了比较精细的框图,那么编制程序将主要是机械性的翻译工作,不会产生实质性的困难。

通常解题方案不止一个,可以有多种算法,这时就需要选择和比较,如果算法选择不当,计算机的效率就得不到充分发挥,或在机器上无法实现。另外,解题的数学算法和可靠的计算机程序之间存在很大的差距。例如,舍入误差可能使一个在理论上无误的算法产生不正确的解;还有一类问题的解对数据的误差非常敏感,它不依赖于算法,而是由其本身性质决定的,称之为"病态"问题。

目前国内外使用的算法语言很多,常见的有 FORTRAN,C/C++,ALGOL,PASCAL, BASIC,COBOL,Java,等等。采用不同的算法语言,编写的计算机程序也不一样。以下是一段关于矩阵相乘的 FORTRAN 语言程序:

```
DO      10    I=1,M
DO      10    J=1,N
C(I,J)=0
DO      10    K=1,L
C(I,J)=C(I,J)+A(I,K)*B(K,J)
10   CONTINUE
```

弹道计算与仿真的过程实际上就是根据导弹运动方程组,采用某种算法和语言,编写计算机程序,然后在计算机上仿真运行,并得出结论。建立完整的弹道仿真模型,通常需要处理微分方程求解、气动力插值、数据库管理、输入输出等问题;有时为了达到形象逼真、简捷直观的视觉效果,还要进行图形可视化设计。因此,弹道仿真建模是一个非常复杂的过程。当然,仿真实验的目的和要求不同,仿真模型也会有很大差别。限于篇幅,这里不能一一详述。

二、微分方程的数值解法

建立弹道仿真模型的一个重要环节就是求解微分方程组。前面已经提到,弹道仿真时通常采用数值积分法。所谓"数值积分法"(或称数值解法),就是对常微分方程(组)建立离散形式的数学模型 —— 差分方程,并求出其数值解。为了在数字机上进行仿真,可将导弹运动方程组表示成

$$\left.\begin{array}{l}\dot{Y}=F(t,Y)\\ Y(t_0)=Y_0\end{array}\right\} \tag{5-1}$$

对式(5-1)两边积分,得

$$Y(t)=Y(t_0)+\int_{t_0}^{t}F(t,Y)\mathrm{d}t$$

在 $t=t_0,t_1,\cdots,t_{m+1}$ 时的连续解为

$$Y(t_{m+1})=Y(t_0)+\int_{t_0}^{t_{m+1}}F(t,Y)\mathrm{d}t=Y(t_m)+\int_{t_m}^{t_{m+1}}F(t,Y)\mathrm{d}t \tag{5-2}$$

令

$$Q_m=\int_{t_m}^{t_{m+1}}F(t,Y)\mathrm{d}t \tag{5-3}$$

则

$$Y(t_{m+1})=Y(t_m)+Q_m \tag{5-4}$$

或

$$Y_{m+1} = Y_m + Q_m \qquad (5-5)$$

式(5-5)就是用于求解微分方程的差分方程。

数值积分是解决在已知初值的情况下,对 $F(t,Y)$ 进行近似积分的问题,通常称为微分方程的初值问题。数值解法就是寻求初值问题 —— 式(5-1)的解在一系列离散点 $t=t_1,t_2,\cdots,t_{m+1}$ 的近似解(即数值解)$Y_1,Y_2,\cdots,Y_{m+1}$。相邻两个离散点的间距 $h=t_{m+1}-t_m$,称为计算步长或步距。根据已知的初始条件 Y_0,可逐步递推计算出以后各时刻的数值 Y_i,采用不同的递推算法,就出现了各种各样的数值积分方法,如欧拉(Euler)法、龙格-库塔(Runge-Kutta)法、阿当姆斯(Adams)法等。不同的积分方法,对系统的求解精度、速度和数值稳定性均有所不同。

对于 $\dot{y}=f(t,y)$,数值积分可写成统一公式

$$y_{m+1} = \sum_{i=0}^{n} a_i y_{m-i} + h \sum_{i=-1}^{n} b_i f_{m-i} \qquad (5-6)$$

现介绍几个与数值积分有关的概念。

(1) 单步法与多步法。只由前一时刻的数值 y_m 就可求得后一时刻的数值 y_{m+1},这种数值积分方法称为单步法,它是一种能自启动的算法。如果计算 y_{m+1},要用到 $t_m,t_{m-1},t_{m-2},\cdots$ 时刻 y 的数据,这种积分法则称为多步法。由于多步法启动时,用到多个不同时刻的 y 值,必须使用其他方法获得这些值,因此,它不是自启动算法。

(2) 显示与隐式。计算 y_{m+1} 时所用数值均已计算出来,如果式(5-6)中,$b_{-1}=0$,称为显示公式;反之,如果 $b_{-1}\neq0$,在算式中隐含有未知量 y_{m+1},则称为隐式公式。使用隐式公式时,必须用另一显示公式估计一个初值,然后再用隐式公式进行迭代计算,此为预估校正法。显然,这种方法也不是自启动算法。

(3) 截断误差。分析数值积分的精度,常用泰勒级数作为工具。假定前一步得到的结果 y_m 是准确的,则用泰勒级数求得 t_{m+1} 时刻的精确解为

$$y(t_{m+1}) = y(t_m) + h\dot{y}(t_m) + \frac{1}{2!}h^2\ddot{y}(t_m) + \cdots + \frac{1}{r!}h^r y^{(r)}(t_m) + o(h^{r+1}) \qquad (5-7)$$

若只从以上精确解中取前几项之和

$$y(t_m) + h\dot{y}(t_m) + \frac{1}{2!}h^2\ddot{y}(t_m) + \cdots + \frac{1}{r!}h^r y^{(r)}(t_m)$$

来近似计算 y_{m+1},这单独一步产生的误差称为截断误差(或离散误差)。不同的数值解法,其截断误差也不同。若截断误差为 $o(h^{r+1})$,则称它具有 r 阶精度,即方法是 r 阶的。

(4) 舍入误差。由于计算机的字长有限,数字不能表示得完全精确,在计算过程中不可避免地产生舍入误差。舍入误差与步长成反比,若计算步长小,计算次数就多,则舍入误差就大。产生舍入误差的因素较多,除了与计算机字长有关外,还与计算机所使用的数字系统、数的运算次序以及计算 $f(t,y)$ 所用的子程序的精确度等有关。

三、龙格-库塔法在弹道计算中的应用

取泰勒级数展开式的前两项,即

$$y_{m+1} = y_m + hf_m \tag{5-8}$$

式(5-8)就是欧拉公式。欧拉法方法简单,计算量小,但精度较低,实际应用较少。

显然,将泰勒级数展开式多取几项后截断,能提高截断误差的阶次,从而提高计算精度。但直接计算函数 f 的高阶导数很困难。德国数学家 C. Runge 和 M. W. Kutta 两人先后提出了间接利用泰勒展开式的方法,即用几个点上函数 f 的线性组合来确定其中的系数,这样既可避免计算高阶导数,又可提高数值积分的精度,这就是龙格-库塔法(简称 RK 法)的基本思想。后经改进和发展形成了现在的多种形式。RK 法分显式、隐式和半隐式三种。这里主要介绍显式 RK 法。

将微分方程在其初值附近按泰勒级数展开,并取其前 3 项,则有

$$y_1 = y_0 + h\frac{dy}{dt}\Big|_{t=t_0} + \frac{1}{2}h^2\frac{d^2y}{dt^2}\Big|_{t=t_0} =$$
$$y_0 + hf(t_0,y_0) + \frac{1}{2}h^2\left(\frac{\partial f}{\partial t} + f\frac{\partial f}{\partial y}\right)\Big|_{t=t_0} \tag{5-9}$$

另外,设微分方程的解可写成如下形式:

$$\left.\begin{aligned}
y_1 &= y_0 + (a_1k_1 + a_2k_2)h \\
k_1 &= f(t_0,y_0) \\
k_2 &= f(t_0 + b_1h, y_0 + b_2k_1h)
\end{aligned}\right\} \tag{5-10}$$

再将 k_2 用二元函数泰勒级数展开,取前 3 项,即

$$k_2 = f(t_0,y_0) + b_1h\frac{\partial f}{\partial t}\Big|_{t=t_0} + b_2k_1h\frac{\partial f}{\partial y}\Big|_{y=y_0} \tag{5-11}$$

将 k_1,k_2 代入式(5-10)的第 1 式,得到

$$y_1 = y_0 + a_1hf(t_0,y_0) + a_2h\left[f(t_0,y_0) + b_1h\frac{\partial f}{\partial t}\Big|_{t=t_0} + b_2f(t_0,y_0)h\frac{\partial f}{\partial y}\Big|_{y=y_0}\right] \tag{5-12}$$

比较式(5-9)和式(5-12),可知

$$\left.\begin{aligned}
a_1 + a_2 &= 1 \\
a_2b_1 &= \frac{1}{2} \\
a_2b_2 &= \frac{1}{2}
\end{aligned}\right\} \tag{5-13}$$

上述方程的解不惟一。若限定 $a_1 = a_2$,则 $a_1 = a_2 = \frac{1}{2}$,$b_1 = b_2 = 1$,代入式(5-10),得

$$
\left.
\begin{aligned}
y_1 &= y_0 + \frac{h}{2}(k_1 + k_2) \\
k_1 &= f(t_0, y_0) \\
k_2 &= f(t_0 + h, y_0 + k_1 h)
\end{aligned}
\right\} \tag{5-14}
$$

写成一般形式

$$
\left.
\begin{aligned}
y_{m+1} &= y_m + \frac{h}{2}(k_1 + k_2) \\
k_1 &= f(t_m, y_m) \\
k_2 &= f(t_m + h, y_m + k_1 h)
\end{aligned}
\right\} \tag{5-15}
$$

式(5-15)就是二阶龙格-库塔公式,其截断误差为 $o(h^3)$。

按照与上述类似的方法,可以推导出三阶、四阶龙格-库塔公式。显式龙格-库塔法的一般公式可以写成

$$
\left.
\begin{aligned}
y_{m+1} &= y_m + \sum_{i=1}^{r} w_i k_i h \\
k_i &= f\left(t_m + c_i h, y_m + \sum_{j=1}^{i-1} a_{ij} k_j\right) \quad c_1 = 0, i = 1, 2, \cdots, r
\end{aligned}
\right\} \tag{5-16}
$$

式中,w_i 为待定的加权因子;r 为使用的 k 值的个数(即阶数);k_i 为不同点的导数 f 值;c_i, a_{ij} 为待定系数。

当 $r=1$ 时,由式(5-16)得到的数值解即为欧拉公式

$$
y_{m+1} = y_m + h f(t_m, y_m) \tag{5-17}
$$

当 $r=2,3$ 时,可由式(5-16)分别得到二阶、三阶龙格-库塔公式。

当 $r=4$ 时,由式(5-16)得到著名的四阶龙格-库塔公式(经典龙格-库塔公式),即

$$
\left.
\begin{aligned}
y_{m+1} &= y_m + \frac{h}{6}(k_1 + 2k_2 + 2k_3 + k_4) \\
k_1 &= f(t_m, y_m) \\
k_2 &= f\left(t_m + \frac{h}{2}, y_m + \frac{h}{2}k_1\right) \\
k_3 &= f\left(t_m + \frac{h}{2}, y_m + \frac{h}{2}k_2\right) \\
k_4 &= f(t_m + h, y_m + h k_3)
\end{aligned}
\right\} \tag{5-18}
$$

上述四阶龙格-库塔法是数字仿真中广泛采用的数值积分方法。其截断误差为 $o(h^5)$,计算精度较高,是可以自启动的单步法,需要存储的数据量少,但每步需要对 f 进行四次计算,因而计算量稍大。一般情况下,弹道仿真大都采用四阶龙格-库塔法。

5.3 插值方法

在科学与工程计算中,常常遇到这样的问题:函数表达式过于复杂不便于计算,而又需要计算多点处的函数值;或者无表达式仅仅有一些采样点处的函数值,而需要计算非采样点处的数据,此时希望建立复杂或者是未知函数的一个便于计算的近似表达式。本节内容着重介绍后一种情况的函数插值问题,并介绍几种常见的插值方法,最后结合实际问题给出气动力计算的多维插值方法。

常见的插值方法即建立插值多项式的方法,也称为插值法。对于多点高次插值,需要解线性方程组。在实际中一般采用的插值方法有:线性插值法,拉格朗日(Lagrange)插值法和牛顿(Newton)插值法。在牛顿插值法中,由于工程技术领域中的许多问题的采样点是等距分布,牛顿插值公式有更简单的形式 —— 等距节点插值公式(法)。另外,出于实际应用和理论分析的需要,有些问题不但要求插值多项式与被插值函数在节点处的函数值相等,还要求它们在某些点处具有相同的导数,这类问题被称为埃尔米特(Hermite)插值问题,它是多项式插值的推广。

在实际工作中,高阶插值有一定的局限性。一方面,节点数增多,固然使得插值多项式在更多的点处与被插值函数有相同的函数值,但是,在相邻插值节点间,插值函数未必能够很好地近似被插值函数;另一方面,通过分析舍入误差,对于等距节点的牛顿插值公式,函数值的微小扰动可能引起高阶差分有很大的变化。因此在实际的运用中采用的是分段低次插值。

对于要求连接处光滑的插值问题(如船体、飞机、汽车等的外形曲线设计),一般采用样条插值。

一、线性插值

线性插值是代数插值的最简单的情形。假设给定了函数 $f(x)$ 在两个互异的点 x_0,x_1 的值 $y_0 = f(x_0), y_1 = f(x_1)$。现要求用一线性函数 $\varphi(x) = ax + b$ 近似代替 $f(x)$,选择线性函数的参数 a,b 使得

$$\left.\begin{array}{l}\varphi(x_0) = f(x_0)\\\varphi(x_1) = f(x_1)\end{array}\right\} \tag{5-19}$$

称这样的线性函数为 $f(x)$ 的线性插值函数。线性插值的几何意义是用通过点 $A(x_0, f(x_0)), B(x_1, f(x_1))$ 的直线近似地代替曲线 $y = f(x)$。

容易求得这一直线方程,并且直线是惟一的。具体形式为

$$\varphi(x) = y_0 + \frac{y_1 - y_0}{x_1 - x_0}(x - x_0) = \frac{x - x_1}{x_0 - x_1}y_0 + \frac{x - x_0}{x_1 - x_0}y_1$$

$[x_0,x_1]$ 称为插值区间，$R(x)=f(x)-\varphi(x)$ 称为插值函数 $\varphi(x)$ 的截断误差。从图 5.1 中可知，插值区间的长度越小，那么区间 $[x_0,x_1]$ 上的 $\varphi(x)$ 逼近于 $f(x)$ 的效果就越好。若 $f(x)$ 在插值区间内为凹函数，那么当 $x\in(x_0,x_1)$ 时恒有 $R(x)<0$，即逼近值偏高于函数值，当 $f(x)$ 为凸函数时结论则相反。当 x 属于插值区间 $[x_0,x_1]$ 时，可以利用 $\varphi(x)$ 的值近似代替 $f(x)$ 的值，这种处理称为内插；当 x 偏离插值区间之外，但又较接近插值节点 x_0 或 x_1 时，也可以利用 $\varphi(x)$ 的值近似代替 $f(x)$ 的值，这种处理称为外插（或外推计算）。

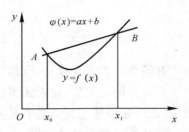

图 5.1　线性插值示意图

二、拉格朗日插值

给定函数 $y=f(x)$ 在 $n+1$ 个不同的点 x_i 处的函数值 $y_i(i=0,\cdots,n)$，要求构造一个阶次不超过 n 的代数多项式

$$P_n(x)=a_nx^n+a_{n-1}x^{n-1}+\cdots+a_0 \tag{5-20}$$

使得 $P_n(x)$ 在节点 x_i 处满足

$$P_n(x_i)=f(x_i)=y_i,\quad i=0,1,\cdots,n \tag{5-21}$$

这个问题称为 n 次代数插值。容易证明，方程式（5-21）的解存在并且惟一。

记

$$q_j(x)=\prod_{i=0,i\neq j}^{n}(x-x_i) \tag{5-22}$$

$$l_j(x)=q_j(x)/q_j(x_j) \tag{5-23}$$

其中，$l_j(x)$ 具有如下性质：

$$l_j(x_i)=\delta_{ij}=\begin{cases}0,&i\neq j\\1,&i=j\end{cases} \tag{5-24}$$

则插值问题式（5-20）和式（5-21）的解可以表达为

$$P_n(x)=\sum_{j=0}^{n}y_jl_j(x) \tag{5-25}$$

由此构造的插值多项式就称为 n 次代数插值的拉格朗日公式。为了方便计算采用下面紧凑的表达式

$$P_n(x)=\sum_{j=0}^{n}\left[\prod_{i=0,i\neq j}^{n}\left(\frac{x-x_i}{x_j-x_i}\right)\right]y_j \tag{5-26}$$

三、多维气动力插值算法

由于气动参数一般是多变量函数，形式比较复杂，因而多维插值在气动插值中是不可缺少

的。这里主要介绍二元三点插值和二元全区间插值。

1. 二元三点插值

设给定的矩形区域上的 $n \times m$ 个节点在两个方向上的坐标分别为

$$\left. \begin{array}{l} x_0 < x_1 < \cdots < x_{n-1} \\ y_0 < y_1 < \cdots < y_{m-1} \end{array} \right\} \tag{5-27}$$

相应的函数值为

$$z_{ij} = z(x_i, y_j), i = 0, 1, \cdots, n-1; j = 0, 1, \cdots, m-1 \tag{5-28}$$

选取最靠近插值点 (u, v) 的三个节点

$$\left. \begin{array}{l} x_p < x_{p+1} < x_{p+2} \\ y_q < y_{q+1} < y_{q+2} \end{array} \right\} \tag{5-29}$$

然后应用二元三点插值公式

$$z(x, y) = \sum_{i=p}^{p+2} \sum_{j=q}^{q+2} \left(\prod_{\substack{k=p \\ k \neq i}}^{p+2} \frac{x - x_k}{x_i - x_k} \right) \left(\prod_{\substack{l=q \\ l \neq j}}^{q+2} \frac{y - y_l}{y_j - y_l} \right) \tag{5-30}$$

即可得到插值点 (u, v) 处的近似值。

2. 二元全区间插值

以插值点 (u, v) 为中心,在 x 方向上,前后各取 4 个坐标点

$$x_p < x_{p+1} < x_{p+2} < x_{p+3} < u < x_{p+4} < x_{p+5} < x_{p+6} < x_{p+7} \tag{5-31}$$

在 y 轴上前后各取 4 个坐标点

$$y_q < y_{q+1} < y_{q+2} < y_{q+3} < v < y_{q+4} < y_{q+5} < y_{q+6} < y_{q+7} \tag{5-32}$$

然后用二元插值公式

$$z(x, y) = \sum_{i=p}^{p+7} \sum_{j=q}^{q+7} \left(\prod_{\substack{k=p \\ k \neq i}}^{p+7} \frac{x - x_k}{x_i - x_k} \right) \left(\prod_{\substack{l=q \\ l \neq j}}^{q+7} \frac{y - y_l}{y_j - y_l} \right) z_{ij} \tag{5-33}$$

计算插值点 (u, v) 处的函数近似值。

对于三维或者三维以上的插值问题,可以采用嵌套一维和二维插值来达到目的。

5.4 蒙特卡洛模拟打靶

蒙特卡洛方法是一类通过随机变量的统计试验或随机模拟,求解数学、物理和工程应用问题近似解的数值方法,又称为统计试验法、随机模拟法或伪随机数法。蒙特卡洛法用于数值计算已有百年历史。以前由于模拟试验工具的限制,很少有人用来解决实际问题。高速计算机的发展为蒙特卡洛法提供了强有力的模拟工具,从而使蒙特卡洛法得到了越来越广泛的应用。

蒙特卡洛模拟打靶是在计算机上完成的。它可以辅助武器系统的研制、定型或改型工作,大大减少飞行试验次数。利用蒙特卡洛法进行模拟打靶的一般步骤如下:

(1) 建立比较精确的导弹系统数学模型。

（2）确定导弹飞行过程中的各种随机干扰因素及其分布规律。

（3）根据各随机干扰变量的分布规律，构造相应的数学概率模型，以产生随机干扰变量的抽样值。

（4）将随机抽样值输入到数学模型，建立仿真模型，模拟打靶多次，得到随机弹道参量的子样。

（5）对模拟打靶结果进行统计处理。

前几章已经讲述了如何建立导弹运动的数学模型，这里主要介绍几种常见的随机干扰因素，随机数的产生和检验，以及仿真结果统计的常用方法。

一、几种主要的干扰因素

导弹在飞行过程中，不可避免地受到各种干扰因素的影响，使导弹的弹道参数偏离预定的弹道而产生偏差。这些干扰一般都是随机的，主要有导弹离开发射装置时的初始扰动、发动机推力偏心、导弹质量分布和弹体气动外形的不对称性、风等等。

在导弹发射过程中，由于受到定向滑块与导轨之间的配合间隙、导轨的弯曲变形、定向器的振动、发动机推力偏心、喷气回流与反射等影响，使得导弹在发射装置上的运动出现偏差，从而导致导弹在空中飞行的初始运动条件具有随机分布的性质。这些随机的初始运动条件包括弹道倾角和偏角、弹体转动角速度等，统称为初始扰动。有关研究可参阅发射动力学方面的书籍。发动机推力偏心、导弹质量分布和弹体气动外形的不对称性、风等干扰因素对导弹运动的影响将在第 6 章进行分析。

二、随机数的产生

用蒙特卡洛方法模拟一个实际问题，要用到各种分布的随机数。理论上讲，只要有了一种分布规律的随机数，就可以通过各种数学变换或抽样的方法，产生出具有任意分布的随机数。实际上，在计算机上总是先产生最简单的 $[0,1]$ 区间的均匀分布随机数，然后再用它产生出所需的各种分布的随机数。

$[0,1]$ 区间的均匀分布密度函数为

$$f(x) = \begin{cases} 1, & 0 \leqslant x \leqslant 1 \\ 0, & 其他 \end{cases}$$

$[0,1]$ 区间上的均匀分布函数为

$$F(x) = \begin{cases} 0, & x < 0 \\ x, & 0 \leqslant x \leqslant 1 \\ 1, & x > 1 \end{cases}$$

产生随机数的方法很多，在计算机上已经使用的方法可分为三类。

（1）将采用观察法产生的随机数制作成随机数表，再将随机数表存储在计算机里。采用观

察法获得的随机数的统计性质不好,而且通过它构成的随机数表在计算机上使用也不方便,一方面,它需要占用较大的存储空间和较长的调用时间,另一方面,在现代计算机模拟应用中需要使用大量的随机数,即使百万数表往往还是不够用的。

(2)用物理方法,如噪声型随机数发生器可产生真正的随机数。这种随机数产生器的主要缺点是它没有可重复性,几乎不可能得到重复的随机数序列。这使得对程序正确性和模拟正确性的检查十分困难。

(3)用数学方法产生伪随机数。这种方法利用数字计算机的运算性能,根据递推公式

$$r_{n+j+1} = g(r_{n+1}, r_{n+2}, \cdots, r_{n+j}) \tag{5-34}$$

由程序直接产生数值序列 $\{r_i\}$,这种产生随机数的方法速度快,占用计算机内存小,对模拟问题可以进行复算检查,所以发展较快,使用广泛。

用递推公式即式(5-34)产生的随机数序列 $\{r_i\}$,因为计算机的字长有限,只能表示有限个数。所以,所产生的随机数序列是确定的,到一定长度就会出现周期现象,这与随机数的基本性质是矛盾的。因此,用数学方法在计算机上不可能产生真正的随机数。为了和真正的随机数区别开来,通常将这种用数学方法产生的随机数称为伪随机数。但是用数学方法产生的随机数值序列 $\{r_i\}$ 只要符合随机数的各类统计检验,就可以将它们当做真正的随机数使用。

常用的产生伪随机数的数学方法中,统计性质较好,使用较为广泛的是线性同余法,它包括乘同余法和混合同余法两种。

1949 年,勒墨尔(Lehmer)首次提出用乘同余法产生均匀随机数,递推公式为

$$x_{n+1} = \lambda x_n \quad (\mathrm{mod} \quad M) \tag{5-35}$$

1961 年格林贝格尔(Greenberger)将它推广为

$$x_{n+1} = \lambda x_n + c \quad (\mathrm{mod} \quad M) \tag{5-36}$$

式中乘子 λ、增量 c、模 M 和初值 x_0 都是非负整数。

(mod M)表示取模,即表示除以 M 后取其余数,显然 $0 \leqslant x_{n+1} < M$。取

$$r_{n+1} = x_{n+1}/M$$

作为随机数,有 $0 \leqslant r_{n+1} < 1$。

可见数列 $\{r_i\}$ 完全由常数 λ, c, M 和初值 x_0 来确定。只要合理选择这些参数,就可以得到统计性质好的随机序列,有关内容可参看参考文献[2]。

三、均匀随机数的检验

上面讨论了随机数、随机变量的模拟方法。那么,用这些方法产生的数值序列,是否具有符合要求的统计性质? 能否在蒙特卡洛模拟中使用呢? 下面从统计假设检验出发,分析它们的统计性质。此处仅介绍几个主要的具体检验方法,其他一些检验方法可查阅有关资料。设

$$r_1, r_2, \cdots, r_N \tag{5-37}$$

是要进行统计检验的一组随机数。以下分别介绍对这组随机数的独立性检验、均匀性检验和参

数检验。

1. 独立性检验

检验独立性的最有效方法之一是计算相邻一定间隔的数之间的相关系数,然后判断相关程度。因为相关系数为零是两个随机变量相互独立的必要条件,所以相关系数的大小可以衡量相关程度。

若前后距离为 j 个数的相关系数为

$$\rho_j = \left(\frac{1}{N-j} \sum_{i=1}^{N-j} r_i r_{j+i} - \bar{r}^2 \right) / s^2 \qquad (5-38)$$

式中,$\bar{r}, s^2$ 分别为式(5-37)中的随机数序列的均值和方差。

对充分大的 $N(N-j > 50)$,统计量 $u = \rho_j \sqrt{N-j}$ 渐近服从标准正态分布。若取显著水平 $\alpha = 0.05$,则当 $|u| < 1.96$ 时可认为相关系数 ρ_j 与零无显著差别,即认为随机数 r_i 与 r_{i+j} 之间不相关。反之,则认为相关。

2. 均匀性检验

均匀性检验用来检查随机数[0,1]区间的数值分布是否均匀,是否符合均匀概率分布。均匀性检验也称为频率检验,一般利用数理统计中的 χ^2 检验法来检验随机数的实际发生次数(频率)和理论频率的差异。

设从总体中选取一个样本 $r_1, r_2, \cdots, r_N$,将它按一定规则分为互不相交的 K 组,其中落入第 i 组的频数为 n_i。已知落入第 i 组的理论频数为 $m_i = N/K (i=1,2,\cdots,K)$,则检验统计量为

$$\chi^2 = \sum_{i=1}^{K} \frac{(n_i - m_i)^2}{m_i}$$

χ^2 的值可以衡量实际频率和理论频率的差异,也就是度量实际随机数分布的均匀程度。当两者完全符合时,$\chi^2 = 0$。

那么,χ^2 的值处于多大范围内才可以认为随机数抽样值符合均匀性检验呢? 一般情况下,选定一个显著水平 α,并根据参数 v(自由度,$v = k-1$),从 χ^2 表中查出 χ_α^2 的值。如果计算得到的 χ^2 值小于 χ_α^2,就认为符合均匀性假设。因为它符合

$$P(\chi^2 - \chi_\alpha^2) = 1 - \alpha \qquad (5-39)$$

3. 参数检验

通常采用 u 检验方法检验随机数的分布参数的观测值和理论值的差异是否显著。

设从总体中选取样本 $r_1, r_2, \cdots, r_N$,样本均值 $E(r) = \mu$,方差 $D(r) = \sigma^2$,则 u 检验统计量为

$$u = \left(\frac{1}{N} \sum_{i=1}^{N} r_i - \mu \right) / \sigma \qquad (5-40)$$

显然,u 服从标准正态分布 $N(0,1)$。

对于随机数序列 $r_1, r_2, \cdots, r_N$,随机数的一阶矩、二阶矩和方差的观测值为

$$\bar{r} = \frac{1}{N}\sum_{i=1}^{N} r_i, \quad \bar{r}^2 = \frac{1}{N}\sum_{i=1}^{N} r_i^2, \quad s^2 = \frac{1}{N}\sum_{i=1}^{N}\left(r_i - \frac{1}{2}\right)^2 \tag{5-41}$$

根据随机数的理论分布,不难计算

$$\left. \begin{array}{ll} E(\bar{r}) = \dfrac{1}{2}, & D(\bar{r}) = \dfrac{1}{12N} \\[2mm] E(\bar{r}^2) = \dfrac{1}{3}, & D(\bar{r}^2) = \dfrac{4}{45N} \\[2mm] E(s^2) = \dfrac{1}{12}, & D(s^2) = \dfrac{1}{180N} \end{array} \right\} \tag{5-42}$$

利用式(5-40),则相应检验统计量分别为

$$\left. \begin{array}{l} u_1 = \sqrt{12N}\left(\bar{r} - \dfrac{1}{2}\right) \\[2mm] u_2 = \dfrac{1}{2}\sqrt{45N}\left(\bar{r}^2 - \dfrac{1}{3}\right) \\[2mm] u_3 = \sqrt{180N}\left(s^2 - \dfrac{1}{12}\right) \end{array} \right\} \tag{5-45}$$

它们渐近服从标准正态分布 $N(0,1)$。

若取显著水平 α 为 0.05,则 u 检验拒绝域为 $|u| \geqslant 1.96$。

四、非均匀随机数的产生

在得到[0,1]上均匀分布的随机序列$\{r_i\}$之后,要产生非均匀分布的随机数,可以利用反变换法、舍选抽样法、复合法、变换法等等。下面仅就具有分布函数 $F(x)$,密度函数 $f(x)$ 的连续随机数 X 的反变换法作简单介绍,其他产生非均匀随机数的方法可查阅有关文献。

设需产生分布函数为 $F(x)$ 的连续随机数 X。若已有[0,1]区间均匀随机数 R,则产生 X 的反变换公式为

$$F(x) = r \tag{5-44}$$

即

$$x = F^{-1}(r) \tag{5-45}$$

式(5-45)的直观意义如图5.2所示。若给定[0,1]区间均匀随机数 R 的一个数值r_i,则 $x_i = F^{-1}(r_i)$ 是分布函数为 $F(x)$ 的连续随机数 X 的一个数值。数学上可以证明这一点,从直观上看也很明显,因为 r 对应着 x,而均匀随机数 $R \leqslant r$ 的概率 $P(R \leqslant r) = r$,因此,连续随机数 $X \leqslant x$ 的概率 $P(X \leqslant x) = r = F(x)$,即 X 的分布函数为 $F(x)$。

应用这一反变换定理,可以得到各种连续分布的随机变量。

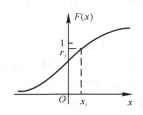

图 5.2　反变换法

1. 均匀分布随机变量

若已知一随机变量概率密度函数为

$$f(x) = \begin{cases} \dfrac{1}{b-a}, & a \leqslant x \leqslant b \\ 0, & \text{其他} \end{cases}$$

由 $f(x)$ 求得分布函数

$$F(x) = \int_a^x \frac{\mathrm{d}x}{b-a} = \frac{x-a}{b-a} = r$$

则

$$x = a + (b-a)r \tag{5-46}$$

2. 正态分布随机变量

随机变量 x 以

$$f(x) = \frac{1}{\sqrt{2\pi}\sigma} \exp\left[-\frac{(x-\mu)^2}{2\sigma^2}\right]$$

为密度函数,称为正态随机变量,简记为 $x \sim N(\mu, \sigma^2)$,μ, σ^2 分别表示非标准正态分布随机变量的均值和方差。对于这种非标准的正态分布,可以通过标准正态分布的随机变量求得,其关系式为

$$x = \sigma u + \mu \tag{5-47}$$

式中,u 为服从标准正态分布 $N(0,1)$ 的随机变量。

若取两个 $[0,1]$ 上均匀分布的随机数 r_1 和 r_2,利用二元函数变换得到两个相互独立的 $N(0,1)$ 分布随机变量 u 的抽样值(证明略)为

$$u_1 = \sqrt{-2\ln r_1}\cos 2\pi r_2, \quad u_2 = \sqrt{-2\ln r_1}\sin 2\pi r_2 \tag{5-48}$$

也可以用概率近似,产生正态分布 $N(0,1)$ 的随机变量 u,根据中心极限定理,取随机数 $r_1, r_2, \cdots, r_N$,有概率近似抽样

$$u = \sqrt{12N}\left(\frac{1}{N}\sum_{i=1}^{N} r_i - \frac{1}{2}\right) \tag{5-49}$$

渐近服从正态分布 $N(0,1)$。实际应用中常取 N 等于 6 或 12。当 $N=12$ 时,式(5-49)变为

$$u = r_1 + r_2 + \cdots + r_{12} - 6 \tag{5-50}$$

以上简要地介绍了随机数的产生和检验方法。概括而言,蒙特卡洛法是借助于概率化的数学模型和被研究的物理过程的特征计算,从而复现该过程的方法。它对建立的模型进行多次试验,并以此为基础对试验数据作统计处理,确定出被研究过程的特征,计算出过程参数的统计估值。根据这些参数的散布量,能够从概率意义上确定解决问题的近似程度。为了使统计值达到足够的精确程度,通常需要进行几百次随机采样解的运算,因而需要较多的机时。

利用计算机对导弹系统运动参数进行统计分析的另一种方法是协方差分析描述函数法

（CADET）。该方法的基本思想是运用描述函数理论先对导弹系统运动方程组进行统计线性化，然后，再利用协方差分析对已线性化的系统数学模型导出系统响应的随机状态矢量的均值和协方差的微分方程，利用这两个矩阵微分方程只须一次求解就能确定导弹系统运动参数的统计性能值，因而该方法可以大大节省机时，但是其编程却要比统计试验法复杂得多。对于线性系统而言，该方法得到的解就是精确解；对于非线性系统，由于统计线性化，得到的只是近似解。有关 CADET 方法，请参看有关文献。

五、仿真结果统计

蒙特卡洛仿真结果的统计有两种方法：一种是将每一次模拟打靶的计算结果保存在数据文件中，最后应用数理统计方法，求出所需参数的统计值；另一种是在每一次模拟打靶结束时就进行统计，即所谓的迭代统计方法。

进行 n 次打靶后，迭代统计的计算公式如下：

均值：

$$m_n = \frac{\sum_{i=1}^{n-1} x_i + x_n}{n} = \frac{(n-1)m_{n-1} + x_n}{n}, \quad n=1,2,\cdots,N \tag{5-51}$$

方差：

$$\sigma_n^2 = \frac{\sum_{i=1}^{n} (x_i - m_n)^2}{n} = \frac{\sum_{i=1}^{n-1} (x_i - m_n)^2 + (x_n - m_n)^2}{n} =$$
$$\frac{\sum_{i=1}^{n-1} x_i^2 - 2m_n(n-1)m_{n-1} + (n-1)m_n^2 + (x_n - m_n)^2}{n} \tag{5-52}$$

将

$$\sigma_{n-1}^2 = \frac{\sum_{i=1}^{n-1} x_i^2}{n-1} - m_{n-1}^2$$

代入式（5-52），得

$$\sigma_n^2 = \frac{(n-1)(\sigma_{n-1}^2 + m_{n-1}^2) - 2(n-1)m_n m_{n-1} + (n-1)m_n^2 + (x_n - m_n)^2}{n} =$$
$$\frac{n-1}{n}(\sigma_{n-1}^2 + m_{n-1}^2 - 2m_n m_{n-1} + m_n^2) + \frac{(x_n - m_n)^2}{n} =$$
$$\frac{n-1}{n}[\sigma_{n-1}^2 + (m_{n-1} - m_n)^2] + \frac{(x_n - m_n)^2}{n}, \quad n=1,2,\cdots,N \tag{5-53}$$

5.5　飞行视景仿真

一、视景仿真及其意义

视景仿真（Scene Simulation）习惯上又被称为图形仿真，它通过计算机根据要求生成一个与真实环境一样或类似的场景，并控制和计算这个场景中各个物体的姿态和位置，然后根据虚拟的观察点计算形成一个个连续的画面，最终显示在诸如显示器或投影仪等显示设备上。与电影和传统的关键帧动画只能提供不可改变的画面不同的是，视景仿真具有交互的特点，这意味着视景仿真可以随时根据要求改变和调整仿真环境中各种物体的位置、姿态和其他特性。视景仿真技术综合了计算机图形学、仿真技术、虚拟现实技术、科学计算可视化、地理信息系统和软件工程等理论和应用技术，并随着这些技术的发展而发展。

视景仿真是虚拟现实系统的一个重要组成部分，并随着虚拟现实技术的发展而发展。虚拟现实技术并非最近几年才出现，它的起源要追溯到计算机图形学之父 Ivan Sutherland 于 1965 年在 IFIP 会议所做的标题为"The Ultimate Display"的报告。该报告提出了一种全新的图形显示技术。他提出能否使观察者直接沉浸在计算机生成的图像构成的虚拟世界之中，犹如我们生活在真实世界中一样：观察者自然地转动头部和身体（即改变视点），他看到的场景（即计算机生成的虚拟世界）就会实时地发生改变；观察者还能够以自然的方式直接与虚拟世界中的对象进行交互操作，触摸它们，感觉它们，并能听到虚拟世界的立体声音。在今天看来，Sutherland 的描述事实上是有关虚拟现实概念的经典描述，其中对视景的描述正是今天视景仿真所必须具备的特性。

虚拟现实技术研究的进展从 20 世纪 60 年代到 80 年代中期是十分缓慢的，直到 80 年代后期，虚拟现实技术才得以加速发展。这是因为显示技术已能满足视觉耦合系统的性能要求，液晶显示（LCD）技术的发展使得生产廉价的头盔式显示器成为可能。

视景仿真技术广泛地应用于科学技术的各个领域，可以使原本是枯燥的工作变得生动有趣，其效果是显而易见的。一位在美国大气研究联合研究所（CIRA）做 D3D（Display 3D）研究课题的首席研究员 Philip A. Mcdonald 说："三维可视化带给气象学的变化就如同声音带给无声电影的革命。三维可视化是一种生动的现实仿真。"

近年来计算机仿真技术发展迅速，它们所描述的系统也越来越复杂。然而对于大系统仿真，如导弹系统的仿真将会产生大量的数据，工程技术人员要分析这些数据是非常费时的，而且分析过程又显得非常枯燥。但是，由这些仿真数据驱动视景仿真，能够直观再现整个仿真过程，可以为导弹飞行仿真、航迹规划等提供一种直观、便捷的仿真分析手段。

视景系统是飞行模拟器的重要组成部分，它给飞行员实时提供一个与飞机地理位置和姿态相对应的连续的座舱外景象。在模拟飞机起飞和着陆过程中，视景系统将提供机场、跑道、机场周围建筑物、城市建筑、地面交通车辆、夜间城市灯光等景象；在模拟飞机航线飞行时，视景系统将提供山川、田野、地形地貌、白云等景象或穿云飞行；在模拟作战过程中，将提供空中目标机、地面活动目标以及武器投放、射击效果等景象。视景系统能提供白天、夜间和黎明、黄昏不同工作模式，并能从太阳光方位形成的物体阴影和光照关系反映出白昼的不同时刻。视景系统还能模拟云、雾、雨、雪、冰、闪电等气象特性。为提供真实感，视景系统应能体现出景物的纹理、浓淡、阴影、光照、能见度等视觉特性。据科学统计表明，人的信息感知约有80％是通过眼睛获取的。所以，视觉感知的质量在用户对环境的主观感知中占有重要的地位。换句话说，一个飞行模拟器系统的好坏主要取决于其视景生成系统的好坏。视景仿真作为飞行模拟器系统的一个重要组成部分，为其主体（飞行员）提供身临其境的视觉感受。

视景仿真的意义在于它能够把仿真中的数字信息变为直观的、以图形图像形式表示的、随时间和空间变化的仿真过程呈现在研究人员面前，使研究人员能够知道系统中变量之间、变量与参数之间、变量与外部环境之间的关系，直接获得系统的静态和动态特性。视景仿真不仅是用图形与图像来表征仿真计算结果，更重要的是为研究人员提供了观察数据交互作用的手段，实时地跟踪并有效地驾驭数据模拟与试验过程。

二、视景仿真的常用开发软件

一个完善的视景仿真系统是非常复杂的，它不仅是面向对象的和实时的，而且必须具有内在的灵活性和可移植性。这对于软件开发环境提出了非常高的要求。很难想象一个新的应用系统从基本的代码行开始进行开发会是什么样子。我们也没有必要重新研究和设计一套图形生成系统，而只要使用已有的商品化的或标准化的图形库和程序设计语言就可以了。因此有必要提供某种框架或平台，使得新的应用可以在已有的虚拟环境系统开发工具的基础上进行。显然，我们需要一个通用的虚拟环境开发标准，以保证各种软件开发环境能够提供一个统一的、用于对象建模的虚拟世界构造工具集。

以下将介绍一些视景生成的程序设计语言和软件开发平台以及它们的使用方法。

1．OpenGL（Open Graphics Library）

OpenGL是使用专用图形处理硬件的软件接口。该接口目前由几百个过程与函数组成，用以支持用户对于高质量（高分辨率、全彩色等）三维对象的图形和图像操作。

OpenGL最初是SGI公司为其图形工作站开发的可以独立于窗口系统、操作系统和硬件环境的图形开发环境。其目的是将用户从具体的硬件系统、窗口和操作系统中解放出来。可以完全不去理会这些系统的结构和指令系统，只要按照OpenGL规定的格式，书写应用程序就可以在任何支持该语言的硬件平台上执行。OpenGL的前身是SGI的IRIX GL。目前，由于OpenGL的高度可重用性，已经有超过30个大公司与研究机构加盟或表示接受OpenGL作为标准图形软件接口。目前加入ABR（OpenGL体系结构审查委员会）的成员包括：SGI，MicroSoft，Intel，IBM和DEC等等。作为图形工业标准的OpenGL现已广泛应用于各种工作站

（基于 X‑Windows）和高档微机（基于 Windows NT）。

作为图形硬件设备的软件接口，OpenGL 由几百个过程和函数组成。大多数 OpenGL 系统要求图形硬件系统中包含至少一个帧缓存(frame buffer)。OpenGL 的调用涉及点、线、多边形及位图等对象的操作，许多 OpenGL 系统实现"画"的动作时依赖于帧缓存的存在性。事实上，一些 OpenGL 系统的性能与帧缓存的操作密切相关。

对程序员而言，OpenGL 是一些指令或函数的集合，这些指令允许用户对二维几何对象或三维几何对象进行说明，允许用户对对象实施操作以便把这些对象渲染(render)到帧缓存上。OpenGL 的大部分指令提供立即接口操作方式以便使被说明的对象能够马上被渲染到帧缓存上。一个使用 OpenGL 的典型描绘程序首先在帧缓存中定义一个窗口，然后在此窗口中进行各种操作。在所有的指令中，有些调用生成简单的几何对象，另外一些调用将会影响这些几何对象的描绘，包括利用光照，着色以及从用户的二维或三维模型空间映射到二维屏幕，等等。

对 OpenGL 的实现者而言，OpenGL 是影响图形硬件操作的指令集合。如果硬件仅仅包含一个可以寻址的帧缓存，那么 OpenGL 就不得不几乎完全在主CPU上实现对象的描绘。图形硬件可以包含不同级别的图形加速器 —— 从能够画二维直线和多边形的网栅系统直至到包含能够转换和计算几何数据的浮点处理器，正因为图形加速器承担了 CPU 的部分工作，才使得图形的绘制得以加速。OpenGL 可以保持数量可观的状态信息，这些状态可以用来指示如何向帧缓存中画物体。有一些状态用户可以直接使用，通过调用即可获得状态值；而另外一些状态只能根据它作用在所画物体上产生的影响才"可见"。

OpenGL 是网络透明的，我们可以通过网络发送图形信息至远程主机，也可以发送图形信息至多个显示屏幕，或者与其他系统共享处理任务。

OpenGL 能够以多种可选择的模式画图元，每种模式可以独立地加以改变，一种模式的设置不影响其他模式的设置。但是，许多模式也许会相互作用，从而决定在帧缓存中最终生成什么图像。OpenGL 以函数或者过程调用形式传送指令的方式设置模式，确定图元，并且描述其他 OpenGL 操作。

任何情况下，指令总是被顺序处理。也就是说，一个图元必须完全画完之后，后续图元才能影响帧缓存。

OpenGL 指令的解释模型是客户／服务器(client/server) 模式，即一个程序（客户）提供指令，这些指令由 OpenGL（服务器）解释并处理。

OpenGL 可以在具有不同图形能力和性能的图形工作站平台上运行。

图 5.3 给出了 OpenGL 的绘制原理框图。用户指令从左侧进入 OpenGL。有些指令指定画几何物体，另一些指令则操作如何在不同阶段处理几何物体。大多数指令也许会排列在显示列表(display list) 中，由 OpenGL 在后续的时间里处理。

OpenGL 通过计算输入值的多项式函数为近似曲线和曲面几何体提供有效手段，然后对由顶点描述的几何图元进行操作。在这一阶段，对顶点进行转换，光照，把图元剪切到观察体中,为下一步网栅化作准备。网栅器生成一系列图像视频存储器地址及图元二维描述值,这样所产生的结果称为基片(fragment),每个基片均可在最后改变帧缓存之前对单个的基片进行操作。这些操作包括以输入和先前储存的深度值为基础,有条件地更新图像视频存储器,还包括即将处理的基片颜色与已经储存的颜色之间的融合和屏蔽,以及对基片值的其他逻辑操作。

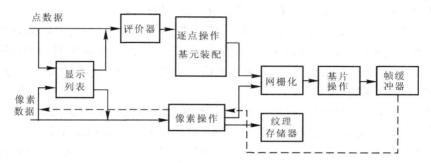

图 5.3 OpenGL 绘制原理

OpenGL 可以绕过管道的顶点处理部分,直接把一块基片送到单个的基片操作,最终使一块像素写到帧缓存中;也可以从帧缓存中读值或者将帧缓存的一部分拷贝到另一部分。

OpenGL 支持一种称为双缓存(double-buffering)的技术,该技术提供了生成动画效果图形所需的机制,使得所生成的图形能够像电影一样平滑运动。所谓双缓存就是程序把帧缓存看成两个视频存储器,在任意时刻,只有其中一个视频存储器中的内容能被显示。当前可见的视频存储器称为前台视频存储器(front buffer),不可见的视频存储器称为后台视频存储器(back buffer)。显示硬件不断地读取可见视频存储器的内容,并把其结果显示在屏幕上。

考虑双缓存模式的原因是为了产生平滑运动,将一幅完全画好的图像显示一定时间,然后,提供下一幅,该画面也是完全画好的,也显示同样长的时间。视景图像以此方式交替出现,从一幅图像变化到下一幅图像,肉眼是感觉不到这种变化的。如果画面交替速度不够快。那么我们的眼睛就能察觉到这种变化,感觉画面在闪烁。

2. VTree

VTree 是 CG2 公司的实时三维图形可视化开发工具,是目前市场上惟一跨平台的三维图形软件开发工具。VTree 是全方位面向对象的开发工具,能够极大地缩短开发时间,提高三维实时图形应用的性能。VTree 简化了实时系统视景生成、作战模拟、虚拟训练系统的开发工作。用 C++ 开发的 VTree API 系统视景对象可以通过 SpliceTree 等工具方便地加以组合与调用。下面是关于 VTree 的一些特点。

(1)VTree 是基于 OpenGL 开发的,具有 OpenGL 的所有优点。VTree 简化了 OpenGL 的编程,例如开发者控制的是物体而不是图形元素。

(2)VTree 提供三种层次的开发功能。最高层:用户使用图形排列工具来制作窗口、视角、地形、场景、实体、运动、光源等等。除此之外,光源、特殊效果以及运动控制可以通过 Gwiz 编辑器的参数调整来实时地改变。中间层:通过高级 API 来直接控制所有由 Gwiz 创建的对象,如物体的运动规律、烟火、水花等特效或动画行为可以由用户定义的函数直接触发。最底层:使用底层的 API 来支配单个的视景和图形软件及硬件之间的交互。为了实现最大限度的性能和灵活性,VTree 允许开发者在任何时候调用它的底层函数。

(3)VTree 支持高保真分页地形数据。当今的视景仿真往往需要大规模的地形数据库,如此高密度的数据早已超出计算机内存的容量。VTree 支持高保真实时动态分页地形数据格式,如 TERREX TerraPage,智能的分页实时渲染工具。VTree 支持超大范围的地形和纹理数据,包括矢量数据和比例尺。

(4)VTree 是面向对象的,可跨平台移植的,图形 API 提供一套强大的 C++ 类库和函数,可以创建丰富的动态可视化应用程序。VTree 提供一个建立在 OpenGL 之上的 API 层,使开发人员不必调用复杂难用的标准 OpenGL。通过使用高级的 C++ 类,VTree 将 OpenGL 函数集成优化,简化了编程和维护工作。使用 VTree,OpenGL 的状态信息就嵌在每个实体的树状结构中。VTree 的"树"提供了一种处理几何图形的机制,用于控制和操纵有关节的活动部件,例如复杂的多自由度的机器人手臂或飞机的控制面(副翼、襟翼、升降舵、方向舵、扰流片、配平片等)。

VTreePro 在 VTree 的基础上增加了一些高级功能模块:MultiVis,VTRenderCapture,VTLightLobes 和 VTPage。MultiVis 可实现多路三维图形显示,而且不限制输出的数量。VTRenderCapture 可以实现在实时仿真中抓帧,将实时仿真的过程用图像的方式记录下来,存储为动画格式,用于回放分析。VTLightLobes 为用户提供光源和光束效果来模拟白天和黑夜,光照的颜色、定位、亮度和光束的衰减都是实时可调的,而且不限制视场中光源的数量。VTPage 用于在实时运行时动态调用巨大的数据库,包括 OpenFlight 和 DTED 格式。

3. OpenGVS

OpenGVS 是 Quantum3D 公司的产品,用于场景图形的视景仿真的实时开发,易用性和重用性好,有良好的模块性、巨大的编程灵活性和可移植特性。OpenGVS 提供了各种软件资源,利用资源自身提供的 API,可以很好地以接近自然和面向对象的方式组织视景诸元和进行编程,来模拟视景仿真的各个要素。目前,OpenGVS 的最新版本为 4.5,支持 Windows 和 Linux 等操作系统。OpenGVS 包含了一组高层次的、面向对象的 C++ 应用程序接口(API),它们直接架构于世界领先的三维图形引擎(包括 OpenGL,Glide 和 Direct3D)上。开发者只需用少量代码就可以快速生成高质量的 3D 应用软件。OpenGVS 的 API 分为相机、通道、烟雾、帧缓冲、几何、特效等各组资源,开发者可以按照应用的需要,调用这些资源来驱动硬件实时产生所需的图形和效果。

4. MultiGen Creator

MultiGen Creator 是 MPI(MultiGen-Paradigm Incorporation)公司开发的一个用于对可

视化系统数据库进行创建和编辑的交互工具,它有不同的 MultiGen 版本以适应一系列平台和应用。从用户的观点来看,MultiGen 是一个强大的 3D 建模工具,它的每一种实现都包含了一个共同的用户接口和一个适应特定平台的特殊软件子系统,这种设计使得用户可以利用特定的扩展工具将一个基本的 3D 建模程序包改造成适合于某个特殊应用的系统。MultiGen 可能是世界上最好的 3D 建模程序包之一,是目前最为流行的视景仿真建模工具,甚至有些成为飞行仿真领域标准的意味。尽管它非常昂贵,但是其便利的建模设施远远补偿了最初的投资。

MultiGen Creator 的最新版本 CreatorPro 是惟一将多边形建模、矢量建模和地形生成集成在一个软件包中的手动建模工具,下面介绍这几种建模方式。

(1)多边形和纹理建模:利用 CreatorPro 交互式、直观的用户界面进行多边形界面和纹理贴图,可以快速生成一个高逼真度的模型,它所创建的 3D 模型能够在实时过程中随意进行优化。CreatorPro 提供的转换工具,能够将多种 CAD 或动画软件转换成 CreatorPro 所支持的 OpenFlight 格式。

(2)矢量编辑和建模:CreatorPro 中能够输入类似地图矢量数据,高效地生成、编辑感兴趣的模拟区域,并且能够自动放置地形表面的纹理、色彩模型。通过矢量数据生成区域,再经过 CreatorPro 的多重渲染,就可以生成与现实很相似的场景,从而大大地减少开发的工作量。使用矢量工具,还可以将一个个单独的 OpenFlight 文件放置在任何场景中。

(3)地形表面生成:CreatorPro 提供一套完整的地形生成工具,能够根据一些标准的数据源快速准确地生成地形。它所支持的格式包括:USGS,NIMA 和图像转换生成的数据。

5. Vega

Vega 是 Multigen – Paradigm 公司用于虚拟现实、实时视景仿真、声音仿真以及其他可视化领域的世界领先级应用软件工具。它支持快速复杂视觉仿真程序,能为用户提供一种处理复杂仿真事件的便捷手段。

Vega 是在 SGI Performer 软件的基础上发展起来的,为 Performer 增加了许多重要特性。它将易用的工具和高级仿真功能巧妙地结合起来,使用户以简单的操作迅速地创建、编辑和运行复杂的仿真应用程序。由于 Vega 大幅度地减少了源代码的编程,使软件的维护和实时性能进一步优化变得更加容易,从而大大提高了工作效率。使用 Vega 可以迅速创建各种实时交互的 3D 环境,以满足不同行业的要求。

Vega 包括友好的图形环境界面(Lynx),完整的 C 语言应用程序接口 API,丰富的相关实用库函数和一批可选的功能模块,能够满足多种特殊的仿真要求,因此有必要将 Vega 的应用范围扩展到各个领域。

无论是专业程序员还是仿真爱好者,Vega 都是理想的实用工具,因为 Vega 为他们提供了一个运行稳定、兼容性好和简单易用的界面,从而能提供开发工作和维护工作的效率。Vega 可使用户集中精力解决特殊领域内的问题而无须花费大量时间和精力去编程。Vega 支持多种输入数据格式,允许不同数据格式的显示,提供高效的 CAD 数据转换工具,从而使软件开发人员、工程师和编导者将多种设计综合到一起。

Vega 和它的可选模块均支持 SGI IRIX 平台和 Windows NT 平台,跨平台应用的兼容性达 99%。为适应图形工作站的不同配置,Vega 备有多处理器版本 Vega-MP 和单处理器版本 Vega-SP。

Vega-MP(Multi-Processor) 提供一种基于多处理器硬件结构的开发和运行环境。它为每一个有效的处理器逻辑分配系统任务,允许使用者根据需要对某个处理器进行设置,并允许用户自行定制系统配置满足极高性能的需求。

对于那些需要全部 Vega 特性,而又在使用单处理器的计算机的应用开发人员,Vega-SP(Single-Processor) 是最理想的选择,它与各种可选模块兼容,具有高性能价格比。

6. WTK

世界工具包(World Tool Kit) 是 Sensor Corporation 开发的一个用于虚拟环境应用(Application) 的工具包,从底层上来看 WTK 可以认为是由多于 400 个基于 OpenGL 的 C 语言函数的集合,但从用户的观点来看,WTK 提供了一个完整的合成虚拟环境应用程序的开发环境。WTK 的一个很重要的特征是硬件无关性,它可以在一系列的图形平台上(从带有图形加速卡的普通微机到 SGI 工作站) 运行。这意味着开发工作可以在低成本的平台上进行,然后将软件移植到特定的较高性能的目标机上,使用何种平台由应用需求决定。一个典型的基于 WTK 构建的视景仿真系统由以下元素组成:

- 主计算机
- WTK 库
- "C" 编译器
- 3D 建模程序包
- 图形捕获硬件 / 软件
- 位图编辑软件,硬件加速图形卡(可自由取舍) 和内存管理系统

尽管 WTK 的用户必须是一个合格的 "C" 编程人员,但是对于那些希望只要付出中等代价就可以从细节层次上控制虚拟环境的创建工作的人来说,WTK 是一个完美的系统。

WTK 按照一种面向对象的命名方式来组织,其主要类包括 "universe"(宇宙),"object"(对象),"polygon"(平面多边形),"vertex"(顶点),"path"(路径),"sensor"(传感器),"viewpoint"(视点),"light source"(光源),"portal"(入口) 和 "animation"(动画)。这表明 WTK 与面向对象语言在使用继承和动态捆扎方面并不完全一致,从分层角度来看,"universe" 是最高层的类,在一个 WTK 虚拟环境中只能有一个 "universe" 处于激活状态。"universe" 由各种 "对象" 构成,包括传感器,光线,动画序列,入口,视点,图形对象,串行端口和其他对象,从某种意义上来讲,对象是虚拟环境的组成要素。

仿真管理程序是 WTK 最重要的部分,因为它控制着虚拟环境中进程的执行。图 5.4 显示了通过一次仿真循环的流程,仿真循环可以执行一次或多次。程序员可以通过特定的动作函数

来控制虚拟环境中的事件。在仿真循环中,每个对象都可以执行任务函数。

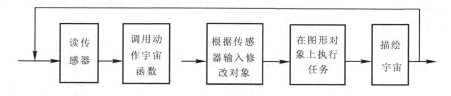

图 5.4 WTK 仿真管理程序循环

WTK 支持多种 CAD 软件的文件格式,如果你已经有用 3DSMAX 或 AUTOCAD 建好的模型,只需调用不多的 WTK 函数即可构造一个不错的视景仿真程序。

7. OpenGL Performer

OpenGL Performer 是 SGI 公司开发的一个可扩展的高性能实时三维视景开发软件包。它基于 OpenGL 为开发实时图形应用程序提供了一组与标准 C 或 C++ 绑定的程序接口(API),可以运行于所有 SGI 图形计算机系统之上,并通过一个使用灵活的三维图形工具集提供高性能渲染能力。OpenGL Performer 主要应用于仿真可视化,娱乐,虚拟现实,视频广播以及计算机辅助设计等领域。

OpenGL Performer 分为内层和外层,外层功能有:采集、控制多个不同的显示通道及利用数据库快速完成交互任务;而内层是一个执行模块。内、外层紧密结合,并行工作。尤其重要的是,OpenGL Performer 可以将图形任务并行地安排,提交给处理系统,这对于配置有多CPU 的系统非常重要。

OpenGL Performer 软件包主库包括:仿真可视化应用开发库(Libpf),可提供全面的视觉仿真能力,控制多进程数据库遍历和渲染;高性能渲染库(Libpr),可提供最佳的运行环境实现优化后的渲染,状态控制和其他面向实时图形的基本功能。此外,该软件包还包括几何图形与视景构建工具库(Libpfdu),应用函数库(Libpfutil)和用户接口库(Libpfui)。

OpenGL Performer 从出现到现在,因为其突出的视景生成开发能力,深受计算机行业的相关程序员的欢迎。但是 OpenGL Performer 是用编程来实现的,没有良好的用户可视化编程界面。因此,采用 OpenGL Performer 开发交互仿真程序,对用户编程能力要求很高,开发周期也相应较长。目前 SGI 推出了免费的 Linux 版本的 OpenGL Performer,同时还推出了基于 NT 的 OpenGL Performer3.0 版本,相信这些举措会使 OpenGL Performer 的应用得到进一步的推广。

三、视景仿真的应用实例

现以导弹攻击过程的可视化为例,讲述一个视景仿真程序的开发过程。视景仿真程序在弹道仿真所得的飞行弹道、姿态等参数的基础上,在视景屏上驱动系统三维实体模型的运动,再现和模拟飞行弹道,飞行姿态等视景效果,为数字仿真提供一个直观清晰的表现与再现方式。整个系统如图 5.5 所示。

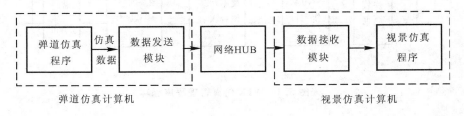

图 5.5   飞行仿真系统框架图

弹道仿真程序计算出的仿真数据通过网络传给视景仿真程序,驱动视景仿真程序中物体(如导弹,载机,目标等)的运动。为了避免视景仿真程序的"帧跳动"现象,网络传送模块应该具有较好的快速性。图 5.6 是视景仿真程序的模块结构图。

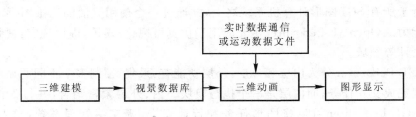

图 5.6   视景仿真程序模块结构图

1. 三维建模子模块

该模块采用现有的三维实体建模工具软件,按照工程设计参数设计视景仿真程序所需的实体模型。目前常用的视景仿真建模软件主要有:MultiGen Creator 和 Maya,它们所提供的文件格式分别是 OpenFlight(flt) 格式和 obj 格式,OpenGL Performer 对这两种格式都支持,Vega 目前还不支持 obj 格式。

2. 视景数据库子模块

该模块提供视景仿真所需的视景环境、三维模型中各部分的几何数据和图形属性信息,灯光效果也在该模块中加入。

3. 数据通信子模块

该模块的功能是把实体的运动数据传送到动画子模块。当采用数据文件时相当于仿真过程／结果的回放。当采用实时数据通信时,可实现仿真的实时动画显示。

4.三维动画子模块

该模块实现场景中物体相对周围环境的运动画面的连续显示,要求每秒 25 帧左右,以形成电影效果。在每一帧绘制之前,将读取网络数据或者数据文件,为场景中的物体位置赋值,然后调用渲染命令,绘制出该帧的图像。如此反复,就可以绘制出连续的图像,形成动画效果。

在三维渲染过程中,OpenGL Performer 采用图形管道流水线处理方式,Vega 继承了这种图形处理方式,并采用多进程的场景渲染机制。Vega 的图形线程的流程图如图 5.7 所示。

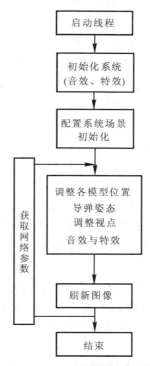

图 5.7　Vega 视景仿真线程的实现

5.6　飞行器设计与试验的虚拟样机技术

一、概述

近年来,随着计算机技术的发展,特别是虚拟现实(Virtual Reality—VR)技术的发展,航空航天飞行器的设计、试验和运行在概念和方法上都有了新的飞跃,通过建立虚拟样机系统(Virtual Prototype—VP)来实现飞行器系统的设计和试验,成为未来发展的主流方向。

飞行器是极其复杂的系统,综合体现了当今科学技术的成就,代表着航空、航天技术最全面、最复杂、最先进的水平。同时,它也是高投入、高技术、知识密集的系统工程,在其设计、试验、发射和飞行过程中都将面临许多技术难题,特别是一些新的关键技术和试验项目能否达到预期的目标,由飞行实验来验证的代价是非常大的。虚拟样机将作为一个完整的、基于数值技术的设计和试验平台,在一定程度上具有与物理样机相似的功能真实度(视样机模型的粒度),以提供必要的技术支持。

　　飞行器系统的研制通常经历战术技术指标提出,概念设计,详细设计,试制,验证试验和试飞等阶段,虚拟样机技术可以贯穿其研制的全过程。在战术技术指标提出阶段,进行指标论证;在概念设计阶段,通过虚拟样机从多种设计方案中选择出最佳的初步设计方案;在详细设计阶段,通过虚拟样机评定系统的稳定性和操纵性,评定飞行控制系统和航空电子系统,完善气动力设计和系统优化设计;在试制阶段,通过虚拟样机进行综合系统试验和系统性能的演示;在验证实验阶段,使用虚拟样机代替物理样机进行试验,对暴露出来的问题,查找其原因并提出解决方法。

　　此外,航空航天武器系统的实验,也越来越多地受到经济状况、政治环境和地理条件的极大制约。然而潜在的冲突依然存在,各国政府需要保持技术优势来应付这种潜在的威胁。通过各种实战演习,特别是军事演习来训练军事人员和士兵,将耗费大量资金和军用物资,安全性差,而且还很难在实战演习的条件下改变状态,反复进行各种战场态势下的战术和决策研究。为适应这一挑战,美国国防研究与工程的指导者(DDR&E)提出了一项新的科技策略,这项策略的核心是:在武器设计阶段,预先提供作战者连续、集中的参与,实施翔实的技术演示,利用计算机建立武器系统的虚拟样机并在虚拟战场中测试其各种性能,对已存在的系统、更改系统或新系统进行评价,所有这一切都将在正式投产以前完成。

　　虚拟样机技术到目前基本上还处于探索发展阶段。西方发达国家特别是美国在此领域的开创性研究已经取得了瞩目的成就,包括在工程应用中初步显示出技术优势和经济效益,在商业、国防等相关部门发挥了较大的作用。

　　波音飞机公司在开发波音 777 型飞机时,使用了 2 200 台工作站,8 台 IBM 主机和CAD/CAM 软件,完全基于高度翔实的虚拟样机数字设计,而没有采用一台物理样机。这样,大大节省了研制生产时间,设计花费降低了 90%,设计周期缩短了 50%,显示出巨大的经济效益和发展潜力。

　　美国国防部正在建立的一个"电子战场",它将成为未来武器性能评价的场所,每一个现有或计划的武器系统的战斗力都将通过在该"战场"使用其虚拟样机得到验证。并由此来确定在未来战争中支持军事参与所需的武器系统的类型和数量。

　　美国 VPI 公司目前已经开发出了商业性的虚拟样机系统,在国防、航空、航天等领域得到广泛的应用。VPI 的虚拟样机包括 4 个组成部分:建模平台 —— 用于建立飞行器系统的样机模型;模型和数据库 —— 包含多种飞行器(民航客机,运输机,战斗机,直升机,各种战术导弹武器等)的系统及分系统模型;仿真运行平台 —— 对虚拟样机模型进行仿真试验和性能评估; VP 平台 —— 对仿真结果提供可视化的演示交互环境。美国 MDI 公司的 ADAMS 也是包括机-电-液一体化的复杂机械系统的多体动力学虚拟样机。

我国从"九五"期间开始对虚拟样机的系统进行研究,并取得了初步的研究成果,"十五"期间,虚拟样机已经成为各行业的一个关键技术发展项目。由此可见,在未来的航空、航天及国防武器系统领域,虚拟样机必将扮演极为重要的角色,成为设计、运行、试验、鉴定和技术验证的主要技术手段。

二、虚拟样机的基本概念

虚拟样机类似于产品设计生产中的"物理样机"。在新型号设计过程中,通常先建立一个在结构上全功能的物理设备,检验各部件的设计性能以及部件间的相容性,并通过对物理样机的试验测试,对原设计方案进行修改和确定。而虚拟样机是一种基于仿真的设计,是建立在仿真计算机上的系统或子系统模型,它能在一定程度上具有与物理样机相似的功能真实度。虚拟样机用精确逼真的数字模型(包括几何外形、传动和连接关系,物理特性,动力学和运动学特性等)表示物理样机的各个部分、各个部件以及整个原型样机。由于虚拟样机比物理样机更易于产生和显示,可以方便地反复进行修改,直至达到满意的设计性能指标,从而有效地节省了研制资金并缩短了研制周期。

虚拟样机技术是 20 世纪 90 年代中叶逐渐兴起、基于计算机技术的一个新概念技术,到目前还没有确切的定义。美国国防部对虚拟样机有关概念的建设性意见为:

· 虚拟样机定义:虚拟样机是建立在计算机上的原型系统或子系统模型,它在一定程度上具有与物理样机相当的功能真实度。

· 虚拟样机设计,利用虚拟样机代替物理样机来对其候选设计的各种特性进行测试和评价。

· 虚拟样机设计环境,是模型、仿真和仿真者的一个集合,它主要用于引导产品从构思到样机的设计,强调子系统的优化与组合,而不是实际的硬件系统。

上述概念较为抽象,根据定义,虚拟样机还应当包括以下要点[18]:

· 对于需要虚拟模拟的物理样机的功能必须明确定义并逼真仿真。

· 如果人的行为包含于物理样机的指定功能中,那么人的行为应当逼真地仿真或被包含于仿真回路中。

· 若物理样机的功能不包括人的行为,则离线仿真即非实时或超实时仿真是可行的。

· 虚拟样机可以是部分的仿真,不能要求对期望系统的全部功能进行模拟。

· 虚拟样机可以根据系统设计的不同阶段,采用不同粒度(粗粒度或细粒度)的数学模型。

· 与物理样机比较,虚拟样机能够在设计的最初阶段就构筑起来,远先于设计的原型。

一般认为,虚拟样机系统基于 CAD,CAM,系统仿真和 VR 技术,但比它们更高一个层次。

其技术基础为：

- 虚拟样机所模拟的物理系统的数学模型和设计、试验、运行方法。
- CAD/CAM 技术，包括总体，气动，强度，机械，电子和控制系统的 CAD 技术。
- 系统仿真技术，包括数字，半实物仿真，实时仿真技术，分布仿真技术。
- 虚拟现实技术，包括可视化建模，视景生成和演示，人机交互环境。

三、虚拟样机的系统构成

为了实现虚拟样机设计和运行环境的功能要求，其基本组成应包括：设计和试验平台，模型库，数据库系统，可视化子系统和硬件平台。在应用过程中首先通过软件框架调用模型库中的构件来建立具体产品的虚拟样机，然后进行虚拟试验，通过可视化子系统实现人机交互环境和试验结果显示，将得出的结果用于系统性能的评价。虚拟样机的基本结构如图 5.8 所示。

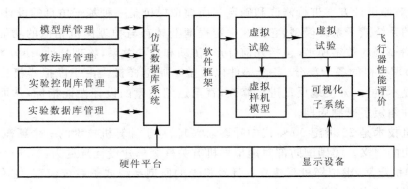

图 5.8　虚拟样机结构示意图

1.设计与试验软件平台

软件平台的作用是建立起虚拟样机的仿真模型并完成虚拟试验，其主要功能包括样机的建模与设计，样机的仿真和调试。利用这一平台，可以从无到有逐步建立飞行器不同粒度的样机模型；通常是由元件、部件模型装配为子系统，由子系统装配为分系统，由分系统构成全系统的过程。样机软件平台要提供最基本的建模和装配功能，并对其子系统和全系统完成仿真运行试验。

建模与试验软件平台是虚拟样机最基本的，也是体现样机水平的组成部分。目前用于系统和分系统的 CAD 软件已经相当丰富，给样机建模提供了技术支持。但其主要的困难是如何把不同设计平台的结果进行无缝连接，并在统一的设计平台下进行仿真运行和试验。

为了满足建立和使用虚拟样机的需要，软件框架应具备以下基本功能：

- 适应不同类型飞行器样机的建模需要，具有可视化建模手段，自动生成运行策略和执行仿真。

· 采用多层模型来表示虚拟样机的复杂模型并具有无限制的分层功能。

· 支持高级语言建模,同时为了建模的高效率,软件框架能够直接调用综合工程软件包的高级语言组件。

· 完善的模型排错手段,在仿真过程中可以进行中断调试和分析,并提供丰富的仿真算法。

· 完善的模型库交互管理功能,模型库的补充方便、快捷,使用户可以很容易地添加新的模型,以促进系统的完善和扩充。

· 精确逼真的图形显示功能,能实时表示系统部件及内部的物理运动或虚拟模型。

2. 模型库与数据库系统

对虚拟样机模型相关资源进行管理,它主要分为4部分,即模型库管理系统、算法库管理系统、实验控制库管理系统及实验数据库管理系统。一个完整的样机系统必须由丰富的模型库支持,对同一个子系统甚至元部件,由于采用的技术不同,认识过程和使用目的不同,都可能同时有很多的模型,模型库除要对这些进行有效的管理外,还将与软件平台结合起来实现模型的装配过程。各个分系统的功能如下:

· 模型库管理系统对构成虚拟样机模型的各个单元模型及子系统模型进行管理。

· 算法库管理系统提供多种仿真算法及优化算法,并对这些算法进行管理。

· 实验控制库管理系统对仿真运行控制、用户定义数据、仿真执行、结果数据收集及通信等进行管理。

· 实验数据库管理系统提供对虚拟样机系统数据的管理。这些数据包括:模型描述数据、实验控制数据、实验结果数据及真实系统数据。

3. 可视化子系统

虚拟样机的主要特征之一就是用图形方式来表达系统的构造、组成和运行状态,以逼真的图形表示样机及其运行结果。可视化子系统不仅提供虚拟样机的表示和观察手段,同时也是模拟人机交互、控制和管理的界面。可视化系统不仅需要投入大量的经费(硬件和软件),同时也需要建立一套与 VP 系统相适应的可视化系统的软件接口和规范。

可视化子系统一般需要运行在专用的图形计算机上,与系统仿真计算机分开,通过网络数据通信进行联系,这样可以简化虚拟样机设计环境的复杂程度,降低对硬件平台的要求。

4. 硬件平台

对于大型武器系统虚拟样机设计环境来说,硬件平台为多台计算机组成的网络,包括主控计算机、多台仿真计算机、多台图形计算机和大屏幕投影设备等。

航空、航天飞行器本身是一个可能包括环境控制与生命保障系统,气动力／热,结构强度,轨道、姿态动力学,导航、制导与控制系统,通信系统和热控系统等在内的、技术极为复杂的产品。除本身具有分布式特征外,对各系统(特别是细粒度模型)的仿真模拟过程也是十分复杂的,其计算密集度非常大,不可能由单台计算机完成,采用分布式仿真体系是必然的,由网络上的不同节点来模拟各分系统和环境的运行状态。同时,样机系统的各子系统应该具有由物理设备来取代数值模拟器的功能,这样也就有了实时性的要求。

思 考 题 5

5.1　仿真的定义是什么？如何分类？

5.2　什么叫仿真模型？

5.3　导弹运动的微分方程的数值解法有哪些？

5.4　导弹运动的微分方程的数值求解主要考虑哪些问题？

5.5　写出四阶显式龙格-库塔法的计算公式。计算精度如何？

5.6　四阶显式龙格-库塔法有哪些特点？

5.7　结合计算公式简述拉格朗日插值方法。

5.8　如何处理多维气动力插值问题？

5.9　什么叫蒙特卡洛模拟打靶？简述其基本步骤。

5.10　蒙特卡洛仿真时,一般如何产生随机数？它是真正的随机数吗？

5.11　飞行视景仿真有何意义？

5.12　什么叫虚拟样机？一般由哪些部分组成？其发展前景如何？

下　篇

有翼导弹动态特性分析

第6章　导弹动态特性分析的基本概念

6.1　引　言

在导弹的基本运动方程组及其研究方法中,介绍了导弹质心运动的基本理论,并将导弹作为一个理想的可操纵质点,这种理论基于以下两个基本假设:

(1)导弹在大气中飞行是瞬时平衡的。此时在导弹上只有气动恢复力矩和操纵力矩的作用且力矩处于平衡状态,即

$$m_{z0} + m_z^\alpha \cdot \alpha + m_z^{\delta_z} \cdot \delta_z = 0$$
$$m_y^\beta \cdot \beta + m_y^{\delta_y} \cdot \delta_y = 0$$
$$m_{x0} + m_x^\beta \cdot \beta + m_x^{\delta_x} \cdot \delta_x = 0$$

(2)稳定和操纵导弹飞行的控制系统是理想的。故此采用了理想操纵关系方程

$$\varepsilon_i = x_i - x_{i*} = 0$$

式中,x_i 是运动参数的实际值;x_{i*} 是运动参数的要求值。

视导弹为一个理想的可操纵质点,在规定的设计状态和标准大气条件下,由此计算的弹道称为理想弹道或基准弹道。实际上,导弹不可能在任何时候都是瞬时平衡的,也不可能没有运动参数的偏差。上述情况是一种理想情况,真实飞行与这种理想情况并不一致,这是因为:

弹体制造有工艺误差,以及两侧弹翼安装不对称,将使气动外形出现偏差,而形成附加气动力和力矩;导弹的重心位置和压力中心,因设计情况不可能与真实情况完全相符,将使理论值不同于实际值;发动机推力与规定的大小不同,引起了附加作用力;由于推力偏心,还要产生附加力矩;在发动机开车和关车的瞬间,使作用力和力矩发生突然的变化;加速器分离时,引起弹体重心和气动力及力矩发生剧烈改变;不同的风速和风向在导弹上产生了附加气动力和力矩;控制系统的惯性和滞后现象,使它不能无时间延迟地偏转舵面,造成实际的舵偏角不同于理想值;组成控制系统的元件有工艺误差,或受外界影响产生起伏误差,以及噪声等,从而使舵面出现不必要的动作;自动驾驶仪的陀螺输出不对称及零点漂移,舵机的机械间隙及振动,综合放大器的参数变化等,使舵面的偏转与理想情况也不一致。

总之,诸如上述现象,可以不胜枚举,以致导弹的实际飞行轨迹不同于理想弹道。但是,在飞行力学中经过理论分析和飞行试验的证明,只要我们在作理想弹道计算时,对所需原始数据考虑得比较精确,控制系统又能保持正常工作,两者的差别则是比较小的。正因为如此,我们才计算理想弹道,以便确定导弹的战术性能、总体设计参数、导引方法和攻击区等等。

在飞行器设计工作中,虽然尽一切努力使理想弹道符合真实飞行情况,但两者终究不可能完全一致,其差别虽小但必竟是存在着差别,这就要求我们以理想弹道为基础,必须进一步研究在实际飞行中偏离理想弹道的动力学问题,或称飞行动态特性分析。

6.2 导弹动态特性分析中的典型问题

导弹的动态特性(或动力学特性)与其总体布局、部位安排、标准弹道或基准弹道以及结构特性有着密切的关系。所谓导弹的动态特性,主要指导弹本身的稳定性(Stability)、操纵性(Control)和机动性(Manoeuverability)。导弹作为控制系统的控制对象,其稳定性可以通过引入适当的控制信号很容易地得到改善。但是对于导弹的操纵性和机动性的改进,有时控制系统是无能为力的。不适当的气动布局和外形设计,还可能带来通道之间的相互干扰、操纵反逆等问题。如果进一步考虑导弹结构的弹性变形和振动,控制系统的工作环境将大大恶化,使得控制系统丧失稳定性。所有这些都应当在导弹设计中进行详细的分析和研究。否则,总体设计中可能会隐含着重大的技术问题,以致最后不得不修改原来的设计方案;或者本来可以通过控制系统轻而易举地得到解决的问题,却把技术困难过分地压在总体设计上。因此,忽视导弹的动态特性分析,可能不必要地带来人力、物力和时间的巨大浪费。动态特性分析中的主要问题有以下几个方面。

(1) 作为控制对象的刚性飞行器的动态特性分析,其中包括飞行器的稳定性、操纵性、机动性、敏捷性分析。

(2) 弹性飞行器的伺服气动(热)弹性问题。这里所谓弹性飞行器动力学与控制问题,其中应考虑刚性飞行器动力学、结构的柔性、非定常气动力和飞行器的姿态控制,因而是一个多学科交叉的问题。其中,既有飞行稳定性问题,也有主动控制问题;既有理论分析,也有综合设计;既有飞行器整体运动,也有飞行器部件的局部运动(如舵面的颤震,传感器支架振动);既有线性问题,也有非线性问题;等等。

(3) 其他附加影响因素的分析,如飞行器惯性交感、运动交感、气动交感和控制交感的影响;快速旋转部件和摆动发动机的惯性;液体在储箱中的晃动和在管道中的流动;级间分离动力学;折叠翼面的展开对飞行稳定性的影响;等等。

6.3 干扰力和干扰力矩

导弹的真实飞行总是会偏离理想弹道的,其原因虽然是多种多样的,但如上面所讲,属于误差或公差一类的因素,概括起来,无非是在导弹上形成了附加作用力和力矩。由于它们不是设计时所需要的,而是一种干扰作用,故称为干扰力和干扰力矩。

现在简单介绍一下由于风的作用、工艺误差、安装误差和控制系统主要元件误差等因素,所引起的干扰作用和由此而形成的干扰力和干扰力矩。

一、风的影响

大气压力分布的不均匀性是产生风的根源。空气吸收太阳的热能,因与昼夜、季节、地理位置、地形及大气中的含水量等有关,因而在不同的空气层之间将产生很大的温度差,引起空气密度和压力的变化,使空气质点产生运动而形成风。

在飞行力学中常常引用阵风的概念。所谓阵风,其特点是风速和风向均会发生剧烈的变化。阵风的量级和方向又是完全不同的,它们是时间和空间的随机函数,因此只能根据实测由统计数据来确定。若要得到阵风的精确统计特性,就必须在整个地球表面,在不同的季节,不分昼夜地对各种高度上的阵风进行全面的实测研究,当然这是一项十分庞大而复杂的工作,因而很难实现。所以在工程设计中,只能根据局部的实测数据,根据统计的原理,对阵风进行估值。

经估值分析,阵风可以分为垂直阵风和水平阵风,并以 U 代表垂直阵风速度,W 代表水平阵风速度。一般情况,$W=2U$。例如在地面取 $U_0=6$ m/s,则地面的 $W_0=12$ m/s。实测研究还证明,在对流层和平流层的下层,可以足够准确地认为阵风速度随着高度而增加,计算阵风速度可以采用经验公式,即

$$U=U_0\sqrt{\frac{\rho_0}{\rho}}\ ;\qquad W=W_0\sqrt{\frac{\rho_0}{\rho}} \qquad (6-1)$$

式中,U_0 和 W_0 分别为地面垂直和水平阵风的风速;ρ_0 为地面空气密度;ρ 为导弹飞行高度处的空气密度。因此若已知地面风速的大致数据,按式(6-1)可以估计出导弹飞行高度上阵风的速度。例如在高度 $H=10$ km 处的阵风速度为

$$U=6\sqrt{\frac{1}{0.337}}=10.4\ \text{m/s};\qquad W=12\sqrt{\frac{1}{0.337}}=20.8\ \text{m/s}$$

导弹受到阵风作用的结果,将出现附加攻角和侧滑角。

由图 6.1(a) 可以看出:导弹受到风速为 U 的垂直阵风干扰作用后,使吹向导弹合成气流的方向由原 V 变为 V_1,由此形成了附加攻角 $\Delta\alpha_1$,它等于

$$\tan\Delta\alpha_1=\frac{U\cos\theta}{V-U\sin\theta}\approx\frac{U}{V}\cos\theta \qquad (6-2)$$

亦即是

$$\Delta\alpha_1=\arctan(\frac{U}{V}\cos\theta) \qquad (6-3)$$

倘若导弹在高度 10 km 上飞行,速度 V 分别为 300 m/s,500 m/s,700 m/s,如取 $U=10.4$ m/s,并假定 $\theta=0°$,由式(6-3)可得相应的附加攻角 $\Delta\alpha_1$ 等于 $1°59'$,$1°12'$,$0°49'$,所以,考虑阵风对导弹飞行的影响,一般均取 $\Delta\alpha_1$ 约等于 $2°$。

同理,由风速为 W_1 的水平阵风与导弹速度 V 合成的气流方向变为 V_2(见图 6.1(b))。由图

可求得附加攻角 $\Delta\alpha_2$，即

$$\tan\Delta\alpha_2 = \frac{W_1\sin\theta}{V+W_1\cos\theta} \approx \frac{W_1}{V}\sin\theta$$

所以

$$\Delta\alpha_2 = \arctan\frac{W_1}{V}\sin\theta \tag{6-4}$$

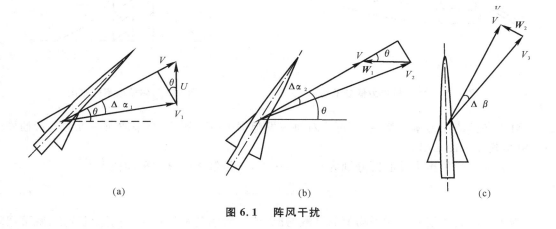

图 6.1 阵风干扰

如果风速分量 W_2 在侧滑角平面内垂直飞行速度 V（见图 6.1(c)），同样很容易求得侧滑角偏差值为

$$\Delta\beta = \arctan\frac{W_2}{V} \tag{6-5}$$

由攻角偏差 $\Delta\alpha$ 引起的纵向干扰力和干扰力矩为

$$F'_{yd} = qSC_y^\alpha\Delta\alpha \tag{6-6}$$

$$M'_{zd} = qSC_y^\alpha\Delta\alpha(x_g - x_j)$$

式中，x_g 为重心至弹头顶点的距离；x_j 为焦点至弹头顶点的距离。同理，侧滑角偏差产生的侧向干扰力和干扰力矩为

$$F'_{zd} = qSC_z^\beta\Delta\beta \tag{6-7}$$

$$M'_{yd} = qSC_z^\beta(x_g - x_{p1})\Delta\beta$$

式中，x_{p1} 为侧向压力中心。

二、发动机的安装偏差

理论上要求发动机推力线应与弹身理论轴线相重合，但在生产过程中则允许有一定的公差范围，因为尺寸绝对相等的要求在制造中是无法实现的。

推力线偏离弹身理论轴线的误差用推力偏心距 l_P（推力作用点到弹身理论轴线的距离）和推力偏心角 η_P（推力线与弹身理论轴线的夹角）来描述（见图 6.2）。

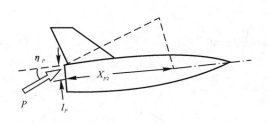

图 6.2 发动机推力偏差干扰

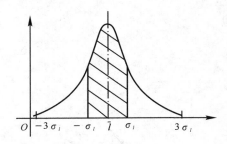

图 6.3 偏差概率分布图

对于导弹的推力偏心特性，不可能对每一发弹都进行检测，而是采取对一批弹进行抽样检测，由其统计特性给出。

若 n 个导弹的推力偏心距分别为 $l_1, l_2, \cdots, l_n$，于是偏差的算术平均值 $\bar{l}$ 为

$$\bar{l} = \frac{l_1 + l_2 + \cdots + l_n}{n} \tag{6-8}$$

为了说明真实偏差相对平均值的分散情况，若认为偏差是相互独立的随机变量，就可用均方根偏差 σ_l 来表示，其值等于

$$\sigma_l = \sqrt{\frac{\sum (l_i - \bar{l})^2}{n}} \qquad (i = 1, 2, \cdots, n) \tag{6-9}$$

独立随机变量的分布性质，也可用图形来说明。在直角坐标系的横轴上表示偏差量（l_1, $l_2, \cdots, l_n$），在纵轴上表示某偏差的概率密度。若假定偏差符合正态分布（高斯分布），则分布曲线如图 6.3 所示。概率分析证明，在图中出现偏差大于 $\bar{l} \pm 3\sigma_l$ 的情况，只占 0.3%，而小于 $\bar{l} \pm 3\sigma_l$ 的偏差则为 99.7%。

根据统计观点，对于一批导弹来讲，其中最严重的推力偏心情况，应为最大线偏差 l_P，即

$$l_P = \bar{l} \pm 3\sigma_l \tag{6-10}$$

同理，推力偏心角的最大误差也应为

$$\eta_P = \bar{\eta} \pm 3\sigma_\eta \tag{6-11}$$

式中，$\bar{\eta}$ 为偏心角误差的算术平均值；σ_η 为偏心角误差的均方根值。

由发动机安装误差产生的 l_P 和 η_P，将产生如下干扰力和干扰力矩：

$$F'_{xd} = P\sin\eta_P$$
$$F'_{xd} = -P(1 - \cos\eta_P)$$
$$M'_{zd} = -P(x_{P2} + x')\sin\eta_P \qquad (x' \approx \frac{l_P}{\eta_P}) \tag{6-12}$$

式中，x_{P2} 为发动机出口截面处至弹身重心的距离。若推力线偏角反向，式(6-12)也要相应地改变。

三、弹翼的安装误差

理论上要求对称翼型弹翼的翼弦平面通过弹身轴线，也就是两者之间没有夹角，这个角度称之为安装角。但是由于存在着工艺误差，就形成了安装角 φ_k（见图 6.4）。由于安装角在飞行中与攻角起着同样的作用，于是在导弹上也要产生干扰力和干扰力矩。

图 6.4　弹翼安装偏差干扰

假设一边弹翼的安装角均方根偏差值为 $\sigma_{\varphi1}$，而另一边为 $\sigma_{\varphi2}$。因为安装角偏差是独立的随机变量，且符合正态分布规律，求一对弹翼综合产生的安装角均方根偏差 φ_k，按均方根值相加的规定，应为

$$\varphi_k = \sqrt{\frac{\sigma_{\varphi1}^2 + \sigma_{\varphi2}^2}{2}} \tag{6-13}$$

由于每片弹翼的生产工艺条件相同，弹翼又左右对称，可取均方根值 $\sigma_{\varphi1} = \sigma_{\varphi2}$，所以

$$\varphi_k = \sigma_{\varphi1} \tag{6-14}$$

例如，某导弹允许弹翼安装角 $\varphi_k = \pm 13'$。

若不计安装角误差的数学期望，则一对水平弹翼产生的干扰力和干扰力矩为

$$F'_{yd} = qSC_y^\alpha \varphi_k$$
$$M'_{zd} = qSC_y^\alpha \varphi_k (x_g - x_F) \tag{6-15}$$

式中，x_F 为弹翼压力中心到头部的距离，S 为参考面积，C_y^α 为弹翼升力系数对攻角的斜率。

四、弹身的工艺偏差

弹身是分段制造的，每一舱体的端面都有所谓的允许误差，将各舱段对接起来实际的轴线并不是一根直线，严格地讲是一根折线（见图 6.5）。

设 A 和 B 两舱段对接面的工艺误差为 h_1（见图 6.5(a)），不难求出对 A 舱段产生的附加攻角 $\Delta\alpha_{a_1}$ 为

$$\Delta\alpha_{a_1} \approx \frac{h_1}{D_1} \tag{6-16}$$

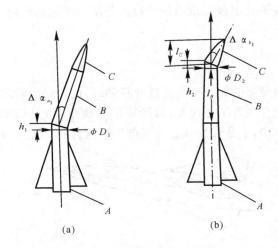

(a)   (b)

图 6.5 弹身对接偏差干扰

再假设 B 和 C 两舱段对接面的制造误差为 h_2（见图 6.5(b)），这时对 B 舱段形成的附加攻角 $\Delta\alpha_{b_1}$ 为

$$\Delta\alpha_{b_1} \approx \frac{h_2}{D_2} \tag{6-17}$$

由制造误差 h_2 在 A 舱段上产生的附加攻角 $\Delta\alpha_{a_2}$，按图 6.5(b) 可得

$$\Delta\alpha_{a_2} = \Delta\alpha_{b_1} \frac{l_C}{l_B + l_C} \tag{6-18}$$

如果 $\Delta\alpha_{a_1}$ 和 $\Delta\alpha_{a_2}$ 都是独立随机变量，且按正态规律分布，依照上述计算安装角 φ_k 的同样方法，就可以找到 A 舱体的综合附加攻角，并计算出干扰力和干扰力矩。

五、控制系统的误差

控制系统产生的误差原因是多种多样的，许多文献资料研讨了这方面的问题，在这里不可能对此进行全面分析，只能对那些有代表性的问题作简要介绍，以便了解考虑控制系统误差的必要性。

控制系统的误差就其来源可以分为两类：一类是外界干扰对控制系统的影响，例如使用环境和目标的起伏误差及噪声；另一类是控制元件有制造公差，以及测试仪器的准确性受到限制而形成的误差。其中比较典型的有以下几种：

（1）陀螺误差。由于陀螺转子重心偏移，或者由于转动接触产生的摩擦力矩驱使陀螺产生进动，而形成随时间增加的漂移误差。例如某导弹允许自由陀螺漂移量 $\leqslant\pm0.75°$。将陀螺安装到弹体上，由于测试仪器本身存在着制造误差，不可能精确测出陀螺转子轴偏离设计基准的情况,也会形成误差。

(2)舵机误差。舵机除本身的制造误差外,由于机械传动件的衔接间隙和摩擦因数的变化,以及其他控制元件有制造误差,均会以虚假信号传递到舵机上,其结果都会使舵面发生偏转而不能处在零位上,例如某导弹的舵面离开零位的偏差角可达 $1°$。

总之,无论是外界干扰使控制系统产生误差,还是控制系统本身的误差,最终都是集中到舵面上出现偏差角,其均方根值应为

$$\delta' = \sqrt{\delta_1'^2 + \delta_2'^2 + \cdots + \delta_n'^2} \qquad (6-19)$$

式中,$\delta_1'^2, \delta_2'^2, \cdots, \delta_n'^2$ 分别代表陀螺、舵机以及其他控制元件由于误差而引起的舵偏角均方根值。

舵偏角 δ' 是控制系统对导弹飞行的干扰作用,它与稳定和操纵导弹飞行所需舵偏角的性质不一样,它是一种有害的因素,在设计制造时应尽可能降低舵面偏差角的均方根值 δ'。在动态分析中,常常称 δ' 为假信号或舵面假偏角。

综上所述,导弹飞行时总是不可避免地要受到这样或那样的干扰作用,分析导弹飞行动态特性的目的,就是要力求排除或者减小它们对导弹飞行的影响。

如按干扰作用存在的时间长短而论,又可将它们分为经常和瞬时两种干扰。

经常干扰是干扰因素经常作用于导弹上,例如安装误差、发动机推力偏心、舵面偏离零位等等。对于这种干扰,在动态特性分析时,总是用干扰力和干扰力矩来表示。

瞬时干扰又称偶然干扰,它的性质是瞬时作用又瞬时消失,或者是短时间作用,很快消失。例如瞬时作用的阵风、发射瞬时的起始扰动、级间分离、控制系统偶然出现的短促信号,等等。这种干扰作用的结果往往使某些运动参数出现初始偏差,例如,瞬时出现的垂直阵风速度,使攻角产生初始偏差 $\Delta\alpha_0$,这时动态分析的目的,就是观察这个初始偏差对导弹飞行最终有何影响。初始偏差有时又称为初始条件或初始值。

6.4 导弹的稳定性和操纵性

一、基准运动和扰动运动

前面已经简要介绍了导弹在实际飞行中将出现不同于理想弹道的状态。为了更清楚地了解研究导弹动态性质的内容及其重要性,下面再列举两个常见的例子,从动力学方面作进一步的解释。

例 6-1 偶然阵风的影响。

假定偶然性质的干扰垂直阵风作用在导弹上,使攻角产生初始值 $\Delta\alpha_0$(见图 6.6),于是在导弹上出现了附加升力 $Y^\alpha \Delta\alpha_0$,因法向力发生了变化就会改变飞行速度的方向。除此之外,因 $Y^\alpha \Delta\alpha_0$ 作用在焦点上,还要对重心产生一个力矩 $M_z^\alpha \Delta\alpha_0$,使导弹绕重心转动,出现俯仰角和攻

角的增量。这种情况在计算理想弹道时则是无法全面考虑的,在理想弹道中只能根据力矩平衡关系,认为攻角总是与升降舵偏角相对应的(在图 6.6 上没有绘出沿理想弹道飞行的作用力和力矩)。

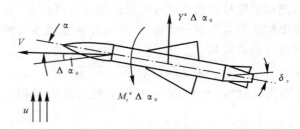

图 6.6　阵风影响现象

考虑到由攻角初始值在导弹上形成了附加升力和力矩,势必使导弹的实际飞行具有两种运动成分,一种是理想弹道的运动,一种是由攻角初始值 $\Delta\alpha_0$ 引起的附加运动。如果导弹最终能够消除这个附加运动,它将继续沿着理想弹道飞行,否则,结果相反。

研究附加运动的发生、经过和结果,是动态特性分析的内容之一,研究的目的是希望导弹具有克服干扰作用的特性。

例 6-2　转动舵面的操纵现象。

图 6.7 中所示的导弹,当它沿着理想弹道飞行时力矩总是瞬时平衡的,图中没有表示平衡状态下的力矩。

实际上当转动升降舵偏角由 δ_z 增加到 $\delta_z + \Delta\delta_z$ 时,尾翼上的升力也要增加,假定增值为 $Y^{\delta_z}\Delta\delta_z$,这个升力增量虽然对导弹重心的移动有所影响,但它的主要作用是对重心产生了一个力矩 $M_z^{\delta_z}\Delta\delta_z$,破坏了原来力矩平衡的状态,使导弹顺着 $M_z^{\delta_z}\Delta\delta_z$ 方向转动。但是,由于转动惯性、气动阻尼和恢复力矩的作用(图 6.7 上的 M_{z1} 表示除气动阻尼力矩外的所有力矩的综合),这种转动势必持续一段时间才能停止下来,因此导弹上的力矩并不是瞬时静态平衡的,同时在转动过程中由于改变了导弹上的作用力,还会进一步影响导弹的重心运动。

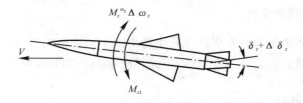

图 6.7　舵偏现象

操纵舵面偏转后产生的如此复杂的运动现象,也是动态特性分析所要解决的重要课题之一。

以上两个例子说明：导弹实际的飞行状况与理想弹道确有差异，但是考虑到在 6.1 节中所述的理由，这种差异又是不大的。为了研究问题方便起见，将导弹沿理想弹道的飞行称为基准运动或未扰动运动；而导弹受到控制和干扰作用，可近似看成是在理想弹道运动的基础上，出现了附加运动的飞行则称为扰动运动。从这种含意上讲，理想弹道可称为未扰动弹道，在理想弹道的基础上考虑了扰动运动所得的弹道就称为实际弹道，或称为扰动弹道。

二、小扰动法的概念

带有控制系统的导弹，如果控制系统的工作正常，实际飞行的弹道总是与理想弹道相当接近的，实际飞行的运动参数也总是在理想弹道运动参数附近变化的。换句话说，导弹受到控制和干扰作用而产生的扰动，可以认为是一种小扰动。这当然是从相对意义上来理解的，至于绝对量值的范围则应视具体情况而定。根据已有的经验，小扰动的说法虽无严格的理论证明，但与实际情况则能很好地相符，当然某些大扰动现象则不属于此列。

采用小扰动法，实际运动参数就可以用理想数值与其偏量之和来表示

$$\left.\begin{aligned}
V(t) &= V_0(t) + \Delta V(t)\\
\vartheta(t) &= \vartheta_0(t) + \Delta \vartheta(t)\\
\theta(t) &= \theta_0(t) + \Delta \theta(t)\\
\alpha(t) &= \alpha_0(t) + \Delta \alpha(t)\\
&\cdots\cdots
\end{aligned}\right\} \tag{6-20}$$

这里的注脚"0"表示在基准运动中的参数；而 $\Delta V(t), \Delta \vartheta(t), \Delta \theta(t), \Delta \alpha(t), \cdots$ 则称为相应参数的偏量或简称偏量。

由于理想弹道上的全部运动参数可以计算求出，所以只要求出偏量以后，按照式(6-20)，实际弹道上的运动参数也就可以确定，因此，所提问题最终归结为研究运动参数的偏量问题。

三、稳定性概念

导弹小扰动运动形态由常系数线性系统描述时，在扰动作用下，导弹将离开基准运动，一旦扰动作用消失，导弹经过扰动运动后又重新恢复到原来的飞行状态，则称导弹的基准运动是稳定的(见图 6.8)。如果在扰动作用消失后，导弹不能恢复到原来的飞行状态，甚至偏差越来越大，则是不稳定的(见图 6.9)。

导弹运动稳定的概念，在一般情况下可应用李亚普诺夫关于运动稳定性的定义，其提法如下。

因为描述导弹实际飞行的运动参数，可以表示为

$$x(t) = x_0(t) + \Delta x(t) \tag{6-21}$$

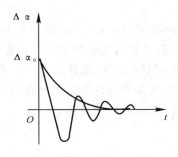

图 6.8　稳定的攻角变化

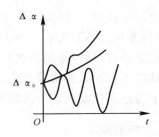

图 6.9　不稳定的攻角变化

式中,$x_0(t)$ 为基准运动参数,$\Delta x(t)$ 为扰动运动参数。假定干扰对导弹作用的结果,在 $t=0$ 时,出现初始值 $\Delta x(0)$,并产生扰动运动。 如果 ε 是任意小的正数,由此找到另外一个正数 $\delta(\varepsilon)$,在 $t=0$ 时,$|\Delta x(0)| \leqslant \delta$,而在 $t>0$ 的所有时刻,扰动运动的所有参数 $\Delta x(t)$ 均满足不等式

$$|\Delta x(t)| < \varepsilon \tag{6-22}$$

则称基准运动 $x_0(t)$ 对于偏量 $\Delta x(t)$ 是稳定的。

如果满足条件 $|\Delta x(t)| \leqslant \delta$ 和式(6-22)外,还存在下述关系:

$$\lim_{t \to \infty} |\Delta x(t)| = 0 \tag{6-23}$$

则称基准运动是渐近稳定的。

上述初始值 $\Delta x(0)$ 比较小时稳定条件才满足,就是小扰动范围内具有稳定性的情况。

若存在这样的 ε,当 $\delta(\varepsilon)$ 任意小时,$|\Delta x(t)| \leqslant \delta$ 也成立,但在 $t>0$ 的某时刻不能满足式(6-22),则称基准运动是不稳定的。

由此可见,稳定性是指整个扰动运动具有收敛的特性,它由飞行器随时间恢复到基准运动状态的能力所决定。

四、操纵性概念

操纵性可以理解为舵面偏转后,导弹反应舵面偏转改变原有飞行状态的能力,以及反应快慢的程度。

研究导弹弹体本身的动态特性,不考虑自动控制系统的工作,为了在同一舵偏角下评定不同导弹的操纵性,一般规定舵面作下述 3 种典型偏转。

1.舵面阶跃偏转

假定舵偏角为阶跃函数,其目的是为了求得导弹扰动运动的过渡过程函数。 这时导弹的反应最为强烈,也比较典型,如同自动控制原理需要研究过渡过程一样(见图 6.10)。

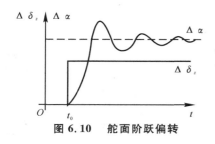

图 6.10　舵面阶跃偏转

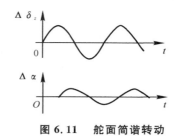

图 6.11　舵面简谐转动

2. 舵面简谐偏转

舵面作简谐转动时,导弹的反应将出现延迟和输出振幅不等于输入振幅的现象。例如在攻角 $\Delta\alpha$ 和舵偏角 $\Delta\delta_z$ 之间存在相位差,振幅间也有一定的比例关系(见图 6.11)。舵面简谐转动时可求得导弹的频率特性,以便利用频域法研究导弹在闭环飞行时的动态特性。

3. 舵面随机偏转

导弹的动态系统为自动控制系统,弹体本身就是一个被控制的对象,且为自动控制系统的一个重要环节,控制对导弹的动态特性影响很大。所以,在设计导弹系统这个自动控制系统时,必须清楚地了解导弹弹体本身的动态特性。另一方面,在设计导弹弹体时,也必须经常联系到控制系统来考虑各种问题。

6.5　导弹运动方程的线性化

由前述可知:在小扰动假设的前提下,导弹的实际运动参数等于理想运动参数与参数偏差的和。由此,便给我们带来了参数偏差随时间变化规律如何寻求的问题。为此,必须建立描述参数偏差随时间变化规律的数学模型。而微分方程的线性化方法就是这个模型建立的数学基础。

一、线性化方法

导弹空间运动通常由一个非线性变系数的微分方程来描述,在数学上尚无求解这种方程组的一般解析法。因此非线性问题往往是用一个近似的线性系统来代替,并使其近似误差小到无关紧要的地步。非线性系统近似成线性系统,其精确程度取决于线性化方法和线性化假设。分析导弹的动态特性,采用基于台劳级数的线性化方法。

假设导弹运动方程为一般形式的微分方程组,即

$$
\left.\begin{aligned}
f_1\,\frac{\mathrm{d}x_1}{\mathrm{d}t} &= F_1 \\
f_2\,\frac{\mathrm{d}x_2}{\mathrm{d}t} &= F_2 \\
&\vdots \\
f_n\,\frac{\mathrm{d}x_n}{\mathrm{d}t} &= F_n
\end{aligned}\right\}
\tag{6-24}
$$

式中

$$
\left.\begin{aligned}
f_1 &= f_1(x_1,x_2,x_3,\cdots,x_n) \\
f_2 &= f_2(x_1,x_2,x_3,\cdots,x_n) \\
&\vdots \\
f_n &= f_n(x_1,x_2,x_3,\cdots,x_n)
\end{aligned}\right\}
\tag{6-25}
$$

$$
\left.\begin{aligned}
F_1 &= F_1(x_1,x_2,x_3,\cdots,x_n) \\
F_2 &= F_2(x_1,x_2,x_3,\cdots,x_n) \\
&\vdots \\
F_n &= F_n(x_1,x_2,x_3,\cdots,x_n)
\end{aligned}\right\}
\tag{6-26}
$$

式中，$x_1,x_2,x_3,\cdots,x_n$ 是导弹的运动参数，由理想弹道计算可得它们的特解为

$$
\left.\begin{aligned}
x_1 &= x_{10}(t) \\
x_2 &= x_{20}(t) \\
&\vdots \\
x_n &= x_{n0}(t)
\end{aligned}\right\}
\tag{6-27}
$$

将此特解注以下标 0，表示基准弹道的参数。将特解式（6-27）代入式（6-24），得

$$
\left.\begin{aligned}
f_{10}\,\frac{\mathrm{d}x_{10}}{\mathrm{d}t} &= F_{10} \\
f_{20}\,\frac{\mathrm{d}x_{20}}{\mathrm{d}t} &= F_{20} \\
&\vdots \\
f_{n0}\,\frac{\mathrm{d}x_{n0}}{\mathrm{d}t} &= F_{n0}
\end{aligned}\right\}
\tag{6-28}
$$

对一般形式的微分方程组（6-24）进行线性化，为不失代表性，任取一个方程，并省略其下标，则有

$$
f\,\frac{\mathrm{d}x}{\mathrm{d}t} = F
\tag{6-29}
$$

式中，x 可以代表含扰动作用飞行的任一运动参数。在基准运动中式（6-29）变为

$$f_0 \frac{\mathrm{d}x_0}{\mathrm{d}t} = F_0 \tag{6-30}$$

一个运动参数在扰动运动和未扰动运动中之差称为运动参数的偏量（或增量），其形式为

$$f \frac{\mathrm{d}x}{\mathrm{d}t} - f_0 \frac{\mathrm{d}x_0}{\mathrm{d}t} = F - F_0 \tag{6-31}$$

令 $\Delta x = x - x_0$，$\Delta f = f - f_0$，$\Delta F = F - F_0$。因此，式(6-31)可改写为

$$\Delta \left(f \frac{\mathrm{d}x}{\mathrm{d}t} \right) = f \frac{\mathrm{d}x}{\mathrm{d}t} - f_0 \frac{\mathrm{d}x_0}{\mathrm{d}t} = F - F_0 = \Delta F \tag{6-32}$$

式(6-32)又可写成

$$\Delta \left(f \frac{\mathrm{d}x}{\mathrm{d}t} \right) = f \frac{\mathrm{d}x}{\mathrm{d}t} - f_0 \frac{\mathrm{d}x_0}{\mathrm{d}t} + \left(f \frac{\mathrm{d}x_0}{\mathrm{d}t} - f \frac{\mathrm{d}x_0}{\mathrm{d}t} \right) =$$

$$f \frac{\mathrm{d}\Delta x}{\mathrm{d}t} + \Delta f \frac{\mathrm{d}x_0}{\mathrm{d}t} + f_0 \frac{\mathrm{d}\Delta x}{\mathrm{d}t} - f_0 \frac{\mathrm{d}\Delta x}{\mathrm{d}t} =$$

$$(f_0 + \Delta f) \frac{\mathrm{d}\Delta x}{\mathrm{d}t} + \Delta f \frac{\mathrm{d}x_0}{\mathrm{d}t} = \Delta F \tag{6-33}$$

式中，$\Delta f \dfrac{\mathrm{d}\Delta x}{\mathrm{d}t}$ 是高于一次的微量，可以略去。于是式(6-33)可变为

$$f_0 \frac{\mathrm{d}\Delta x}{\mathrm{d}t} + \Delta f \frac{\mathrm{d}x_0}{\mathrm{d}t} = \Delta F \tag{6-34}$$

式中，ΔF 和 Δf 是函数的增量。它可由以下方法计算：

由式(6-25)，将函数 f 在 $x_{10}, x_{20}, x_{30}, \cdots, x_{n0}$ 点附近展开成台劳级数，则有

$$f(x_1, x_2, x_3, \cdots, x_n) = f_0(x_{10}, x_{20}, x_{30}, \cdots, x_{n0}) +$$

$$\left[\frac{\partial f(x_1, x_2, x_3, \cdots, x_n)}{\partial x_1} \right]_0 \Delta x_1 +$$

$$\left[\frac{\partial f(x_1, x_2, x_3, \cdots, x_n)}{\partial x_2} \right]_0 \Delta x_2 + \cdots + R_f \tag{6-35}$$

式中，R_f 是所有高于二阶以上各项之和。增量函数 Δf 为

$$\Delta f = f(x_1, x_2, x_3, \cdots, x_n) - f_0(x_{10}, x_{20}, x_{30}, \cdots, x_{n0}) =$$

$$\left[\frac{\partial f(x_1, x_2, x_3, \cdots, x_n)}{\partial x_1} \right]_0 \Delta x_1 +$$

$$\left[\frac{\partial f(x_1, x_2, x_3, \cdots, x_n)}{\partial x_2} \right]_0 \Delta x_2 + \cdots + R_f \tag{6-36}$$

同理可以求得增量函数 ΔF 的表达式为

$$\Delta F = F(x_1, x_2, x_3, \cdots, x_n) - F_0(x_{10}, x_{20}, x_{30}, \cdots, x_{n0}) =$$

$$\left[\frac{\partial F(x_1, x_2, x_3, \cdots, x_n)}{\partial x_1} \right]_0 \Delta x_1 +$$

$$\left[\frac{\partial F(x_1,x_2,x_3,\cdots,x_n)}{\partial x_2}\right]_0 \Delta x_2 + \cdots + R_f \tag{6-37}$$

导弹运动方程组线性化时,可以略去高阶小量之和。因此式(6-34)又可写为

$$f_0\frac{\mathrm{d}\Delta x}{\mathrm{d}t} + \left[\left(\frac{\partial f}{\partial x_1}\right)_0 \Delta x_1 + \left(\frac{\partial f}{\partial x_2}\right)_0 \Delta x_2 + \cdots\right]\frac{\mathrm{d}x_0}{\mathrm{d}t} =$$

$$\left(\frac{\partial F}{\partial x_1}\right)_0 \Delta x_1 + \left(\frac{\partial F}{\partial x_2}\right)_0 \Delta x_2 + \cdots \tag{6-38}$$

式中

$$\left(\frac{\partial f}{\partial x_1}\right)_0 = \left[\frac{\partial f(x_{10},x_{20},x_{30},\cdots,x_{n0})}{\partial x_1}\right]_0$$

$$\left(\frac{\partial F}{\partial x_1}\right)_0 = \left[\frac{\partial F(x_{10},x_{20},x_{30},\cdots,x_{n0})}{\partial x_1}\right]_0$$

于是,最终可得任一运动参数之偏量的线性微分方程式为

$$f_0\frac{\mathrm{d}\Delta x}{\mathrm{d}t} =$$

$$\left[\left(\frac{\partial F}{\partial x_1}\right)_0 - \frac{\mathrm{d}x_0}{\mathrm{d}t}\left(\frac{\partial f}{\partial x_1}\right)_0\right]\Delta x_1 + \left[\left(\frac{\partial F}{\partial x_2}\right)_0 - \frac{\mathrm{d}x_0}{\mathrm{d}t}\left(\frac{\partial f}{\partial x_2}\right)_0\right]\Delta x_2 + \cdots \tag{6-39}$$

显然,式(6-39)中的自变量是运动参数偏量 Δx,它可以是 $\Delta x_1,\Delta x_2,\cdots,\Delta x_n$,偏量在方程式中仅有一次幂,而且没有偏量间的乘积,所以微分方程式(6-39)是线性的。式中函数 f_0 以及偏导数 $\left(\frac{\partial f}{\partial x_1}\right)_0,\cdots,\left(\frac{\partial f}{\partial x_n}\right)_0,\left(\frac{\partial F}{\partial x_1}\right)_0,\cdots,\left(\frac{\partial F}{\partial x_n}\right)_0$ 等,均是基准弹道运动参数的函数。基准运动的参数在计算弹道后是已知的时间参数,所以函数 f_0 以及偏导数 $\left(\frac{\partial f}{\partial x_1}\right)_0,\cdots,\left(\frac{\partial f}{\partial x_n}\right)_0$,$\left(\frac{\partial F}{\partial x_1}\right)_0,\cdots,\left(\frac{\partial F}{\partial x_n}\right)_0$ 等均是已知的时间函数。

导弹运动方程组与运动偏量方程组的差别是:其一,前者描述一般的飞行状况,包括基准运动或称未扰动运动,后者描述基准运动邻近的扰动运动,或称附加运动;其二,一般的飞行状况是非线性的,扰动运动是线性的。

二、作用力和力矩偏量

导弹上的作用力有推力、控制力、空气动力和重力。这些作用力及其力矩出现偏量,同干扰力和干扰力矩的影响一样,将引起导弹产生扰动运动。因此,在运动方程线性化之前,应先弄清各作用力和力矩偏量的线性组合。

作用在导弹上的推力,如果由吸气式发动机产生,则其大小与空气密度和飞行速度有关,推力偏量的线性组合表达式为

$$\Delta P = \left[\frac{\partial P}{\partial V}\right]_0 \Delta V + \left[\frac{\partial P}{\partial y}\right]_0 \Delta y = P^V \Delta V + P^y \Delta y \qquad (6-40)$$

式中，y 为飞行高度；P^V，P^y 分别代表推力对速度和高度的偏导数，其值由未扰动飞行参数来计算，故注以下标 0。

已知空气动力和力矩不仅与该时刻的运动参数有关，而且还与这些参数对时间的导数有关。但是，完全按此理论确定气动力和力矩的偏量，目前仍是一件困难的工作。因此在工程上通常采用定常假设，其含义是：在非定常飞行中，作用在导弹上的气动力和力矩，除下洗延迟效应和气流阻滞外，均近似为与当时的运动参数有关，而不考虑这些参数导数的影响。

分析空气动力和力矩偏量的线性组合时，应注意导弹存在着纵向对称面，或者是纵向近似对称的。这种对称性使得纵向平面内的力和力矩对任意一侧向运动参数的导数可视为零。例如，空气阻力 X，确定它与侧滑角 β 的关系，β 值的正或负对阻力产生的影响没有差异（见图 6.12）。由此可见，在零侧滑角附近，阻力导数 X^β 实际上等于零。同理，升力导数 Y^β 也等于零。故此，在阻力和升力的偏量线性表达式内将不含与侧向运动参数偏量有关的项。

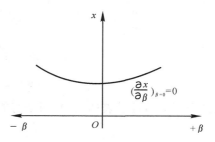

图 6.12　由侧滑角引起的阻力

如上所述，各空气动力偏量线性组合的表达式通常为

$$\begin{rcases} \Delta X = X^V \Delta V + X^\alpha \Delta \alpha + X^y \Delta y \\ \Delta Y = Y^V \Delta V + Y^\alpha \Delta \alpha + Y^y \Delta y + Y^{\delta_z} \Delta \delta_z \\ \Delta Z = Z^V \Delta V + Z^\beta \Delta \beta + Z^y \Delta y + Z^{\delta_y} \Delta \delta_y \end{rcases} \qquad (6-41)$$

式中各空气动力导数叙述如下：

因空气阻力 $X = \frac{1}{2}\rho V^2 C_x S$，其中阻力系数 C_x 又是 Ma（马赫数）、Re（雷诺数）、α（攻角）和 β（侧滑角）的函数，所以阻力导数为

$$\begin{rcases} X^\alpha = \dfrac{\partial X}{\partial \alpha} = \dfrac{X}{C_x}\dfrac{\partial C_x}{\partial \alpha} = \dfrac{X}{C_x}C_x^\alpha \\[2mm] X^\beta = \dfrac{\partial X}{\partial \beta} = \dfrac{X}{C_x}\dfrac{\partial C_x}{\partial \beta} = \dfrac{X}{C_x}C_x^\beta \\[2mm] X^V = \dfrac{\partial X}{\partial V} = \dfrac{X}{V}\left(2 + \dfrac{V}{C_x}\dfrac{\partial C_x}{\partial V}\right) \end{rcases} \qquad (6-42)$$

式中

$$\frac{\partial C_x}{\partial V} = \frac{Ma}{V}\frac{\partial C_x}{\partial Ma} + \frac{Re}{V}\frac{\partial C_x}{\partial Re}, \qquad Re = \rho\frac{VL}{\mu} \qquad (6-43)$$

故
$$X^V = \frac{X}{V}\left(2 + \frac{Ma}{C_x}C_x^{Ma} + \frac{Re}{C_x}C_x^{Re}\right) \tag{6-44}$$

如上所述,当侧滑角 β 很小时,偏导数 $X^\beta \approx 0$。

同理,升力 $Y = \frac{1}{2}\rho V^2 C_y S$ 和侧力 $Z = \frac{1}{2}\rho V^2 C_z S$ 的有关导数为

$$\left.\begin{aligned}
Y^V &= \frac{\partial Y}{\partial V} = \frac{Y}{V}\left(2 + \frac{Ma}{C_y}\frac{\partial C_y}{\partial Ma}\right) \\
Y^\alpha &= \frac{\partial Y}{\partial \alpha} = \frac{Y}{C_y}C_y^\alpha \\
Z^V &= \frac{\partial Z}{\partial V} = \frac{Z}{V}\left(2 + \frac{Ma}{C_z}\frac{\partial C_z}{\partial Ma}\right) \\
Z^\beta &= \frac{Z}{C_z}C_y^\beta \\
C_z^\beta &= -C_y^\alpha \text{(轴对称时)}
\end{aligned}\right\} \tag{6-45}$$

在升力和侧力偏量表达式中,两个与舵偏角有关的偏导数为

$$\left.\begin{aligned}
Y^{\delta_z} &= \frac{Y}{C_y}C_y^{\delta_z} \\
Z^{\delta_y} &= \frac{Z}{C_z}C_z^{\delta_y}
\end{aligned}\right\} \tag{6-46}$$

在以上气动力偏导数中,当战术导弹飞行高度微量变化时,若不计空气密度微小变化对气动力的影响,可取 X^y,Y^y 和 Z^y 为零。

讨论各气动力矩偏量的线性组合时,除考虑运动参数偏量 ΔV,Δy,$\Delta \alpha$,$\Delta \beta$,$\Delta \delta_y$ 和 $\Delta \delta_z$ 外,还应考虑角速度偏量 $\Delta \omega_x$,$\Delta \omega_y$,$\Delta \omega_z$ 和决定气流下洗延迟现象的偏量导数 $\Delta \dot{\alpha}$,$\Delta \dot{\beta}$,$\Delta \dot{\delta}_y$,$\Delta \dot{\delta}_z$,以及航向和滚转力矩偏量中的交叉效应。因此,适合所有气动力矩的一般式为

$$\left.\begin{aligned}
M_i &= \frac{1}{2}\rho V^2 m_i SL \\
M_i^i j &= m_i^i j q SL
\end{aligned}\right\} \tag{6-47}$$

可得各项气动力矩偏量的线性组合为

$$\Delta M_x = M_x^V \Delta V + M_x^\alpha \Delta \alpha + M_x^\beta \Delta \beta + M_x^{\omega_x} \Delta \omega_x + M_x^{\omega_y} \Delta \omega_y +$$
$$M_x^{\omega_z} \Delta \omega_z + M_x^y \Delta y + M_x^{\delta_z} \Delta \delta_x + M_x^{\delta_y} \Delta \delta_y \tag{6-48}$$

$$\Delta M_y = M_y^V \Delta V + M_y^\beta \Delta \beta + M_y^{\omega_x} \Delta \omega_x + M_y^{\omega_y} \Delta \omega_y +$$
$$M_y^{\dot\beta} \Delta \dot\beta + M_y^y \Delta y + M_y^{\dot\delta_y} \Delta \dot\delta_y + M_y^{\delta_y} \Delta \dot\delta_y + M_y^{\delta_z} \Delta \delta_x \tag{6-49}$$

$$\Delta M_z = M_z^V \Delta V + M_z^\alpha \Delta \alpha + M_z^{\omega_x} \Delta \omega_x + M_z^{\omega_z} \Delta \omega_z + M_z^{\dot\alpha} \Delta \dot\alpha + M_z^y \Delta y + M_z^{\delta_z} \Delta \delta_z + M_z^{\dot\delta_z} \Delta \dot\delta_z$$
$$\tag{6-50}$$

式中各力矩偏导数为

$$M_z^V = \frac{M_z}{V}\left(2 + \frac{Ma}{m_z}\ \frac{\partial m_z}{\partial Ma}\right)$$

$$M_y^V = \frac{M_y}{V}\left(2 + \frac{Ma}{m_y}\ \frac{\partial m_y}{\partial Ma}\right)$$

$$M_x^V = \frac{M_x}{V}\left(2 + \frac{Ma}{m_x}\ \frac{\partial m_x}{\partial Ma}\right)$$

$$(6-51)$$

$$M_z^a = \frac{M_z}{m_z}m_z^a\,, \qquad M_y^\beta = \frac{M_y}{m_y}m_y^\beta$$

$$M_x^a = \frac{M_x}{m_x}m_x^a\,, \qquad M_x^\beta = \frac{M_x}{m_x}m_x^\beta$$

$$(6-52)$$

$$M_z^{\omega_z} = \frac{M_z}{m_z}m_z^{\omega_z}\,, \qquad M_z^{\omega_x} = \frac{M_z}{m_z}m_z^{\omega_x}$$

$$M_z^{\dot{a}} = \frac{M_z}{m_z}m_z^{\dot{a}}$$

$$M_y^{\omega_y} = \frac{M_y}{m_y}m_y^{\omega_y}\,, \qquad M_y^{\omega_x} = \frac{M_y}{m_y}m_y^{\omega_x}$$

$$M_x^{\omega_x} = \frac{M_x}{m_x}m_x^{\omega_x}\,, \qquad M_x^{\omega_y} = \frac{M_x}{m_x}m_x^{\omega_y}$$

$$M_x^{\omega_z} = \frac{M_x}{m_x}m_x^{\omega_z}$$

$$(6-53)$$

这里的力矩系数 $m_z^{\omega_z}$，$m_y^{\omega_y}$，$m_x^{\omega_x}$ 等都是有量纲的。为了便于动态分析,常用无量纲形式 $m_z^{\bar{\omega}_z}$，$m_y^{\bar{\omega}_y}$，$m_x^{\bar{\omega}_x}$ 等。无量纲角速度 $\bar{\omega}_z$，$\bar{\omega}_y$，$\bar{\omega}_x$ 等可表示为

$$\bar{\omega}_z = \frac{\omega_z L}{V}\,, \qquad \bar{\omega}_y = \frac{\omega_y L}{V}\,, \qquad \bar{\omega}_x = \frac{\omega_x L}{V}$$

$$\bar{\dot{a}} = \frac{\dot{a}L}{V}\,, \qquad \bar{\dot{\beta}} = \frac{\dot{\beta}L}{V}$$

$$(6-54)$$

于是,由无量纲气动力矩因数表示的力矩偏导数为

$$M_z^{\omega_z} = m_z^{\bar{\omega}_z}\ \frac{1}{2}\rho VSL^2\,, \qquad M_x^{\omega_z} = m_x^{\bar{\omega}_z}\ \frac{1}{2}\rho VSL^2$$

$$M_z^{\dot{a}} = m_z^{\bar{\dot{a}}}\ \frac{1}{2}\rho VSL^2$$

$$M_y^{\omega_y} = m_y^{\bar{\omega}_y}\ \frac{1}{2}\rho VSL^2\,, \qquad M_y^{\omega_x} = m_y^{\bar{\omega}_x}\ \frac{1}{2}\rho VSL^2$$

$$M_y^\beta = m_y^{\bar{\dot{\beta}}}\ \frac{1}{2}\rho VSL^2$$

$$M_x^{\omega_x} = m_x^{\bar{\omega}_x}\ \frac{1}{2}\rho VSL^2\,, \qquad M_x^{\omega_z} = m_x^{\bar{\omega}_z}\ \frac{1}{2}\rho VSL^2$$

在实际应用中为书写方便,上列各无量纲气动力矩导数可略去上标符号"—"。

三、导弹运动方程组的线性化

为了得到描述导弹空间扰动运动的线性微分方程组,必须应用线性化公式,即式(6-39),对导弹运动方程组的每一方程逐项地进行线性化。导弹运动方程组(2-49)的第 1 式为

$$m\frac{\mathrm{d}V}{\mathrm{d}t} = P\cos\alpha\cos\beta - X - G\sin\theta \qquad (6-55)$$

式(6-55)与式(6-39)对比,导弹的质量 m 相当于 f,飞行速度 V 相当于 x,而 $P\cos\alpha\cos\beta - X - G\sin\theta$ 相当于 F。由于导弹的质量 m 与运动参数 $V,\alpha,\cdots$ 无关,所以

$$\frac{\partial m}{\partial V} = \frac{\partial m}{\partial \alpha} = \frac{\partial m}{\partial \beta} = 0$$

因此 $\frac{\partial f}{\partial x_1} = 0, \frac{\partial f}{\partial x_2} = 0, \cdots$,$F$ 对各运动参数的偏导数,包括飞行高度 H,则分别为

$$\frac{\partial F}{\partial V} = \frac{\partial(P\cos\alpha\cos\beta - X - G\sin\theta)}{\partial V} = \cos\alpha\cos\beta\frac{\partial P}{\partial V} - \frac{\partial X}{\partial V} - \sin\theta\frac{\partial G}{\partial V}$$

偏导数采用简化符号,即 $\frac{\partial P}{\partial V} = P^V, \frac{\partial X}{\partial V} = X^V, \frac{\partial G}{\partial V} = G^V = 0$,上式变为

$$\frac{\partial F}{\partial V} = P^V\cos\alpha\cos\beta - X^V$$

引用式(6-42)的结果,上式可写为

$$\frac{\partial F}{\partial V} = P^V\cos\alpha\cos\beta - \frac{X}{V}\left(2 + \frac{V}{C_x}C_x^V\right)$$

式中,$\frac{\partial C_x}{\partial V} = C_x^V$。

式(6-55)中 F 对其他运动参数的偏导数,可同样表示为

$$\frac{\partial F}{\partial \alpha} = (P^\alpha\cos\alpha - P\sin\alpha)\cos\beta - X^\alpha$$

$$\frac{\partial F}{\partial \beta} = P^\beta\cos\alpha\cos\beta - P\cos\alpha\sin\beta - X^\beta$$

$$\frac{\partial F}{\partial y} = \frac{\partial F}{\partial H} = P^H\cos\alpha\cos\beta - X^H - G^H$$

$$\frac{\partial F}{\partial \theta} = -G\cos\theta$$

将上面求得的各个偏导数代入式(6-39),可求得式(6-55)的线性化结果形式为

$$m_0 \frac{\mathrm{d}\Delta V}{\mathrm{d}t} = \left[P^V \cos\alpha\cos\beta - \frac{X}{V}\left(2 + \frac{V}{C_x}C_x^V\right) \right]_0 \Delta V +$$

$$\left[P^\alpha \cos\alpha\cos\beta - P\sin\alpha\cos\beta - X^\alpha \right]_0 \Delta\alpha +$$

$$\left[P^\beta \cos\alpha\cos\beta - P\cos\alpha\sin\beta - X^\beta \right]_0 \Delta\beta +$$

$$\left[P^H \cos\alpha\cos\beta - X^H - G^H \right]_0 \Delta H - \left[G\cos\theta_0 \right] \Delta\theta \qquad (6-56)$$

如果导弹在实际飞行过程中攻角 α 和侧滑角 β 的数值均比较小，$\cos\alpha \approx 1, \cos\beta \approx 1$，$\sin\alpha \approx \alpha, \sin\beta \approx \beta$，则式(6-56) 可近似写为

$$m_0 \frac{\mathrm{d}\Delta V}{\mathrm{d}t} \approx \left[P^V - \frac{X}{V}\left(2 + \frac{V}{C_x}C_x^V\right) \right]_0 \Delta V + \left[P^\alpha - P\alpha - X^\alpha \right]_0 \Delta\alpha +$$

$$\left[P^\beta - P\beta - X^\beta \right]_0 \Delta\beta + \left[P^H - X^H - G^H \right]_0 \Delta H - \left[G\cos\theta \right]_0 \Delta\theta \qquad (6-57)$$

式(6-57) 为导弹飞行速度偏量随时间变化的线性微分方程式，也是常见的运动偏量微分方程式之一。只是有些发动机推力的偏导数 $P^\alpha = P^\beta = P^H = 0$。

导弹运动方程组(2-49) 的第 2 式为

$$mV \frac{\mathrm{d}\theta}{\mathrm{d}t} = P(\sin\alpha\cos\gamma_v + \cos\alpha\sin\beta\sin\gamma_v) + Y\cos\gamma_v - Z\sin\gamma_v - G\cos\theta \qquad (6-58)$$

这时运动参数为 $V, \theta, \alpha, \beta, \gamma_v, H, \delta_z$ 和 δ_y，按照式(6-55) 线性化的步骤，可以得到偏导数分别为

$$\frac{\partial(mV)}{\partial V} = m$$

$$\frac{\partial F}{\partial V} = P^V(\sin\alpha\cos\gamma_v + \cos\alpha\sin\beta\sin\gamma_v) + Y^V\cos\gamma_v - Z^V\sin\gamma_v$$

$$\frac{\partial F}{\partial \alpha} = P^\alpha(\sin\alpha\cos\gamma_v + \cos\alpha\sin\beta\sin\gamma_v) + P(\cos\alpha\cos\gamma_v - \sin\alpha\sin\beta\sin\gamma_v) + Y^\alpha\cos\gamma_v$$

$$\frac{\partial F}{\partial \beta} = P^\beta(\sin\alpha\cos\gamma_v + \cos\alpha\sin\beta\sin\gamma_v) + P\cos\alpha\cos\beta\sin\gamma_v - Z^\beta\sin\gamma_v$$

$$\frac{\partial F}{\partial \gamma_v} = P(-\sin\alpha\sin\gamma_v + \cos\alpha\sin\beta\cos\gamma_v) - Y\sin\gamma_v - Z\cos\gamma_v$$

$$\frac{\partial F}{\partial \theta} = G\sin\theta$$

$$\frac{\partial F}{\partial \delta_z} = Y^{\delta_z}\cos\gamma_v$$

$$\frac{\partial F}{\partial \delta_y} = -Z^{\delta_y}\sin\gamma_v$$

$$\frac{\partial F}{\partial H} = P^H(\sin\alpha\cos\gamma_v + \cos\alpha\sin\beta\sin\gamma_v) + Y^H\cos\gamma_v - Z^H\sin\gamma_v - G^H\cos\theta$$

在运动参数偏量的线性微分方程式中引用上列各式，可得式（6-58）的线性化形式为

$$[mV]_0 \frac{\mathrm{d}\Delta\theta}{\mathrm{d}t} + [m\frac{\mathrm{d}\theta}{\mathrm{d}t}]_0 \Delta V =$$

$$[P^V(\sin\alpha\cos\gamma_v + \cos\alpha\sin\beta\sin\gamma_v) +$$

$$Y^V\cos\gamma_v - Z^V\sin\gamma_v]_0 \Delta V +$$

$$[P^\alpha(\sin\alpha\cos\gamma_v + \cos\alpha\sin\beta\sin\gamma_v) +$$

$$P(\cos\alpha\cos\gamma_v - \sin\alpha\sin\beta\sin\gamma_v) + Y^\alpha\cos\gamma_v]_0 \Delta\alpha +$$

$$[P^\beta(\sin\alpha\cos\gamma_v + \cos\alpha\sin\beta\sin\gamma_v) + P\cos\alpha\cos\beta\sin\gamma_v -$$

$$Z^\beta\sin\gamma_v]_0 \Delta\beta + [G\sin\theta]_0 \Delta\theta + [Y^{\delta_z}\cos\gamma_v]_0 \Delta\delta_z - [Z^{\delta_y}\sin\gamma_v]_0 \Delta\delta_y +$$

$$[P(-\sin\alpha\sin\gamma_v + \cos\alpha\sin\beta\cos\gamma_v) - Y\sin\gamma_v - Z\cos\gamma_v]_0 \Delta\gamma_v +$$

$$[P^H(\sin\alpha\cos\gamma_v + \cos\alpha\sin\beta\sin\gamma_v) +$$

$$Y^H\cos\gamma_v - Z^H\sin\gamma_v - G^H\cos\theta]_0 \Delta H \tag{6-59}$$

如果导弹沿基准弹道飞行的攻角 α、侧滑角 β 和倾斜角 γ_v 都比较小，在式（6-59）中可近似认为 $\cos\alpha = \cos\beta = \cos\gamma_v \approx 1$；$\sin\alpha \approx \alpha$，$\sin\beta \approx \beta$，$\sin\gamma_v \approx \gamma_v$，于是式（6-59）可写为

$$[mV]_0 \frac{\mathrm{d}\Delta\theta}{\mathrm{d}t} + [m\frac{\mathrm{d}\theta}{\mathrm{d}t}]_0 \Delta V =$$

$$[P^V(\alpha + \beta\gamma_v) + Y^V - Z^V\gamma_v]_0 \Delta V +$$

$$[P^\alpha(\alpha + \beta\gamma_v) + P(1 - \alpha\beta\gamma_v) + Y^\alpha]_0 \Delta\alpha +$$

$$[P^\beta(\alpha + \beta\gamma_v) + P\gamma_v - Z^\beta\gamma_v]_0 \Delta\beta + [G\sin\theta]_0 \Delta\theta +$$

$$[Y^{\delta_z}]_0 \Delta\delta_z - [Z^{\delta_y}\gamma_v]_0 \Delta\delta_y +$$

$$[P(-\alpha\gamma_v + \beta) - Y\gamma_v - Z]_0 \Delta\gamma_v +$$

$$[P^H(\alpha + \beta\gamma_v) + Y^H - Z^H\gamma_v - G^H\cos\theta]_0 \Delta H \tag{6-60}$$

如果忽略式（6-60）中的二阶小量 $\beta\gamma_v$，$\alpha\gamma_v$ 和三阶小量 $\alpha\beta\gamma_v$；另外在一般情况下 $(mV)_0 \frac{\mathrm{d}\Delta\theta}{\mathrm{d}t}$ 要比 $(m\frac{\mathrm{d}\theta}{\mathrm{d}t})_0 \Delta V$ 大得多，两项相比，$(m\frac{\mathrm{d}\theta}{\mathrm{d}t})_0$ 可以忽略不计。这时式（6-60）可改写成

$$[mV]_0 \frac{\mathrm{d}\Delta\theta}{\mathrm{d}t} = [P^V\alpha + Y^V - Z^V\gamma_v]_0 \Delta V + [P^\alpha\alpha + P + Y^\alpha]_0 \Delta\alpha +$$

$$[P^\beta\alpha + P\gamma_v - Z^\beta\gamma_v]_0 \Delta\beta + [G\sin\theta]_0 \Delta\theta + [Y^{\delta_z}]_0 \Delta\delta_z - [Z^{\delta_y}\gamma_v]_0 \Delta\delta_y +$$

$$[P\beta - Y\gamma_v - Z]_0 \Delta\gamma_v + [P^H\alpha + Y^H - Z^H\gamma_v - G^H\cos\theta]_0 \Delta H \tag{6-61}$$

由此可见，应用运动参数偏量的线性微分方程式（6-39），参照以上导弹运动方程组的第1式（式（6-55））和第2式（式（6-58））线性化的步骤，可得导弹空间运动方程组的全部线性化结果，即导弹空间扰动运动的线性微分方程组为

$$[m]_0 \frac{\mathrm{d}\Delta V}{\mathrm{d}t} = [P^V - X^V]_0 \Delta V + [P^\alpha - P\alpha - X^\alpha]_0 \Delta\alpha + [P^\beta - P\beta - X^\beta]_0 \Delta\beta +$$
$$[P^H - X^H - G^H]_0 \Delta H - [G\cos\theta]_0 \Delta\theta$$

$$[mV]_0 \frac{\mathrm{d}\Delta\theta}{\mathrm{d}t} = [P^V\alpha + Y^V]_0 \Delta V + [P + Y^\alpha]_0 \Delta\alpha +$$
$$[G\sin\theta]_0 \Delta\theta + [Y^{\delta_z}]_0 \Delta\delta_z + [Y^H - G^H\cos\theta]_0 \Delta H$$

$$[-mV\cos\theta]_0 \frac{\mathrm{d}\Delta\psi_V}{\mathrm{d}t} = [Z^V]_0 \Delta V + [P\gamma_V + Y^\alpha]_0 \Delta\alpha + [-P + Z^\beta]_0 \Delta\beta +$$
$$[P\alpha + Y]_0 \Delta\gamma_V + [Z^{\delta_y}]_0 \Delta\delta_y + [Z^H]_0 \Delta H$$

$$[J_x]_0 \frac{\mathrm{d}\Delta\omega_x}{\mathrm{d}t} = [M_x^V]_0 \Delta V + [M_x^{\omega_x}]_0 \Delta\omega_x + [M_x^{\delta_x}]_0 \Delta\delta_x + [M_x^{\delta_y}]_0 \Delta\delta_y + [M_x^{\omega_y}]_0 \Delta\omega_y -$$
$$[(J_z - J_y)\omega_y]_0 \Delta\omega_z - [(J_z - J_y)\omega_z]_0 \Delta\omega_y + [M_x^\beta]_0 \Delta\beta + [M_x^H]_0 \Delta H$$

$$[J_y]_0 \frac{\mathrm{d}\Delta\omega_y}{\mathrm{d}t} = [M_v^V]_0 \Delta V + [M_y^\beta]_0 \Delta\beta + [M_y^{\omega_y}]_0 \Delta\omega_y + [M_y^{\omega_x}]_0 \Delta\omega_x + [M_y^{\delta_y}]_0 \Delta\delta_y +$$
$$[M_y^H]_0 \Delta H + [M_y^\beta]_0 \Delta\beta + [M_y^{\delta_y}]_0 \Delta\delta_y -$$
$$[(J_x - J_z)\omega_z]_0 \Delta\omega_x - [(J_x - J_z)\omega_x]_0 \Delta\omega_z$$

$$[J_z]_0 \frac{\mathrm{d}\Delta\omega_z}{\mathrm{d}t} = [M_z^V]_0 \Delta V + [M_z^\alpha]_0 \Delta\alpha + [M_z^{\omega_z}]_0 \Delta\omega_z + [M_z^{\delta_z}]_0 \Delta\delta_z + [M_z^{\dot\alpha}]_0 \Delta\dot\alpha +$$
$$[M_z^{\dot\delta_z}]_0 \Delta\dot\delta_z + [M_z^H]_0 \Delta H - [(J_y - J_x)\omega_x]_0 \Delta\omega_y - [(J_y - J_x)\omega_y]_0 \Delta\omega_x$$

$$\frac{\mathrm{d}\Delta\vartheta}{\mathrm{d}t} = \Delta\omega_x$$

$$\frac{\mathrm{d}\Delta\psi}{\mathrm{d}t} = \left[\frac{1}{\cos\vartheta}\right]_0 \Delta\omega_y$$

$$\frac{\mathrm{d}\Delta\gamma}{\mathrm{d}t} = \Delta\omega_x - [\tan\vartheta]_0 \Delta\omega_y$$

$$\frac{\mathrm{d}\Delta x}{\mathrm{d}t} = [\cos\theta\cos\psi_V]_0 \Delta V - [V\sin\theta\cos\psi_V]_0 \Delta\theta - [V\cos\theta\sin\psi_V]_0 \Delta\psi_V$$

$$\frac{\mathrm{d}\Delta y}{\mathrm{d}t} = [\sin\theta]_0 \Delta V + [V\cos\theta]_0 \Delta\theta$$

$$\frac{\mathrm{d}\Delta z}{\mathrm{d}t} = [-\cos\theta\sin\psi_V]_0 \Delta V + [V\sin\theta\sin\psi_V]_0 \Delta\theta - [V\cos\theta\cos\psi_V]_0 \Delta\psi_V$$

$$\Delta\theta = \Delta\vartheta - \Delta\alpha$$

$$\Delta\psi_V = \Delta\psi + \left[\frac{\alpha}{\cos\theta}\right]_0 \Delta\gamma - \left[\frac{1}{\cos\theta}\right]_0 \Delta\beta$$

$$\Delta\gamma_V = [\tan\theta]_0 \Delta\beta + \left[\frac{\cos\vartheta}{\cos\theta}\right]_0 \Delta\gamma$$

$$(6-62)$$

在此方程组中没有考虑导弹质量随运动参数偏量的变化,也没有考虑 4 个理想操纵关系方程,故仅有 15 个运动参数偏量方程,其中所含偏量分别为 ΔV、$\Delta \alpha$、$\Delta \beta$、$\Delta \psi_v$、$\Delta \theta$、$\Delta \gamma_v$、$\Delta \vartheta$、$\Delta \psi$、$\Delta \gamma$、$\Delta \omega_x$、$\Delta \omega_z$、$\Delta \omega_y$、Δx、Δy 和 Δz。运动参数偏量线性微分方程组中舵面偏角的偏量 $\Delta \delta_z$、$\Delta \delta_y$ 和 $\Delta \delta_x$ 是导弹弹体扰动的输入量,在单独分析弹体自身的动态特性时,可取常用的典型输入值,例如阶跃函数等。当分析导弹弹体作为控制对象的动态特性时,因存在包含自动驾驶仪的控制系统,此时偏量 $\Delta \delta_z$、$\Delta \delta_y$ 和 $\Delta \delta_x$ 又是控制设备的输出量。

在运动参数偏量的线性微分方程中,凡有方括号表示的量均是方程式的系数,而下标 0 表示这些系数由基准弹道的运动参数、气动参数和结构参数等来确定。在明确了此含义后,今后为书写方便,常略去下标"0"。

四、系数冻结法

导弹扰动运动方程组是变系数线性微分方程组。因为导弹在飞行过程中,一般情况下运动参数是随时间变化的。对于变系数线性微分方程难于寻求工程需要的解析解,为此,常采用系数"冻结"法将变系数线性微分方程处理为常系数线性微分方程。

系数"冻结"法的含义如下:在研究导弹(或飞行器)的动态特性时,如果未扰动弹道已经给出,则在该弹道上任意点的运动参数和结构参数都为已知数值。可以近似地认为在这些点附近的小范围内,运动参数和结构参数都固定不变。具体而言,在一小段时间动力系数可由弹道上某一点的运动参数来决定,这个点称之为特性点。假设在特性点附近动力系数的值不变,或者说从特性点算起,在一小段时间内动力系数为常数。

系数"冻结"法并无严格的理论根据或数学证明。在实用中,通常发现:如果在过渡过程时间内,即使系数的变化大,系数"冻结"法也不致于带来很大的误差。一般运动系数的变化值不超过 10%,采用系数"冻结"法将不会带来很大的误差。但是在选择弹道特性点时应注意,凡是运动参数有剧烈变化的点,都应作为特性点对待,否则,将会出现很大的误差。可是选择过多的特性点,除增加分析工作量外,也未必能得到十分精确的结果,因为扰动运动实质上毕竟是由变系数的性质来决定的。因此,用特性点上的动力系数,分析导弹的动态特性后,如果一定要进一步精确计算分析,只能采用变系数模拟计算机或电子数字计算机进行求解,或通过飞行实验进行检验。

思 考 题 6

6.1 飞行器动态特性分析研究的是有关飞行器的哪些特性?

6.2 何谓理论弹道、理想弹道、基准运动、附加运动、扰动运动、扰动弹道? 其中哪些有对应关系?

6.3 试举几例书中未提到的干扰因素,并说明其干扰源的性质。

6.4 什么是偶然干扰、经常干扰? 它们各自与扰动源有什么关系?

6.5 试推导图 6.13 所示弹身对接偏差引起的附加攻角（弹直径为 D）。

6.6 为什么研究飞行器的动态特性时要采用小扰动理论？小扰动理论的内容是什么？

6.7 对运动方程进行线性化的意义何在？

6.8 试述"系数冻结法"的含义，并说明为什么要采用"系数冻结法"。

6.9 试述动态稳定性和操纵性的概念，并说明动态稳定性与静稳定性概念的异同之处。

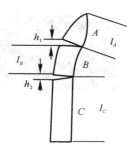

图 6.13 题 6.5 图

第7章 导弹纵向扰动运动方程组的建立及求解

7.1 纵向扰动运动的数学模型

一、运动方程的线性化

如果导弹只绕弹体 Oz_1 轴转动,且质心的移动基本上在某一铅垂平面内,同时认为导弹纵向对称面与此飞行平面相重合,因而可将导弹在铅垂面内的运动称为纵向运动。纵向运动所包含的运动参数有 $V,\alpha,\theta,\vartheta,X,Y,\omega_z$。而描述纵向扰动运动参数的偏量(实际值相对基准值)随时间变化的规律称为纵向扰动运动。就纵向扰动运动而言,它有以下 3 个特点:

(1) 侧向参数的基准值很小;

(2) 干扰只改变纵向参数,不改变侧向参数;

(3) 小扰动。

另外,单独分析导弹自身的动态特性时,总是假定舵偏角为已知值,而不受理想操纵关系的约束。换句话说,不考虑理想操纵关系式方程,导弹的运动可视作一个开环环节来处理,这个环节的输入作用是舵面偏转角,输出是导弹的运动参数。

纵向扰动运动的数学模型可由纵向运动方程组线性化得出,在线性化建模时,采用了以下基本假设:

(1) 假定在未扰动运动中,侧向运动参数 $\psi,\beta,\gamma,\omega_x,\omega_y,\psi_V,\gamma_V,Z$ 和侧向运动操纵机构的偏转 δ_x,δ_y 以及纵向运动中的 $\omega_z,\dot\alpha$ 都是很小的,可以在方程中忽略其乘积,以及这些参数与其他微量的乘积,此外还假定在未扰动飞行中,偏导数 $Q^\beta = \left(\dfrac{\partial Q}{\partial \beta}\right)$ 为一小的数值。

(2) 我们不研究导弹结构参数的偏差和大气状态对导弹飞行弹道的影响,即结构参数的偏量 $\Delta m,\Delta J_x,\Delta J_y,\Delta J_z,\Delta \overline{P}$,大气密度的偏量 $\Delta \rho$ 和坐标偏量 Δy 对未扰动运动的影响可以不考虑。参数 $m,J_x,J_y,J_z,\overline{P},\rho,y$ 在扰动运动中的数值与在未扰动中一样,是时间的已知函数。

(3) 小扰动,即假定扰动运动参数与在同一时间内的未扰动参数值间的差值很小。由纵向运动方程组线性化,或由方程组(6-62)可得纵向扰动运动方程组为

$$m_0 \frac{\mathrm{d}V}{\mathrm{d}t} = (P^V - X^V)_0 \Delta V - (P\alpha + X^\alpha)_0 \Delta\alpha - (G\cos\theta)_0 \Delta\theta$$

$$(mV)_0 \frac{\mathrm{d}\Delta\theta}{\mathrm{d}t} = (P^V\alpha + Y^V)_0 \Delta V + (P + Y^\alpha)_0 \Delta\alpha +$$

$$(G\sin\theta)_0 \Delta\theta + (Y^{\delta_z})_0 \Delta\delta_z$$

$$J_{z0} \frac{\mathrm{d}\Delta\omega_z}{\mathrm{d}t} = (M_z^V)_0 \Delta V + (M_z^\alpha)_0 \Delta\alpha + (M_z^{\omega_z})_0 \Delta\omega_z +$$

$$(M_z^{\dot\alpha})_0 \Delta\dot\alpha + (M_z^{\delta_z})_0 \Delta\delta_z + (M_z^{\dot\delta_z})_0 \Delta\dot\delta_z$$

$$\frac{\mathrm{d}\Delta\vartheta}{\mathrm{d}t} = \Delta\omega_z$$

$$\Delta\theta = \Delta\vartheta - \Delta\alpha$$

$$\left. \right\} \qquad (7-1)$$

$$\frac{\mathrm{d}\Delta x}{\mathrm{d}t} = (\cos\theta)_0 \Delta V - (V\sin\theta)_0 \Delta\theta$$

$$\frac{\mathrm{d}\Delta y}{\mathrm{d}t} = (\sin\theta)_0 \Delta V + (V\cos\theta)_0 \Delta\theta$$

$$\left. \right\} \qquad (7-2)$$

方程组(7-1)和方程组(7-2)为纵向扰动运动方程组,其变量是运动参数偏量 ΔV,$\Delta\theta$, $\Delta\omega_z$,$\Delta\alpha$,$\Delta\vartheta$,Δx 和 Δy,它们是待求的未知时间函数。该方程组的模态反映了纵向扰动运动的动态特性。

在纵向扰动运动方程组(7-1)中不含干扰力和干扰力矩,而它们却是客观存在的。这里用 F'_{xd} 表示切向干扰力,F'_{yd} 表示法向干扰力,M'_{zd} 表示纵向干扰力矩。考虑到干扰力和干扰力矩的存在,方程组(7-1)可改写为

$$m_0 \Delta\dot V = (P^V - X^V)_0 \Delta V - (P\alpha + X^\alpha)_0 \Delta\alpha - (G\cos\theta)_0 \Delta\theta + F'_{xd}$$

$$J_{z0} \Delta\ddot\vartheta = (M_z^V)_0 \Delta V + (M_z^\alpha)_0 \Delta\alpha + (M_z^{\omega_z})_0 \Delta\dot\vartheta +$$

$$(M_z^{\dot\alpha})_0 \Delta\dot\alpha + (M_z^{\delta_z})_0 \Delta\delta_z + (M_z^{\dot\delta_z})_0 \Delta\dot\delta_z + M'_{zd}$$

$$(mV)_0 \Delta\dot\theta = (P^V\alpha + Y^V)_0 \Delta V + (P + Y^\alpha)_0 \Delta\alpha +$$

$$(G\sin\theta)_0 \Delta\theta + Y_0^{\delta_z} \Delta\delta_z + F'_{yd}$$

$$\theta = \vartheta - \alpha$$

$$\left. \right\} \qquad (7-3)$$

二、纵向动力系数

方程组(7-3)并非标准形式的纵向扰动运动模型。在飞行力学中采用的标准形式,习惯上都是用动力系数代替方程组中的系数。纵向动力系数用 a_{mn} 表示,下标 m 代表方程的编号, n 代表运动参数偏量的编号,即 ΔV 为1,$\Delta\omega_z$ 为2,$\Delta\theta$ 为3,$\Delta\alpha$ 为4,$\Delta\delta_z$ 为5。

因此,在纵向扰动运动方程组(7-3)中,第2式除以转动惯量可得动力系数的公式为

阻尼动力系数 $\qquad a_{22} = -\dfrac{(M_z^{\omega_z})_0}{J_{z0}}$ $(1/\text{s})$

静稳定动力系数 $\qquad a_{24} = -\dfrac{(M_z^{\alpha})_0}{J_{z0}}$ $(1/\text{s}^2)$

操纵动力系数 $\qquad a_{25} = -\dfrac{(M_z^{\delta_z})_0}{J_{z0}}$ $(1/\text{s})$

$$\left.\right\}\quad (7-4)$$

速度动力系数 $\qquad a_{21} = -\dfrac{(M_z^{V})_0}{J_{z0}}$ $(1/\text{m}\cdot\text{s})$

下洗延迟动力系数 $\qquad a'_{24} = -\dfrac{(M_z^{\dot{\alpha}})_0}{J_{z0}}$ $(1/\text{s})$

$$a'_{25} = -\dfrac{(M_z^{\dot{\delta}_z})_0}{J_{z0}} \quad (1/\text{s})$$

方程组(7-3)的第 3 式的有关项除以乘积 $(mV)_0$ 可得以下动力系数表达式:

法向力动力系数 $\qquad a_{34} = \dfrac{(P+Y^{\alpha})_0}{(mV)_0}$ $(1/\text{s})$

舵面动力系数 $\qquad a_{35} = \dfrac{(Y^{\delta_z})_0}{(mV)_0}$ $(1/\text{s})$

$$\left.\right\}\quad (7-5)$$

重力动力系数 $\qquad a_{33} = -\left(\dfrac{g}{V}\sin\theta\right)_0 (1/\text{s})$

速度动力系数 $\qquad a_{31} = -\dfrac{(P^{V}\alpha+Y^{V})_0}{(mV)_0}$ $(1/\text{m}\cdot\text{s})$

这些动力系数具有导弹法向作用力的性质。

最后,方程组(7-3)的第 1 式的有关项除以导弹质量,可得以下动力系数:

切向动力系数 $\qquad a_{14} = \dfrac{(P\alpha+X^{\alpha})_0}{m_0}$ (m/s^2)

重力动力系数 $\qquad a_{13} = (g\cos\theta)_0 (\text{m}/\text{s}^2)$

$$\left.\right\}\quad (7-6)$$

速度动力系数 $\qquad a_{11} = -\dfrac{(P^{V}-X^{V})_0}{m_0}$ $(1/\text{s})$

以上动力系数与导弹切向作用力有关。

作用在导弹上的干扰力和干扰力矩可采用以下相应的符号:

$$F_{xd} = \frac{F'_{xd}}{m_0}, \qquad F_{yd} = \frac{F'_{yd}}{(mv)_0}, \qquad M_{zd} = \frac{M'_{zd}}{J_{z0}}$$

式中,F_{xd},F_{yd},M_{zd} 分别称为相似干扰切向力、相似干扰法向力与相拟干扰纵向力矩。

引入动力系数后,可将方程组(7-3)改写成一种标准形式的纵向扰动运动模型,即

$$
\left.
\begin{aligned}
&\Delta \dot{V} + a_{11}\Delta V + a_{14}\Delta\alpha + a_{13}\Delta\theta = F_{xd} \\
&\Delta \ddot{\vartheta} + a_{21}\Delta V + a_{22}\Delta\dot{\vartheta} + a_{24}\Delta\alpha + a'_{24}\Delta\dot{\alpha} = -a_{25}\Delta\delta_z - a'_{25}\Delta\dot{\delta}_z + M_{xd} \\
&\Delta \dot{\theta} + a_{31}\Delta V + a_{33}\Delta\theta - a_{34}\Delta\alpha = a_{35}\Delta\delta_z + F_{yd} \\
&\Delta \vartheta = \Delta\theta + \Delta\alpha
\end{aligned}
\right\}
\tag{7-7}
$$

由方程组(7-7)可以进一步解释有关动力系数的含义。其中第1式描述在纵向扰动运动中导弹质心的法向加速度,因此动力系数 a_{11},a_{14},a_{13} 分别是在与之相乘的运动参数偏量为一个单位时,引起的法向加速度分量;第2式描述导弹绕质心旋转的角加速度,这是以后要着重讨论的内容,在此式中,动力系数 $a_{21},a_{22},a_{24},a_{25},a'_{24}$ 等分别代表与之相乘的偏量为一个单位时,产生的角加速度分量;第3式描述导弹质心的法向加速度,式中各动力系数 a_{31},a_{34},a_{35} 和 a_{33} 分别是在与之相乘的偏量为一个单位时,导弹可以获得的法向加速度分量。

三、纵向动力系数的计算

考虑到各个动力系数的计算过程是大致相同的,为了避免冗长的重复说明,在此仅以计算静稳定动力系数为例。之所以要选择动力系数 a_{24} 为例,是因为它代表了导弹是否具有静稳定性,而这一性质在纵向动态特性中又起着明显的作用。

由方程组(7-4)可知

$$
a_{24} = -\frac{(M_z^\alpha)_0}{J_{z0}} = -\frac{(m_z^\alpha \frac{1}{2}\rho V^2 SL)_0}{J_{z0}} \quad (1/s^2)
\tag{7-8}
$$

恢复(静稳定)力矩系数 m_z^α 的表达式,由气动力计算方法可知其基本形式为

$$
m_z^\alpha = C_y^\alpha \left(\frac{X_g - X_j}{L}\right)
\tag{7-9}
$$

式(7-8),(7-9)中,C_y^α 为导弹升力系数斜率;S 为气动力参考面积;L 为气动力参考长度;X_g 为质心到导弹头部的距离;X_j 为焦点到导弹头部的距离。

如果气动力参考长度为平均气动力弦长 b_a,则式(7-9)变为

$$
m_z^\alpha = C_y^\alpha \left(\frac{X_g - X_j}{b_a}\right)
\tag{7-10}
$$

计算气动力和力矩系数的公式,对于不同结构形式的导弹有不同的表示方法。因此,这里不一一列举。

为了获得导弹动力系数的值,一般应进行以下计算步骤:

(1)按气动计算的规定,选用参考面积 S 和参考长度 L。

(2)根据风洞试验或理论估算的结果,确定所需的气动力和力矩系数,以及压力中心、焦点的数值。

(3)在已知的大量基准弹道中,选择若干条典型弹道,并确定弹道上的特性点。

(4)确定飞行过程中导弹的质心位置坐标。

（5）根据位置的变化和质量分布，计算导弹的转动惯量。

（6）将有关数值代入相应的动力系数公式，计算动力系数的值。

动力系数是有量纲的数值，计算过程中应注意所取各种参数在量纲上的一致性。

四、纵向扰动运动的状态方程

导弹纵向扰动运动方程组（7-7）对于运动偏量而言是线性的。考虑到线性系统的向量矩阵法近年来已在飞行力学中得到广泛应用，可将方程组（7-7）写成状态向量的形式。纵向扰动运动的状态参数列向量为

$$[V \quad \omega_z \quad \alpha \quad \vartheta]^{\mathrm{T}} \tag{7-11}$$

在状态向量中设置了攻角偏量 α，也就包含了能够反映气动力变化的主要特征。但是，纵向扰动运动方程组（7-7）没有明显列出攻角导数的表达式，直接由它组成状态向量方程就不方便了，为此目的，利用角度几何关系 $\alpha = \vartheta - \theta$，可将方程组中的第3式改写成

$$\Delta\dot{\alpha} - \Delta\dot{\vartheta} - a_{31}\Delta V - a_{33}\Delta\theta + a_{34}\Delta\alpha = -a_{35}\Delta\delta_z - F_{yd} \tag{7-12}$$

于是方程组（7-7）可变成

$$\left.\begin{aligned}
\Delta\dot{V} &= -a_{11}\Delta V - (a_{14} - a_{13})\Delta\alpha - a_{13}\Delta\vartheta + F_{xd} \\
\Delta\dot{\omega}_z &= -(a_{21} + a'_{24}a_{31})\Delta V - (a_{22} + a'_{24})\Delta\omega_z + (a'_{24}a_{34} + a'_{24}a_{33} - a_{24})\Delta\alpha - \\
&\quad a'_{24}a_{33}\Delta\vartheta - (a_{25} - a'_{24}a_{35})\Delta\delta_z - a'_{25}\Delta\dot{\delta}_z + a'_{24}F_{yd} + M_{zd} \\
\Delta\dot{\alpha} &= a_{31}\Delta V + \Delta\omega_z - (a_{34} + a_{33})\Delta\alpha + a_{33}\Delta\vartheta - a_{35}\Delta\delta_z - F_{yd} \\
\Delta\dot{\vartheta} &= \Delta\omega_z
\end{aligned}\right\} \tag{7-13}$$

因为 $\Delta\theta = \Delta\vartheta - \Delta\alpha$，故以上方程组没有列出弹道倾角偏量 $\Delta\theta$，由此方程组可得纵向扰动运动的状态方程为

$$\begin{bmatrix} \Delta\dot{V} \\ \Delta\dot{\omega}_z \\ \Delta\dot{\alpha} \\ \Delta\dot{\vartheta} \end{bmatrix} = \boldsymbol{A}_z \begin{bmatrix} \Delta V \\ \Delta\omega_z \\ \Delta\alpha \\ \Delta\vartheta \end{bmatrix} + \begin{bmatrix} 0 \\ -a_{25} + a'_{24}a_{35} \\ -a_{35} \\ 0 \end{bmatrix}\Delta\delta_z + \begin{bmatrix} 0 \\ -a'_{25} \\ 0 \\ 0 \end{bmatrix}\Delta\dot{\delta}_z + \begin{bmatrix} F_{xd} \\ a'_{24}F_{yd} + M_{zd} \\ -F_{yd} \\ 0 \end{bmatrix} \tag{7-14a}$$

式中，纵向动力系数（4×4）矩阵 $\boldsymbol{A}_z$ 的表达式为

$$\boldsymbol{A}_z = \begin{bmatrix} -a_{11} & 0 & -a_{14} + a_{13} & -a_{13} \\ -(a_{21} + a'_{24}a_{31}) & -(a_{22} + a'_{24}) & (a'_{24}a_{34} + a'_{24}a_{33} - a_{24}) & -a'_{24}a_{33} \\ a_{31} & 1 & -(a_{34} + a_{33}) & a_{33} \\ 0 & 1 & 0 & 0 \end{bmatrix} \tag{7-14b}$$

五、纵向自由和强迫扰动运动

常系数齐次线性微分方程组（7-7）描绘了导弹的纵向自由扰动运动（或称固有扰动运

动),非齐次微分方程组代表了导弹的强迫扰动运动。非齐次微分方程组的通解是由齐次方程组的通解和非齐次微分方程组的特解所组成的,前者代表了扰动运动的自由分量,后者代表了强迫分量。

所谓自由扰动运动,其特点是在导弹上没有引起扰动运动的经常作用力和力矩。例如舵面没有转动,即 $\Delta\delta_z = 0$,相似干扰力 F_{dy},F_{dx} 和相似干扰力矩 M_{dy} 也为零,等等。因此,产生自由扰动运动的原因只是某种偶然干扰的作用,使一些运动参数出现了初始偏差,由此引起偶然干扰力和干扰力矩,以致导弹出现扰动运动。当然在扰动运动开始后,产生干扰的因素也消失了。

求自由扰动运动各运动参数随时间的变化,可将方程组(7-7)化为常系数齐次线性微分方程组,即令等号右边各项为零,由其通解来表示,即

$$\left.\begin{array}{l} \Delta V = \sum A_i \mathrm{e}^{\lambda_i t} \\[4pt] \Delta\vartheta = \sum B_i \mathrm{e}^{\lambda_i t} \\[4pt] \Delta\theta = \sum C_i \mathrm{e}^{\lambda_i t} \\[4pt] \Delta\alpha = \sum D_i \mathrm{e}^{\lambda_i t} \end{array}\right\} \qquad (7-15)$$

式中,A_i,B_i,C_i,D_i 是按照初始条件来确定的系数,而 λ_i 是微分方程组系数行列式的特征根。方程组(7-7)是一个四阶微分方程组,因此,下标 $i=1,2,3,4$。

舵面阶跃偏转,$\Delta\delta_z = 1(t)$;或者舵面简谐转动,$\Delta\delta_z = \delta_0 \sin\omega t$;或者舵面没有转动,但有经常干扰力和干扰力矩。这几种因素,只要有一种作用存在,就会引起导弹产生强迫扰动运动。这时,据上所述,各运动参数在扰动过程中的变化,除由方程组(7-15)表示外,还应叠加上强迫分量,这个分量的形式也就自然与舵偏角、经常干扰力和干扰力矩的形式有关。这一点,后文将会详细介绍。

以上只是对导弹纵向扰动运动作了一般述说,其动态性质尚未进行任何分析。研究导弹的动态性质,一般可以分为3个步骤:

第一步,首先研究导弹受到偶然干扰作用后,基准运动是否具有稳定性,这就要求分析自由扰动运动的性质,求解方程组(7-7)的齐次微分方程组。

第二步,研究导弹反应舵面偏转或控制信号的操纵性,这时除要分析自由扰动运动分量外,还要研究强迫扰动运动分量,我们最感兴趣的问题是过渡过程品质。

第三步,鉴定导弹在常值干扰作用下,扰动运动结束后可能产生的参数误差。

求解微分方程组,对于常系数的线性微分方程组可以找到解析解;对于变系数微分方程组,得到高于二阶方程的解析解目前还是比较困难的,只能依靠模拟计算机对导弹扰动运动进行数学模拟,或采用数字计算机进行求解。

对于高阶常系数的微分方程组,用数学模拟方法分析动态性质也是方便的。但是,数学模拟得不到运动参数解析解的表达式。所以解析解和模拟两种方法各有各的优缺点,它们在导弹动态分析中起着相辅相成的作用。

为了使读者熟悉求解扰动运动解析解的方法,下文将介绍在导弹设计中,常用的工程计算方法,即拉普拉斯变换求解法。

7.2 计算纵向扰动运动的解析方法

求解纵向扰动运动采用系数"冻结"法后,对于理论弹道的某一特性点,描述扰动运动的非齐次线性微分方程组(7-7)就具有常系数的性质。为了获得非齐次线性微分方程组的通解,必须首先求出它的齐次微分方程组的通解,因为后者描述了导弹的纵向自由扰动运动,所以本节的主要内容是详细介绍这种扰动运动的计算方法。

我们已经反复说明:纵向自由扰动运动是由偶然干扰作用产生的,其特征是在扰动运动开始时,某些理论弹道的运动参数已经出现了初始偏差。过去计算纵向自由扰动运动,曾经采用过"定系数解法",这是一种古典方法,计算步骤相当麻烦,目前在导弹设计中已很少采用。相比之下,使用拉普拉斯变换法就要简单得多。

应用拉普拉斯变换求解自由扰动运动,必须引入参数的初始值并对微分方程的每一项进行拉普拉斯变换。例如,简单的一阶微分方程

$$\dot{X}(t) + X(t) = 0 \tag{7-16}$$

其参数 X 的初始值为 X_0,对式(7-16)进行拉普拉斯变换时,因

$$\mathscr{L}[\dot{X}(t)] = sX(s) - X_0 \tag{7-17}$$

所以,式(7-16)变成像函数 $X(s)$ 的代数方程时,其表达式应为

$$sX(s) + X(s) = X_0 \tag{7-18}$$

解式(7-18)得

$$X(s) = \frac{X_0}{s+1}$$

对上式进行拉普拉斯反变换就可找到参数 $X(t)$ 对 X_0 的解析解,即

$$X(t) = X_0 e^{-t}$$

由此可见,应用拉普拉斯变换法求解纵向自由扰动运动,必须考虑在初始条件下,首先对方程组(7-7)进行拉普拉斯变换。

导弹运动参数偏量的初始条件是由偶然干扰引起的,例如,导弹受到阵风作用,如我们在第6章中曾经介绍过的将产生附加攻角[参看式(6-4)]。如果阵风是偶然性的,这个攻角就可以看成是攻角偏量的初始值 $\Delta\alpha_0$。在导弹上出现初始值 $\Delta\alpha_0$ 时,假定弹体纵轴还没有改变方向,于是作用在导弹上的气流也要改变一个角度,其值等于 $\Delta\theta_0$,且 $\Delta\theta_0 = -\Delta\alpha_0$。下面就以 $\Delta\alpha_0$,$\Delta\theta_0$ 为初始条件,对方程组(7-7)的齐次微分方程组进行拉普拉斯变换。

一、拉普拉斯变换运动方程组

对描述纵向自由扰动运动的方程组进行拉普拉斯变换之后,就可以得到各运动参数像函

数的代数方程组,其表达式为

$$
\left.
\begin{array}{l}
(s+a_{11})\Delta V(s)+a_{13}\Delta\theta(s)+a_{14}\Delta\alpha(s)=0 \\
a_{21}\Delta V(s)+(s^2+a_{22}s)\Delta\vartheta(s)+(a'_{24}s+a_{24})\Delta\alpha(s)=a'_{24}\Delta\alpha_0 \\
a_{31}\Delta V(s)+(s+a_{33})\Delta\theta(s)-a_{34}\Delta\alpha(s)=\Delta\theta_0 \\
\Delta\vartheta(s)-\Delta\theta(s)-\Delta\alpha(s)=0
\end{array}
\right\} \tag{7-19}
$$

利用克莱姆定理,根据方程组(7-19),就可以求得 $\Delta V(s)$,$\Delta\theta(s)$,$\Delta\vartheta(s)$ 和 $\Delta\alpha(s)$ 的解,其形式为

$$
\left.
\begin{array}{ll}
\Delta V(s)=\dfrac{H_V(s)}{G(s)}, & \Delta\theta(s)=\dfrac{H_\theta(s)}{G(s)} \\[2mm]
\Delta\vartheta(s)=\dfrac{H_\vartheta(s)}{G(s)}, & \Delta\alpha(s)=\dfrac{H_\alpha(s)}{G(s)}
\end{array}
\right\} \tag{7-20}
$$

其中,$G(s)$ 为方程组(7-19)的主行列式,即

$$
G(s)=
\begin{vmatrix}
s+a_{11} & 0 & a_{13} & a_{14} \\
a_{21} & s^2+a_{22}s & 0 & a'_{24}s+a_{24} \\
a_{31} & 0 & s+a_{33} & -a_{34} \\
0 & 1 & -1 & -1
\end{vmatrix} \tag{7-21}
$$

展开此式,可得

$$
G(s)=\Delta(s)=A_0 s^4+A_1 s^3+A_2 s^2+A_3 s+A_4 \tag{7-22}
$$

而

$$
A_0=1
$$

$$
A_1=a_{22}+a_{33}+a_{11}+a_{34}+a'_{24}
$$

$$
A_2=a_{22}a_{34}+a_{24}+a_{22}a_{33}+a_{34}a_{11}+a'_{24}a_{11}+a'_{24}a_{33}+a_{11}(a_{22}+a_{33})-a_{31}(a_{13}-a_{14})
$$

$$
A_3=a_{24}a_{33}+a_{24}a_{11}-a_{21}a_{14}+a_{22}a_{34}a_{11}-a_{22}a_{31}(a_{13}-a_{14})+a_{22}a_{33}a_{11}-a'_{24}a_{31}a_{13}+a_{33}a'_{24}a_{11}
$$

$$
A_4=a_{24}a_{33}a_{11}-a_{21}a_{34}a_{13}-a_{21}a_{33}a_{14}-a_{24}a_{31}a_{13}
$$

式(7-22)称为特征多项式,令它等于零,就可得特征方程式。

方程组(7-20)中的 $H_V(s)$,$H_\vartheta(s)$,$H_\theta(s)$ 和 $H_\alpha(s)$ 称为伴随行列式(或子行列式),它们是将方程组(7-19)右端的初始值,分别代替主行列式内各列的数值所得的行列式。展开这些行列式,并代回到方程组(7-20)中就能得到各运动参数像函数的具体表达式为

$$
\left.
\begin{array}{l}
\Delta V(s)=\dfrac{a'_{24}H_{V\alpha_0}(s)\Delta\alpha_0+H_{V\theta_0}(s)\Delta\theta_0}{G(s)} \\[2mm]
H_{V\alpha_0}(s)=(a_{14}s+a_{34}a_{13}+a_{33}a_{14}) \\[2mm]
H_{V\theta_0}(s)=(a_{13}-a_{14})s^2+(a_{22}a_{13}-a_{22}a_{14}+a'_{24}a_{13})s+a_{24}a_{13}
\end{array}
\right\} \tag{7-23}
$$

$$\Delta \vartheta(s) = \frac{a'_{24} H_{\vartheta \alpha_0}(s) \Delta \alpha_0 + H_{\vartheta \theta_0}(s) \Delta \theta_0}{G(s)}$$

$$H_{\vartheta \alpha_0}(s) = -[s^2 + (a_{33} + a_{34} + a_{11})s + a_{11}(a_{34} + a_{33}) + a_{31}(a_{14} - a_{13})] \left.\begin{array}{c}\\\\\\\end{array}\right\}$$

$$H_{\vartheta \theta_0}(s) = [-a'_{24}s^2 - (a_{24} + a'_{24}a_{11})s - a_{24}a_{11} + a_0(a_{14} - a_{13})]$$

$$\text{(7 - 24)}$$

$$\Delta \theta(s) = \frac{a'_{24} H_{\theta \alpha_0}(s) \Delta \alpha_0 + H_{\theta \theta_0}(s) \Delta \theta_0}{G(s)}$$

$$H_{\theta \alpha_0}(s) = -(a_{34}s + a_{34}a_{11} + a_{31}a_{14}) \left.\begin{array}{c}\\\\\\\\\end{array}\right\}$$

$$H_{\theta \theta_0}(s) = [-s^3 - (a_{11} + a_{22} + a'_{24})s^2 - (a_{24} + a_{22}a_{11} + a'_{24}a_{11})s - a_{24}a_{11} + a_{21}a_{14}]$$

$$\text{(7 - 25)}$$

$$\Delta \alpha(s) = \frac{a'_{24} H_{\alpha \alpha_0}(s) \Delta \alpha_0 + H_{\alpha \theta_0}(s) \Delta \theta_0}{G(s)}$$

$$H_{\alpha \alpha_0}(s) = -[s^2 + (a_{11} + a_{33})s + a_{33}a_{11} - a_{31}a_{13}] \left.\begin{array}{c}\\\\\\\end{array}\right\}$$

$$H_{\alpha \theta_0}(s) = s^3 + (a_{11} + a_{22})s^2 + a_{22}a_{11}s - a_{21}a_{13}$$

$$\text{(7 - 26)}$$

上列各运动参数的拉普拉斯变换式,代表了由初始值 $\Delta \alpha_0$,$\Delta \theta_0$ 所产生的纵向自由扰动运动参数的变化规律。由这些关系式,经过拉普拉斯反变换,就能得到运动参数用时间 t 表示的解析式。

二、运动参数的拉普拉斯反变换

前面所得方程组(7 - 23)～(7 - 26)的像函数表达式,均可写成标准形式为

$$\Delta X(s) = \frac{H(s)}{G(s)} \tag{7 - 27}$$

式中,$H(s)$ 和 $G(s)$ 分别为 s 的多项式。如果求到由分母多项式变成特征方程式 $G(s) = 0$ 的根为

$$s = s_1, s_2, \cdots, s_{n-1}, s_n$$

那么,式(7 - 27)又可表示为

$$\Delta X(s) = \frac{H(s)}{G(s)} = \frac{H(s)}{(s - s_1)(s - s_2) \cdots (s - s_{n-1})(s - s_n)} =$$

$$\frac{H_1(s)}{(s - s_1)} + \frac{H_2(s)}{(s - s_2)} + \cdots + \frac{H_{n-1}(s)}{(s - s_{n-1})} + \frac{H_n(s)}{(s - s_n)} \tag{7 - 28}$$

式(7 - 28)两端同乘以因子 $(s - s_i)$,则有

$$\frac{H(s)}{(s - s_1)(s - s_2) \cdots (s - s_{i-1})(s - s_{i+1}) \cdots (s - s_n)} =$$

$$[\frac{H_1(s)}{(s - s_1)} + \cdots + \frac{H_{i-1}(s)}{(s - s_{i-1})} + \frac{H_{i+1}(s)}{(s - s_{i+1})} + \cdots + \frac{H_n(s)}{(s - s_n)}](s - s_i) + H_i(s) \tag{7 - 29}$$

当 $s=s_i$ 时,式(7-29)变成

$$H_i(s)=\frac{H(s_i)}{(s_i-s_1)(s_i-s_2)\cdots(s_i-s_{i-1})(s_i-s_{i+1})\cdots(s_i-s_n)} \qquad (7-30)$$

不难发现,式(7-30)分母表达式为

$$(s_i-s_1)(s_i-s_2)\cdots(s_i-s_{i-1})(s_i-s_{i+1})\cdots(s_i-s_n)=$$

$$\frac{\mathrm{d}(s-s_1)(s-s_2)\cdots(s-s_i)\cdots(s-s_{n-1})(s-s_n)}{\mathrm{d}s}\bigg|_{s=s_i}=$$

$$\frac{\mathrm{d}G(s)}{\mathrm{d}s}\bigg|_{s=s_i}=\dot{G}(s_i) \qquad (7-31)$$

所以式(7-30)可以写成

$$H_i(s)=\frac{H(s_i)}{\dot{G}(s_i)} \qquad (7-32)$$

如果式(7-32)中,i 分别取 $1,2,\cdots,n$,那么,将所得结果分别代入式(7-28),得到 $X(s)$ 的表达式为

$$\Delta X(s)=\frac{H(s)}{G(s)}=\frac{1}{s-s_1}\frac{H(s_1)}{\dot{G}(s_1)}+\frac{1}{s-s_2}\frac{H(s_2)}{\dot{G}(s_2)}+\cdots+\frac{1}{s-s_n}\frac{H(s)}{\dot{G}(s_n)}=$$

$$\sum_{i=1}^{n}\frac{1}{s-s_i}\frac{H(s_i)}{\dot{G}(s_i)} \qquad (7-33)$$

将式(7-33)进行拉普拉斯反变换就得到运动参数以时间 t 为自变量的表达式

$$\Delta X(t)=\sum_{i=1}^{n}\frac{H(s_i)}{\dot{G}(s_i)}\mathrm{e}^{s_i t} \qquad (7-34)$$

在求解强迫扰动运动时,有时还会遇到像函数的下列标准式:

$$\Delta X(s)=\frac{H(s)}{sG(s)}y \qquad (7-35)$$

式中,y 为常数。这种形式与式(7-27)的差别,是分母多项式多了一个零根,也就是除了根 $s=s_1,s_2,\cdots,s_n$ 外,还有 $s=0$,这时候式(7-35)分解为类似于式(7-33)的多项式,应为

$$\Delta X(s)=\frac{H(s)}{sG(s)}=\left[\frac{1}{s}\frac{H(0)}{G(0)}+\frac{1}{s-s_1}\frac{H(s_1)}{s_1\dot{G}(s_1)}+\cdots+\frac{1}{s-s_n}\frac{H(s_n)}{s_n\dot{G}(s_n)}\right]y=$$

$$\left(\frac{1}{s}\frac{H(0)}{G(0)}+\sum_{i=1}^{n}\frac{1}{s-s_i}\frac{H(s_i)}{s_i\dot{G}(s_i)}\right)y \qquad (7-36)$$

对式(7-36)进行拉普拉斯反变换可得

$$\Delta X(t)=\frac{H(0)}{G(0)}y+\sum_{i=1}^{n}\frac{H(s_i)}{s_i\dot{G}(s_i)}y\mathrm{e}^{s_i t} \qquad (7-37)$$

总括以上所讲,为了求解扰动运动,应用拉普拉斯变换法的运算步骤可归纳如下:

(1)根据所得运动参数的像函数表达式,求出特征方程式的根;

（2）将分母多项式 $G(s)$ 对 s 求导；

（3）所得根值分别代入多项式 $H(s)$ 和 $\dot{G}(s)$ 中，以便确定 $\mathrm{e}^{s_i t}$ 前面的系数 $H(s_i)/\dot{G}(s_i)$，或 $H(s_i)/s_i\dot{G}(s)$；

（4）进行拉普拉斯反变换，求出运动参数偏量的时间 t 函数。

应该指出，式（7-34）中的系数 $\dfrac{H(s_i)}{G(s_i)}$，也就是式（7-15）中 $\mathrm{e}^{\lambda_i t}$ 前的系数。

7.3　纵向特征方程及其根值

由上述内容可知，导弹纵向自由扰动运动由齐次微分方程组表示，且由这个齐次微分方程组的系数行列式可以得到它的特征方程式（见式（7-22））为

$$A_0 s^4 + A_1 s^3 + A_2 s^2 + A_3 s + A_4 = G(s) = 0 \tag{7-38}$$

这是一个普通的四阶代数方程，求出了它的根值之后，就能应用拉普拉斯变换方法找到扰动运动参数的过渡函数。

求解高次代数方程的根是相当繁琐的，在这里还仅仅是导弹本身这个环节，它的特征方程就已经是四阶的了，如果再引进自动驾驶仪串成一个稳定回路，特征方程的阶次就要更高。因此，为了求到高阶特征方程的根，通常都是采用不同的近似计算方法，在这里介绍常用的两种计算方法。计算特征方程的根值，也可应用数字计算机求解。

一、求根计算法

1. 林氏求根法

假定扰动运动特征方程为

$$A'_0 s^n + A'_1 s^{n-1} + A'_2 s^{n-2} + \cdots + A'_{n-2} s^2 + A'_{n-1} s + A'_n = 0 \tag{7-39}$$

以 A'_0 除以系数，则变为

$$s^n + A_1 s^{n-1} + A_2 s^{n-2} + \cdots + A_{n-2} s^2 + A_{n-1} s + A_n = 0 \tag{7-40}$$

式中

$$A_1 = \frac{A'_1}{A'_0},\ A_2 = \frac{A'_2}{A'_0},\ \cdots,\ A_{n-1} = \frac{A'_{n-1}}{A'_0},\ A_n = \frac{A'_n}{A'_0} \tag{7-41}$$

一次近似时，取式（7-40）最后 3 项，即

$$s^2 + \frac{A_{n-1}}{A_{n-2}}s + \frac{A_n}{A_{n-2}} = 0 \tag{7-42}$$

将式（7-42）作为除式，除以式（7-40），于是有

$$\left(s^2 + \frac{A_{n-1}}{A_{n-2}}s + \frac{A_n}{A_{n-2}}\right)\overline{)\begin{array}{c} s^{n-2} + a_1 s^{n-3} + \cdots + a_{n-2} \\ \hline s^n + A_1 s^{n-1} + A_2 s^{n-2} + \cdots + A_{n-2}s^2 + A_{n-1}s + A_n \end{array}}$$

$$
\begin{array}{c}
s^n + \dfrac{A_{n-1}}{A_{n-2}}s^{n-1} + \dfrac{A_n}{A_{n-2}}s^{n-2} \\
\hline
\times\, s^{n-1} + \quad \times\, s^{n-2} + A_3 s^{n-3} \\
\qquad \times \qquad\qquad \times \\
\hline
\qquad \times\, s^{n-2} + \quad \times\, s^{n-3} + \quad A_4 s^{n-4} \\
\qquad\quad \times \qquad\qquad \times \qquad\qquad \times \\
\hline
\cdots\cdots \\
\cdots\cdots \\
\hline
R_1 \qquad\quad R_2 \qquad\quad A_n \\
\quad\times \qquad\qquad \times \qquad\qquad \times \\
\hline
\qquad\qquad\qquad \times \qquad\quad \times\,(余式)
\end{array}
\tag{7-43}
$$

如果余式不等于零,说明式(7-42)作为除式不是代数方程式(7-40)的因式,这时再进行第二次近似,取除式为

$$s^2 + \frac{R_2}{R_1}s + \frac{A_n}{R_1} \tag{7-44}$$

再用式(7-44)除以式(7-40),如果所剩余式极小,则可将式(7-44)看成是式(7-40)的一个因式,从而求出它的第一对根值。反之,如果余式相当大,则应按上述步骤进行第三次近似,依此类推,一直求到第一对根值为止。

求出一对根值后,商式方程就比原来的方程降低了二阶。然后再以此商式作为被除式,按同样方法就可求出第二对根,依此继续进行,最后可以求出全部根值。

例 7-1　已知各动力系数值为

$a_{22}=0.28 \text{ s}^{-1}$; $a_{34}=0.47 \text{ s}^{-1}$; $a_{24}=5.9 \text{ s}^{-2}$; $a_{31}=-0.000\,66 \text{ m}^{-1}$; $a_{21}=0.001 \text{ (m·s)}^{-1}$; $a'_{24}=a_{33}=0$; $a_{11}=0.007\,4 \text{ s}^{-1}$; $a_{13}=9.8 \text{ m·s}^{-2}$; $a_{14}=9.17 \text{ m·s}^{-2}$

由式(7-22)求出 A_1, A_2, A_3 和 A_4 的具体数值之后,可得这个飞行器的特征方程为

$$s^4 + 0.757s^2 + 6.038s^2 + 0.036s + 0.034 = 0 \tag{7-45}$$

取出后 3 项作为除式,并将各系数除以 6.308,则得

$$s^2 + 0.005\,962s + 0.005\,631 \tag{7-46}$$

由式(7-46)除式(7-45),即

$$
X_1 \overline{)\begin{array}{l} s^2 + 0.751s + 6.027 \\ s^4 + 0.757s^3 + 6.038s^2 + 0.036s + 0.034 \\ \underline{s^4 + 0.005\,962s^3 + 0.005\,631s^2} \\ 0.751s^3 + 6.032s^2 + 0.036s \\ \underline{0.751s^3 + 0.004\,4s^2 + 0.0043s} \\ 6.027s^2 + 0.031\,8s + 0.034 \\ \underline{6.027s^2 + 0.035\,9s + 0.033\,9} \\ -0.004\,1s + 0.000 \end{array}}
$$

(7 - 47)

注意，式中 $X_1 = s^2 + 0.005\,962s + 0.005\,631$。

从式(7 - 47)看所得余式已相当接近于零，但为了得出更为精确的结果，可作第二次近似。为此取下式为除式

$$6.027s^2 + 0.031\,8s + 0.034 \tag{7 - 48}$$

式(7 - 48)除以 6.028 则为

$$s^2 + 0.005\,276s + 0.005\,641 \tag{7 - 49}$$

以式(7 - 49)再除式(7 - 45)，即

$$
X_2 \overline{)\begin{array}{l} s^2 + 0.761\,7s + 6.028 \\ s^4 + 0.757s^3 + 6.038s^2 + 0.036s + 0.034 \\ \underline{s^4 + 0.005\,276s^3 + 0.005\,641s^2} \\ 0.751\,7s^3 + 6.032s^2 + 0.036s \\ \underline{0.751\,7s^3 + 0.003\,96s^2 + 0.004\,24s} \\ 6.028s^2 + 0.031\,75s + 0.034 \\ \underline{6.028s^2 + 0.031\,79s + 0.034} \\ -0.000\,04s \end{array}}
$$

(7 - 50)

注意，式中 $X_2 = s^2 + 0.005\,275s + 0.005\,641$。

所得余式更接近于零，其结果已足够精确，因此式(7 - 45)的特征方程可以分解为

$$(s^2 + 0.761\,7s + 6.028)(s^2 + 0.005\,276s + 0.005\,641) = 0 \tag{7 - 51}$$

从而得到特征方程式的两对根值为

$$s_{1,2} = -0.376 \pm j2.426 \tag{7 - 52}$$

$$s_{3,4} = -0.003 \pm j0.076 \tag{7 - 53}$$

计算举例说明，这个方法是比较简单的，它适用于求解三次以上的任何代数方程，但有时也会遇到为了消除余式，而不得不进行多次近似的情况，为此，针对纵向扰动运动特征根的特点，介绍另外一种纵向扰动运动特征根的求根方法。

2.纵向扰动运动特征根的近似计算

从例7-1可见,纵向扰动运动的特征根是由一对大共轭复根和一对小共轭复根组成的,这种性质,几乎所有的飞行器都具备。为此设根有性质

$$| s_1 |=| s_2 | \gg | s_3 |=| s_4 |$$

特征方程

$$D(s) = A_0 s^4 + A_1 s^3 + A_2 s^2 + A_3 s + A_4 =$$
$$(s - s_1)(s - s_2)(s - s_3)(s - s_4) =$$
$$[s^2 - (s_1 + s_2)s + s_1 s_2] \cdot [s^2 - (s_3 + s_4)s + s_3 s_4] =$$
$$(s^2 + ks + l)(s^2 + ms + n) =$$
$$s^4 + (k + m)s^3 + (l + n + km)s^2 + (kn + ml)s + nl$$

则有

$$\left.\begin{aligned}
k &= -(s_1 + s_2) \\
l &= s_1 s_2 \\
m &= -(s_3 + s_4) \\
n &= s_3 s_4
\end{aligned}\right\} \tag{7-54}$$

或

$$\left.\begin{aligned}
k + m &= A_1 \\
l + n + km &= A_2 \\
kn + ml &= A_3 \\
nl &= A_4
\end{aligned}\right\} \tag{7-55}$$

由式(7-55)得

$$\left.\begin{aligned}
k &= A_1 - m \\
l &= A_2 - n - km \\
n &= A_4 / l \\
m &= \frac{A_3 - kn}{l}
\end{aligned}\right\} \tag{7-56}$$

因为

$$| s_1 |=| s_2 | \gg | s_3 |=| s_4 |$$

所以

$$| k | \gg | m |$$
$$| l | \gg | n |$$

一次近似:将 $k_1 \approx A_1, l_1 \approx A_2$ 代入式(7-56)中的后两式,得

$$n_1 = A_4 / A_2$$

$$m_1 = \frac{A_3 - A_1 n_1}{A_2} = \frac{A_3 A_2 - A_1 A_4}{A_2^2}$$

二次近似：将 n_1, m_1 代入式 $(7-56)$ 中前两式，则得

$$k_2 = A_1 - m_1$$

$$l_2 = A_2 - n_1 - k_1 m_1$$

将 k_2, l_2 代入式 $(7-56)$ 后两式，有

$$n_2 = A_4 / l_2$$

$$m_2 = \frac{A_3 - k_2 n_2}{l_2}$$

依此类推，迭代下去，直到相邻两次结果非常接近，即设 ε 为一给定小量，直到满足

$$\left. \begin{array}{l} \mid k_i - k_{i-1} \mid \leqslant \varepsilon \\ \mid l_i - l_{i-1} \mid \leqslant \varepsilon \\ \mid m_i - m_{i-1} \mid \leqslant \varepsilon \\ \mid n_i - n_{i-1} \mid \leqslant \varepsilon \end{array} \right\} \tag{7-57}$$

为止。

求出 k, l, m, n 后，可得特征根

$$\left. \begin{array}{l} s_{1,2} = \dfrac{-k \pm \sqrt{k^2 - 4kl}}{2} \\[3mm] s_{3,4} = \dfrac{-m \pm \sqrt{m^2 - 4mn}}{2} \end{array} \right\} \tag{7-58}$$

若要更简便，则可用一次近似结果：

一对大根的计算方法：

$$s^2 + A_1 s + A_2 = 0 \tag{7-59}$$

一对小根的计算方法：

$$s^2 + \frac{A_2 A_3 - A_1 A_4}{A_2^2} s + A_4 / A_2 = 0 \tag{7-60}$$

二、纵向扰动运动特征根的性质

纵向扰动运动的特征方程式为

$$D(s) = s^4 + A_1 s^3 + A_2 s^2 + A_3 s + A_4 = 0 \tag{7-61}$$

纵向扰动运动的特征方程有 4 个根，它们可以是实数，也可能是共轭复数。因此，一般而

言,纵向自由扰动有以下 3 种情况。

1. 全为实根

这时导弹的纵向自由扰动运动与特征方程的 4 个实根 s_i 有关,$i=1,2,3,4$。以 x_{zj} 代表纵向扰动运动的偏量 $\Delta V,\Delta \vartheta,\Delta \theta$ 和 $\Delta \alpha$,纵向自由扰动运动的解析解为

$$x_{zj}(t)=D_j \mathrm{e}^{s_i t} \qquad (7-62)$$

式中,D_j 是由纵向扰动运动微分方程初始值决定的参数。这时导弹的纵向自由扰动运动是由 4 个非周期运动组成的。如果 $s_i<0(i=1,2,3,4)$,扰动运动的参数将随时间的增加而减小,运动是稳定的;反之,$s_i>0$ 运动是不稳定的。

2. 二个实根,一对共轭复根

假定两个实根为 s_1 和 s_2,一对共轭复根为

$$s_{3,4}=\sigma \pm \mathrm{j}v \qquad (7-63)$$

于是纵向自由扰动运动的解析解为

$$x_{zj}(t)=D_{1j}\mathrm{e}^{s_1 t}+D_{2j}\mathrm{e}^{s_2 t}+D_{3j}\mathrm{e}^{s_3 t}+D_{4j}\mathrm{e}^{s_4 t} \qquad (7-64)$$

式中,D_{3j} 和 D_{4j} 也应是共轭复数,即

$$D_{3j}=p-\mathrm{j}q \qquad D_{4j}=p+\mathrm{j}q \qquad (7-65)$$

在式(7-64)中,一对共轭复根的解析解为

$$x_{zj3,4}(t)=D_{3j}\mathrm{e}^{s_3 t}+D_{4j}\mathrm{e}^{s_4 t}=p\mathrm{e}^{\sigma t}(\mathrm{e}^{\mathrm{j}v t}+\mathrm{e}^{-\mathrm{j}v t})-\mathrm{j}q\mathrm{e}^{\sigma t}(\mathrm{e}^{\mathrm{j}v t}-\mathrm{e}^{-\mathrm{j}v t}) \qquad (7-66)$$

根据欧拉公式

$$\mathrm{e}^{\mathrm{j}v t}+\mathrm{e}^{-\mathrm{j}v t}=2\cos v t$$

$$\mathrm{e}^{\mathrm{j}v t}-\mathrm{e}^{-\mathrm{j}v t}=2\mathrm{j}\sin v t$$

于是式(7-66)又可写为

$$x_{zj3,4}(t)=2\mathrm{e}^{\sigma t}\sqrt{p^2+q^2}\left(\frac{p}{\sqrt{p^2+q^2}}\cos v t+\frac{q}{\sqrt{p^2+q^2}}\sin v t\right)=$$
$$D_{zj3,4}\mathrm{e}^{\sigma t}\sin(v t+\varphi) \qquad (7-67)$$

式中

$$D_{zj3,4}=2\sqrt{p^2+q^2}, \quad \sin\varphi=\frac{p}{\sqrt{p^2+q^2}}$$

$$\cos\varphi=\frac{q}{\sqrt{p^2+q^2}}, \quad \varphi=\arctan\frac{p}{q}$$

可见,一对共轭复根形成了振荡形式的扰动运动,振幅为 $D_{zj3,4}\mathrm{e}^{\sigma t}$,角频率为 v,相位为 φ。如果复根的实部 $\sigma<0$,振幅随时间增长而减小,扰动运动是减幅振荡运动(见图7.1(a));若实部 $\sigma>0$,则是增幅振荡运动(见图7.1(b));当 $\sigma=0$ 时,扰动运动为简谐运动(见图7.1(c))。

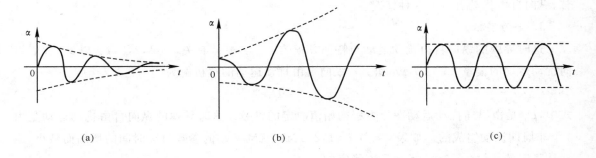

图 7.1　过渡过程曲线

3.二对共轭复根

假定特征方程的两对共轭复根为

$$s_{1,2} = \sigma_1 \pm \mathrm{j} v_1$$
$$s_{3,4} = \sigma_3 \pm \mathrm{j} v_3 \tag{7-68}$$

此时纵向扰动运动的解析解若以式(7-67)表示,则系数 $D_1,\cdots,D_4$ 是两对共轭复数,即

$$D_{1,2} = p_1 \mp \mathrm{j} q_1 \qquad D_{3,4} = p_3 \mp \mathrm{j} q_3 \tag{7-69}$$

则纵向自由扰动运动的解析解为

$$x_{zj}(t) = 2\mathrm{e}^{\sigma_1 t} \sqrt{p_1^2 + q_1^2} \left(\frac{p_1}{\sqrt{p_1^2 + q_1^2}} \cos v_1 t + \frac{q_1}{\sqrt{p_1^2 + q_1^2}} \sin v_1 t \right) +$$

$$2\mathrm{e}^{\sigma_3 t} \sqrt{p_3^2 + q_3^2} \left(\frac{p_3}{\sqrt{p_3^2 + q_3^2}} \cos v_3 t + \frac{q_3}{\sqrt{p_3^2 + q_3^2}} \sin v_3 t \right) =$$

$$D_{zj1,2} \mathrm{e}^{\sigma_1 t} \sin(v_1 t + \varphi_1) + D_{zj3,4} \mathrm{e}^{\sigma_3 t} \sin(v_3 t + \varphi_3) \tag{7-70}$$

式中

$$D_{zj1,2} = 2\sqrt{p_1^2 + q_1^2}, \quad D_{zj3,4} = 2\sqrt{p_3^2 + q_3^2}, \quad \sin\varphi_1 = \frac{p_1}{\sqrt{p_1^2 + q_1^2}}, \quad \cos\varphi_1 = \frac{q_1}{\sqrt{p_1^2 + q_1^2}},$$

$$\sin\varphi_3 = \frac{p_3}{\sqrt{p_3^2 + q_3^2}}, \quad \cos\varphi_3 = \frac{q_3}{\sqrt{p_3^2 + q_3^2}}, \quad \varphi_1 = \arctan\frac{p_1}{q_1}, \quad \varphi_3 = \arctan\frac{p_3}{q_3}$$

在上列纵向自由扰动运动的解析解中,若特征根的实根,或共轭复根的实部均为负值,则纵向扰动运动性质是稳定的。反之,只要有一个实根为正,或一对共轭复根的实部为正,纵向扰动运动将是不稳定的。

导弹纵向自由扰动运动的形态,在基准弹道的一些特性点上,同一类气动外形的导弹将存在着相同的规律性。

求解战术导弹的特征方程式,经常发现有两对共轭复根,例如

Ⅰ型
$$\left.\begin{array}{l} -0.376 \pm j2.426 \\ -0.003 \pm j0.075 \end{array}\right\} \qquad (7-71)$$

Ⅱ型
$$\left.\begin{array}{l} -1.158 \pm j10.1 \\ -0.002\ 67 \pm j0.027 \end{array}\right\} \qquad (7-72)$$

Ⅲ型
$$\left.\begin{array}{l} -0.824\ 5 \pm j6.754 \\ -0.002\ 9 \pm j0.074 \end{array}\right\} \qquad (7-73)$$

不同型号的飞行器,纵向特征根有一对大复根和一对小复根的规律性,说明纵向自由扰动运动包含着两个特征不同的分量。

总括以上所述,简而言之:

(1) 所有实根和根的实部为负,导弹是稳定的。

(2) 有一个实根或一对复根的实部为正,导弹是不稳定的。

(3) 有一个实根或一对复根的实部为零,其余实根或根的实部为负,导弹是中立稳定的。

7.4　导弹纵向传递函数

分析导弹纵向扰动运动的性质,除了采用解析和模拟方法外,还可以广泛应用自动调节理论,从这种理论基础出发,上面讲到的许多问题也可化为传递函数来分析。今天各种工程控制技术得到飞跃发展,是与自动调节理论得到广泛应用分不开的,因此,在近代飞行力学的许多问题中,也普遍地应用了自动调节理论。

考虑到在整个飞行控制系统中,导弹的运动也是其中的一个环节,求出导弹的传递函数,就不仅可以分析弹体的动态性质,而且还可以将导弹作为操纵对象分析整个控制回路的特性。因此,建立导弹的纵向传递函数就十分必要。

在纵向控制回路中导弹环节的输出量为 $\Delta V, \Delta \theta, \Delta \vartheta$ 和 $\Delta \alpha$,而输入量为 $\Delta \delta_z$。倘若还存在着外界干扰,那么,由经常干扰产生的力和力矩就与舵面偏转所起的作用类似,也就同样的视为输入量。

在自动调节原理中,定义传递函数 $W(s)$ 为输出量和输入量的拉普拉斯变换式之比。因此,为了得到飞行器传递函数,应首先将扰动运动方程组进行拉普拉斯变换,将原函数变为像函数。

导弹纵向扰动运动经过拉普拉斯变换之后,已在方程组(7-19)中列出了表示自由扰动运动的部分,根据线性叠加原理,在此基础上只要求出方程组(7-7)等号右端各项的像函数,并对应地附加到方程组(7-19)的右端,就可以得到以舵偏角 $\Delta \delta_z$ 为输入量,或以相拟干扰力和干扰力矩(以下简称干扰力和力矩)为输入量的传递函数。

因为在定义传递函数时,认为所有的初始值为零,所以用来建立导弹纵向传递函数的方程组(7-7)的拉普拉斯变换式应为

$$\left.\begin{array}{l} (s+a_{11})\Delta V+a_{13}\Delta\theta+a_{14}\Delta\alpha=F_{xd} \\ a_{21}\Delta V+(s^2+a_{22}s)\Delta\vartheta+(a'_{24}s+a_{24})\Delta\alpha=-a_{25}\Delta\delta_z+M_{zd} \\ a_{31}\Delta V+(s+a_{33})\Delta\theta-a_{34}\Delta\alpha=a_{35}\Delta\delta_z+F_{yd} \\ \Delta\vartheta-\Delta\theta-\Delta\alpha=0 \end{array}\right\} \tag{7-74}$$

无须说明,式中各参数应为像函数。

一、对舵偏角的传递函数

以方程组(7-74)为基础,同样运用求出方程组(7-20)的克莱姆定理,分别以像函数 $\Delta V(s)$,$\Delta\vartheta(s)$,$\Delta\theta(s)$ 和 $\Delta\alpha(s)$ 为输出量,作为相应传递函数的分子;以像函数 $\Delta\delta_z(s)$ 为输入量,作为传递函数的分母,分别求得导弹纵向传递函数为

$$W_{V\delta_z}(s)=-\frac{\Delta V(s)}{\Delta\delta_z(s)}=\frac{H_{V\delta_z}(s)}{G(s)} \tag{7-75}$$

书写传递函数,规定下标第一个字母为输出量,第二个字母为输入量,以后类同。

在式(7-75)以及下述各式中,$G(s)$ 均由式(7-22)表示,而 $H_{V\delta_z}(s)$ 的表达式为

$$H_{V\delta_z(s)}=(a_{35}a_{13}-a_{35}a_{14})s^2+(a_{22}a_{35}a_{13}+a'_{24}a_{35}a_{13}-$$
$$a_{22}a_{35}a_{14}-a_{25}a_{14})s+a_{24}a_{35}a_{13}-a_{25}a_{13}-a_{25}a_{35}a_{14}$$

$$W_{\vartheta\delta_z}(s)=\frac{\Delta\vartheta(s)}{\Delta\delta_z(s)}=\frac{H_{\vartheta\delta_z}(s)}{G(s)} \tag{7-76}$$

$$H_{\vartheta\delta_z}(s)=(a_{25}-a'_{24}a_{35})s^2+(a_{25}a_{33}+a_{25}a_{35}-a_{24}a_{35}+a_{11}a_{25}-a'_{24}a_{35}a_{11})s+$$
$$a_{11}(a_{25}a_{33}+a_{25}a_{35}-a_{24}a_{35})+(a_{14}-a_{13})(a_{25}a_{31}+a_{21}a_{35})$$

$$W_{\theta\delta_z}(s)=-\frac{\Delta\theta(s)}{\Delta\delta_z(s)}=\frac{H_{\theta\delta_z}(s)}{G(s)} \tag{7-77}$$

$$W_{\alpha\delta_z}(s)=-\frac{\Delta\alpha(s)}{\Delta\delta_z(s)}=\frac{H_{\alpha\delta_z}(s)}{G(s)} \tag{7-78}$$

$$H_{\theta\delta_z}(s)=-a_{35}s^3-(a_{22}a_{35}+a_{35}a_{11}+a'_{24}a_{35})s^2+$$
$$(a_{25}a_{35}-a_{24}a_{35}-a_{22}a_{35}a_{11}-a'_{24}a_{35}a_{11})s+a_{11}(a_{25}a_{35}-a_{24}a_{35})+$$
$$a_{14}(a_{25}a_{31}+a_{21}a_{35})$$

$$H_{\alpha\delta_z}(s)=a_{35}s^3+(a_{25}+a_{35}a_{11}+a_{22}a_{35})s^2+(a_{21}a_{33}+a_{22}a_{35}a_{11}+a_{25}a_{11})s+$$
$$a_{25}a_{33}a_{11}-a_{25}a_{31}a_{13}+a_{21}a_{24}a_{35}$$

所得导弹纵向传递函数,其运动参数 ΔV,$\Delta\vartheta$,$\Delta\theta$,$\Delta\alpha$ 与 $\Delta\delta_z$ 的比值为负,这表明当舵偏角 $\Delta\delta_z>0$ 时,在扰动运动中这些参数应为负值;与此相反,当 $\Delta\delta_z<0$ 时,扰动运动中这些参数则为正值。

二、对干扰力和力矩的传递函数

同样采用上述的推导方法,可以得到以干扰力和力矩为输入量,以运动参数为输出量的纵

向传递函数

$$W_{VM_{zd}}(s) = -\frac{\Delta V(s)}{M_{zd}(s)} = \frac{H_{VM}(s)}{G(s)} \tag{7-79}$$

$$W_{VF_{yd}}(s) = -\frac{\Delta V(s)}{F_{dy}} = \frac{H_{VF_y}(s)}{G(s)}$$

$$H_{VM}(s) = H_{V\alpha_0}(s) \tag{7-80}$$

$$H_{VF_y}(s) = H_{V\theta_0(s)}$$

$$W_{VF_{xd}}(s) = -\frac{\Delta V(s)}{F_{xd}(s)} = \frac{H_{VF_x}(s)}{G(s)}$$

$$H_{VF_x}(s) = -[s^3 + (a_{22} + a_{35} + a'_{24} + a_{33})s^2 + (a_{22}a_{33} + a'_{24}a_{35} + a_{24} + a_{22}a_{34})s + a_{24}a_{35}]$$

$$W_{\vartheta M_{zd}}(s) = -\frac{\Delta \vartheta(s)}{M_{zd}(s)} = \frac{H_{\vartheta M}(s)}{G(s)} \tag{7-81}$$

$$W_{\vartheta F_{yd}}(s) = -\frac{\Delta \vartheta(s)}{F_{yd}(s)} = \frac{H_{\vartheta F_y}(s)}{G(s)}$$

$$H_{\vartheta M}(s) = H_{\vartheta\alpha_0}(s) \tag{7-82}$$

$$H_{\vartheta F_y}(s) = H_{\vartheta\vartheta_0}(s)$$

$$W_{\vartheta F_{xd}}(s) = -\frac{\Delta \vartheta(s)}{F_{xd}(s)} = \frac{H_{\vartheta F_x}(s)}{G(s)}$$

$$H_{\vartheta M}(s) = H_{\vartheta\alpha_0}(s) \tag{7-83}$$

$$H_{\vartheta F_x}(s) = (a_{21} + '_{24}a_{33})s + (a_{21}a_{33} + a_{22}a_{31} + a_{21}a_{31})$$

$$W_{\theta M_{zd}}(s) = -\frac{\Delta \theta(s)}{M_{zd}(s)} = \frac{H_{\theta M}(s)}{G(s)} \tag{7-84}$$

$$W_{\theta F_{yd}}(s) = -\frac{\Delta \theta(s)}{F_{yd}(s)} = \frac{H_{\theta F_y}(s)}{G(s)}$$

$$H_{\theta M}(s) = H_{\theta\alpha_0}(s) \tag{7-85}$$

$$H_{\theta F_y}(s) = H_{\theta\theta_0}(s)$$

$$W_{\theta F_{xd}}(s) = -\frac{\Delta \theta(s)}{F_{xd}(s)} = \frac{H_{\theta F_x}(s)}{G(s)} \tag{7-86}$$

$$H_{\theta F_x}(s) = a_{31}s^2 + (a_{24}a_{33} + a_{22}a_{33})s + a_{21}a_{31} + a_{24}a_{21}$$

$$W_{\alpha M_{zd}}(s) = -\frac{\Delta \alpha(s)}{M_{zd}(s)} = \frac{H_{\alpha M}(s)}{G(s)} \tag{7-87}$$

$$W_{\alpha F_{yd}}(s) = -\frac{\Delta \alpha(s)}{F_{yd}(s)} = \frac{H_{\alpha F_y}(s)}{G(s)}$$

$$H_{\alpha M}(s) = H_{\alpha\alpha_0}(s) \tag{7-88}$$

$$H_{\alpha F_y}(s) = H_{\alpha\alpha_0}(s)$$

$$W_{aF_x}(s) = -\frac{\Delta\alpha(s)}{F_{xd}(s)} = \frac{H_{aF_x}(s)}{G(s)} \qquad (7-89)$$

$$H_{aF_x}(s) = -a'_{31}s^2 + (a_{21} - a_{22}a_{31})s + a_{21}a_{33}$$

求得导弹传递函数后,在动态分析中,就可以继续进行下列一般课题研究:

(1) 根据理论弹道的运动参数,求出所需的各个动力系数。

(2) 取 $G(s) = 0$ 为特征方程,分析导弹自身的稳定性。

(3) 给定舵偏角 δ_z 的偏转规律,研究导弹本身的操纵性。

(4) 确定干扰力和力矩的大小,分析导弹飞行的稳态误差。

(5) 讨论导弹的频率特性。

(6) 以导弹作为控制对象,研究它的自动稳定与控制特性。

上述各项内容,在后续各章节将分别进行介绍,在此就不专门解释了。

思 考 题 7

7.1 对理论弹道方程

$$m\frac{\mathrm{d}V}{\mathrm{d}t} = P\cos\alpha - Q - G\sin\theta$$

进行线性化处理。

7.2 写出描述纵向扰动运动的微分方程以及方程中所包含的动力系数的表达式和量纲。

7.3 推导扰动运动特征根为一对共轭复数时,其运动参数偏量的过渡过程函数。

7.4 如何由特征根的特性说明飞行器的稳定性?

第8章　导弹纵向扰动运动动态性质的分析

本章将在前一章的基础上，对纵向扰动运动的动态特性进行分析。对于轴对称的导弹来讲，这些内容也适合于导弹的偏航（有时也称航向）扰动运动。

8.1　扰动运动的稳定域

研究飞行器的动态稳定性，还存在着这样一个问题，即选择怎样的飞行器设计参数，可保证飞行器的稳定性，这些参数往往不是仅仅只有一个、二个，而是由所有可选择的参数构成了一个区域，我们称此区域为稳定域。飞行器某一个结构参数或气动参数应等于何值，导弹才具有飞行稳定性？而等于另外一种数值时，导弹为何又是不稳定的？解决这类问题，便属于求扰动运动稳定域问题的范畴。解决这类问题，实质上是寻求特征方程的根与需求的结构或气动参数的关系。因为特征方程的根是由其系数来决定的，改变结构或气动参数能够改变特征方程式的系数，所以特征方程的根也就发生了变化。因此，对于上面提出的问题，可以归结为，用不同的结构或气动参数求系数 $A_0, \cdots, A_n$，所有这些系数就组成了一个变化空间，其中的某一部分空间若能使导弹特征方程的根为负或根的实部为负，那么这一部分空间就称之为稳定域。

假定可以变动的结构或气动参数为 ξ 和 η，且与系数 $A_0, \cdots, A_n$ 线性相关，因此扰动运动的特征方程式可以写成

$$A_0(\xi, \eta)s^n + A_1(\xi, \eta)s^{n-1} + \cdots + A_n(\xi, \eta) = 0 \tag{8-1}$$

因为系数 $A_0, \cdots, A_n$ 与参数 ξ 和 η 线性相关，则有

$$A_i = a_i\xi + b_i\eta + c_i, \quad i = 0, 1, 2, \cdots, n \tag{8-2}$$

将式(8-2)代入式(8-1)，可得

$$(a_0\xi + b_0\eta + c_0)s^n + (a_1\xi + b_1\eta + c_1)s^{n-1} + \cdots + (a_n\xi + b_n\eta + c_n) = 0 \tag{8-3}$$

由式(8-3)可得

$$(a_0 s^n + a_1 s^{n-1} + \cdots + a_n)\xi + (b_0 s^n + b_1 s^{n-1} + \cdots + b_n)\eta + c_0 s^n + c_1 s^{n-1} + \cdots + c_n = 0 \tag{8-4}$$

由式(8-4)可见，式(8-1)可重新组合成

$$\xi P(s) + \eta Q(s) + R(s) = 0 \tag{8-5}$$

其中

$$P(s) = a_0 s^n + a_1 s^{n-1} + \cdots + a_n \left.\right\}$$
$$Q(s) = b_0 s^n + b_1 s^{n-1} + \cdots + b_n \quad\quad\quad (8-6)$$
$$R(s) = c_0 s^n + c_1 s^{n-1} + \cdots + c_n \left.\right.$$

再将与稳定域边界对应的复数 $s = j\omega$ 代入式(8-5),可得

$$[\xi P_1(\omega) + \eta Q_1(\omega) + R_1(\omega)] + j[\xi P_2(\omega) + \eta Q_2(\omega) + R_2(\omega)] = 0 \quad (8-7)$$

式中,$P_1(\omega)$,$Q_1(\omega)$,$R_1(\omega)$ 为式(8-5)相应函数的实部,而 $P_2(\omega)$,$Q_2(\omega)$,$R_2(\omega)$ 为式(8-5)相应函数的虚部。

由式(8-7)可得

$$\xi P_1(\omega) + \eta Q_1(\omega) + R_1(\omega) = T_1(\omega) = 0 \quad\quad\quad (8-8)$$

$$\xi P_2(\omega) + \eta Q_2(\omega) + R_2(\omega) = T_2(\omega) = 0 \quad\quad\quad (8-9)$$

解式(8-8)和式(8-9)的联立方程式,便可求得 ξ 和 η 为

$$\xi = \Delta_1/\Delta, \quad\quad \eta = \Delta_2/\Delta \quad\quad\quad (8-10)$$

其中

$$\Delta = \begin{vmatrix} P_1(\omega) & Q_1(\omega) \\ P_2(\omega) & Q_2(\omega) \end{vmatrix} \quad\quad\quad (8-11)$$

$$\Delta_1 = \begin{vmatrix} -R_1(\omega) & Q_1(\omega) \\ -R_2(\omega) & Q_2(\omega) \end{vmatrix}, \quad \Delta_2 = \begin{vmatrix} P_1(\omega) & -R_1(\omega) \\ P_2(\omega) & -R_2(\omega) \end{vmatrix} \quad (8-12)$$

由式(8-11)和式(8-12)可知,ξ 和 η 是 ω 的函数,一般说来,给定一个 ω 值,由式(8-10)便可求出一对对应的 ξ 和 η 值。若以参数 ξ 为横轴,以参数 η 为纵轴,给定一个 ω,就可以在 $\xi O \eta$ 平面上得到一个表示 ξ 和 η 解值的点。ω 的值不同,点的位置也不同,但每一个点都是 ω 值下 ξ 和 η 的解。将这些点连成一条曲线,就得到了稳定域边界曲线。

由于 $P_1(\omega)$,$Q_1(\omega)$ 和 $R_1(\omega)$ 是 ω 的偶函数,$P_2(\omega)$,$Q_2(\omega)$ 和 $R_2(\omega)$ 是 ω 的奇函数,所以 ξ 和 η 都是 ω 的偶函数。由此可见,当 ω 由 0 变化到 ∞ 时,这一部分的稳定域划分,总是与 ω 由 $-\infty$ 变化到 0 的这一部分稳定域相重合(见图 8.1)。

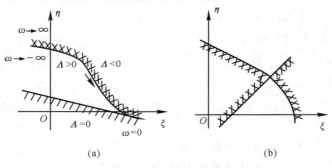

(a)   (b)

图 8.1　稳定域边界图

应该知道,只有当 $T_1(\omega)=0$ 和 $T_2(\omega)=0$ 相容时,且相互独立,即 $\Delta\neq0$,每一个 ω 才能确定一对 ξ 和 η 的值。但若 $\Delta=0$,式(8-8)与式(8-9)则不相互独立。此时,便不能由式(8-10)求出对应一个给定 ω 值的惟一一对 ξ 和 η 的值,只能由

$$\xi=-\frac{\eta Q_1(\omega)+R_1(\omega)}{P_1(\omega)} \tag{8-13}$$

在 $\xi O\eta$ 平面上确定一条直线。由式(8-13)所代表的直线称为奇线,线上的点称为奇点。

不言而喻,在稳定域边界曲线上,特征方程式(8-1)的根的实部均为零。偏离曲线,相对应的特征方程根的实部不为零,而根的实部为负的区域就是稳定域,并在边界上用阴影线来标明。画稳定域阴影线的规则如下:

ω 由 $-\infty$ 到 ∞ 沿着曲线走时,如果 $\Delta>0$,在曲线左边画阴影线;若 $\Delta<0$,则在右边画阴影线。因为 ω 由 $-\infty$ 到 0,和由 0 到 $-\infty$ 是一条曲线,而 Δ 一般又总是 ω 的奇函数,亦即 ω 与 Δ 同时反号,所以划分稳定域总是在同一边画双重阴影线。

存在着奇线画阴影线要复杂一些。当 $\omega=0$ 或 ∞ 时出现奇线时,只画一次阴影线(见图 8.1(a));当 ω 在某一频率 ω' 下出现奇线,即奇线穿过曲线,并在 $\omega=\omega'$ 点上通过时,行列式 Δ 又变号,则沿奇线画阴影线;Δ 不变号,就不画阴影线(见图 8.1(b))。

在画有阴影线的区域上,也可任取一对 ξ 和 η 的值,使用霍尔维茨稳定判据,来检验该区域是否确定了真正的稳定域。

8.2　导弹纵向自由扰动运动的特点

在理想弹道的特性点上,导弹纵向扰动运动的形态和性质,均由这个特性点上特征方程的根值来决定。为了从数值上估算出扰动运动参数的衰减或发散程度,以及它们的最大值、振荡周期和经历时间,就必须解特征方程,求出它的根值。

大量的实践经验证明,无论飞行器的外形怎样变化,它的飞行速度和高度尽管各不相同,而它的特征方程的根,彼此间在量级上则遵循着某种规律。为了能足以说明这种规律的客观存在,下面举几个典型的例子加以说明。

一、几种飞行器的特征值

例 8-1　继续以例 7-1 为例,在第 7 章已求得它的特征方程式的根为二对共轭复根,见式(7-52)和式(7-53),即

$$s_{1,2}=-0.376\pm j2.426$$
$$s_{3,4}=-0.003\pm j0.076$$

这是两对实部与虚部的绝对值分别相差很大的共轭复根,表明这个飞行器纵向自由扰动运动是由两个特性相差很大的振荡运动合成起来的。

例 8 - 2　某地空导弹在 $H = 5\,000$ m 高度上飞行，$V = 641$ m/s，相应某特性点的动力系数为

$$a_{11} = 0.003\,9 \text{ m/s} \qquad\qquad a_{13} = 7.73 \text{ m/s}$$
$$a_{14} = 32.05 \text{ m/s}^2 \qquad\qquad a_{22} = 1.01 \text{ s}^{-1}$$
$$a_{21} \approx 0 \qquad\qquad a'_{24} = 0.153\,3 \text{ s}^{-1}$$
$$a_{24} = 102.2 \text{ s}^{-2} \qquad\qquad a_{25} = 67.2 \text{ s}^{-2}$$
$$a_{35} = 0.143\,5 \text{ s}^{-1} \qquad\qquad a_{34} = 1.152 \text{ s}^{-1}$$
$$a_{31} = 0.000\,061\,5 \text{ (m · s)}^{-1} \qquad\qquad a_{33} = 0.009\,4 \text{ s}^{-1}$$

根据式(7 - 22)，可得特征方程的表达式，且求得根值为

$$s_{1,2} = \sigma_1 \pm \mathrm{j}v_1 = -1.158 \pm \mathrm{j}10.1$$
$$s_{3,4} = \sigma_2 \pm \mathrm{j}v_2 = 0.002\,67 \pm \mathrm{j}0.027$$

可见，根的特性除与例 8 - 1 相同之外，所不同的是其中一对共轭复根的实部为正，但其值却非常小。

例 8 - 3　某飞机外形飞行器飞行高度 $H = 1\,000$ m，以 $V = 450$ km/h 作定态下滑飞行，经计算求得特征方程后，可求出其共轭复根为

$$s_{1,2} = \sigma_1 \pm \mathrm{j}v_1 = -2.56 \pm \mathrm{j}1.99$$
$$s_{3,4} = \sigma_2 \pm \mathrm{j}v_2 = -0.015 \pm \mathrm{j}0.087$$

根的特性同例 8 - 1。

由上所列三例可以看出：

(1) 所列飞行器的纵向自由扰动运动均包含着振荡运动的成分。

(2) 两个振荡运动分量彼此间的振幅和频率相差很大。

由此可见，导弹纵向自由扰动运动的形态，在基准弹道上的一些特性点上，同一类气动外形的导弹将存在着相同的规律性。

二、振荡周期及衰减程度

由第 7 章所述可知，特征方程式的根为共轭复根时，扰动运动的形态表现为振荡形式。

以攻角 $\Delta\alpha$ 为例，当 $s_{1,2} = \sigma \pm \mathrm{j}v$ 时，由式(7 - 67)可得

$$\Delta\alpha_{1,2} = De^{\sigma t}\sin(vt + \varphi) \qquad\qquad (8 - 14)$$

这里 v 为振荡频率，而振荡周期 T 为

$$T = \frac{2\pi}{v} \qquad\qquad (8 - 15)$$

为了定量地评定扰动运动参数衰减（或发散）的快慢，在此引入衰减程度或发散程度的概念。

所谓衰减程度或发散程度是指振幅（如果是实根则为扰动值）衰减一半或增大一倍所需

要的时间。当 $\sigma < 0$ 时，

$$e^{\sigma \Delta t} = e^{\sigma(t_2 - t_1)} = \frac{1}{2} \qquad (8-16)$$

式中，$\Delta t = t_2 - t_1$ 为振幅减小一半的时间。由式（8 - 16）可知衰减程度为

$$\Delta t = t_2 - t_1 = -\frac{0.693}{\sigma} \qquad (8-17)$$

若 $\sigma > 0$，振幅增长一倍的时间（发散程度）$\Delta t = t_2 - t_1$ 则为

$$\Delta t = t_2 - t_1 = \frac{0.693}{\sigma} \qquad (8-18)$$

在非周期扰动运动情况下，以上公式也可计算经过某时间间隔扰动值的衰减或发散程度。

在一个周期内的衰减程度或发散程度为

$$\frac{D_1 e^{\sigma(n+1)T}}{D_1 e^{\sigma n T}} = e^{\sigma T} = e^{2\pi\sigma/v} \qquad (8-19)$$

如果 $\sigma > 0$，经过一个周期后振幅增大。若 $\sigma < 0$，经过一个周期后则振幅减小。

表 8.1 所列为计算例 8 - 1、例 8 - 2 和例 8 - 3 的振荡周期、衰减程度的结果。

表 8.1 例 8 - 1 ~ 例 8 - 3 的结果

计算举例	根的性质	振荡周期	衰减程度
例 8 - 1	$-0.376 \pm j2.426$ $-0.003 \pm j0.076$	2.589 s 83.78 s	1.843 s 231.0 s
例 8 - 2	$-1.158 \pm j10.1$ $-0.002\ 67 \pm j0.027$	0.622 s 232.7 s	0.599 s 295.6 s
例 8 - 3	$-2.56 \pm j1.99$ $-0.015 \pm j0.087$	3.157 s 72.22 s	0.271 s 46.20 s

三、短周期运动和长周期运动

由于共轭复根的实数部分决定着扰动运动的衰减程度，而虚数部分决定着角频率，所以当纵向自由扰动运动的性质由两对共轭复根来表示时，由表 8.1 可以看出，一对大复根决定的扰动运动分量，其形态是周期短，衰减快，属于一种振荡频率高而振幅衰减快的运动，通常称为短周期扰动运动（见图 8.2(a)）。而另一对小复根所决定的扰动运动分量，则是振动频率很低，即振荡周期很长，衰减很慢的运动，称为长周期扰动运动（见图 8.2(b)）。

纵向特征根有一对大复根和一对小复根的特点，可使纵向扰动运动分成低频慢衰减的长周期和高频快衰减的短周期两种运动分量。这一结论虽由具体实例所得，但是通过对大量不同形式的飞行器进行分析，在各种飞行情况下的计算结果表明，长短两种周期的运动形态几乎没

有例外地存在着。只是在有些情况下,一对小值的共轭复根由二个数值很小的实根来代替,振荡型的长周期运动变为二个衰减(或发散)很慢的非周期运动,其实质与长周期运动并无多大区别。

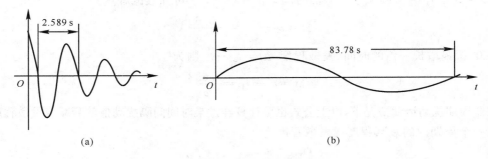

图 8.2　例 8-1 的长、短扰动运动周期

四、运动参数的变化特点

导弹纵向扰动运动除了上节所述特性之外,对不同的特征根而言,其运动参数的变化特点也不大相同。为了进一步显示纵向自由扰动运动的本质,再来分析比较一下例 8-1 所得的过渡过程函数。即

$$
\left.
\begin{aligned}
\Delta\alpha(t) &= 2.002\,6^{\circ}\mathrm{e}^{-0.376t}\sin(139.01^{\circ}t+87.823^{\circ}) - 0.05^{\circ}\mathrm{e}^{-0.003t}\sin(4.297^{\circ}t+2.979^{\circ}) \\
\Delta\vartheta(t) &= 1.98^{\circ}\mathrm{e}^{-0.376t}\sin(139.01^{\circ}t+81.116^{\circ}) - 1.964^{\circ}\mathrm{e}^{-0.003t}\sin(4.297^{\circ}t+85.708^{\circ}) \\
\Delta V(t) &= 0.129^{\circ}\mathrm{e}^{-0.376t}\sin(139.01^{\circ}t-19.884^{\circ}) + 4.495^{\circ}\mathrm{e}^{-0.003t}\sin(4.297^{\circ}t+0.572^{\circ})
\end{aligned}
\right\}
$$

$$(8-20)$$

式(8-20)由两个分量组成,其中一对大根 $s_{1,2}$ 决定了周期短而衰减快的短周期运动分量,也就是

$$
\left.
\begin{aligned}
\Delta\alpha_{1,2}(t) &= 2.002\,6^{\circ}\mathrm{e}^{-0.376t}\sin(139.01^{\circ}t+87.823^{\circ}) \\
\Delta\vartheta_{1,2}(t) &= 1.98^{\circ}\mathrm{e}^{-0.376t}\sin(139.01^{\circ}t+81.116^{\circ}) \\
\Delta V_{1,2}(t) &= 0.129^{\circ}\mathrm{e}^{-0.376t}\sin(139.01^{\circ}t-19.884^{\circ})
\end{aligned}
\right\}
$$

$$(8-21)$$

式(8-21)说明,在纵向短周期扰动运动中,各运动参数随时间变化的特性也是不相同的,这一点可用旋转矢量图来形象地解释。

在图 8.3(a) 中的矢量,对应的时间 $t=0$,每一个矢量与实轴的夹角等于初始相位角。以攻角矢量 $\Delta\bar{\alpha}_{1,2}$ 的最大模值 2.002 6 为单位长度,于是俯仰角矢量 $\Delta\bar{\vartheta}_{1,2}$ 的模值为 1.98/2.002 6 =0.988 7,而速度矢量 $\Delta\bar{V}_{1,2}$ 的模值为 0.129/2.002 6 =0.064 42,它是攻角矢量 $\Delta\bar{\alpha}_{1,2}$ 模值的 6.4%,因此在矢量图上不能明显地表示。

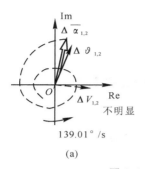

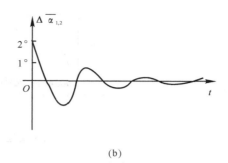

(a)　　　　　　　　　　　　　　　　(b)

图 8.3　短周期运动旋转矢量图

当 $t \neq 0$ 时,各运动参数的矢量也要发生变化。但是各矢量的转动角速度均为 139.01 °/s,周期相同,当然矢量幅值的衰减程度也一样。所以在不同的时间上,各矢量间的幅值比和相角差却始终保持不变。

从图中矢量可以看出:攻角 $\Delta\alpha$ 和俯仰角 $\Delta\vartheta$ 的矢量模值要比速度矢量模值大得多,速度矢量几乎在图上无法明显表示。这表明由大根 $s_{1,2}$ 决定的运动形态中,攻角 $\Delta\alpha$ 和俯仰角 $\Delta\vartheta$ 的变化是主要的。攻角 $\Delta\alpha$ 很快由初始值 $\Delta\alpha_0$ 衰减到零,与此同时因弹体也要绕重心急剧转动,于是俯仰角 $\Delta\vartheta$ 也有很大变化,但是飞行速度的变化则近似为零。

矢量在图上绕原点旋转,它在垂直轴上的投影值也就随着时间而变化,以攻角矢量为例,将它在垂直轴上的投影分量沿时间展开,可得攻角的过渡过程(见图 8.3(b))。

攻角矢量绕原点旋转时,模值不断减小,矢端轨迹是一个收缩的螺旋线,表示短周期扰动运动是稳定的。

下面再来分析由一对小根所决定的扰动运动形态。对例 8-1 所举的导弹,一对小根决定的运动分量的过渡过程函数表达式为

$$\left.\begin{aligned}
\Delta V_{3,4}(t) &= 4.495°\mathrm{e}^{-0.003t}\sin(4.297°t + 0.527°) \\
\Delta\vartheta_{3,4}(t) &= -1.964°\mathrm{e}^{-0.003t}\sin(4.297°t + 85.708°) \\
\Delta\alpha_{3,4}(t) &= -0.05°\mathrm{e}^{-0.003t}\sin(4.297°t + 2.979°)
\end{aligned}\right\} \tag{8-22}$$

这个分量与式(8-21)分量相比较,周期大 32.4 倍,振幅减小一半的时间也要大 125.3 倍,因此这是一个周期长、衰减慢的长周期扰动运动(或称沉浮运动)。当 $t = 0$ 时,作出它们的矢量图,如图 8.4 所示。攻角矢量 $\Delta\overline{\alpha}_{3,4}$ 的模值太小,在图上就无法表示。因此在这种扰动运动的形态中,主要是飞行速度 ΔV 和俯仰角 $\Delta\vartheta$ 发生缓慢的运动,变化一个周期需时间 83.8 s。

根据以上所说,导弹纵向自由扰动运动是由两种运动形态所组成的,一个是快衰减的短周期运动,另一个是慢衰减的长周期运动,两者除周期和衰减程度有很大差别外,运动的自由度也不完全相同。这一点,分析其他形式的飞行器,也可得类似的结论。

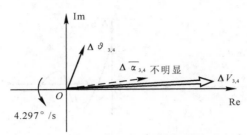

图 8.4　长周期运动旋转矢量图

五、纵向自由扰动运动分为两个阶段

纵向自由扰动运动是由长、短两个周期运动所组成的,因此各运动参数的数值就是由这两种分量进行叠加得到的。由于长周期扰动运动的变化周期很长,运动参数发生大的改变所需时间也长,所以扰动运动的最初阶段,起主导作用的主要是短周期运动形态,长周期运动还很不明显。如果能够忽略长周期运动的分量,在开始阶段,整个纵向扰动运动就可由短周期扰动运动来代替,运动参数的值也就不必叠加。这时还可以不计速度 V 的改变,只考虑攻角 $\Delta\alpha$ 和俯仰角速度 $\Delta\omega_z$,以及俯仰角 $\Delta\vartheta$ 等的变化。

在短周期运动基本消失之后,就要考虑长周期运动的作用。这时主要是飞行速度 ΔV、俯仰角 $\Delta\vartheta$ 以及弹道倾角 $\Delta\theta$ 发生缓慢变化,经过一段较长的时间,运动才能停止。在此过程中,攻角 $\Delta\alpha$ 则可以说没有什么变化。

由此可见,导弹纵向自由扰动运动可以简化成两个独立的阶段。在第一阶段,即短周期阶段,只有攻角 $\Delta\alpha$ 和俯仰角 $\Delta\vartheta$ 的变化,速度 ΔV 变化不大,可视为零。短周期扰动运动消失后,是运动的第二阶段,这时仅有速度 ΔV 和俯仰角 $\Delta\vartheta$ 的缓慢变化,攻角 $\Delta\alpha$ 几乎不变。

纵向自由扰动运动之所以可以划分为二个独立阶段,而最初阶段又为短周期运动,这是因为导弹受到扰动作用后,力矩平衡状态很快受到破坏,使导弹一开始就具有较大的绕 Oz_1 轴旋转的角加速度。而作用力的平衡在短时间内还未发生明显的变化,因此改变重心移动的加速度这时候尚很小。下面用例 8-1 来解释这个道理。

在例 8-1 中,已假定由偶然干扰作用只产生初始值 $\Delta\alpha_0=-\Delta\theta_0=2°$,而其余的初始值均为零。由扰动运动方程组(7-7)第 2 式可得弹体绕 Oz_1 轴的旋转角加速度为

$$\Delta\ddot{\vartheta}=-a_{22}\Delta\dot{\vartheta}-a'_{24}\Delta\dot{\alpha}+a_{24}\Delta\alpha \tag{8-23}$$

当时间 $t=0$ 时,这个角运动微分方程式的初始值 $\Delta\alpha_0=2°$,而 $\Delta\dot{\vartheta}_0=\Delta\dot{\alpha}_0=0$,所以式(8-23)等号右端的前两项为零,只剩下右端的第 3 项,其中动力系数 a_{24} 给定为 $5.91\ \mathrm{s}^{-2}$,于是,式(8-23)简化为

$$\left(\frac{\mathrm{d}^2\Delta\vartheta}{\mathrm{d}t^2}\right)_0=\Delta\ddot{\vartheta}_0=-a_{24}\Delta\alpha_0=-11.8\ °/\mathrm{s}^2$$

这就是说，扰动运动开始的瞬时，导弹绕 Oz_1 轴低头旋转的角加速度为 $11.8\ °/s^2$。

我们再来分析一下扰动开始时，重心移动的加速度。为了求这个加速度，应用方程组 (7-7) 的第 1 式，可得

$$(\frac{d\Delta V}{dt})_0 = \Delta \dot{V} = -a_{11}\Delta V - a_{13}\Delta \theta - a_{14}\Delta \alpha \qquad (8-24)$$

同理，当 $t=0$ 时，$\Delta V_0 = 0$，而 $\Delta \alpha_0 = -\Delta \theta_0 = 2°$，动力系数 $a_{11} = 0.007\ 4\ s^{-1}$，$a_{13} = 9.8\ m \cdot s^{-2}$，$a_{14} = 9.17 m \cdot s^{-2}$，所以

$$\Delta \dot{V}_0 = -0.022\ m \cdot s^{-2}$$

这个加速度值相当的小，要比角加速度 $\Delta \ddot{\vartheta}$ 小得多。这就说明，导弹在纵向扰动运动的最初阶段，将迅速绕 Oz_1 轴转动，而重心变化的加速度只有微小的数值，例如 $0.022\ m \cdot s^{-2}$。又因为飞行速度具有比较大的数值，这个微量的加速度对速度产生的影响，不会使速度有多大的变化，故可近似认为速度偏量等于零。

在短周期扰动运动阶段，即第一阶段，如果导弹具有稳定性，它绕 Oz_1 轴旋转的结果，将使攻角 $\Delta \alpha$ 逐渐恢复到与舵偏角相对应的平衡位置上。由于在旋转过程中又要受到阻尼力矩的作用，使实际旋转的时间仅限制在最初的 $1\sim 3\ s$ 内，所以，这一阶段是一高频快衰减的运动。因为这一阶段的运动主要是考虑力矩的作用，是角运动的力学过程，所以当力矩已经基本恢复平衡时，短周期运动也就结束了。

应指出的是，在短周期运动中攻角的变化，不仅使力矩由不平衡逐步趋向平衡，而且还会影响升力和阻力发生的变化，致使法向力和切向力不能保持平衡。同时在此阶段飞行速度虽然变化不大，但毕竟存在微小变化，因此当短周期运动结束时，导弹的纵向自由扰动运动还不能全部结束，随后接着产生了第二阶段的运动。

在第二阶段运动中主要是考虑法向力和切向力的作用，其中包括重力的作用，于是将改变飞行速度的大小和方向。其实，在运动的第一阶段因攻角 $\Delta \alpha$ 和俯仰角 $\Delta \vartheta$ 已发生变化，早已改变了弹道倾角 $\Delta \theta$。

因为导弹具有一定惯性，而法向力和切向力相对基准运动来讲，其值又不大，所以导致速度 ΔV 和弹道倾角 $\Delta \theta$ 的变化将是十分缓慢的。在此过程中又因为力矩已基本趋近平衡，弹体只能绕 Oz_1 轴微弱转动，可近似认为俯仰角 $\Delta \vartheta$ 等于弹道倾角 $\Delta \theta$，而攻角 $\Delta \alpha$ 等于零。

当运动具有稳定性时，飞行速度 ΔV、弹道倾角 $\Delta \theta$ 和俯仰角 $\Delta \vartheta$ 缓慢变化的结果，就使扰动运动中的法向干扰力和切向干扰力逐渐趋向消失，而最终停止扰动运动。所以长周期运动实质上是质点的低频摆动，所以也称沉浮运动。

在长周期运动中如果特征方程有一个或两个小根为正，运动将是不稳定的，这时运动参数 ΔV，$\Delta \theta$ 和 $\Delta \vartheta$ 将缓慢地增加。但是如果短周期扰动运动仍然是衰减的，即使在长周期运动的有限时间内，也可近似认为攻角 $\Delta \alpha$ 不变，所以长周期的发散性质在有限时间内对短周期扰动运动没有影响。

总之,根据以上理由,通常可将导弹的纵向扰动运动分解为两个独立的阶段,而短周期扰动运动又具有较大的实际意义。因为操纵飞行是依靠改变攻角,侧滑角以及倾斜角来达到操纵飞行的目的,而攻角事实上只在短周期扰动阶段发生变化,所以在设计导弹和控制系统时,分析短周期扰动运动就可以解决许多实际问题。

　　但是由于导弹外形式样繁多,速度愈来愈高,空域愈来愈大,而重量越来越轻,还不能说上述内容具有广泛的普遍性。例如某些导弹在短周期扰动阶段的频率和阻尼很小,甚至蜕化成二个非周期的形态,在这种情况下,必须检验特征方程式的根值是否差异很大。若相差很大,仍然可以将纵向扰动运动分成两个独立的阶段。

六、纵向扰动运动的简捷处理

　　导弹纵向扰动运动方程组(7-7)是一个四阶微分方程组,求解起来比较麻烦。根据前面的分析可知,纵向扰动运动可以分为长、短周期的两个独立阶段,这样就可以采用一种简捷处理方法,以简化问题讨论。

　　1. 纵向短周期扰动运动模态

　　由于在短周期运动阶段主要是由力矩变化引起弹体产生角运动,而近似认为长周期运动还没有来得及表现出来,所以可以取 $\Delta\dot{V}=0,\Delta V=0$,于是方程组(7-7)中的第1式、第2式中的 $a_{21}\Delta V$ 项以及第3式的 $a_{31}\Delta V$ 项均可略去,可得一种简捷形式的纵向扰动运动方程组,即

$$
\left.
\begin{aligned}
&\frac{d^2\Delta\vartheta}{dt^2}+a_{22}\frac{d\Delta\vartheta}{dt}+a'_{24}\frac{d\Delta\alpha}{dt}+a_{24}\Delta\alpha=-a'_{25}\frac{d\Delta\delta_z}{dt}-a_{25}\Delta\delta_z+M_{zd}\\
&\frac{d\Delta\theta}{dt}+a_{33}\Delta\theta-a_{34}\Delta\alpha=a_{35}\Delta\delta_z+F_{yd}\\
&\Delta\vartheta-\Delta\theta-\Delta\alpha=0
\end{aligned}
\right\}
\tag{8-25}
$$

或者写成以下形式:

$$
\left.
\begin{aligned}
&\Delta\ddot{\vartheta}+a_{22}\Delta\dot{\vartheta}+a'_{24}\Delta\dot{\alpha}+a_{24}\Delta\alpha=-a'_{25}\Delta\dot{\delta}_z-a_{25}\Delta\delta_z+M_{zd}\\
&\Delta\dot{\theta}+a_{33}\Delta\theta-a_{34}\Delta\alpha=a_{35}\Delta\delta_z+F_{yd}\\
&\Delta\vartheta-\Delta\theta-\Delta\alpha=0
\end{aligned}
\right\}
\tag{8-26}
$$

　　方程组(8-25)和方程组(8-26)称为导弹纵向短周期扰动运动方程组,有时简称为短周期运动方程组。其状态方程为

$$
\begin{bmatrix}\Delta\dot{\omega}_z\\\Delta\dot{\alpha}\\\Delta\dot{\vartheta}\end{bmatrix}=\boldsymbol{A}\begin{bmatrix}\Delta\omega_z\\\Delta\alpha\\\Delta\vartheta\end{bmatrix}+\begin{bmatrix}-a_{25}+a'_{24}\cdot a_{35}\\-a_{35}\\0\end{bmatrix}\Delta\delta_z-\begin{bmatrix}a'_{25}\\0\\0\end{bmatrix}\Delta\dot{\delta}_z+\begin{bmatrix}a'_{24}F_{yd}+M_{zd}\\-F_{yd}\\0\end{bmatrix}
\tag{8-27}
$$

　　短周期运动的动力系数矩阵 $\boldsymbol{A}$,由式(7-14b)的矩阵 $\boldsymbol{A}_z$ 的右下分块矩阵表示,即

$$
\boldsymbol{A}=\begin{bmatrix}-(a_{22}+a'_{24})&(a'_{24}a_{34}+a'_{24}a_{33}-a_{24})&-a'_{24}a_{33}\\1&-(a_{34}+a_{33})&a_{33}\\1&0&0\end{bmatrix}
\tag{8-28}
$$

根据矩阵 A 可得纵向短周期扰动运动的特征方程为

$$D(s) = s^3 + A_1 s^2 + A_2 s + A_3 = 0 \qquad (8-29)$$

式中的系数表达式为

$$\left.\begin{aligned} A_1 &= a_{22} + a_{34} + a'_{24} + a_{33} \\ A_2 &= a_{24} + a_{22}(a_{34} + a_{33}) + a'_{24} a_{33} \\ A_3 &= a_{24} a_{33} \end{aligned}\right\} \qquad (8-30)$$

为了说明这种简捷处理的近似程度,仍旧以例 8-1 为例,利用方程组(8-26)重新求解攻角 $\Delta\alpha$ 和俯仰角 $\Delta\vartheta$ 的过渡过程函数,并与精确解答相比较,观察一下将会产生多少误差。因此,将已知各动力系数代入式(8-30),并由式(8-29)求得特征方程及其根值为

$$s_{1,2} = -0.375 \pm j2.427 \qquad (8-31)$$

同样假定飞行器受到偶然干扰作用,具有初始值 $\Delta\alpha_0 = -\Delta\theta_0 = 2°$,由式(7-67)及其第 2 章所述求过渡过程函数表达式的方法,可得短周期形态简捷处理后的过渡过程函数为

$$\left.\begin{aligned} \Delta\alpha(t) &= 2.002\ 1°e^{-0.375t} \sin(139.064°t + 87.759°) \\ \Delta\vartheta(t) &= 1.98°e^{-0.375t} \sin(139.064°t + 81.216°) - 1.956\ 7° \end{aligned}\right\} \qquad (8-32)$$

所得结果与未作简捷处理的答案相比较,简捷处理的误差相当微小。由此可见,略去长周期对短周期的影响,采用方程组(8-26)分析纵向短周期扰动运动是足够精确的。所以,在动态分析中普遍采用了这组运动方程式。

在式(8-32)中,俯仰角 $\Delta\vartheta(t)$ 有一常数项,这是由于忽略了长周期分量而产生的。不难理解,在短周期运动结束后,长周期运动中的俯仰角 $\Delta\vartheta(t)$ 实际上并不是一个常数。在这里之所以等于常数,是由于简捷处理的结果。

七、纵向长周期扰动运动模态

长周期扰动运动是一个缓慢变化的过程,简捷处理时假定短周期扰动运动是在一个瞬时已告完成,俯仰角 $\Delta\dot\vartheta = \Delta\omega_z = 0$,并认为俯仰角速度 $\Delta\vartheta = \Delta\omega_z$ 极小,由它产生的阻尼力矩 $M_z^{\omega_z} \Delta\omega_z$ 可以不计,更可以不计下洗延迟力矩。因此,根据这些假定,简化纵向扰动运动方程组(7-7),可得长周期扰动运动方程组为

$$\left.\begin{aligned} \Delta\dot{V} &= -a_{11}\Delta V - a_{13}\Delta\theta - a_{14}\Delta\alpha + F_{xd} \\ \Delta\dot{\theta} &= -a_{13}\Delta V - a_{33}\Delta\theta + a_{34}\Delta\alpha + F_{yd} \\ \Delta\vartheta &= \Delta\theta + \Delta\alpha \\ a_{21}\Delta V &+ a_{24}\Delta\alpha = 0 \end{aligned}\right\} \qquad (8-33)$$

这是一个二阶微分方程组,因为在长周期运动中主要是法向力和切向力起作用,所以在方程组中只引进了干扰力,而没有考虑干扰力矩。

方程组(8-33)中,第 1 式是纵向长周期扰动运动中的切向动力学方程,第 2 式是法向动力学方程,第 3 式是角度几何关系方程,第 4 式是简化了的力矩平衡方程。之所以还要引进第 4

式,是考虑到长周期阶段速度 ΔV 为主要变化参数,由此而产生了力矩 $M_z^V \Delta V$,使攻角也要发生微小的变化。

长周期扰动运动的特征方程,由方程组(8-33)可得

$$a_{24}s^2 + (a_{11}a_{24} + a_{24}a_{33} - a_{21}a_{14})s + a_{33}(a_{11}a_{24} - a_{14}a_{21}) - a_{13}(a_{24}a_{31} + a_{21}a_{34}) = 0$$
$$(8-34)$$

为了估计这种简捷处理的近似程度,还是以例8-1来说明。假设飞行器受到偶然干扰的作用,使它有了初始值 $\Delta \alpha_0 = -\Delta \theta_0 = 2°$。现在研究的是长周期运动,假定短周期运动已经结束,攻角 $\Delta \alpha$ 已趋近于零,因此飞行器已经低头。于是在长周期运动开始时,俯仰角已具有初始值 $\Delta \vartheta_0 = -2°$。

将例8-1的各动力系数代入式(8-34),求得特征值为

$$s_{3,4} = -0.002\,9 \pm j0.075\,5 \tag{8-35}$$

由此可得简捷处理后的长周期扰动运动引入初始值的过渡函数为

$$\left. \begin{array}{l} \Delta V(t) = 4.539\mathrm{e}^{-0.002\,9t}\sin(4.318°t) \\[2mm] \Delta \vartheta(t) = -2.003\,9\mathrm{e}^{-0.002\,9t}\sin(4.318°t + 86.52°) \\[2mm] \Delta \alpha(t) = -0.044\mathrm{e}^{-0.002\,9t}\sin(4.318°t) \end{array} \right\} \tag{8-36}$$

将此结果与表达式(8-20)相比较,衰减指数的误差约10%;频率误差约1.1%;攻角的幅值误差最大约10%;速度和俯仰角幅值误差2%左右。由此说明,长周期运动的简捷方程组(8-33)保留了第二阶段运动的主要特性,只是近似程度不及短周期的误差小。可见,短周期对长周期的影响,要比长周期对短周期的影响大一点。

以后大家会了解,只要导弹具有一定静稳定性,或者静不稳定的程度在许可范围之内,短周期运动总是可以稳定的。但是,长周期运动的情况就比较复杂了,即使是同一个飞行器,由于飞行速度和高度不同,它可能是稳定的,也可能是不稳定的。

导弹作为控制对象,达到操纵飞行的目的,在大气层内主要是改变导弹的攻角,加上控制系统又能快速响应,所以,短周期运动具有重要的实际意义。为了获得满意的控制效果,不仅要求短周期运动具有稳定性,而且必须具备较好的动态品质。至于长周期运动是否稳定,并不是什么严重的事情,因为自动驾驶仪的陀螺测出俯仰角的缓慢变化后,能有足够的时间通过偏转升降舵,有效地改善长周期运动的特性。

8.3　导弹纵向短周期扰动运动的分析

一、动力系数的意义

研究有翼导弹的纵向动态性质,以及选择控制系统的参数,实践证明,采用简捷处理的短周期运动方程组,在初步设计阶段是合适的。这个方程组为

$$\Delta\ddot{\vartheta} + a_{22}\Delta\dot{\vartheta} + a'_{24}\Delta\dot{\alpha} + a_{24}\Delta\alpha = -a'_{25}\Delta\dot{\delta}_z - a_{25}\Delta\delta_z + M_{zd} \left.\right\}$$
$$\Delta\dot{\theta} + a_{33}\Delta\theta - a_{34}\Delta\alpha = a_{35}\Delta\delta_z + F_{yd} \qquad\qquad (8-37)$$
$$\Delta\vartheta - \Delta\theta - \Delta\alpha = 0$$

下文详细介绍方程组(8-37)中各动力系数的物理意义。

1. 动力系数 a_{22}

$$a_{22} = -\frac{M_z^{\omega_z}}{J_z} = -\frac{m_z^{\omega_z}qSb_A}{J_z}\frac{b_A}{V}\frac{1}{s}$$

它与导弹的气动阻尼力矩成正比,简称阻尼动力系数。S 为参考面积,b_A 为参考长度,以后类同,不再说明。将方程组(8-37)的第 1 式改写成

$$\Delta\ddot{\vartheta} = -a_{22}\Delta\dot{\vartheta} - a'_{24}\Delta\dot{\alpha} - a_{24}\Delta\alpha - a'_{25}\Delta\dot{\delta}_z - a_{25}\delta_z + M_{zd} \qquad (8-38)$$

可见在纵向扰动运动中,俯仰角加速度 $\Delta\ddot{\vartheta}$ 是由许多分量合成的(见图 8.5);而$(-a_{22})$ 的数值相当于角速度 $\Delta\dot{\vartheta}$ 发生单位变化时$(\Delta\dot{\vartheta}=\Delta\omega_z=1)$,所引起的附加俯仰角加速度 $\Delta\ddot{\vartheta}$ 的分量值。因为 $a_{22}=-M_z^{\omega_z}/J_z$,而 $M_z^{\omega_z}<0$,故 $a_{22}>0$,所以由 $-a_{22}\Delta\dot{\vartheta}$ 所表示的附加角加速度分量总是与角速度的方向相反,即阻止导弹绕 Oz_1 轴旋转,即动力系数 a_{22} 起阻尼作用。

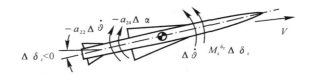

图 8.5　扰动运动作用力矩图

2. 动力系数 a'_{24} 和 a'_{25}

$$a'_{24} = -\frac{M_z^{\dot{\alpha}}}{J_z} = -\frac{m_z^{\dot{\alpha}}qSb_A}{J_z}\frac{b_A}{V}\frac{1}{s}$$

$$a'_{25} = -\frac{M_z^{\dot{\delta}_z}}{J_z} = -\frac{m_z^{\dot{\delta}_z}qSb_A}{J_z}\frac{b_A}{V}\frac{1}{s}$$

它们与气流下洗延迟力矩成正比,简称下洗延迟修正动力系数。

由式(8-38)可知,动力系数$(-a'_{24})$ 的数值相当于角速度 $\Delta\dot{\alpha}$ 发生单位变化时$(\Delta\dot{\alpha}=1)$,所引起的俯仰角加速度 $\Delta\ddot{\vartheta}$ 的分量值。

因为 $\qquad\qquad\qquad\qquad\qquad M_z^{\dot{\alpha}} < 0$

所以 $\qquad\qquad\qquad\qquad\qquad a'_{24} > 0$

在非定常气流中,考虑到 $\Delta\dot{\alpha}$ 或 $\Delta\dot{\delta}$ 的存在,对 $M_z^{\dot{\alpha}}$,$M_z^{\dot{\delta}_z}$ 中的下洗量要进行修正,使它们更加符合非定常气流的实际情况。考虑到非定常情况之后,导弹的静稳定性和操纵效率都会提高。由方程组(8-37)可得

$$\Delta\ddot{\alpha} = \Delta\ddot{\vartheta} - \Delta\dot{\theta} = -a_{22}\Delta\dot{\vartheta} - a'_{24}\Delta\dot{\alpha} - a_{24}\alpha - a'_{25}\Delta\dot{\delta}_z - a_{25}\Delta\delta_z + a_{33}\Delta\theta - a_{34}\Delta\dot{\alpha} - a_{35}\Delta\dot{\delta}_z + M_{zd}$$

由于

$$- a'_{24} \Delta \dot\alpha \begin{cases} > 0, & \dot\alpha < 0 \\ < 0, & \dot\alpha > 0 \end{cases}$$

所以,由 $- a'_{24} \Delta \dot\alpha$ 所表示的附加角加速度的分量总是与角速度的方向相反,所以动力系数 a'_{24} 起阻尼作用。

另外,对于鸭式飞行器,需要考虑下洗修正力矩 $M_z^{\dot\delta_z}$ 。同样由方程组(8-38)可知,动力系数 $(- a'_{25})$ 的数值相当于角速度 $\Delta\dot\delta_z$ 发生单位变化时($\Delta\dot\delta_z = 1$),所引起的俯仰角加速度 $\Delta\ddot\vartheta$ 的分量值。

因为 $\qquad\qquad\qquad\qquad\qquad M_z^{\dot\delta_z} < 0$

所以 $\qquad\qquad\qquad\qquad\qquad a'_{25} > 0$

由于

$$- a'_{25} \Delta \dot\delta_z \begin{cases} > 0, & \Delta\dot\delta_z < 0 (偏舵目的是使 \Delta\dot\vartheta < 0) \\ < 0, & \Delta\dot\delta_z > 0 (偏舵目的是使 \Delta\dot\vartheta > 0) \end{cases}$$

所以,由 $- a'_{25} \Delta \dot\delta_z$ 所表示的附加角加速度分量总是与角速度的方向相反,所以动力系数 a'_{25} 也起阻尼作用。

3. **动力系数** a_{24}

$$a_{24} = -\frac{M_z^\alpha}{J_z} = -\frac{m_z^\alpha q S b_A}{J_z} \frac{1}{\text{s}^2}$$

它表示导弹的静稳定性,简称静稳定动力系数。

由方程组(8-37)的第 1 式可得

$$\Delta \dot\alpha = -\Delta\ddot\vartheta - \frac{a_{22}}{a'_{24}}\Delta\dot\vartheta - \frac{a_{24}}{a'_{24}}\Delta\alpha - \frac{a'_{25}}{a'_{24}}\Delta\dot\delta_z - \frac{a_{25}}{a'_{24}}\Delta\delta_z + \frac{1}{a'_{24}}M_{zd}$$

由于 $a'_{24} > 0$,所以当飞行器具有纵向静稳定性时,则有 $M_z^\alpha < 0, a_{24} > 0$,即

$$- \frac{a_{24}}{a'_{24}} \Delta\alpha \begin{cases} < 0, & \Delta\alpha > 0 \\ > 0, & \Delta\alpha < 0 \end{cases}$$

由此可见,此时 $- a_{24} \Delta\alpha$ 所表示的附加角速度分量总是与角度的方向相反,所以动力系数 a_{24} 起阻尼作用。反之,则作用相反。

4. **动力系数** a_{25}

$$a_{25} = -\frac{M_z^{\delta_z}}{J_z} = -\frac{m_z^{\delta_z} q S b_A}{J_z} \frac{1}{\text{s}^2}$$

它代表着升降舵的操纵效率,简称操纵动力系数。

在式(8-38)中,$- a_{25} \Delta\delta_z$ 这一项也是俯仰角加速度 $\Delta\ddot\vartheta$ 分量。对于正常式气动外形的导弹,由于 $M_z^{\delta_z} < 0$,当舵面后缘上偏,即 $\Delta\delta_z < 0$ 时,所得附加俯仰角加速度 $\Delta\ddot\vartheta$ 分量 $- a_{25} \Delta\delta_z$ 就大于零,表示导弹将绕 Oz_1 轴抬头旋转。

对于鸭式气动外形的导弹,因为 $M_z^{\delta_z} > 0$,只有当舵面后缘下偏时,即 $\Delta\delta_z > 0$,$-a_{25}\Delta\delta_z$ 才能为正,使导弹抬头旋转。

5. 动力系数 a_{33}

由方程组(8-37)的第 2 式可得

$$\Delta\dot\theta = a_{34}\Delta\alpha - a_{33}\Delta\theta + a_{35}\Delta\delta_z + F_{yd} \qquad (8-39)$$

式(8-39)表明在纵向扰动运动中弹道倾角的变化,即改变飞行速度的方向。它与攻角、舵偏角和弹道倾角本身以及有无干扰作用有关。其中 $-a_{33}\Delta\theta$ 这一项代表重力的作用。

$$a_{33} = -\frac{g}{V}\sin\theta \quad \frac{1}{s}$$

它代表重力在法线方向的作用,简称重力动力系数。

6. 动力系数 a_{34}

由式(8-39)可知,$a_{34}\Delta\alpha$ 这一项,代表攻角发生单位变化时的弹道切线转动角速度的分量。动力系数 a_{34} 愈大,弹道切线方向的变化也就愈迅速,这是因为 a_{34} 正比于 Y^α。

$$a_{34} = \frac{P + Y^\alpha/57.3}{mV} = \frac{P + C_y^\alpha qS/57.3}{mV} \quad \frac{1}{s}$$

它对应着法向力分量,简称法向力动力系数。

7. 动力系数 a_{35}

由式(8-39)可知,$a_{35}\Delta\delta_z$ 表示舵面升力对弹道切线发生旋转所起的作用。对于旋转弹翼式导弹,由于 $C_y^{\delta_z}$ 与 C_y^α 的差别不大,动力系数 a_{34} 的作用也就相当明显。

$$a_{35} = \frac{Y^{\delta_z}/57.3}{mV} = \frac{C_y^{\delta_z}qS/57.3}{mV} \quad \frac{1}{s}$$

它与升降舵上产生的升力成正比,简称舵面升力动力系数。

二、动态稳定的条件

如前所述,对于有控导弹而言,短周期扰动运动的动态稳定性是非常重要的,而依靠求出特征根来判断稳定与否,是比较烦琐的。下面就短周期扰动运动,来分析一下利用几个动力系数之间一定的相互关系,判断稳定与否的条件。

由短周期扰动运动特征方程式(8-29)和式(8-30)可得

$$s^3 + (a_{22} + a_{34} + a_{24}' + a_{33})s^2 + [a_{24} + a_{22}(a_{34} + a_{33}) + a_{24}'a_{33}]s + a_{24}a_{33} = 0 \qquad (8-40)$$

首先分析重力动力系数 a_{33} 对稳定性的影响。如果导弹具有静稳定性,动力系数 $a_{24} > 0$。当导弹的基准运动是定常直线爬升时,因弹道倾角 θ_0 为正,重力系数 a_{33} 为负,所以乘积 $a_{24}a_{33} < 0$。于是,特征方程的系数不能满足霍尔维茨稳定准则的必要条件,基准运动将是不稳定的。若基准运动为定常直线下滑飞行,情况则完全相反,运动将有可能是稳定的。

而对于静不稳定的飞行器,稳定与否恰好与上所述相反。

如果导弹作水平直线飞行，因 $\theta_0 = 0$，系数 $a_{24}a_{33} = 0$，特征方程将有一个零根，运动是中立稳定的。分析证明，这时在偶然干扰作用下，短周期扰动运动结束时，俯仰角可能出现一个常值偏量，而攻角 $\Delta\alpha$ 将衰减到未受干扰前的状态，参阅式(8-32)。

由于重力动力系数 a_{33} 随着飞行速度的增加，其值很小，与其他动力系数相比可以不计，于是可令特征方程式(8-40)的系数 $a_{24}a_{33} = 0$。实践证明，$a_{24}a_{33} \neq 0$，特征方程有一个小根，令 $a_{24}a_{33} = 0$，相当于这个小根近似为零，其余的两个根则变化不大。

略去动力系数 a_{33}，特征方程式(8-40)变为

$$s^2 + (a_{22} + a_{34} + a'_{24})s + (a_{24} + a_{22}a_{34}) = 0 \tag{8-41}$$

它的根为

$$s_{1,2} = -\frac{1}{2}(a_{22} + a_{34} + a'_{24}) \pm \frac{1}{2}\sqrt{(a_{22} + a_{34} + a'_{24})^2 - 4(a_{24} + a_{22}a_{34})} \tag{8-42}$$

1. 共轭复根

如果

$$(a_{22} + a_{34} + a'_{24})^2 - 4(a_{24} + a_{22}a_{34}) < 0$$

则 $s_{1,2}$ 为一对共轭复根，运动是振荡的，这时

$$s_{1,2} = \sigma \pm jv = -\frac{1}{2}(a_{22} + a_{34} + a'_{24}) \pm j\frac{1}{2}\sqrt{4(a_{24} + a_{22}a_{34}) - (a_{22} + a_{34} + a'_{24})^2}$$

$$\tag{8-43}$$

式中

$$\sigma = -\frac{1}{2}(a_{22} + a_{34} + a'_{24}) \tag{8-44}$$

因为

$$a_{22} > 0, \quad a_{34} > 0, \quad a'_{24} > 0$$

所以

$$\sigma < 0$$

故短周期扰动运动动态稳定。

2. 实根

如果

$$(a_{22} + a_{34} + a'_{24})^2 - 4(a_{24} + a_{22}a_{34}) > 0$$

则 $s_{1,2}$ 为两个实根。

当 $a_{24} + a_{22}a_{34} = 0$ 时，则出现一个零根，导弹的基准运动将是中立稳定的。

当 $a_{24} + a_{22}a_{34} < 0$ 时，则必然出现一个正实根，导弹的基准运动将是不稳定的。

当 $a_{24} + a_{22}a_{34} > 0$ 时，全为负实根，导弹的基准运动将是稳定的。

综上所述，导弹具有纵向动态稳定性的条件为

$$a_{24} + a_{22}a_{34} > 0 \tag{8-45}$$

三、飞行状态对短周期振荡扰动运动的影响

由式(8-44)可知,σ 代表了短周期运动的衰减程度,且 $|\sigma|$ 愈大,扰动运动衰减得越快。将各动力系数的表达式代入式(8-44),求得

$$\sigma = -\frac{1}{4}\left(\frac{-m_z^{\omega_z}\rho VSb_A^2}{J_z} + \frac{2P/V + C_y^{\alpha}\rho VS}{m} + \frac{-m_z^{\dot{\alpha}}\rho VSb_A^2}{J_z}\right) \approx$$
$$-\frac{1}{4}\left(\frac{-m_z^{\omega_z}\rho VSb_A^2}{J_z} + \frac{2P/V + C_y^{\alpha}\rho VS}{m}\right) \tag{8-46}$$

当下洗延迟现象不甚明显时,可取 $m_z^{\dot{\alpha}}=0$,则实部 σ 可以近似表达。从式(8-46)来看,增大飞行速度 V,实部 σ 增加;另一方面,增加速度 V,马赫数 Ma 也会增加。当 $Ma>1$ 时,$m_z^{\omega_z}$ 和 C_y^{α} 也可能减小,但是它们对实部 σ 所产生的影响不及速度 V 直接发生的影响来得大,所以增大速度 V 就能增加实部 $|\sigma|$,从而增大短周期扰动运动的衰减程度。

增加飞行高度 H,就要减小空气密度 ρ。$H=10\,\text{km}$ 时,空气密度为海平面的 0.337 倍;$H=20\,\text{km}$ 时,空气密度为海平面的 0.0725 倍。因此,导弹纵向短周期扰动运动的衰减程度随着高度 H 的增加而迅速减小,所以导弹的高空稳定性比低空的稳定性差得多。

随着高度 H 的增加,虽然降低了音速,可以提高 Ma 数,从而影响系数 $m_z^{\omega_z}$ 和 C_y^{α},但因音速下降不多,不会使系数 $m_z^{\omega_z}$ 和 C_y^{α} 发生很大的变化。

由式(8-43)可得根的虚部,它决定了振荡频率,亦即是 $\omega=v$,所以

$$\omega = \frac{1}{2}\sqrt{4(a_{24}+a_{22}a_{34})-(a_{22}+a_{34}+a_{24}')^2} \tag{8-47}$$

同理,当下洗延迟不大时,动力系数 $a_{24}'=0$,振荡频率可以近似表达。在式(8-47)中代入各动力系数表达式,求得

$$\omega = 0.707\sqrt{(A+B\cdot C)-\frac{1}{8}(D+E+F)^2} \tag{8-48}$$

其中

$$A = \frac{-m_z^{\alpha}\rho V^2 Sb_A}{J_z}, \quad B = \frac{-m_z^{\omega_z}\rho V^2 Sb_A^2}{J_z}, \quad C = \frac{2P/V + C_y^{\alpha}\rho VS}{m}$$
$$D = \frac{-m_z^{\omega_z}\rho V^2 Sb_A^2}{J_z}, \quad E = \frac{2P/V + C_y^{\alpha}\rho VS}{m}, \quad F = \frac{-m_z^{\dot{\alpha}}\rho V^2 Sb_A^2}{J_z}$$

飞行速度 V 和高度 H 对振荡频率的影响与对衰减程度的影响一样,增大速度将提高振荡频率,增加高度则要降低振荡频率。

ω 是在有阻尼情况下弹体的振荡频率。若假定特征方程式(8-40)的系数$(a_{22}+a_{34}+a_{24}')=0$,则可得无阻尼情况下弹体的振荡频率 ω_d,也可称之为弹体固有频率或自振频率,其表达式为

$$\omega_d = \sqrt{a_{24}+a_{22}a_{34}} \tag{8-49}$$

假定 $a_{22}+a_{34}+a_{24}'=0$,就相当于假定在扰动运动中无气动阻尼、无下洗延迟和无法向力

等的作用,即动力系数 a_{22},a_{34} 和 a_{24}' 分别等于零。于是弹体纵向自由扰动运动的固有频率可简化为

$$\omega_{\mathrm{d}} \approx \sqrt{a_{24}} = \sqrt{\frac{-m_z^{\alpha} \rho V^2 S b_A}{2 J_z}} \qquad (8-50)$$

如果动力系数 a_{22},a_{34} 和 a_{24}' 不等于零,但比 a_{24} 小得很多,也可由式(8-50)近似计算弹体固有频率,虽有误差,但误差不大。

由上述可知,纵向短周期扰动运动的振荡频率主要取决于静稳定性,而衰减程度则是由气动阻尼和法向力来决定的。由于阻尼动力系数 a_{22} 和法向力动力系数 a_{34} 总是正值,因此在振荡运动的情况下,纵向短周期扰动运动总是稳定的。

四、静稳定性与动态稳定性的关系

在气动力计算课程中已经学过,增加攻角 α 时,由升力 $Y^{\alpha}\alpha$ 产生的力矩与增加攻角的绝对值方向相反,即力矩系数 $m_z^{\alpha} < 0$ 时,通常称导弹具有静稳定性。反之,导弹力矩系数当 $m_z^{\alpha} > 0$ 时,由升力 $Y^{\alpha}\alpha$ 产生的力矩与增加攻角的绝对值方向相同,则称导弹是静不稳定的。力矩系数 m_z^{α} 的符号不同,由它所决定的动力系数 a_{24} 在扰动运动中的作用也就不同。

由式(8-4)产生振荡运动的条件,当略去下洗动力系数 a_{24}' 时,可以改写成

$$a_{24} + a_{22} a_{34} > \frac{1}{4}(a_{22} + a_{34})^2 \qquad (8-51)$$

式(8-51)也可表示为

$$\frac{-m_z^{\alpha} \rho V^2 S b_A}{2 J_z} > \frac{1}{4}\left(\frac{-m_z^{\omega_z} q S b_A^2}{J_z V} + \frac{P + Y^{\alpha}}{mV}\right)^2 - \frac{-m_z^{\omega_z} q S b_A^2}{J_z V} \cdot \frac{P + Y^{\alpha}}{mV} \qquad (8-52)$$

这个不等式表明,导弹的静稳定性 m_z^{α} 若大于气动阻尼 $m_z^{\omega_z}$,使不等式成立,短周期扰动运动将是振荡的,而且是稳定的。

由短周期扰动运动动态稳定条件 $a_{24} + a_{22} a_{34} > 0$,可以得到

$$-m_z^{\omega_z} \frac{b_A}{V} \cdot \frac{P + Y^{\alpha}}{mV} > m_z^{\alpha} \qquad (8-53)$$

在此不等式中,因为气动阻尼 $m_z^{\omega_z} < 0$,所以不等式左边始终为正。如果导弹是静稳定的,则 $m_z^{\alpha} < 0$,上列不等式一定成立,即导弹具有静稳定性时,一定具有动态稳定性。应该注意的是,式(8-53)允许 $m_z^{\alpha} > 0$,这时导弹将是静不稳定的,但是导弹可以动态稳定的。当然,由于不等式左边的数值是有限的,导弹的静不稳定度不可能太大,否则导弹将是纵向动态不稳定的。由此可见,静稳定并不是动态稳定的必要条件,导弹是静不稳定的,但只要静不稳定度不大,并满足动态稳定条件式(8-53),同样可以是动态稳定的。所以,不能简单地说为了具有动态稳定性,导弹必须是静稳定的。当然,也不能这样认为,具有静稳定性的导弹,它的长、短周期运动都是稳定的。总而言之,动态稳定性和静稳定性有内在的联系,但是两者又有严格的区别,

静稳定性仅仅代表在扰动运动中力矩 $M_z^\alpha \alpha$ 总是与增加攻角绝对值的方向相反,否则,就是静不稳定的。而动态稳定性则是指整个扰动运动,在诸力矩和力的作用下(见图 8.5),由不平衡能够逐步地走向平衡,即经过一段时间的扰动运动,使运动参数的偏差趋近于零。

有些书籍从严格的意义上理解稳定性一词的含义,鉴于静稳定性并不是动态稳定的必要条件,又为了不至于混淆起见,将静稳定性一词取名为正俯仰刚度,以便与动态稳定性相区别。

尽管如此,静稳定性仍然是一种非常重要的实际设计指标,计算或测量力矩系数 m_z^α 还是导弹空气动力设计的中心课题之一。

8.4　纵向短周期扰动运动的传递函数

一、纵向短周期扰动运动的传递函数及其传递参数

由短周期扰动运动方程组可得短周期扰动运动对 $\Delta\delta_z$ 的传递函数为

$$W_{\vartheta\vartheta}(s) = -\frac{\Delta\vartheta(s)}{\Delta\delta_z(s)} =$$

$$\frac{a'_{25}s^2 + (a'_{25}a_{33} + a'_{25}a_{34} + a_{25} - a'_{24}a_{25})s + a_{25}(a_{34} + a_{33}) - a_{24}a_{35}}{s^3 + A_1 s^2 + A_2 s + A_3} \tag{8-54}$$

式中,系数 A_1, A_2 和 A_3 按式(8-30)由导弹的纵向动力系数表示。

$$W_{\vartheta\vartheta}(s) = -\frac{\Delta\theta(s)}{\Delta\delta_z(s)} =$$

$$\frac{a_{35}s^2 + (a'_{25}a_{34} - a_{22}a_{35} - a'_{24}a_{35})s + (a_{25}a_{34} - a_{24}a_{35})}{s^3 + A_1 s^2 + A_2 s + A_3} \tag{8-55}$$

$$W_{\vartheta\alpha}(s) = -\frac{\Delta\alpha(s)}{\Delta\delta_z(s)} =$$

$$\frac{(a'_{25} + a_{35})s^2 + (a_{25} + a_{22}a_{35} + a'_{25}a_{33})s + a_{25}a_{33}}{s^3 + A_1 s^2 + A_2 s + A_3} \tag{8-56}$$

在短周期扰动运动中不计重力动力系数 a_{33},也不考虑舵面气流下洗延迟产生的动力系数 a'_{25},可得式(8-54)的近似传递函数为

$$W_{\vartheta\vartheta}(s) = \frac{(a_{25} - a'_{24}a_{35})s + a_{25}a_{34} - a_{24}a_{35}}{s(s^2 + A_1 s + A_2)} = \frac{K_\alpha(T_{1\alpha}s + 1)}{s(T_\alpha^2 s^2 + 2\xi_\alpha T_\alpha s + 1)} \tag{8-57}$$

式中

$A_1 = a_{22} + a_{34} + a'_{24}$;

$A_2 = a_{24} + a_{22}a_{34}$;

$K_\alpha = \dfrac{a_{25}a_{34} - a_{24}a_{35}}{a_{24} + a_{22}a_{34}}$,　称为纵向传递系数;

$$T_\alpha = \frac{1}{\sqrt{a_{24} + a_{22}a_{34}}} \text{ s}, \quad \text{称为纵向时间常数；}$$

$$\xi_\alpha = \frac{a_{22} + a_{22}a_{24}}{2\sqrt{a_{24} + a_{22}a_{34}}}, \quad \text{称为纵向相对阻尼系数；}$$

$$T_{1\alpha} = \frac{a_{25} - a'_{24}a_{35}}{a_{25}a_{34} - a_{24}a_{35}} \text{ s}, \quad \text{称为纵向气动力时间常数。}$$

正常式导弹的纵向传递系数 K_α 为正值，鸭式导弹因 a_{25} 为负值，它的纵向传递系数 K_α 为负值。

弹道倾角的传递函数式（8-55）可以变为

$$W_{\delta\theta}(s) = \frac{-a_{35}s^2 - a_{35}(a_{22} + a'_{24})s + a_{25}a_{34} - a_{24}a_{35}}{s(s^2 + A_1 s + A_2)} = \frac{K_\alpha(T_{1\theta}s + 1)(T_{2\theta}s + 1)}{s(T_\alpha^2 s^2 + 2\xi_\alpha T_\alpha s + 1)}$$

$$(8-58)$$

式中

$$T_{1\theta}T_{2\theta} = \frac{-a_{35}}{a_{25}a_{34} - a_{24}a_{35}}$$

$$T_{1\theta} + T_{2\theta} = \frac{-a_{35}(a_{22} + a'_{24})}{a_{25}a_{34} - a_{24}a_{35}}$$

攻角的传递函数式（8-56）可以变为

$$W_{\delta\alpha}(s) = \frac{a_{35}s + a_{25} + a_{22}a_{35}}{s^2 + A_1 s + A_2} = \frac{K_{2\alpha}(T_{2\alpha}s + 1)}{T_\alpha^2 s^2 + 2\xi_\alpha T_\alpha s + 1} \qquad (8-59)$$

式中

$$K_{2\alpha} = \frac{a_{25} + a_{22}a_{35}}{a_{24} + a_{22}a_{34}}, \quad \text{称为迎角传递系数；}$$

$$T_{2\alpha} = \frac{a_{35}}{a_{25} + a_{22}a_{35}} \text{ s}, \quad \text{称为迎角时间常数。}$$

由式（8-57）、式（8-58）和式（8-59）可知，攻角传递函数具有一般振荡环节的特性，俯仰角和弹道倾角的分母多项式除二阶环节外，还含有一个积分环节。因此，在稳定的短周期扰动运动中，当攻角消失时俯仰角与弹道倾角还存在着剩余偏量。此时导弹已由绕 Oz_1 轴的急剧转动，逐步转变为以质心缓慢运动为主的长周期扰动运动。

如果导弹气流下洗延迟的现象不甚明显，动力系数 a'_{24} 与 a_{22} 相比可忽略不计，或者动力系数之积 $a'_{24}a_{35} < a_{25}$，就可略去下洗延迟影响，使所得传递函数进一步简化。于是，由式（8-57）～式（8-59）表示的纵向传递函数可写为

$$\left. \begin{aligned} W_{\delta\theta}(s) &= \frac{K_\alpha(T_{1\alpha}s + 1)}{s(T_\alpha^2 s^2 + 2\xi_\alpha T_\alpha s + 1)} \\ W_{\delta\vartheta}(s) &= \frac{K_\alpha[1 - T_{1\alpha}a_{35}s(s + a_{22})/a_{25}]}{s(T_\alpha^2 s^2 + 2\xi_\alpha T_\alpha s + 1)} \\ W_{\delta\alpha}(s) &= \frac{K_\alpha T_{1\alpha}[1 + a_{35}(s + a_{22})/a_{25}]}{T_\alpha^2 s^2 + 2\xi_\alpha T_\alpha s + 1} \end{aligned} \right\} \qquad (8-60)$$

式中有关传递参数变为

$$\xi_\alpha = \frac{a_{22} + a_{34}}{2\sqrt{a_{24} + a_{22}a_{34}}}$$

$$T_{1\alpha} = \frac{a_{25}}{a_{25}a_{34} - a_{24}a_{35}}$$

$$K_\alpha T_{1\alpha} = \frac{a_{25} - a'_{24}a_{35}}{a_{24} + a_{22}a_{34}}$$

由舵面偏转引起的扰动运动,其目的是对导弹的飞行实施自动控制,从而改变导弹的飞行状态。衡量导弹跟随舵面偏转的操纵性,除了上述攻角、俯仰角和弹道倾角外,法向过载也是一个重要的参数。在基准运动中法向过载为

$$n_{y0} = \frac{V_0}{g}\frac{\mathrm{d}\theta_0}{\mathrm{d}t} + \cos\theta_0 \tag{8-61}$$

式(8-61)线性化后,可以求出法向过载偏量的表达式为

$$\Delta n_y = \frac{\Delta V}{g}\frac{\mathrm{d}\theta_0}{\mathrm{d}t} + \frac{V_0}{g}\frac{\mathrm{d}\Delta\theta}{\mathrm{d}t} - \sin\theta_0\,\Delta\theta \tag{8-62}$$

略去二次微量 $\sin\theta_0\Delta\theta$ 和偏量 ΔV,并省写偏量符号"Δ"和下标"0",式(8-62)变为

$$n_y \approx \frac{V}{g}\frac{\mathrm{d}\theta}{\mathrm{d}t}$$

因此,法向过载传递函数为

$$W_{\delta n_y}(s) = -\frac{\Delta n_y(s)}{\Delta\delta_z(s)} = -\frac{s\Delta\theta(s)}{\Delta\delta_z(s)}\frac{V}{g} = \frac{V}{g}sW_{\delta\theta}(s) \tag{8-63}$$

导弹纵向传递函数方程组(8-60)以及式(8-63)可用开环状态的框图8.6表示。

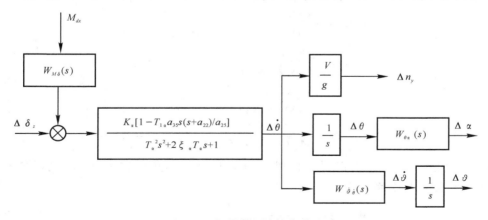

图 8.6　短周期运动的传递关系

图中 $W_{\theta\alpha}(s)$ 和 $W_{\dot\vartheta\theta}$ 称为运动参数的转换函数,其表达式为

$$W_{\theta\alpha}(s) = \frac{K_\alpha T_{1\alpha}[1 + a_{35}(s + a_{22})/a_{25}]s}{K_\alpha[1 - T_{1\alpha}a_{35}s(s + a_{22})/a_{25}]}$$

$$W_{\dot\vartheta\vartheta}(s) = \frac{(T_{1\alpha}s + 1)}{1 - T_{1\alpha}a_{35}s(s + a_{22})/a_{25}} \tag{8-64}$$

对于正常式导弹,舵面面积远小于翼面时,因动力系数 $a_{35} \ll a_{34}$,为了进一步简便地获得动态分析的结论,可以暂不计舵面动力系数 a_{35} 的作用,于是纵向短周期传递函数又可简化为

$$\left.\begin{array}{l} W_{\delta\vartheta}(s) = \dfrac{K_\alpha(T_{1\alpha}s + 1)}{s(T_\alpha^2 s^2 + 2\xi_\alpha T_\alpha s + 1)} \\[3mm] W_{\delta\theta}(s) = \dfrac{K_\alpha}{s(T_\alpha^2 s^2 + 2\xi_\alpha T_\alpha s + 1)} \\[3mm] W_{\delta\alpha}(s) = \dfrac{K_\alpha T_{1\alpha}}{T_\alpha^2 s^2 + 2\xi_\alpha T_\alpha s + 1} \\[3mm] W_{\delta n_y}(s) = \dfrac{V}{g} \dfrac{K_\alpha}{(T_\alpha^2 s^2 + 2\xi_\alpha T_\alpha s + 1)} \end{array}\right\} \tag{8-65}$$

这几种形式的纵向传递函数经常出现在导弹专业书籍和文献资料中。应用这些传递函数,结合图 8.6,运动参数的转换函数应变为

$$W_{\theta\alpha}(s) = T_{1\alpha}s$$

$$W_{\dot\vartheta\vartheta}(s) = T_{1\alpha}s + 1 \tag{8-66}$$

作为输入作用除舵面偏转外,还有干扰作用,它对短周期扰动运动的影响主要是干扰力矩 M_{zd}。应该说明的是,$M_{zd} = \dfrac{M'_{zd}}{J_z}$,为简单起见,称 M_{zd} 为干扰力矩。采用建立式(8-65)传递函数的方法,由方程组(8-26)可得常用形式的纵向短周期扰动运动对干扰力矩的传递函数为

$$\left.\begin{array}{l} W_{M\vartheta}(s) = \dfrac{\Delta\vartheta(s)}{M_{zd}(s)} = \dfrac{T_\alpha^2(s + a_{34})}{s(T_\alpha^2 s^2 + 2\xi_\alpha T_\alpha s + 1)} \\[3mm] W_{M\theta}(s) = \dfrac{\Delta\theta(s)}{M_{zd}(s)} = \dfrac{T_\alpha^2 a_{34}}{s(T_\alpha^2 s^2 + 2\xi_\alpha T_\alpha s + 1)} \\[3mm] W_{M\alpha}(s) = \dfrac{\Delta\alpha(s)}{M_{zd}(s)} = \dfrac{T_\alpha^2}{T_\alpha^2 s^2 + 2\xi_\alpha T_\alpha s + 1} \\[3mm] W_{Mn_y}(s) = \dfrac{\Delta n_y(s)}{M_{zd}(s)} = \dfrac{V}{g} \dfrac{T_\alpha^2}{T_\alpha^2 s^2 + 2\xi_\alpha T_\alpha s + 1} \end{array}\right\} \tag{8-67}$$

将干扰力矩 M_{zd} 的输入作用变换成虚拟的升降舵偏角的输入作用,这时转换函数 $W_{M\delta}(s)$(见图 8.6)的关系式应为

$$W_{M\delta}(s) = \frac{T_\alpha^2 a_{34}}{K_\alpha(1 - T_{1\alpha}a_{35}s(s + a_{22}))/a_{25}} \tag{8-68}$$

初步分析导弹的制导精度时,为了简化飞行控制回路的组成,在不计舵面动力系数 a_{35} 的情况下,式(8-68)可简写为

$$W_{M\delta}(s) = \frac{1}{a_{25}} \qquad\qquad (8-69)$$

因此,干扰力矩 M_{zd} 的作用类似于舵偏角出现相应的偏转,并称为等效干扰舵偏角 $\Delta\delta_{zd}$,其值为

$$\Delta\delta_{zd} = \frac{M_{zd}}{a_{25}} \qquad (8-70)$$

在这种情况下,图 8.6 中表示由输入 $\Delta\delta_z$ 到输出 $\Delta\dot\theta$ 的这一部分可由图 8.7 表示。

反映导弹纵向短周期扰动运动的传递函数关系图,也可由方程组(8-26)来直接描绘,其组成如图 8.8 所示。

分析各动力系数与短周期扰动运动动态特性的关系,利用图 8.8 进行模拟求解是比较直观和方便的。

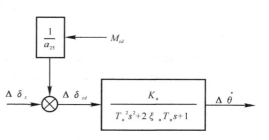

图 8.7　输出为 $\Delta\dot\theta$ 的传递关系

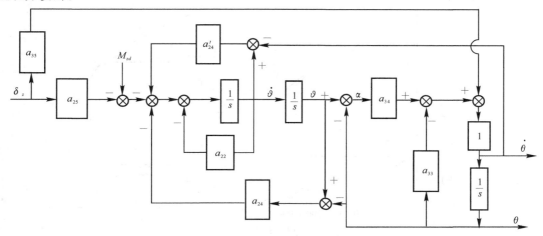

图 8.8　采用动力系数的传递函数关系

二、纵向短周期扰动运动的频率特性

在自动控制原理中频率特性是单位脉冲响应的傅里叶变换。导弹的频率特性按其物理含义讲,是当舵面作谐波规律振动时,导弹运动参数偏量的响应特性。导弹弹体作为控制对象这一环节出现在飞行控制回路中,如果用频率响应法设计这个回路时,必须绘制对数幅相频率特性曲线。

取攻角传递函数式(8-59),它的对数幅频特性 $L_a(\omega)$ 和相频特性 $\varphi_a(\omega)$ 分别为

$$L_a(\omega) = 20\lg K_{2a} + 20\lg \sqrt{T_{2a}^2 \omega^2 + 1} - 20\lg \sqrt{(1 - T_a^2 \omega^2)^2 + (2\xi_a T_a \omega)^2} \tag{8-71}$$

$$\varphi_a(\omega) = \arctan T_{2a}\omega - \arctan \frac{2\xi_a T_a \omega}{1 - T_a^2 \omega^2} \tag{8-72}$$

以某飞行器为例,$K_{2a} = 1.44$,$T_{2a} = 0.004$ s,$T_a = 0.234$ s,$\xi_a = 0.493$,所绘对数幅频曲线 $L_a(\omega)$ 和相频曲线 $\varphi_a(\omega)$ 如图 8.9(a) 所示。

再取俯仰角传递函数式(8-57),它的 $L_\vartheta(\omega)$ 和 $\varphi_\vartheta(\omega)$ 应分别为

$$L_\vartheta(\omega) = 20\lg K_a + 20\lg \sqrt{T_{1a}^2 \omega^2 + 1} - 20\lg \sqrt{(1 - T_a^2 \omega^2)^2 + (2\xi_a T_a \omega)^2} - 20\lg \omega^2 \tag{8-73}$$

$$\varphi_\vartheta(\omega) = -\frac{\pi}{2} + \arctan T_{1a}\omega - \arctan \frac{2\xi_a T_a \omega}{1 - T_a^2 \omega^2} \tag{8-74}$$

绘制 $L_\vartheta(\omega)$ 和 $\varphi_\vartheta(\omega)$ 图的例子中,因 $K_a = 1.961/s$,$T_{1a} = 0.729$ s,由式(8-73)和式(8-74)所得 $L_\vartheta(\omega)$ 及 $\varphi_\vartheta(\omega)$ 曲线如图 8.9(b) 所示。

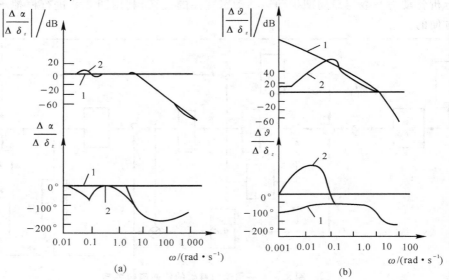

图 8.9　短周期扰动运动的频率特性

图 8.9(a) 指出,攻角的频率特性曲线 1 与二阶振荡环节非常接近。曲线 2 是纵向扰动运动频率特性。曲线 1 与 2 能紧密重合,说明短周期扰动运动频率特性与纵向扰动运动频率特性在幅值和相位上都非常一致。短周期扰动运动固有频率 $\omega = 4.27$ rad/s,表明反映短周期扰动运动的频率特性处在高频部分,且基本上没有反映出长周期扰动运动的频率特性。

从图 8.9(b) 看出,在高频段俯仰角的短周期频率特性曲线 1 与纵向扰动运动的频率特性曲线 2 也极其相近。但是,在低频段差异较大,其原因是:短周期扰动运动结束时,俯仰角将进

入长周期扰动运动,其频率特性应处于低频段,而近似传递函数式(8-57)只适用于短周期扰动运动。

8.5 舵面阶跃偏转时导弹的纵向操纵性

研究飞行器对舵偏改变时其飞行状态反应的能力,即飞行器的操纵性,也是飞行器动态分析的内容之一。飞行器操纵性能的优劣,是由过渡过程品质来评定的,其五项指标是:超调量、过渡过程时间、稳态值、过渡过程的最大偏量、振荡频率。

一、过渡过程函数的形态

导弹开环飞行,假定舵面阶跃偏转,取舵偏角 $\Delta\delta_z$ 为某一常值,由导弹传递函数,根据式(7-37)可以求到运动参数的过渡过程函数。

过渡过程函数是收敛还是发散由传递函数分母多项式的根值来决定,传递函数的分子多项式只影响过渡过程函数的系数。由导弹的纵向传递函数求过渡过程,当动力系数 a_{35} 很小时,根据方程组(8-65)求过渡过程函数就有足够的准确性。下面将采用方程组(8-65)的传递函数分析导弹的纵向操纵性。

取 x 代表运动参数 $\Delta\alpha$,Δn_y 和 $\Delta\dot{\vartheta}$,由方程组(8-65)可得

$$x(s) = \frac{K}{T_\alpha^2 s^2 + 2\xi_\alpha T_\alpha s + 1} \Delta\delta_z(s) \tag{8-75}$$

式中,K 分别代表 $K_\alpha T_{1\alpha}$,$K_\alpha V/g$,K_α。而特征方程式的根值为

$$s_{1,2} = -\frac{\xi_\alpha}{T_\alpha} \pm \sqrt{\frac{\xi_\alpha^2 - 1}{T_\alpha^2}} \tag{8-76}$$

式中,相对阻尼系数 ξ_α 和时间常数 T_α 若用动力系数表达式来代替,则根值式(8-76)将与式(8-42)的结果完全一致。

(1)$\xi_\alpha > 1$,即 $(a_{22} + a_{34} + a'_{24})^2 > 4(a_{24} + a_{22}a_{34})$,按式(8-37)求得过渡过程函数为

$$X(t) = (1 - \frac{1}{2 + 2\xi_\alpha(\sqrt{\xi_\alpha^2 - 1} - \xi_\alpha)} e^{-t(\xi_\alpha - \sqrt{\xi_\alpha^2-1})/T_\alpha} -$$

$$\frac{1}{2 - 2\xi_\alpha(\xi_\alpha + \sqrt{\xi_\alpha^2 - 1})} e^{-t(\xi_\alpha + \sqrt{\xi_\alpha^2-1})/T_\alpha}) K\Delta\delta_z \tag{8-77}$$

这时过渡过程是由两个衰减的非周期运动组成的。

(2)$\xi_\alpha < 1$,即 $(a_{22} + a_{34} + a'_{24})^2 < 4(a_{24} + a_{22}a_{34})$,根据式(7-67)可得过渡过程函数为

$$X(t) = [1 - \sqrt{1 - \xi_\alpha^2} e^{-\xi_\alpha/T_\alpha} \cos(\frac{\sqrt{1 - \xi_\alpha^2}}{T_\alpha} t - \varphi)] K\Delta\delta_z \tag{8-78}$$

式中,$\tan\varphi = \xi_\alpha / \sqrt{1 - \xi_\alpha^2}$,这时过渡过程是衰减振荡的形式,衰减系数为

$$\frac{\xi_\alpha}{T_\alpha} = \frac{1}{2}(a_{22} + a_{34} + a'_{24}) \qquad (8-79)$$

振荡频率为

$$\omega = \sqrt{1 - \xi_\alpha^2}/T_\alpha = \frac{1}{2}\sqrt{4(a_{24} + a_{22}a_{34}) - (a_{22} + a_{34} + a'_{24})} \qquad (8-80)$$

式(8-79)和式(8-80)分别与式(8-44)和式(8-47)的结果相同,因此升降舵阶跃偏转产生振荡过渡过程,导弹的静稳定性必须满足式(8-53)。

俯仰角速度 $\Delta\dot{\vartheta}$、弹道倾角速度 $\Delta\dot{\theta}$、攻角 $\Delta\alpha$ 的过渡过程函数,按照方程组(8-65)的第1式和式(8-78)可得(推导从略)

$$\Delta\dot{\vartheta}(t) = \left[1 - e^{-\xi_\alpha/T_\alpha}\sqrt{\frac{1 - 2\xi_\alpha T_{1\alpha}/T_\alpha + (T_{1\alpha}/T_\alpha)^2}{1 - \xi_\alpha^2}} \cdot \cos(\frac{\sqrt{1-\xi_\alpha^2}}{T_\alpha})t + \varphi_1 + \varphi_2)\right]K_\alpha\Delta\delta_\alpha$$

$$(8-81)$$

$$\tan(\varphi_1 + \varphi_2) = \frac{T_{1\alpha}/T_\alpha - \xi_\alpha}{\sqrt{1 - \xi_\alpha^2}}$$

$$\Delta\dot{\theta}(t) = \left[1 - e^{-\xi_\alpha/T_\alpha}\sqrt{\frac{1}{1 - \xi_\alpha^2}}\cos(\frac{\sqrt{1-\xi_\alpha^2}}{T_\alpha}t - \varphi)\right]K_\alpha\Delta\delta_z \qquad (8-82)$$

$$\Delta\alpha = \left[1 - e^{-\xi_\alpha/T_\alpha}\sqrt{\frac{1}{1 - \xi_\alpha^2}}\cos(\frac{\sqrt{1-\xi_\alpha^2}}{T_\alpha}t - \varphi)\right]K_\alpha T_{1\alpha}\Delta\delta_z \qquad (8-83)$$

图8.10给出了某些过渡过程的例子,它们形象地告诉我们,导弹舵面阶跃偏转后如不变动,只能使攻角、俯仰角速度和弹道倾角速度达到稳定状态,而俯仰角和弹道倾角则是随时间增长的。

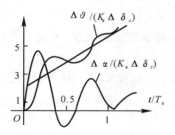
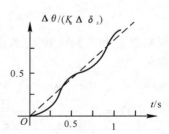

图 8.10　过渡过程曲线

(3)过渡过程不稳定。由式(8-45)可知,过渡过程不稳定时 $a_{24} + a_{22}a_{34} < 0$,这时导弹静不稳定的程度已超出式(8-53)限制的范围。

前面已经给出了讨论过渡过程品质的五项指标:稳态值、过渡过程时间、过渡过程中的最大偏量、超调量和振荡次数,对于二阶环节所述五个指标主要由传递系数、相对阻尼系数和时间常数来决定,下面分别讨论一个导弹的这些传递参数对过渡过程品质的影响。

二、导弹传递系数 K_α 对过渡过程的影响

导弹纵向传递系数 K_α 的物理意义:过渡过程结束时导弹纵向运动参数 ϑ, θ 的偏量稳态值与舵偏角之比,即

$$-\frac{\Delta \dot{\theta}_W}{\Delta \delta_z} = -\frac{\Delta \dot{\vartheta}_W}{\Delta \delta_z} = K_\alpha, \qquad -\frac{\Delta \alpha_W}{\Delta \delta_z} = K_\alpha T_{1\alpha}, \qquad -\frac{\Delta n_{yW}}{\Delta \delta_z} = \frac{V}{g} K_\alpha \qquad (8-84)$$

式(8-84)表明在同样的舵偏角下,如果导弹纵向传递系数 K_α 较大,导弹的攻角稳态值以及法向过载、弹道倾角角速度都可获得较大的稳态值,使导弹具有较好的操纵性。由于

$$K_\alpha = \frac{a_{25}a_{34} - a_{24}a_{35}}{a_{24} + a_{22}a_{34}} \qquad (8-85)$$

显而易见,提高操纵机构的效率和适当减小导弹的静稳定性,即增大动力系数 a_{25},在具有稳定性的前提下减小动力系数 a_{24},将使导弹传递系数 K_α 得到增加,而有利于提高操纵性。

如果动力系数 a_{22} 和 a_{35} 与其他动力系数相比,可以忽略不计,则传递系数 K_α 近似为

$$K_\alpha \approx \frac{a_{25}a_{34}}{a_{24}} = \frac{m_z^\delta}{m_z^\alpha}\left(\frac{P + Y^\alpha}{mV}\right) \qquad (8-86)$$

例如,某地-空导弹按半前置量法导引,经计算所得有关动力系数如表 8.2 所示。导弹纵向传递系数 K_α 分别运用式(8-85)和式(8-86)进行计算,其结果如表中所列,所得近似计算值与精确值差别不甚太大,说明运用式(8-86)近似公式来讨论传递系数 K_α 是可行的。

表 8.2 某地-空导弹的动力系数

H/m	1 067.7	4 526	8 210	14 288	22 038
$V/(\text{m/s})$	546.9	609.2	701.5	880.3	1 090.9
a_{22}/s^{-1}	1.488	1.132	0.774 8	0.352 8	0.112 7
a'_{24}/s^{-1}	0.270 9	0.175 4	0.095 77	0.030 0	0.006 4
a_{24}/s^{-1}	104.7	91.97	76.51	46.44	17.70
a_{25}/s^{-1}	66.54	54.93	41.52	21.59	7.967
a_{34}/s^{-1}	1.296	1.126	0.900	0.514	0.206
a_{35}/s^{-1}	0.129	0.106	0.076	0.036	0.012
K_α/s^{-1}	0.681 5	0.559 3	0.408 8	0.202 4	0.080 5
K_α/s^{-1} (近似值)	0.823 6	0.673 6	0.488 4	0.239 0	0.092 6

除此之外,按同样理由也可以得到以下近似公式:

$$-\frac{\Delta \alpha_W}{\Delta \delta_z} = K_\alpha T_{1\alpha} \approx \frac{a_{25}a_{34}}{a_{24}}\frac{1}{a_{34}} = \frac{m_z^\delta}{m_z^\alpha} \tag{8-87}$$

$$-\frac{\Delta n_{yW}}{\Delta \delta_z} = \frac{V}{g}K_\alpha \approx \frac{m_z^\delta}{m_z^\alpha}\frac{P + C_y^\alpha qs}{G} \tag{8-88}$$

$$\frac{\Delta \dot{\theta}_W}{\Delta \alpha_W} = \frac{1}{T_{1\alpha}} \approx a_{34} = \frac{P + C_y^\alpha qs}{mV} \tag{8-89}$$

式(8-89)说明过渡过程结束后,攻角稳态值与弹道倾角角速度稳态值之比取决于动力系数 a_{34}。换言之,如果力矩系数之比 m_z^δ/m_z^α 已定,在同样舵偏角下,虽然攻角稳定值不变,但是随着动力系数 a_{34} 的增大,弹道倾角角速度稳态值则可增加,即导弹改变弹道切线方向的能力将会增加,其结果不仅增大了导弹的操纵性,也同时增大了导弹的机动性。

对于同一导弹,由于飞行情况不同,它的传递系数也会有很大的变化。就表8.2来讲,导弹在低空飞行时,$H = 1\,061.7\ \text{m}$,传递系数 $K_\alpha = 0.681\,5$;而在高空下,$H = 22\,038\ \text{m}$,则 $K_\alpha = 0.080\,5$,传递系数 K_α 下降了8.47倍,可见导弹的低空操纵性要比高空操纵性好得多,因此对于那些飞行高度比较高的导弹来讲,应着重采取措施提高导弹的高空操纵性。

传递系数 K_α 随着飞行情况的变化,由式(8-86)进行分析,考虑到多数有翼式导弹,通常推力 P 要比升力导数 Y^α(这里 Y^α 是对弧度求导)小得多,可将传递系数 K_α 进一步简化为

$$K_\alpha \approx \frac{m_z^\delta}{m_z^\alpha}\frac{Y^\alpha}{mV} = \frac{m_z^\delta}{m_z^\alpha}\frac{\rho V C_y^\alpha S}{2m} \tag{8-90}$$

可见,飞行高度增加时因空气密度 ρ 减小,传递系数 K_α 将随着高度的增加而降低。增加飞行速度 V,则使传递系数 K_α 增大。对于表8.2所列导弹来讲,虽然飞行速度 V 可以增大1.99倍,但由于飞行到 $H = 22\,038\ \text{m}$ 高度时,空气密度下降了17.1倍,其结果还是减小了传递系数 K_α。所以,对于飞行速度和高度同时变化的导弹,飞行高度对传递系数 K_α 的影响是主要的。飞行高度不变时,传递系数 K_α 则随飞行速度的增大而增加。

由于传递系数 K_α 决定着导弹的操纵性,为了减小飞行高度和速度对操纵性的影响,使传递系数 K_α 大致保持不变,通常可以采用以下两种方法:

(1)对弹体进行部位安排时,使重心位置 $\overline{X}_g$ 和焦点位置 $\overline{X}_f$ 的变化可以抵消飞行速度和高度的影响。因此式(8-90)可以写成

$$K_\alpha \approx \frac{m_z^\delta}{\overline{X}_g - \overline{X}_f}\frac{\rho V S}{2m} \tag{8-91}$$

如果设计导弹时,在飞行过程中能使比值 $\rho V/(\overline{X}_g - \overline{X}_f)$ 变化不大,则可减小传递系数 K_α 的变化范围,而有利于提高操纵性。

(2)在飞行过程中改变弹翼的形状和位置,以便调节导弹焦点 $\overline{X}_f$ 来适应飞行速度和高度的改变,而减小传递系数 K_α 的变化。例如,"奥利康"地空导弹在主动段飞行时,使弹翼沿着弹体纵轴移动。

三、导弹时间常数对渡过程的影响

导弹纵向扰动运动作为短周期运动来处理,运动参数 $\Delta\alpha$,Δn_y 和 $\Delta\dot{\theta}$ 的特性可由一个二阶环节式(8-75)表示,在自动调节理论中这个环节的过渡过程以 $x/K\Delta\delta_z$ 为纵坐标,无量纲时间 $\bar{t}=t/T_\alpha$ 为横坐标,其状态如图 8.11 所示。

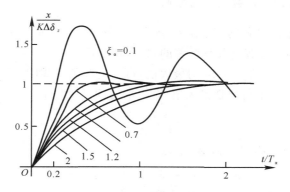

图 8.11　时间常数过渡过程曲线

由图 8.11 中曲线可见,$\xi_\alpha=0.75$ 时过渡过程时间最短,这时无量纲时间 $\bar{t}=3$,过渡过程所需真实时间 $t_p=3T_\alpha$。

在其他相对阻尼系数 ξ_α 下,过渡过程时间正比于时间常数 T_α,而

$$T_\alpha = \frac{1}{\sqrt{a_{24}+a_{22}a_{34}}} \tag{8-92}$$

从式(8-92)看,增大动力系数 a_{22},a_{24} 和 a_{34},将使时间常数 T_α 减小,特别是增大导弹的静稳定性,使动力系数 a_{24} 变大,有利于缩短过渡过程的时间而提高操纵性。但是增大动力系数 a_{24},则要降低传递系数 K_α,这对操纵性又是不利的。因此设计导弹的控制系统时,恰当确定弹体的静稳定性甚为重要。

时间常数 T_α 还确定了弹体自振频率。由式(8-49)可知,弹体自振频率 ω_d 为

$$\omega_d = \sqrt{a_{24}+a_{22}a_{34}} = \frac{1}{T_\alpha} \tag{8-93}$$

以赫兹为单位的自振频率显然由下式确定:

$$f_d = \frac{\omega_d}{2\pi} = \frac{1}{2\pi}\frac{1}{T_\alpha} \approx \frac{\sqrt{a_{24}}}{2\pi} \approx \frac{1}{2\pi}\sqrt{\frac{m_z^\alpha qsb_A}{J_z}} = \frac{1}{2\pi}\sqrt{-\frac{(\overline{X}_g-\overline{X}_f)C_y^\alpha qsb_A}{J_z}} \tag{8-94}$$

式(8-94)说明,导弹静稳定性的大小决定了它的自振频率,增加静稳定性可以减小时间常数 T_α,但是增大了弹体自振频率。设计控制系统时,一般情况下要求弹体自振频率低于自动驾驶仪的频率,以免出现共振,因此静稳定性的大小从这一角度讲也是有限制的。

固有频率 ω_{d} 和自振频率 f_{d} 也与飞行状态有关。随着飞行高度的增加，ω_{d} 和 f_{d} 都要减小。反之，随着飞行速度的增加，ω_{d} 和 f_{d} 都要增大。为了减小 ω_{d} 和 f_{d} 的变化范围，要求 $(\overline{X}_g - \overline{X}_f)$ 的差值与动压头 q 成反比变化，但是这一要求与传递系数 K_α 希望 $(\overline{X}_g - \overline{X}_f)$ 和 ρV 成正比变化的要求相反，因此设计弹体和控制系统时只能取折衷方案，综合照顾对各个传递参数的要求。

四、导弹相对阻尼系数对过渡过程的影响

图 8.11 已经指出，过渡过程的型态决定于相对阻尼系数 ξ_a。$\xi_a \geqslant 1$ 时，过渡过程是非周期的，没有超调量；$\xi_a < 1$ 时，过渡过程是振荡的，将出现超调量。

在振荡过渡过程中，$\Delta\alpha$，Δn_y 和 $\Delta\dot\theta$ 的最大值，可由过渡函数式（8-78）求极值得到。由式（8-78）取 $\mathrm{d}X/\mathrm{d}t = 0$，可以求得出现最大值 $X_{\max}$ 的时间 t' 为

$$t' = \frac{\pi T_a}{1 - \xi_a^2} = \frac{\pi}{\omega} \qquad (8-95)$$

将结果代入式（8-78），则可得最大值 $X_{\max}$ 为

$$X_{\max} = (1 + e^{-\pi\xi_a/\sqrt{1-\xi_a^2}}) K\Delta\delta_z \qquad (8-96)$$

因为稳定值 $X_W = K\Delta\delta_z$，所谓相对超调量 $\bar\sigma$ 则为

$$\bar\sigma = \frac{X_{\max} - X_W}{X_W} = e^{-\pi\xi_a/\sqrt{1-\xi_a^2}} \qquad (8-97)$$

相对超调量 $\bar\sigma$ 与导弹相对阻尼系数 ξ_a 的关系，按式（8-97）可由图 8.12 的曲线表示。在振荡运动中相对阻尼系数 ξ_a 愈小，超调量 $\bar\sigma$ 愈大。

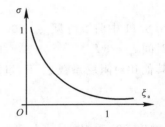

图 8.12　阻尼系数对超调量的影响

应该指出，所得超调量是在舵面阶跃偏转下得到的，如果舵面非阶跃偏转，则超调量 $\bar\sigma$ 值也较小一些。

下面以法向过载为例，研究一下导弹在真实飞行中的最大过载。取 $X = \Delta n_y$，这里偏量符号"Δ"是指明对扰动运动而言，由式（8-97）可得

$$\Delta n_{y\max} = \Delta n_{yw}(1 + \bar\sigma) = -\frac{V}{g}K_\alpha\Delta\delta_z(1 + \bar\sigma) \qquad (8-98)$$

如果基准运动是在可用过载下飞行，那么导弹在飞行过程中全部法向过载值应为

$$n_y = n_{yK} + \Delta n_{y\max} = n_{yK} - \frac{V}{g}K_\alpha\Delta\delta_z(1 + \bar\sigma) \qquad (8-99)$$

式中，n_{yK} 为可用过载，表达式为

$$n_{yK} = -\frac{P + C_y^\alpha qS}{G}\frac{m_z^\delta}{m_z^\alpha}(\pm\delta_{z\max}) \qquad (8-100)$$

一种最严重的情况是，基准运动在可用过载下飞行时，舵面从一个极限位置突然偏转到另一个极限位置，在扰动运动中舵偏角实质上为 $\Delta\delta_z = \mp 2\delta_{z\max}$，因而全部法向过载最大值 $n_{y\max}$ 应为

$$n_{y\max} = -\frac{m_z^{\delta}}{m_z^{\alpha}}\frac{P + C_y^{\alpha}qS}{G}(\pm\delta_{z\max}) - \frac{V}{g}K_{\alpha}(\mp 2\delta_{z\max})(1+\bar{\sigma}) =$$

$$\mp\frac{m_z^{\delta}}{m_z^{\alpha}}\frac{P + C_y^{\alpha}qS}{G}\delta_{z\max} \pm \frac{2V}{g}\frac{a_{25}a_{34} - a_{24}a_{35}}{a_{24} + a_{22}a_{34}}(1+\bar{\sigma})\delta_{z\max} \qquad (8-101)$$

如果传递系数 K_{α} 采用式(8-90)近似表达式,式(8-101)变为

$$n_{y\max} = \pm\frac{m_z^{\delta}}{m_z^{\alpha}}\frac{P + C_y^{\alpha}qS}{G}(1+2\bar{\sigma})\delta_{z\max} \qquad (8-102)$$

引入式(8-97)后,式(8-102)可写成

$$n_{y\max} = \pm\frac{m_z^{\delta}}{m_z^{\alpha}}\frac{P + C_y^{\alpha}qS}{G}(1+2e^{-\pi\xi_{\alpha}/\sqrt{1-\xi_{\alpha}^2}})\delta_{z\max} \qquad (8-103)$$

由此可见,在最严重的情况下,全部过载的最大值 $n_{y\max}$ 要比可用过载 n_{yK} 大得多,所以对导弹和控制系统设计的承载要求必须考虑这一情况,否则将会因承载能力不够而遭致破坏。

为了减小过载的最大值,往往希望导弹具有比较大的相对阻尼系数 ξ_{α},它与动力系数的关系为

$$\xi_{\alpha} = \frac{a_{22} + a_{24}' + a_{34}}{2\sqrt{a_{24} + a_{22}a_{34}}} \approx \frac{a_{22} + a_{34}}{2\sqrt{a_{24}}} \qquad (8-104)$$

这个关系说明,增大导弹的气动阻尼动力系数 a_{22} 和法向力动力系数 a_{34} 总是有益的。当然,弹体的静稳定性不太大,也能增大 ξ_{α} 值,这一点与传递系数 K_{α} 对静稳定性的要求相同,但是静稳定性太小时,将使时间常数 T_{α} 增大,这又是不希望的。

将相应的动力系数表达式代入式(8-104)后,求得

$$\xi_{\alpha} \approx \frac{-\dfrac{1}{J_z}\dfrac{1}{2}m_z^{\omega_z}\rho VSb_A^2 + \dfrac{P}{mV} + \dfrac{1}{2m}C_y^{\alpha}\rho VS}{2\sqrt{-\dfrac{1}{J_z}\dfrac{1}{2}m_z^{\alpha}\rho V^2 Sb_A}} \qquad (8-105)$$

因 P/mV 值相比之下比较小,可以略去,式(8-105)进一步简化成

$$\xi_{\alpha} \approx \frac{-m_z^{\omega_z}\sqrt{\rho}\sqrt{S}b_A^2/J_z + C_y^{\alpha}\sqrt{\rho}\sqrt{S}/m}{\sqrt{-m_z^{\alpha}b_A}/J_z} \qquad (8-106)$$

从式(8-106)来看,导弹因受到气动外形布局的限制,以及不可能选择过大的弹翼面积,相对阻尼系数 ξ_{α} 的数值就不可能接近 0.7,某些导弹甚至只在 0.1 左右,想要进一步提高 ξ_{α} 的数值则很难实现。

相对阻尼系数 ξ_{α} 与飞行速度无直接联系,因此超调量 $\bar{\sigma}$ 也不随飞行速度的变化而发生明显的改变。但是 ξ_{α} 与空气密度有关,随着飞行高度的增加,它将明显地下降。例如,就本章所举地-空导弹来讲,相对阻尼系数 ξ_{α} 随着高度的变化,见表 8.3。

表 8.3　某地-空导弹的 ξ_a 随高度的变化

H/km	5.027	9.187	13.098	16.174	19.669	22.000
ξ_a	0.121 4	0.094 5	0.072 3	0.056	0.044	0.035

　　考虑上述所说的情况,为了提高相对阻尼系数 ξ_a,以便改善过渡过程的品质,特别是减小超调量,多数导弹都是采用自动驾驶仪来补偿弹体阻尼的不足,这方面的内容将在第 10 章中进行介绍。

　　在相对阻尼系数 ξ_a 比较小的情况下,为了减小过载最大值,就要限制舵偏角的极限位置,如果舵偏角的最大值 δ_{zmax} 是为了保证导弹在高空时获得较大的机动性,那么在低空时为了防止过载太大,就要设法减小舵偏角的最大值。某地空导弹是采用改变舵面传动比的办法,使舵偏角 δ_{zmax} 与一定的动压头 q 值成反比变化,以便在高空时提高导弹的机动性,而在低空时减小法向过载的最大值。

思 考 题 8

　　8.1　试述纵向扰动运动的特点。飞行器纵向自由扰动运动分成长、短周期模态的物理成因是什么?

　　8.2　飞行器的静稳定性对动稳定性有何影响?

　　8.3　二阶系统稳定性的充要条件是什么?

　　8.4　飞行器的静稳定性与操纵性有何关系? 为什么?

　　8.5　飞行器的操纵性与机动性有何区别?

　　8.6　解释传递函数、过渡过程时间、超调量的意义。

　　8.7　什么叫飞行器的相对阻尼系数? 它和过渡过程有何联系?

　　8.8　飞行高度对飞行器的稳定性、操纵性有何影响?

　　8.9　若飞行器的燃料放在重心后面,燃料消耗后,飞行器的动态特性会发生哪些变化? 为什么?

　　8.10　飞行器的旋转导数 $m_z^{\omega_z}$ 对过渡过程有何影响?

　　8.11　为什么要尽可能降低超调量? 怎样才能降低它?

　　8.12　同一飞行器在其他条件相同的情况下,主动段飞行和被动段飞行的动态特性有何差异?

　　8.13　地-空导弹的传递系数应当如何设计?

第9章　导弹弹体的侧向动态特性

第8章我们研究了导弹的纵向扰动运动,这时导弹的纵向对称平面与铅垂飞行平面相重合,只有运动参数 $V, \theta, \omega_z, \vartheta, \alpha$ 和 x, y 的变化。在纵向运动中没有考虑飞行器的其他参数,如 $\psi_V, \beta, \gamma_V, \gamma, \psi, \omega_x, \omega_y$ 和 z,通常称为侧向运动参数,或简称侧向参数。研究这些参数随时间变化的运动,称为侧向运动。

侧向运动参数在基准运动中的变化,由下列运动方程组来描述:

$$\left. \begin{aligned}
&- mV\cos\theta \frac{\mathrm{d}\psi_V}{\mathrm{d}t} = P(\sin\alpha\sin\gamma_V - \cos\alpha\sin\beta\cos\gamma_V) + Y\sin\gamma_V + Z\cos\gamma_V \\[2mm]
&J_x \frac{\mathrm{d}\omega_x}{\mathrm{d}t} = M_x - (J_z - J_y)\omega_y\omega_z \\[2mm]
&J_y \frac{\mathrm{d}\omega_y}{\mathrm{d}t} = M_y - (J_x - J_z)\omega_z\omega_x \\[2mm]
&\frac{\mathrm{d}\psi}{\mathrm{d}t} = \frac{1}{\cos\vartheta}(\omega_y\cos\gamma - \omega_z\sin\gamma) \\[2mm]
&\frac{\mathrm{d}\gamma}{\mathrm{d}t} = \omega_x - \tan\vartheta(\omega_y\cos\gamma - \omega_z\sin\gamma) \\[2mm]
&\frac{\mathrm{d}z}{\mathrm{d}t} = -V\cos\theta\sin\psi_V \\[2mm]
&\sin\psi_V\cos\theta = \cos\alpha\cos\beta\sin\psi\cos\vartheta + \sin\alpha\cos\beta(\cos\psi\sin\gamma + \\
&\qquad\qquad \cos\gamma\sin\psi\sin\vartheta) - \sin\beta(\cos\psi\cos\gamma - \sin\gamma\sin\vartheta\sin\psi) \\[2mm]
&\sin\gamma_V\cos\theta = \cos\alpha\sin\beta\sin\vartheta - (\sin\alpha\sin\beta\cos\gamma - \cos\beta\sin\gamma)\cos\vartheta
\end{aligned} \right\} \quad (9-1)$$

在基准运动中计算理论弹道的侧向参数,单纯采用方程组(9-1)是不充分的,因为方程式中还包括纵向参数 V, α, H 等。所以,运用方程组(9-1)求解侧向参数,还必须联立纵向运动方程组,

在这里之所以单独列出描述侧向运动参数的方程式,其目的是便于获得侧向扰动运动方程组,在小扰动的范围内,将侧向扰动运动和纵向扰动运动分开独立研究,以简化问题的讨论。

9.1　侧向扰动运动的数学模型

一、侧向扰动运动的数学模型

在扰动运动中,如果基准运动的纵向参数不变,控制和干扰作用仅使侧向运动参数发生变化,这种扰动运动称为侧向扰动运动,也可简称侧向运动。

在导弹空间扰动运动方程组中,因为运动参数的偏量足够小,属于小扰动范畴,同时导弹又是纵向对称的,以及基准弹道中侧向参数和纵向运动角速度足够小等条件,可以得到一组侧向扰动运动方程式,即

$$
\left.
\begin{aligned}
\frac{\mathrm{d}\Delta\psi_V}{\mathrm{d}t} &= \frac{P - Z^{\beta}}{mV\cos\theta}\Delta\beta - \frac{P\alpha + Y}{mV\cos\theta}\Delta\gamma_V - \frac{Z^{\delta_y}}{mV\cos\theta}\Delta\delta_y \\
\frac{\mathrm{d}\Delta\omega_x}{\mathrm{d}t} &= \frac{M_x^{\beta}}{J_x}\Delta\beta + \frac{M_x^{\omega_x}}{J_x}\Delta\omega_x + \frac{M_x^{\omega_y}}{J_x}\Delta\omega_y + \frac{M_x^{\delta_x}}{J_x}\Delta\delta_x + \frac{M_x^{\delta_y}}{J_x}\Delta\delta_y \\
\frac{\mathrm{d}\Delta\omega_y}{\mathrm{d}t} &= \frac{M_y^{\beta}}{J}\Delta\beta + \frac{M_y^{\omega_y}}{J_y}\Delta\omega_x + \frac{M_y^{\omega_y}}{J_y}\Delta\omega_y + \frac{M_y^{\dot{\beta}}}{J_y}\Delta\dot{\beta} + \frac{M_y^{\delta_y}}{J_y}\Delta\delta_y \\
\frac{\mathrm{d}\Delta\psi}{\mathrm{d}t} &= \frac{1}{\cos\vartheta}\Delta\omega_y \\
\frac{\mathrm{d}\Delta\gamma}{\mathrm{d}t} &= \Delta\omega_x - \tan\vartheta\Delta\omega_y \\
\Delta\psi_V &= \Delta\psi + \frac{\alpha}{\cos\theta}\Delta\gamma - \frac{1}{\cos\theta}\Delta\beta \\
\Delta\gamma_V &= \tan\theta\Delta\beta + \frac{\cos\vartheta}{\cos\theta}\Delta\gamma \\
\frac{\mathrm{d}\Delta z}{\mathrm{d}t} &= -V\cos\theta\Delta\psi_V
\end{aligned}
\right\}
\quad (9-2)
$$

侧向扰动运动和纵向扰动运动类似,它的许多动力学现象可由侧向动力系数来表示。为了写出由侧向动力系数表示的标准侧向扰动运动方程组,下面对方程组(9-2)的第 1 式作进一步的简化。由于

$$
mV\frac{\mathrm{d}\theta}{\mathrm{d}t} = P\alpha + Y - G\cos\theta
$$

由此可见

$$
\frac{P\alpha + Y}{mV} = \frac{\mathrm{d}\theta}{\mathrm{d}t} + \frac{g}{V}\cos\theta
$$

此式等号两边分别乘以方程组(9-2)第 7 式的等号两边,得到

$$\left(\frac{P\alpha + Y}{mV}\right)\Delta\gamma_V = \left(\frac{\mathrm{d}\theta}{\mathrm{d}t} + \frac{g}{V}\cos\theta\right)\left(\tan\theta\Delta\beta + \frac{\cos\vartheta}{\cos\theta}\Delta\gamma\right)$$

因线性化时已认为 $\dfrac{\mathrm{d}\theta}{\mathrm{d}t}$ 是一个小量,忽略二阶以上小量,上式变为

$$\left(\frac{P\alpha + Y}{mV}\right)\Delta\gamma_V = \frac{g}{V}(\sin\theta\Delta\beta + \cos\vartheta\Delta\gamma)$$

将此结果代入方程组(9-2)的第 1 式,则有

$$-mV\cos\theta\,\frac{\mathrm{d}\Delta\psi_V}{\mathrm{d}t} = (-P + Z^\beta)\Delta\beta + mg(\sin\theta\Delta\beta + \cos\vartheta\Delta\gamma) + Z^{\delta_y}\Delta\delta_y \qquad (9-3)$$

再由方程组(9-2)的第 6 式,可得

$$\cos\theta\Delta\psi_V = \cos\theta\Delta\psi + \alpha\Delta\gamma - \Delta\beta$$

此式两边进行求导,并略去二阶微量,可得

$$\cos\theta\,\frac{\mathrm{d}\Delta\psi_V}{\mathrm{d}t} = \cos\theta\,\frac{\mathrm{d}\Delta\psi}{\mathrm{d}t} + \alpha\,\frac{\mathrm{d}\Delta\gamma}{\mathrm{d}t} - \frac{\mathrm{d}\Delta\beta}{\mathrm{d}t}$$

将此式和方程组(9-2)的第 4 式代入式(9-3)后,可得

$$-mV\frac{\cos\theta}{\cos\vartheta}\Delta\omega_y - mV\alpha\,\frac{\mathrm{d}\Delta\gamma}{\mathrm{d}t} + mV\frac{\mathrm{d}\Delta\beta}{\mathrm{d}t} =$$

$$(-P + Z^\beta)\Delta\beta + mg\sin\theta\Delta\beta + mg\cos\vartheta\Delta\gamma + Z^{\delta_y}\Delta\delta_y$$

经过以上变换,可将方程组(9-2)整理成以下形式:

$$\left.\begin{aligned}
\frac{\mathrm{d}\Delta\omega_y}{\mathrm{d}t} &= \frac{M_y^\beta}{J_y}\Delta\beta + \frac{M_y^{\omega_x}}{J_y}\Delta\omega_x + \frac{M_y^{\omega_y}}{J_y}\Delta\omega_y + \frac{M_y^{\dot\beta}}{J_y}\Delta\dot\beta + \frac{M_y^{\delta_y}}{J_y}\Delta\delta_y + \frac{M'_{yd}}{J_y} \\[2mm]
\cos\theta\,\frac{\mathrm{d}\Delta\psi_V}{\mathrm{d}t} &= \frac{\cos\theta}{\cos\vartheta}\Delta\omega_y + \alpha\,\frac{\mathrm{d}\Delta\gamma}{\mathrm{d}t} - \frac{\mathrm{d}\Delta\beta}{\mathrm{d}t} = \\[2mm]
&\qquad \frac{P - Z^\beta}{mV}\Delta\beta - \frac{g}{V}\sin\theta\Delta\beta - \frac{g}{V}\cos\vartheta\Delta\gamma - \frac{Z^{\delta_y}}{mV}\Delta\delta_y + \frac{F'_{zd}}{mV} \\[2mm]
\Delta\psi_V &= \Delta\psi - \frac{1}{\cos\theta}\Delta\beta + \frac{\alpha}{\cos\theta}\Delta\gamma \\[2mm]
\frac{\mathrm{d}\Delta\omega_x}{\mathrm{d}t} &= \frac{M_x^\beta}{J_x}\Delta\beta + \frac{M_x^{\omega_x}}{J_x}\Delta\omega_x + \frac{M_x^{\omega_y}}{J_x}\Delta\omega_y + \frac{M_x^{\delta_x}}{J_x}\Delta\delta_x + \frac{M_x^{\delta_y}}{J_x}\Delta\delta_y + \frac{M'_{xd}}{J_x} \\[2mm]
\frac{\mathrm{d}\Delta\gamma}{\mathrm{d}t} &= \Delta\omega_x - \tan\vartheta\Delta\omega_y \\[2mm]
\frac{\mathrm{d}\Delta\psi}{\mathrm{d}t} &= \frac{1}{\cos\vartheta}\Delta\omega_y \\[2mm]
\frac{\mathrm{d}\Delta z}{\mathrm{d}t} &= -V\cos\theta\Delta\psi_V \\[2mm]
\Delta\gamma_V &= \tan\theta\Delta\beta + \frac{\cos\vartheta}{\cos\theta}\Delta\gamma
\end{aligned}\right\} \qquad (9-4)$$

在上列侧向扰动运动方程组中,M'_{yd} 为航向干扰力矩;M'_{xd} 为横滚干扰力矩;F'_{zd} 为侧向干扰力。

二、侧向动力系数

为书写方便,在方程组(9-4)中可略去偏量表示符"Δ",并用航向和滚转动力系数来代替偏量前的系数。航向动力系数的表达式为

$$
\left.
\begin{aligned}
\text{阻尼动力系数} \qquad & b_{22} = -\frac{M_y^{\omega_y}}{J_y} \ (1/\text{s}) \\[2mm]
\text{恢复动力系数} \qquad & b_{24} = -\frac{M_y^{\beta}}{J_y} \ (1/\text{s}^2) \\[2mm]
\text{操纵动力系数} \qquad & b_{27} = -\frac{M_y^{\delta_y}}{J_y} \ (1/\text{s}^2) \\[2mm]
\text{下洗动力系数} \qquad & b'_{24} = -\frac{M_y^{\dot{\beta}}}{J_y} \ (1/\text{s}) \\[2mm]
\text{旋转动力系数} \qquad & b_{21} = -\frac{M_y^{\omega_x}}{J_y} \ (1/\text{s})
\end{aligned}
\right\} \qquad (9-5)
$$

以上航向动力系数的物理含义基本上是与纵向动力系数相对应的,由方程组(9-4)的第2式可得到以下侧向动力系数:

$$
\left.
\begin{aligned}
\text{侧向力动力系数} \qquad & b_{34} = \frac{P - Z^{\beta}}{mV} \ (1/\text{s}) \\[2mm]
\text{舵面动力系数} \qquad & b_{37} = -\frac{Z^{\delta_y}}{mV} \ (1/\text{s}) \\[2mm]
\text{重力动力系数} \qquad & b_{35} = -\frac{g}{V}\cos\vartheta \ (1/\text{s})
\end{aligned}
\right\} \qquad (9-6)
$$

在方程组(9-4)中滚转动力系数的表达式为

$$
\left.
\begin{aligned}
\text{阻尼动力系数} \qquad & b_{11} = -\frac{M_x^{\omega_x}}{J_x} \ (1/\text{s}) \\[2mm]
\text{恢复动力系数} \qquad & b_{14} = -\frac{M_x^{\beta}}{J_x} \ (1/\text{s}^2) \\[2mm]
\text{操纵动力系数} \qquad & b_{18} = -\frac{M_x^{\delta_x}}{J_x} \ (1/\text{s}^2) \\[2mm]
\text{旋转动力系数} \qquad & b_{12} = -\frac{M_x^{\omega_y}}{J_x} \ (1/\text{s}) \\[2mm]
\text{垂尾效应动力系数} \qquad & b_{17} = -\frac{M_x^{\delta_y}}{J_x} \ (1/\text{s})
\end{aligned}
\right\} \qquad (9-7)
$$

此外,还有以下动力系数:

$$b_{36} = -\frac{\cos\theta}{\cos\vartheta}, \quad b_{41} = \frac{1}{\cos\theta}, \quad b_{56} = -\tan\vartheta, \quad a_{33} = -\frac{g}{V}\sin\theta$$

$$b_{61} = \frac{1}{\cos\vartheta}, \quad b_{71} = \tan\theta, \quad b_{72} = \frac{\cos\vartheta}{\cos\theta}, \quad b_{81} = -V\cos\theta \qquad (9-8)$$

采用航向和滚转动力系数后,航向和横滚干扰力矩,以及侧向干扰力可用以下相应的符号表示。

$$M_{yd} = \frac{M'_{yd}}{J_y}, \quad M_{xd} = \frac{M'_{xd}}{J_x}, \quad F_{zd} = \frac{F'_{zd}}{mV} \qquad (9-9)$$

于是,侧向扰动运动的标准形式为

$$\left.\begin{array}{l}
\Delta\dot{\omega}_x + b_{11}\Delta\omega_x + b_{14}\Delta\beta + b_{12}\Delta\omega_y = -b_{18}\Delta\delta_x - b_{17}\Delta\delta_y + M_{xd} \\[2mm]
\Delta\dot{\omega}_y + b_{22}\Delta\omega_y + b_{24}\Delta\beta + b_{21}\Delta\omega_x + b'_{24}\Delta\dot{\beta} = -b_{27}\Delta\delta_y + M_{yd} \\[2mm]
\Delta\dot{\beta} + b_{34}\Delta\beta + b_{36}\Delta\omega_y - \alpha\Delta\dot{\gamma} + b_{35}\Delta\gamma + a_{33}\Delta\beta = -b_{37}\Delta\delta_y + F_{zd} \\[2mm]
\Delta\psi_V = \Delta\psi - b_{41}\Delta\beta + b_{41}\alpha\Delta\gamma \\[2mm]
\Delta\dot{\gamma} = \Delta\omega_x + b_{56}\Delta\omega_y \\[2mm]
\dfrac{\mathrm{d}\Delta\psi}{\mathrm{d}t} = b_{61}\Delta\omega_y \\[2mm]
\Delta\gamma_V = b_{71}\Delta\beta + b_{72}\Delta\gamma \\[2mm]
\dfrac{\mathrm{d}\Delta z}{\mathrm{d}t} = b_{81}\Delta\psi_V
\end{array}\right\} \qquad (9-10)$$

在方程组中,航向和滚转动力系数等由基准弹道的运动参数来计算。因为方程组(9-10)中还包括纵向运动参数 V,H 和 α(未写下标0)等,所以分析航向和滚转扰动运动时,除计算出基准弹道的侧向参数外,还必须了解纵向运动的一些参数。在小扰动范围内,将侧向扰动运动和纵向扰动运动分开来分析,可以简化问题的研究,初步了解航向和滚转扰动运动的基本特性。

在侧向扰动运动方程组(9-10)中,第 4,6,7,8 式与其他式是无关的。因此,侧向扰动运动的偏量可用 $\Delta\omega_y$,$\Delta\omega_x$,$\Delta\beta$ 和 $\Delta\gamma$ 来表示其主要特性。于是,方程组(9-10)简化为

$$\left.\begin{array}{l}
\Delta\dot{\omega}_x + b_{11}\Delta\omega_x + b_{12}\Delta\omega_y + b_{14}\Delta\beta = -b_{18}\Delta\delta_x - b_{17}\Delta\delta_y + M_{xd} \\[2mm]
\Delta\dot{\omega}_y + b_{22}\Delta\omega_y + b_{24}\Delta\beta + b'_{24}\Delta\dot{\beta} + b_{21}\Delta\omega_x = -b_{27}\Delta\delta_y + M_{yd} \\[2mm]
\Delta\dot{\beta} + (b_{34} + a_{33})\Delta\beta - \alpha\Delta\dot{\gamma} + b_{35}\Delta\gamma + b_{36}\Delta\omega_y = -b_{37}\Delta\delta_y + F_{zd} \\[2mm]
\Delta\dot{\gamma} = \Delta\omega_x + b_{56}\Delta\omega_y
\end{array}\right\} \qquad (9-11)$$

方程组(9-11)是工程设计中常用的侧向线性扰动运动方程组。表9-1列出了侧向扰动运动方程和运动参数的编号。

表 9 - 1　侧向扰动运动方程和运动参数编号表

i	扰动运动方程	j	扰动参数
1	$\dfrac{\mathrm{d}\Delta\omega_x}{\mathrm{d}t} = \dfrac{M_x^\beta}{J_x}\Delta\beta + \dfrac{M_x^{\omega_x}}{J_x}\Delta\omega_x + \dfrac{M_x^{\omega_y}}{J_x}\Delta\omega_y +$	1	$\Delta\omega_x$
	$\dfrac{M_x^{\delta_y}}{J_x}\Delta\delta_y + \dfrac{M_x^{\delta_x}}{J_x}\Delta\delta_x + M_{xd}$	2	$\Delta\omega_y$
2	$\dfrac{\mathrm{d}\Delta\omega_y}{\mathrm{d}t} = \dfrac{M_y^\beta}{J_y}\Delta\beta + \dfrac{M_y^{\omega_x}}{J_y}\Delta\omega_x + \dfrac{M_y^{\omega_y}}{J_y}\Delta\omega_y + \dfrac{M_y^{\delta_y}}{J_y}\Delta\delta_y + \dfrac{M_y^{\dot\beta}}{J_y}\Delta\dot\beta +$	3	$\Delta\beta$
	M_{yd}	4	$\Delta\gamma$
3	$-\dfrac{\cos\theta}{\cos\vartheta}\Delta\omega_y + \dfrac{\mathrm{d}\Delta\beta}{\mathrm{d}t} - \alpha\dfrac{\mathrm{d}\Delta\gamma}{\mathrm{d}t} - \dfrac{-P+Z^\beta}{mV}\Delta\beta -$	5	$\Delta\delta_y$
	$\dfrac{g}{V}\sin\theta\Delta\beta - \dfrac{g}{V}\cos\vartheta\Delta\gamma = \dfrac{Z^{\delta_y}}{mV}\Delta\delta_y + F_{zd}$	6	$\Delta\delta_x$
4	$\dfrac{\mathrm{d}\Delta\gamma}{\mathrm{d}t} = \Delta\omega_x - \tan\vartheta\Delta\omega_y$	7	干扰项

三、侧向扰动运动的状态方程

侧向扰动运动的状态向量为

$$\begin{bmatrix} \Delta\omega_x & \Delta\omega_y & \Delta\beta & \Delta\gamma \end{bmatrix}^{\mathrm{T}} \tag{9-12}$$

在侧向扰动运动方程组（9-11）中，第 2 式的 $\Delta\dot\beta$ 可以替换，于是侧向扰动运动的微分方程组可写为

$$\left. \begin{aligned}
\Delta\dot\omega_x &= -b_{11}\Delta\omega_x - b_{12}\Delta\omega_y - b_{14}\Delta\beta - b_{18}\Delta\delta_x - b_{17}\Delta\delta_y + M_{xd} \\
\Delta\dot\omega_y &= -(b_{21}+b_{24}'\alpha)\Delta\omega_x - (b_{22}-b_{24}'b_{36}+b_{24}'\alpha b_{56})\Delta\omega_y - \\
&\quad (b_{24}-b_{24}'b_{34}-b_{24}'a_{33})\Delta\beta + b_{24}'b_{35}\Delta\gamma - \\
&\quad (b_{27}-b_{24}'b_{37})\Delta\delta_y + M_{yd} - b_{24}'F_{zd} \\
\Delta\dot\beta &= \alpha\Delta\omega_x - (b_{36}-\alpha b_{56})\Delta\omega_y - (b_{34}+a_{33})\Delta\beta - b_{35}\Delta\gamma - b_{37}\Delta\delta_y + F_{zd} \\
\Delta\dot\gamma &= \Delta\omega_x + b_{56}\Delta\omega_y
\end{aligned} \right\} \tag{9-13}$$

由此方程组可得侧向扰动运动的状态方程为

$$\begin{bmatrix} \Delta\dot\omega_x \\ \Delta\dot\omega_y \\ \Delta\dot\beta \\ \Delta\dot\gamma \end{bmatrix} = \boldsymbol{A}_{xy}\begin{bmatrix} \Delta\omega_x \\ \Delta\omega_y \\ \Delta\beta \\ \Delta\gamma \end{bmatrix} - \begin{bmatrix} b_{18} \\ 0 \\ 0 \\ 0 \end{bmatrix}\Delta\delta_x - \begin{bmatrix} b_{17} \\ b_{27}-b_{24}'b_{37} \\ b_{37} \\ 0 \end{bmatrix}\Delta\delta_y + \begin{bmatrix} M_{xd} \\ M_{yd}-b_{24}'F_{zd} \\ F_{zd} \\ 0 \end{bmatrix} \tag{9-14}$$

式中，侧向动力系数 4×4 维矩阵 $\boldsymbol{A}_{xy}$ 为

$$\boldsymbol{A}_{xy} = \begin{bmatrix} -b_{11} & -b_{12} & -b_{14} & 0 \\ -(b_{21}+b'_{24}\alpha) & -(b_{22}-b'_{24}b_{36}+b'_{24}\alpha b_{56}) & -(b_{24}-b'_{24}b_{34}-b'_{24}a_{33}) & b'_{24}b_{35} \\ \alpha & -(b_{36}-\alpha b_{56}) & -(b_{34}+a_{33}) & -b_{35} \\ 1 & b_{56} & 0 & 0 \end{bmatrix}$$

在方程组(9-11)中,若等式右端舵偏角 δ_y 和 δ_x 以及干扰力矩和干扰力的列矩阵也等于零,则矩阵方程描述了侧向自由扰动运动,否则只要有一项不等于零,状态方程将描述导弹的侧向强迫扰动运动。

侧向自由扰动运动的性质取决于以下特征方程式:

$$G(s) = |\, s\boldsymbol{I} - \boldsymbol{A}_{xy}\,| = s^4 + A_1 s^3 + A_2 s^2 + A_3 s + A_4 = 0 \qquad (9-15)$$

式中,各特征方程系数的表达式为

$$\left. \begin{aligned} A_1 &= b_{22} + b_{34} + b_{11} + \alpha b'_{24} b_{56} + a_{33} - b'_{24} b_{36} \\ A_2 &= b_{22}b_{34} + b_{22}b_{33} + b_{22}b_{11} + b_{34}b_{11} + b_{11}a_{33} - b_{24}b_{36} - \\ &\quad b'_{24}b_{36}b_{11} - b_{21}b_{12} + (b_{14} + b_{24}b_{56} + b'_{24}b_{11}b_{56} - b'_{24}b_{12})\alpha - b'_{24}b_{35}b_{56} \\ A_3 &= (b_{22}b_{14} - b_{21}b_{14}b_{56} + b_{24}b_{11}b_{56} - b_{24}b_{12})\alpha - \\ &\quad (b_{24}b_{56} + b'_{24}b_{11}b_{56} - b'_{24}b_{12} + b_{14})b_{35} + b_{22}b_{34}b_{11} + \\ &\quad b_{22}b_{11}b_{33} + b_{21}b_{14}b_{36} - b_{21}b_{12}a_{33} - b_{21}b_{12}b_{34} - b_{24}b_{11}b_{36} \\ A_4 &= -b_{35}(b_{22}b_{14} - b_{21}b_{14}b_{56} - b_{24}b_{11}b_{56} - b_{24}b_{12}) \end{aligned} \right\} \qquad (9-16)$$

侧向扰动运动特征方程和前面纵向扰动运动一样,也是四阶的。

9.2　侧向扰动运动的模态

侧向扰动运动的稳定性由其特征方程式(9-15)的性质来决定。判别运动是否稳定,也可直接根据特征方程的系数采用霍尔维茨稳定准则判断。但是,为了分析侧向自由扰动运动的一般特性,还必须求出特征方程的根值,以便由特征根的性质来说明运动形态。

侧向自由扰动运动的一般解为

$$\left. \begin{aligned} \Delta\omega_x &= K e^{s_i t} \\ \Delta\omega_y &= L e^{s_i t} \\ \Delta\beta &= M e^{s_i t} \\ \Delta\gamma &= N e^{s_i t} \end{aligned} \right\} \qquad (9-17)$$

式中,s_i 为特征方程的根。侧向自由扰动运动的特征方程式(9-15),由特征行列式展开时,也可由代数余因式来表示,即

$$\begin{aligned} G(s) &= (b_{21} + b'_{24}\alpha) f_{21}(s_i) - (b_{22} - b'_{24}b_{36} + b'_{24}\alpha b_{56}) f_{22}(s_i) + \\ &\quad (b_{24} - b'_{24}b_{34} - b'_{24}a_{33}) f_{23}(s_i) + b'_{24}b_{35} f_{24}(s_i) \end{aligned} \qquad (9-18)$$

235

式中，$f_{21}(s_i)$，$f_{22}(s_i)$，$f_{23}(s_i)$，$f_{24}(s_i)$ 为特征行列式第 2 行对应元素的代数余因式，并称为比量，它们的表达式为

$$
\left.
\begin{aligned}
f_{21}(s_i) &= b_{12}s_i^2 - [b_{12}(b_{34}+a_{33}) - b_{14}(b_{36}-\alpha b_{56})]s_i + b_{14}b_{35}b_{56} \\
f_{22}(s_i) &= -s_i^3 - (b_{34}+a_{33}+b_{11})s_i^2 - (b_{34}b_{11}+a_{33}b_{11}+b_{14}\alpha)s_i + b_{14}b_{35} \\
f_{23}(s_i) &= (b_{56}\alpha - b_{36})s_i^2 - (b_{11}b_{36}-\alpha b_{11}b_{56}+b_{35}b_{56}+b_{12}\alpha)s_i + \\
&\quad\ b_{12}b_{35} - b_{35}b_{56}b_{11} \\
f_{24}(\lambda) &= -b_{56}s_i^2 + (-b_{56}b_{11}-b_{56}b_{34}-b_{56}a_{33}+b_{12})s_i - b_{34}b_{56}b_{11} - \\
&\quad\ a_{33}b_{56}b_{11} - b_{14}\alpha b_{56} - b_{14}(b_{36}-\alpha b_{56}) + b_{12}(b_{34}+a_{33})
\end{aligned}
\right\}
\tag{9-19}
$$

将式(9-17)的一般解代回侧向扰动运动的齐次方程组(9-11)中，消去公因子 e^{s_it}，可以得以下方程组：

$$
\left.
\begin{aligned}
K(s_i+b_{11}) + Lb_{12} + Mb_{14} &= 0 \\
Kb_{21} + L(s_i+b_{22}) + M(b'_{24}s_i+b_{24}) &= 0 \\
Lb_{36} + M(s_i+b_{34}+a_{33}) + N(\alpha s_i+b_{35}) &= 0 \\
-K - Lb_{56} + Ns_i &= 0
\end{aligned}
\right\}
\tag{9-20}
$$

在这组方程式中，已知特征方程的根值，似乎可以求到待定系数 K,L,M,N。但是，由于特征行列式 $\Delta=0$，方程组(9-20)是一组彼此不相互独立的方程，其中之一与其余三者线性相关。所以对于任一根值 $s_i(i=1,2,3,4)$，我们只能确定系数的比值 $K:L:M:N$，并且由于线性相关其比值等于代数余因式之比 $f_{21}(s_i):f_{22}(s_i):f_{23}(s_i):f_{24}(s_i)$。因此，由式(9-17)可得在根值 s_i 下，侧向扰动运动参数间的比值关系为

$$
\begin{aligned}
\Delta\omega_x : \Delta\omega_y : \Delta\beta : \Delta\gamma &= K_i : L_i : M_i : N_i = \\
& f_{21}(s_i) : f_{22}(s_i) : f_{23}(s_i) : f_{24}(s_i)
\end{aligned}
\tag{9-21}
$$

于是，这里也可称代数余因式 $f_{21}(s_i)$，$f_{22}(s_i)$，$\cdots$ 为运动参数的比值。

例 9-1 已知一飞机形的飞行器，以 222 m/s 的速度在高度为 12 000 m 高空中飞行。各动力系数分别为

$b_{11}=1.66\ \text{s}^{-1}$	$b_{12}=0.56\ \text{s}^{-1}$
$b_{14}=6.2\ \text{s}^{-2}$	$b_{21}=0.019\ 8\ \text{s}^{-1}$
$b_{22}=0.19\ \text{s}^{-2}$	$b'_{24}=0$
$b_{24}=2.28\ \text{s}^{-2}$	$b_{36}=-1$
$b_{34}=0.059\ \text{s}^{-1}$	$a_{33}=1\ \text{s}^{-1}$
$b_{35}=-0.044\ 2\ \text{s}^{-1}$	
$b_{56}=0$	$b_{17}=-0.75\ \text{s}^{-1}$
$b_{37}=0.015\ 2\ \text{s}^{-1}$	$b_{27}=-0.835\ \text{s}^{-2}$

其特征方程为

$$s^4 + 1.909s^3 + 2.69s^2 + 3.95s - 0.004\,37 = 0$$

它的 4 个根分别为

$$s_1 = -1.695（大实根）$$
$$s_2 = 0.001\,105（小实根）$$
$$s_{3,4} = -0.107 \pm 1.525j（复根）$$

例 9 - 2　已知导弹作直线爬高飞行,其数据如下:

$H = 5\,000$ m　　　$V = 258$ m/s

$G = 5\,000$ kg　　　$\tan\vartheta = 0.08$

$C_y = 0.2$　　　　　$\alpha = 0.052\,5$

其特征方程式为

$$s^4 + 6.7s^3 + 11.95s^2 + 57.7s - 0.435 = 0$$

解得根为

$$s_1 = -5.93（大实根）$$
$$s_2 = 0.018\,1（小实根）$$
$$s_{3,4} = -0.431 \pm 4.88j（复根）$$

从以上两例可以看出,4 个根中有两个实根和一个共轭复根。在研究导弹侧向扰动运动时,这样的根的分布是最常遇到的。4 个特征根分为三种情况:一个大实根 s_1(负值);一个小实根 s_2(正值);一对共轭复根 $s_{3,4}$。每一个根决定了一种运动形态。在此以例 9 - 1 为例,分别述说如下。

一、倾侧运动模态

大实根决定的运动形态是非周期收敛的。在运动中各参数的相互关系由式(9 - 21)可知

$$\Delta\omega_x : \Delta\omega_y : \Delta\beta : \Delta\gamma = f_{21}(s_1) : f_{22}(s_1) : f_{23}(s_1) : f_{24}(s_1) \tag{9 - 22}$$

将 s_1 代入式(9 - 19)中分别求各比值,得到

$$\Delta\omega_x : \Delta\omega_y : \Delta\beta : \Delta\gamma = 1 : 0.041\,8 : 0.003\,79 : 0.597 \tag{9 - 23}$$

从参数间的量值来看,因 $|\Delta\omega_x| \gg |\Delta\omega_y|$,$|\Delta\gamma| \gg |\Delta\beta|$,所以由大实根 s_1 所决定的运动,基本上只有倾斜角 $\Delta\gamma$ 的变化,而称为倾侧运动形态。由于 s_1 是一个绝对值比较大的数,因而倾侧运动将很快衰减,通常延续时间不到一秒钟。大实根 s_1 基本上是由动力系数 $b_{11} = -\dfrac{M_x^{\omega_x}}{J_x}$ 的数值来决定的。这里也可看出该非周期运动之所以迅速地衰减下去,是因为导弹在正常攻角下具有较大的倾斜阻尼力矩的缘故。从 b_{11} 的表达式中可以看出,当 $|M_x^{\omega_x}|$ 增加时,$|b_{11}|$ 增加,从而使 $|s_1|$ 增加,而 $|M_x^{\omega_x}|$ 与弹翼的展弦比有关,当展弦比增加时,$|M_x^{\omega_x}|$ 增加,$|s_1|$ 也增加,非周期运动收敛得更快。又从

$$M_x^{\omega_x} = m_x^{\omega_x} qSL \frac{L_A}{2V}$$

237

中可知,当飞行高度增加时,密度减小,q 随之减小,$|M_x^{\omega_x}|$ 减小,收敛的程度减慢;当飞行速度增加时,(q/V) 增加,$|M_x^{\omega_x}|$ 增加,收敛程度加快。

关于大实根 s_1 基本上由 $b_{11} = -\dfrac{M_x^{\omega_x}}{J_x}$ 来决定,此结论很容易加以证明。

已知

$$A_1 = b_{22} + b_{34} + b_{11} + \alpha b'_{24} b_{56} - b'_{24} b_{36} + a_{33}$$

将动力系数的表示式代入上式,得

$$A_1 = -\frac{g}{V}\sin\theta - \frac{M_y^{\omega_y}}{J_y} - \frac{-P+Z^\beta}{mV} - \frac{M_x^{\omega_x}}{J_x} + \alpha\left(-\frac{M_y^\beta}{J_y}\right)(-\tan\vartheta) - \left(-\frac{M_y^\beta}{J_y}\right)\left(-\frac{\cos\theta}{\cos\vartheta}\right)$$

考虑到一般情况下 α 比较小,所以

$$\cos\theta = \cos(\vartheta - \alpha) = \cos\vartheta\cos\alpha + \sin\vartheta\sin\alpha \approx \cos\vartheta + \alpha\sin\vartheta$$

所以

$$\frac{\cos\theta}{\cos\vartheta} = \frac{\cos\vartheta + \alpha\sin\vartheta}{\cos\vartheta} = 1 + \alpha\tan\vartheta$$

故 A_1 可以写成

$$A_1 = -\frac{g}{V}\sin\theta - \frac{M_y^{\omega_y}}{J_y} - \frac{-P+Z^\beta}{mV} - \frac{M_x^{\omega_x}}{J_x} + \alpha\frac{M_y^\beta}{J_y}\tan\vartheta - \frac{M_y^\beta}{J_y}(1 + \alpha\tan\vartheta) =$$
$$-\frac{g}{V}\sin\theta - \frac{M_y^{\omega_y}}{J_y} - \frac{-P+Z^\beta}{mV} - \frac{M_x^{\omega_x}}{J_x} - \frac{M_y^\beta}{J_y}$$

由于

$$M_x^{\omega_x} > M_y^\beta, \qquad M_x^{\omega_x} > M_y^{\omega_y}, \qquad J_y > J_x$$

故 $\left|\dfrac{M_y^{\omega_y}}{J_y}\right|$,$\left|\dfrac{M_y^\beta}{J_y}\right|$ 相对 $\left|\dfrac{M_x^{\omega_x}}{J_x}\right|$ 可以忽略不计。又考虑到 V 值对目前高速飞行的导弹来讲往往很大,所以其倒数值很小,这样一来 $\dfrac{g}{V}\sin\theta$,$\dfrac{-P+Z^\beta}{mV}$ 又可以忽略不计。因此 A_1 可以近似表示为

$$A_1 \approx -\frac{M_x^{\omega_x}}{J_x}$$

对于大实根(经常大于 1)A_1,下列关系式总是成立的:

$$s_1^4 > |s_1^3| > s_1^2 > |s_1|$$

所以可以认为在特征方程式 $s_1^4 + A_1 s_1^3 + A_2 s_1^2 + A_3 s_1 + A_4 = 0$ 中的 $A_2 s_1^2$,$A_3 s_1$,A_4 这 3 项都可以忽略不计,故可近似得

$$s_1 + A_1 = 0$$

即

$$s_1 \approx -A_1 \approx -b_{11} = \frac{M_x^{\omega_x}}{J_x} \tag{9-24}$$

一般按式(9-24)求出的近似解相当令人满意。例如,在例 9-1 中,按式(9-15)求出的大

实根为

$$s_1 = -1.695$$

而用式(9-24)求出的大实根的近似值为

$$s_1 = -b_{11} = -1.66$$

两者之间的误差只有 2%，这样的误差在工程上是完全允许的。

由于 $-b_{11} = \dfrac{M_x^{\omega_x}}{J_x}$，而 $M_x^{\omega_x} = \dfrac{\partial M_x}{\partial \omega_x}$ 永远为一负值，所以大实根 $s_1 = -b_{11} = \dfrac{M_x^{\omega_x}}{J_x}$ 所对应的扰动运动形态应该是一个稳定的非周期运动。

二、螺旋运动模态

小实根 s_2 决定的运动形态是非周期的，但发散得很缓慢。在这种运动形态中各参数的数量关系，只要将 $s_2 = 0.001\,105$ 代入到式(9-21)中求出比值后，就可以得到

$$\Delta\omega_x : \Delta\omega_y : \Delta\beta : \Delta\gamma = f_{21}(s_2) : f_{22}(s_2) : f_{23}(s_2) : f_{24}(s_2) =$$
$$0.024\,9 : 1 : -0.083\,8 : 22.824 \tag{9-25}$$

在这种运动形态中，参数 $\Delta\omega_y$ 和 $\Delta\gamma$ 分别比 $\Delta\omega_x$ 和 $\Delta\beta$ 大得多，但由于 $\Delta\gamma$ 和 $\Delta\omega_x$ 基本上属于一个运动自由度，因此为了进一步弄清这种运动的性质，再进行以下分析。

取地面坐标系 $x_0 O z_0$，假定俯仰角 ϑ 和弹道倾角 θ 都不大，飞行器的运动学方程由图 9.1 可以近似得出，即

$$\left. \begin{array}{l} \dot{x}_0 \approx V \\ \dot{y}_0 \approx 0 \\ \dot{z} \approx V(\Delta\beta - \Delta\psi) \end{array} \right\} \tag{9-26}$$

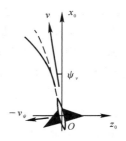

图 9.1 螺旋运动

因为 ϑ 不大时，$\Delta\dot\psi = \Delta\omega_y$，所以 $\Delta\psi = \Delta\omega_y / s_2$。于是，式(9-26)中，若 $\Delta\psi \gg \Delta\beta$，则 $(\Delta\beta - \Delta\psi) \approx -\Delta\psi$。由根 s_2 决定的参数 $\Delta\omega_y$ 的特解可以写成 $\Delta\omega_y = L_2 \mathrm{e}^{s_2 t}$，$L_2$ 为特定系数。于是

$$\Delta\psi = \frac{1}{s_2}\Delta\omega_y = \frac{L_2}{s_2}\mathrm{e}^{s_2 t} \tag{9-27}$$

式中的特定系数 L_2 由初始值来决定。

将式(9-27)代入到式(9-26)，得到

$$\left. \begin{array}{l} x_0 \approx Vt \\ z_0 \approx -V\displaystyle\int_0^t \Delta\psi(t)\mathrm{d}t = -V\dfrac{L_2}{s_2^2}(\mathrm{e}^{s_2 t} - 1) \end{array} \right\} \tag{9-28}$$

由此方程描述的轨迹，表示飞行器进行平面转变。因为小实根 $s_2 > 0$，表示飞行器一方面偏离原来的偏航角，另一面又以愈来愈小的半径进行转弯；同时还因倾斜角不断增大，升力的垂直分量不断减小，飞行高度也在逐渐下降，整个运动如同螺旋运动。因而由根 s_2 决定的运动

形态使飞行器沿螺旋线运动。因为根 $s_2 > 0$，所以螺旋运动又是不稳定的。

根 s_2 也可用近似方法求出。因为 s_2 通常小于 1，所以 $s_2^4 < s_2^3 < s_2^2 < s_2$，于是特征方程式（9-15）可以近似为

$$A_3 s_2 + A_4 \approx 0 \tag{9-29}$$

由此可得

$$s_2 \approx -A_4 / A_3$$

就例 9-1 而言，$s_2 \approx 0.004\ 37 \div 3.95 = 0.001\ 1$，与所得 $s_2 = 0.001\ 105$ 几乎相等。

为了使根 $s_2 < 0$，以便飞行器的螺旋运动是稳定的，必须使特征方程的系数 A_3 和 A_4 分别大于零。

三、"荷兰滚"运动模态

一对共轭复根所决定的运动形态是振荡衰减的，各运动参数间的数量关系，只要将根 $s_{3,4}$ 代入到式（9-21）求出各比值之后就自然知道了，例如例 9-1 为

$$\Delta \omega_x : \Delta \omega_y : \Delta \beta : \Delta \gamma = 1 : 0.556 e^{-j135.5°} : 0.353 e^{-j216.4°} : 0.661 e^{-j258.0°} \tag{9-30}$$

这个关系式也可用复平面上的矢量图来表示（见图 9.2）。比较关系说明，由一对共轭复根决定的运动形态，参数 $\Delta \omega_x$，$\Delta \omega_y$ 和 $\Delta \beta$ 都有变化，但是角速度 $\Delta \omega_x$ 的变化大一点。这种运动形态既有滚转，又有偏航和侧滑，它类似于滑冰运动中"荷兰滚"花式动作，因而将飞行器的这种侧向运动分量，习惯上又称荷兰滚运动。由于它的振荡频率比较高，如果不稳定，很难纠正，因而要求这种运动分量必须是稳定的，并能很快地衰减。

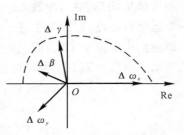

图 9.2　旋转矢量图

至于这一对共轭复根，它没有直接简单的近似公式来计算。但是，由于可以将两个实数根近似表示为 $s_1 = -b_{11}$，$s_2 = -\dfrac{A_4}{A_3}$，这时就不难将特征方程式（9-15）改写为

$$(s + b_{11})\left(s + \frac{A_4}{A_3}\right)(s^2 + As + B) = 0 \tag{9-31}$$

我们知道，式（9-31）和式（9-15）之间的同类项前面的系数应该相等，因此

$$b_{11} \frac{A_4}{A_3} B = A_4$$

$$b_{11} + \frac{A_4}{A_3} + A = A_1$$

即

$$B = \frac{A_3}{b_{11}}$$

$$A = A_1 - b_{11} - \frac{A_4}{A_3}$$

所以一对共轭复根可以由下式求出：

$$s^2 + As + B = 0$$

即

$$s_{3,4} = \frac{-A \pm \sqrt{A^2 - 4B}}{2}$$

例如,例 9-1 中的特征方程为

$$s^4 + 1.909s^3 + 2.69s^2 + 3.95s - 0.004\ 37 = 0$$

而 $b_{11} = 1.66$,所以上式可以改写成

$$(s + 1.66)(s - 0.001\ 1)(s^2 + As + B) = 0$$

同时可以求出

$$B = 2.379$$
$$A = 0.250\ 1$$

故特征方程可以写成

$$(s + 1.66)(s - 0.001\ 1)(s^2 + 0.250\ 1s + 2.379) = 0$$

由此可以求出另外两个根为

$$s_{3,4} = \frac{-0.250\ 1 \pm \sqrt{0.250\ 1^2 - 4 \times 2.379}}{2} = -0.125\ 1 \pm j1.537\ 3$$

这里所求出的近似共轭复根与前面所求出的精确值($\lambda_{3,4} = -0.107 \pm j1.25$)比较,结果仍然相当接近。但是应当注意到,对于高速飞行的导弹,由于弹翼面积和展弦比都比较小,所以 b_{11} 值相对 A_1 中其他各项的数值就可能大得不多,因此采用上述的近似求根法就会带来较大的误差。但是从定性上说,以及为了迅速估计导弹的侧向动态特性,这样的方法还是有效的。

综上所述,可以看出导弹的侧向扰动运动是由三种运动叠加的:两种非周期运动和一种振荡运动。这三种侧向扰动运动是同时存在并互相叠加。不过这种扰动运动可以按时间划分为三个阶段。第一阶段是相应于(绝对值)大实根的倾斜运动,该运动很快衰减而消失,延续时间很短(约为 $0.2 \sim 0.4$ s);当航向静稳定性比较大时,第二阶段出现振荡运动,延续时间约为几秒钟(例如 $4 \sim 5$ s);以后进入第三阶段,剩下的只是螺旋运动了,该运动是由小的正实根所确定的,是一个慢发散的运动,而且运动延续的时间很长(约达 1 min),所以在飞行中很难发现螺旋不稳定性。往往只要将方向舵和副翼稍加偏转(如 $0.1°$),就能使导弹脱离这种螺旋运动。

这里附带说明一下,如果导弹已接近于 C_{ymax} 的大攻角飞行时,倾斜滚动的阻尼作用可能会消失,或者甚至会出现 b_{11} 为负值的现象。这是因为向下运动的弹翼实际攻角已大于临界攻

角,造成升力减小的缘故。于是旋转运动加剧,出现了所谓自旋现象,而且导弹将进入螺旋运动的状态。

9.3　导弹弹体的侧向稳定边界图及其讨论

一、侧向稳定边界条件及其稳定边界图

判别侧向稳定性和判别纵向稳定性一样,可以采用霍尔维茨准则,即通过其特征方程式前面的系数进行讨论。考虑到侧向扰动运动的特性主要取决于动力系数 $b_{24} = -\dfrac{M_y^\beta}{J_y}$ 和 $b_{14} = -\dfrac{M_x^\beta}{J_x}$,而且为了在设计过程中便于了解改变航向静稳定性和横向静稳定性对侧向稳定性的影响,所以最方便的办法是绘制出这两个参数的稳定边界图,如图 9.3 所示。

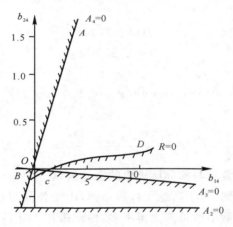

图 9.3　侧向稳定边界图

由前一节所述可知,侧向扰动运动的特征方程可以表示为

$$s^4 + A_1 s^3 + A_2 s^2 + A_3 s + A_4 = 0$$

根据霍尔维茨准则知道,要使特征方程所描述的动力系统是稳定的充分和必要条件为

$$\left. \begin{array}{l} A_1 > 0 \\ A_2 > 0 \\ A_3 > 0 \\ A_4 > 0 \end{array} \right\} \tag{9-32}$$

$$R = A_1 A_2 A_3 - A_1^2 A_4 - A_3^2 > 0$$

由式(9-15)中 A_1 的表达式知道，A_1 与 b_{14}，b_{24} 无关。又由于 A_1 可近似地表示为 $A_1 = -\dfrac{M_x^{\omega_x}}{J_x}$，所以 $A_1 > 0$ 的条件自然可以得到满足。故 $A_1 > 0$ 的条件就不在讨论之列。

在以 b_{14} 和 b_{24} 所组成的稳定域中，侧向扰动运动应该满足的稳定边界条件为

$$\left.\begin{array}{l} A_2 = 0 \\ A_3 = 0 \\ A_4 = 0 \\ R = A_1 A_2 A_3 - A_1^2 A_4 - A_3^2 = 0 \end{array}\right\} \qquad (9-33)$$

由式(9-15)中 A_1，A_2，A_3，A_4 的表达式可以看出，在 $A_2 = 0$，$A_3 = 0$ 和 $A_4 = 0$ 这些稳定边界方程式中，b_{14} 和 b_{24} 之间呈线性关系。而在稳定边界方程 $A_1 A_2 A_3 - A_1^2 A_4 - A_3^2 = 0$ 中，b_{14} 和 b_{24} 之间则为一般的二次方程。

为了说明侧向扰动运动稳定边界图的具体形式，这里用例 9-1 所提供的动力系数（除 b_{14} 和 b_{24} 外）来绘制由动力系数 b_{14} 和 b_{24} 所组成的稳定域。将各侧向动力系数代入式(9-15)的 A_1，A_2，A_3，A_4 的表达式后，可以求出

$$A_1 = 0 + 0.059 + 0.19 + 1.66 - 0 \times 0 \times 0 - 0 \times (-1) = 1.909$$

$$A_2 = 0.19(0.059 + 0) + 1.66(0.19 + 0.059 + 0) - (-1)(b_{24} + 0 \times 1.66) -$$
$$0.019\,8 \times 0.56 - 0(b_{14} + b_{24}b_{56} + b'_{24}b_{56}b_{11} - b'_{24}b_{12}) - 0 \times b_{35}b_{56} =$$
$$0.424\,2 + b_{24}$$

$$A_3 = -0(b_{22}b_{14} - b_{21}b_{56}b_{14} + b_{24}b_{56}b_{11} - b_{24}b_{12}) +$$
$$0.044\,2(b_{24} \times 0 + 0 \times b_{56}b_{11} - 0 \times b_{12} + b_{14}) +$$
$$0.19 \times 0.059 \times 1.66 + 0 \times b_{22}b_{11} + 0.019\,8 \times (-1)b_{14} =$$
$$0.024\,4b_{14} + 1.66b_{24} + 0.017\,9$$

$$A_4 = 0.044\,2(0.19b_{14} - 0.019\,8 \times 0 \times b_{14} + b_{14} \times 0 \times b_{11} + 0.56b_{24}) =$$
$$0.008\,4b_{14} - 0.024\,8b_{24}$$

$$R = 1.909(0.424\,2 + b_{24})(0.024\,4b_{14} + 1.166b_{24} + 0.017\,9) -$$
$$1.909^2(0.008\,4b_{14} - 0.024\,8b_{24}) - (0.024\,4b_{14} + 1.66b_{24} + 0.017\,9)^2 =$$
$$0.413\,3b_{24}^2 - 0.000\,595\,4b_{14}^2 - 0.034\,42b_{14}b_{24} - 0.011\,72b_{14} + 1.409\,4b_{24} + 0.014\,175$$

由上面计算的结果知道，使侧向扰动运动稳定的条件为

$$0.424\,2 + b_{24} > 0$$
$$0.024\,4b_{14} + 1.66b_{24} + 0.017\,9 > 0$$
$$0.008\,4b_{14} - 0.024\,8b_{24} > 0$$

$$0.413\,3b_{24}^2 - 0.000\,595\,4b_{14}^2 - 0.034\,42b_{14}b_{24} - 0.011\,72b_{14} + 1.409\,4b_{24} + 0.014\,175 > 0$$

由此得出稳定边界方程为

$$b_{24} = -0.424\,2$$

$$b_{24} = -0.014\ 7b_{14} - 0.010\ 78$$
$$b_{24} = 0.338\ 7b_{14}$$

$$b_{24}^2 - 0.001\ 44b_{14}^2 - 0.083\ 3b_{14}b_{24} - 0.028\ 36b_{14} + 3.410\ 7b_{24} + 0.035\ 7 = 0$$

由此可见，$A_2 = 0$，$A_3 = 0$，$A_4 = 0$ 这 3 个稳定边界都是一条直线，如图 9-3 中所示。而 $R = 0$ 这一稳定边界方程为一个二次曲线方程，为此给出一系列的 b_{14} 值而求出 b_{24} 来。具体结果如下：

b_{14}	b_{24}
0	$-3.302\ 3$；$-0.108\ 4$
1	$-3.325\ 0$；$-0.002\ 2$
2	$-3.252\ 6$；$0.008\ 45$
3	$-3.180\ 4$；$0.019\ 60$
4	$-3.109\ 8$；$0.032\ 3$
5	$-3.040\ 6$；$0.046\ 4$
6	$-2.973\ 0$；$0.062\ 1$
7	$-2.907\ 8$；$0.080\ 2$
8	$-2.844\ 1$；$0.099\ 9$
9	$-2.781\ 5$；$0.120\ 5$
10	$-2.721\ 5$；$0.143\ 8$

将上述各稳定边界同时划在图 9.3 上。从中可以看出，$A_4 = 0$ 是一条通过原点的直线，划有阴影线的一侧不满足 $A_4 > 0$ 的条件。$A_2 = 0$ 是一条平行于 b_{14} 轴的水平线，在此水平线的上方满足 $A_2 > 0$ 的条件，即图中 $A_2 = 0$ 边界线有阴影线的一侧是不稳定的。$A_3 = 0$ 是一条斜线，划有阴影线的一侧不满足 $A_3 = 0$ 的条件，即是不稳定的。$R = 0$ 是一条二次曲线（这里只画出了它的一半），同样带有阴影线的一侧是不满足 $R > 0$ 的条件的，即是不稳定的。

从图 9.3 中可以看出，由 $A_4 = 0$ 中 AB 线段、$A_3 = 0$ 中的 BC 线段和 $R = 0$ 中的 CD 线段所围成的区域是同时满足 $A_2 > 0$，$A_3 > 0$，$A_4 > 0$ 和 $R > 0$。这个区域称为侧向扰动运动的稳定域。只要使导弹的动力系数 b_{14} 和 b_{24} 的取值落入此区域，导弹的侧向扰动运动就是稳定的。

由于特征方程式(9-15)经过简化之后可以表示为

$$(s + b_{11})\left(s + \frac{A_4}{A_3}\right)(s^2 + As + B) = 0$$

由此可见，当动力系数 b_{14} 和 b_{24} 是在 A_4 和 A_3 所夹的无阴影线的区域之内时，则保证 $A_3 > 0$，$A_4 > 0$。这样就保证了这个小的实根是一个负实根，也就是说保证了螺旋运动是一个稳定的运动。所以将 $A_3 = 0$ 和 $A_4 = 0$ 边界线称为螺旋稳定边界。由 $s^2 + As + B = 0$ 的条件知道，产生振荡运动的条件为

$$A^2 - 4B < 0$$

要使 $s^2 + As + B$ 这一组特征根所对应的运动是稳定的,则要求

$$A > 0$$

$$B > 0$$

由于 $B = \dfrac{A_3}{b_{11}}$,$A = A_1 - b_{11} - \dfrac{A_4}{A_3}$。所以稳定条件 $A > 0$,$B > 0$,就为

$$B = \frac{A_3}{b_{11}} > 0$$

$$A = A_1 - b_{11} - \frac{A_4}{A_3} > 0$$

这样就不难求出使 $s^2 + As + B = 0$ 所对应的运动是稳定振荡运动的条件应为

$$A > 0$$

$$B > \left(\frac{A}{2}\right)^2$$

下面再来分析一下,$A > 0$,$B > 0$ 和 $B > \left(\dfrac{A}{2}\right)^2$ 在稳定边界上所处的位置。

由于 $B = \dfrac{A_3}{b_{11}}$,而 b_{11} 又永远是一正值,故 $B > 0$ 的条件,实际上就是 $A_3 > 0$ 的条件。故在稳定边界图上 $B = 0$ 和 $A_3 = 0$ 这两条稳定边界线就是一条线(见图 9.4)。

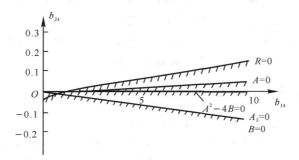

图 9.4 $s^2 + As + B = 0$ 的稳定边界图

如果用例 9-1 所提供的侧向动力系数计算 $A = 0$ 的稳定边界线,其图形与 $R = 0$ 的边界线比较接近,这时就可以近似地认为 $A = 0$ 和 $R = 0$ 也是一条稳定边界线。

$s^2 + As + B$ 所对应的运动产生振荡的条件为

$$A^2 - 4B < 0$$

因为 $A = A_1 - b_{11} - \dfrac{A_4}{A_3}$,$B = \dfrac{A_3}{b_{11}}$,故上述条件可表示为

$$\left(A_1 - b_{11} - \frac{A_4}{A_3}\right)^2 - 4\frac{A_3}{b_{11}} < 0$$

若将例 9-1 的动力系数代入上式,求出产生振荡运动的边界线如图 9.4 所示。由图可以看出,产生振荡运动的边界条件是 $b_{24}=0$,它和 $R=0$ 十分接近。故有时就将它们视为一条线,也就是把 $R=0$ 看成是振荡运动的稳定边界。至于 $R=0,A=0,A^2-4B=0$ 三条边界线接近的程度到底怎样,它与导弹的气动外形以及飞行条件等有非常密切的关系。也就是说,它们之间的接近程度要视具体情况而定。在一般情况下,习惯将 $R=0$ 这条边界看成是产生稳定振荡运动的边界。

应当指出,霍尔维茨准则只能判断动力系统是否稳定,却不能确定稳定程度。同样,在稳定边界图上也不能判别出导弹侧向稳定的程度。如果导弹的外形略加改变(例如,加大垂直尾翼或减小导弹的上反角),可以使 b_{14} 和 b_{24} 有较大的变化,其他的侧向动力系数虽然也相应地有了变化,但是实践证明图上稳定边界线变化并不显著。每一枚导弹在飞行弹道上每一点都有自身一定的 b_{14} 和 b_{24} 值,因而它就对应于这一曲线图平面上的一个点,根据这个点的位置就可以判断导弹在该弹道特点上是否稳定。

因此,在初步设计中确定导弹外形时,侧向稳定边界图就相当有用。例如,图 9.5 中虚线 ab 代表在 b_{14} 不变的情况下,b_{24} 改变多大后,就达到了稳定的边界;cd 线代表在 b_{24} 不变的情况下,b_{14} 改变多大后,就达到了稳定的边

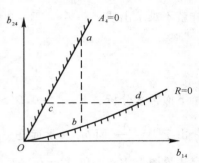

图 9.5 b_{14},b_{24} 对稳定边界的影响

界。此外,考虑到计算和风洞实验所得的 m_x^β,m_y^β 总是有一定的误差,通过稳定边界图也可以估计出这两个动力系数的误差对于导弹侧向稳定性的影响。

二、关于侧向稳定边界图的讨论

利用稳定边界图可以获得一些很有参考价值的结果:

(1)导弹虽然具有航向静稳定性($m_y^\beta<0$)和横向静稳定性($m_x^\beta<0$),但是不一定就具有侧向动态稳定性。由图 9.3 中可以看出,过大的航向静稳定性(相对于横向静稳定性而言)就可能出现螺旋不稳定现象;过大的横向静稳定性(相对于航向静稳定性而言)可能出现振荡不稳定现象。

(2)以上的情况可以通过物理过程加以分析和说明。

由于 b_{24} 选择得过大,可能使得 b_{24} 和 b_{14} 的参数组合落在 $A_4<0$ 的范围内。这时若导弹有一个起始干扰 $\Delta\gamma_0>0$,那么须分析一下它的自由扰动运动过程。

由于 $\Delta\gamma_0$ 的存在,就产生导弹升力沿弹道坐标系中 Oz_2 轴的分量。在此升力分量的作用下,导弹就开始向右侧滑,随即产生正的侧滑角(即 $\Delta\beta>0$)。由于侧滑角 $\Delta\beta$ 的存在,又产生了滚转恢复力矩 $M_x^\beta\Delta\beta<0$(因为 m_x^β 通常是负的),该力矩是力图使倾斜角 $\Delta\gamma$ 减少的。又由于 $\Delta\beta$ 存在,在产生滚转恢复力矩 $M_x^\beta\Delta\beta<0$ 的同时,又会产生偏航恢复力矩 $M_y^\beta\Delta\beta<0$。这个负的偏

航恢复力矩力图使导弹向右偏航,即产生一个负的偏航角速度(即 $\Delta\omega_y < 0$)。在 $\Delta\omega_y$ 的作用下,又产生了一个交叉滚转阻尼力矩 $M_x^{\omega_y}\Delta\omega_y$,此力矩是正的。在此力矩的作用下,又将使倾斜角 $\Delta\gamma$ 增大。综合上述两个因素,又考虑到 $M_y^\beta\Delta\beta \gg M_x^\beta\Delta\beta$ 这一条件,所以导弹的倾斜角将在 $\Delta\gamma_0$ 的基础上越来越大,导弹的重量和升力在弹道坐标系 Oy_2 轴上的平衡关系被破坏,于是导弹便开始下降,并向右旋转,即形成所谓的螺旋运动。其特点是在平缓下降的同时缓慢地增大倾斜角和旋转角速度。

如果导弹的侧向动力系数 b_{24} 和 b_{14} 的组合是落在 $R < 0$,但 $A_3 > 0,A_4 > 0$ 的区域内,这时就意味着 b_{24} 要比 b_{14} 小得多。如果导弹的 $b_{24} = \dfrac{-M_y^\beta}{J_y}$ 的绝对值比较小(即 b_{24} 可为小的正值,亦可为小的负值),那么在第二阶段上螺旋运动是稳定的,而振荡运动在第三阶段仍然存在,在这种场合下,导弹在滚转后的侧滑会引起很大的滚转恢复力矩($M_x^\beta\Delta\beta < 0$),该力矩迅速地消除了导弹的滚转,由于运动的惯性,然后使导弹向另一方向滚转。这一滚转后又出现负的侧滑角,从而伴随产生正的滚转力矩($M_x^\beta\Delta\beta > 0$),使得导弹又转向右滚转,继而向右侧滑。如此往复循环,使导弹一会儿向右、一会儿向左作交替的倾斜,即导弹产生不稳定的摆动。导弹的这种侧向扰动运动形态是迅速发展的周期摆动,即所谓"荷兰滚"。

(3) 如果导弹的航向静稳定性很大(仍相对于横向静稳定性而言),振荡运动将很快衰减,以至消失。如果航向静稳定性不大,振荡运动将衰减得比较慢,代表当时导弹 b_{24} 和 b_{14} 的组合位置处于稳定区内。这时候除代表振荡稳定的根外,将出现 2 个负根(往往是一大一小),即不会产生螺旋不稳定的运动。如果 m_y^β 的绝对值很小,不论 m_y^β 为正或为负,螺旋运动将很快衰减掉,而振荡运动会延续很长。如果 m_y^β 为正,而且数值很大,则不稳定振荡运动将变成两个非周期的发散运动。

对于即使是装有稳定自动器的导弹,过于缓慢的衰减或发散的振荡运动都是不希望有的。

(4) 如果航向静稳定性太小,横向静稳定性太大,还可能出现不利于操纵的"副翼反逆"效应。"副翼反逆"效应的物理过程可以说明如下:

假如副翼偏转后,导弹作顺时针方向的滚转,于是产生向右的侧滑,由于航向静稳定性比较小,所以侧滑角就会比较大。再考虑到横向静稳定性很大,因此将产生很大的反时针方向滚转力矩来抵消副翼偏转所产生的操纵力矩,这样就使副翼的效率大大降低。在严重的情况下,甚至可能使导弹向反时针方向滚转。

副翼反逆效应虽然对于操纵不利,但是可以通过偏转方向舵加以消除。

(5) 根据以上的分析可以知道,在选择平置弹翼导弹的气动外形时,应有较大的航向静稳定性。但是,对于高速飞行的导弹来说,具有足够的航向静稳定性比较困难,这是因为:

1) 整个导弹的航向静稳定性是由两大部分之和组成的,即垂直尾翼所形成的航向静稳定度和弹身的航向静不稳定度之和。而由于导弹的重心一般都离弹身头部较远,所以弹身的航向静不稳定度往往很大。

2）垂直尾翼的侧向力系数斜率 C_z^β 随 Ma 数变化的特性和弹翼的升力系数斜率 C_y^β 随 Ma 数变化的特性一样,在超音速阶段内 $|C_z^\beta|$ 随 Ma 数的增大而减小。

3）为了避免垂直尾翼在跨音速区的气动特性的剧烈变化,减小超音速时的波阻,垂直尾翼一般是采用薄的翼型,因此,在高速飞行时,由于气动载荷而形成的弹性变形可能很大,又进一步降低了垂直尾翼所产生的航向静稳定性。

除了上述一些基本原因之外,还有以后将要谈到的攻角影响,也是对航向静稳定性不利的。因此,为了在各种速度、高度和攻角下都能有必要的航向静稳定性,不能采用后掠角很大、面积很大的垂直尾翼。同时,应当注意到这样的尾翼所产生的横向静稳定性也会比较大。为了减小横向静稳定性,就应该将弹翼的上反角减小,甚至做成下反角。有的导弹在弹身尾部的下方装有小的腹鳍,这样可以同时达到增加航向静稳定性和减小横向静稳定性的目的,如图9.6所示。

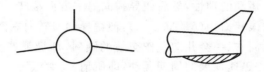

图 9.6　改善静稳定性

4）许多侧向动力系数是和攻角都有关系的。例如,大后掠弹翼的导弹,当它的攻角增大时,其横向静稳定性将显著增大。而航向静稳定性则可能随着攻角的增大而减小。这是因为小展弦比和大根梢比弹翼所产生的尾流以及细长弹身所产生的涡流都有不利的影响。在大攻角时,弹翼、弹身或发动机短舱所产生的干扰气流在侧滑情况下产生侧洗效应,也会使垂直尾翼的效率降低。因此,导弹在小升力时为螺旋不稳定,而在大升力时却可能变成螺旋稳定。

所以对于一枚导弹来说,在不同的飞行条件下,往往侧向动态特性有很大的变化。为了要确定航向静稳定性和横向静稳定性的配合是否合乎要求,应当作出不同攻角和不同 Ma 数的稳定边界图。

（6）根据以上的分析知道,要确定航向静稳定性和横向静稳定性,需要作出很多稳定边界图,工作量是相当大的。但是,如果将影响侧向扰动运动稳定边界图的因素进行分析,就可以发现有一些稳定边界图可以不必作出。如果导弹满足了某一些飞行条件,可能在另外一些飞行条件下,不必通过稳定边界图,就能判断出可以满足稳定的可能性。

1）弹道倾角的影响。高速飞行时导弹的攻角 α 总是不太大的,因此可以认为

$$\alpha \approx 0, \qquad \vartheta = \theta$$

故

$$b_{36} = -\frac{\cos\theta}{\cos\vartheta} \approx -1$$

当弹道倾角 θ 改变时,只会引起下列侧向扰动运动的动力系数改变:

$$a_{33} = -\frac{g}{V}\sin\theta$$

$$b_{35} = -\frac{g}{V}\cos\theta$$

$$b_{56} = -\tan\vartheta \approx -\tan\theta$$

仔细分析特征方程式(9-15)中的4个系数 A_1,A_2,A_3 和 A_4,可以发现有若干小项在初步近似中可以略去不计,最后得出

$$A_1 \approx b_{11}$$

$$A_2 \approx b_{22}b_{11}$$

$$A_3 \approx b_{22}b_{11}b_{34} + b_{11}b_{24} + (-b_{21} + b_{35} + \alpha b_{22})b_{14}$$

$$A_4 \approx -b_{35}[b_{22}b_{14} + (b_{56}b_{11} - b_{12})b_{24}]$$

从式中可以看出,弹道倾角的变化只是通过 b_{35} 影响 A_3 的大小,通过 b_{35},b_{56} 影响 A_4。考虑到 $-b_{35}b_{14}$ 这一项对 A_3 的影响并不显著,而 A_4 本身又非常小,所以可以认为

$$R = A_1A_2A_3 - A_3^2 - A_1A_4 \approx A_1A_2A_3 - A_3^2$$

因此,可以认为 θ 和 ϑ 的变化,对于 $R=0$ 这条稳定边界曲线的移动影响不大。

由于 $A_4=0$ 的边界线实际上是由下列方程决定的:

$$b_{24} = \frac{b_{22}}{b_{12} - b_{56}b_{11}}b_{14}$$

或可以写成

$$b_{24} \approx \frac{b_{22}}{b_{12} + b_{11}\tan\vartheta}b_{14}$$

所以由上式可以看出,俯仰角 ϑ 会直接影响 $A_4=0$ 的斜率。当 ϑ 处在 $0 \sim \frac{\pi}{2}$ 之间时,随着 ϑ 的增加,而使 $A_4=0$ 这条稳定边界线的斜率愈来愈小,也就是使稳定域变小;ϑ 愈小,则斜率愈大,稳定域愈大(见图9.7)。当导弹的俯仰角 ϑ 处在 $0 \sim \frac{\pi}{2}$ 之间时,甚至有可能出现 $\frac{b_{24}}{b_{14}} < 0$ 的情况,即 $A_4=0$ 的稳定边界线会落入 Ⅱ ～ Ⅳ 象限内。

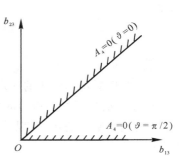

图9.7 对稳定边界的影响

因此得出结论:如果其他飞行条件相同(或接近)时,最危险的情况将是弹道倾角 θ 最大的情况,只要能满足这种情况下的稳定条件,其他飞行情况也必然可以满足。

2) 推力 P 的影响。在加速器或发动机点火及熄火的瞬间,推力 P 有突然的变化,但是其他飞行条件仍然不变,所以在这种情况下研究推力对稳定域的影响是具有实际意义的。

显然，推力 P 变化只影响动力系数 b_{34}，即

$$b_{34} = \frac{P - Z^{\beta}}{mV}$$

由于 $A_4 = 0$ 中不包含 b_{34}，所以推力的改变对于 $P_4 = 0$ 的稳定边界并无影响。

因此得出结论：如果其他飞行条件相同（或接近）时，应当考虑的危险情况是推力较小的情况。

另外，由于可以大大提高突防概率，以超燃冲压发动机为动力，飞行 Ma 数大于 5 的高超音速武器系统已经成为各军事强国的研究重点。与自身携带氧化剂的火箭发动机不同，飞行状态和姿态的变化会影响吸气式发动机的进气状况，从而最终改变发动机的推力。我们把推力随速度、高度和攻角的变化称为推力特性，分别用 T_v，T_h，T_α 表示。推力特性会改变飞行和推进一体化系统的动态特性，使得高超音速飞行器在飞行包线内表现出复杂的非线形特性。研究推力特性对飞行动态的影响对高超音速飞行推进一体化控制系统的设计具有重要的意义。

如前所述，飞行器动态特性的改变可以使用其线性化系统的特征值的改变来刻画。基于这个原理，传统分析方法是：首先将飞行推进一体化系统在某飞行状态处线性化，然后推导得到线性系统各个特征值的解析表达式，最后通过数值计算考察 T_v，T_h，T_α 与特征值之间的函数关系，以此来反映推力特性对系统动态特性的影响。事实上，推力特性对飞行动态的影响不仅决定于推力特性的大小，还与系统动态特性对推力特性的灵敏程度有关。

利用特征值扰动理论中的如下定理可以估计一个矩阵受到扰动之后特征值改变量的上界[3]。

A 为一 $n \times n$ 矩阵，λ 为矩阵 A 的一个特征值，它对应的右特征向量和左特征向量分别为 x 和 y。假设 A 受到扰动后变成 $\overline{A} = A + \delta A$，相应的特征值变成 $\overline{\lambda} = \lambda + \delta \lambda$，如果 $\|\delta A\|_2 = \varepsilon$ 足够小，则有

$$|\delta \lambda| \leqslant \mathrm{cond}(\lambda) \|\delta A\|_2 + o(\varepsilon^2)$$

式中，$|\mathrm{cond}(\lambda)| = \dfrac{\|x\|_2 \|y\|_2}{|y^H x|}$ 称为特征值 λ 对应的条件数，上标 H 表示共轭转置。

从上式可以看出，在 δA 的作用下，矩阵 A 的特征值的最终变化由 $\|\delta A\|_2$ 和 $\mathrm{cond}(\lambda)$ 共同决定。$\|A\|_2$ 反映了扰动作用的强弱；$\mathrm{cond}(\lambda)$ 仅仅决定于 A，它反映了矩阵的固有特性。由于它们之间是相乘的关系，所以可以把 $\mathrm{cond}(\lambda)$ 看做是一个衡量特征值对外界扰动的敏感程度的指标。

如果把发动机推力特性看做扰动，推力特性对飞行动态的影响这一问题就能够在数学上转化为一个特征值扰动问题。由上述分析可知，飞行动态的改变不仅跟发动机推力特性有关，跟飞行器的动态特性对推力特性的灵敏程度也有关系。使用特征值扰动理论就可以从飞行器和发动机两方面来解释这种推力特性对飞行动态的作用机理。

三、侧向稳定程度的判据

以前讲过用霍尔维茨准则或稳定边界图只能确定导弹弹体本身是否稳定,但是不能确定稳定的程度。

比较精确地评比几个设计方案的导弹的稳定性,应当通过解出各典型弹道上若干特性点的自由扰动运动的过渡过程求得,这需要花费相当多的时间和人力,为了初步评比稳定程度,可以提出若干个参考性的判据。

根据前面的分析知道,面对称导弹的侧向扰动运动的运动形态一般是由三部分组成的:一个为快收敛的倾斜运动(它是由绝对值较大的负实根 s_1 决定的);一个为慢发散的螺旋运动(它是由绝对值较小的正实根 s_2 决定的);一个为振荡运动(它是由一对共轭复根 $s_{3,4} = \sigma \pm vj$ 所决定的)。

1. 快收敛的倾斜运动

对这个运动形态,一般要求是衰减得快一些,这样一方面可以使其有较好的稳定性,另一方面也使得导弹对副翼操纵的倾斜反应愈精确。这一运动形态的指标一般用 T_1 来表示,即

$$T_1 = \frac{1}{|s_1|}$$

对于较好的品质等级,要求 T_1 不大于 $1 \sim 3$ s。这时它的衰减程度 $t_2 - t_1$ 为

$$t_2 - t_1 = \frac{0.693}{|s_1|} = 0.693 T_1$$

也就是说,它的半衰期应该在 $0.693 \sim 2.079$ s 之间。

2. 慢发散的螺旋不稳定运动

前面已经讲过,螺旋运动所对应的根是一个小的正实根,所以扰动运动是很缓慢的发散运动。对于这一慢发散运动,侧向稳定自动器完全有能力将它纠正过来。因此,一般并不严格要求它是稳定的,而只要求发散得不太快。例如,有的指标中要求 $T_2 = \frac{1}{|s_2|}$ 大于 20 s 即可。

3. 荷兰滚运动

荷兰滚运动是特征方程中的共轭复根 $s_{3,4} = \sigma \pm vj$ 所对应的振荡运动。此运动的衰减程度为

$$t_2 - t_1 = -\frac{0.693}{\sigma}$$

振荡周期为

$$T = \frac{2\pi}{v}$$

应该要求 $t_2 - t_1$ 和 T 都小一些才比较好。这样可以保证导弹的振荡运动能较快地稳定下来。为此目的,有时对荷兰滚运动的频率提出要求,规定它不应小于某一数值(例如,要求不小于

0.4 rad/s)。

在衡量荷兰滚运动时,有时引入倾斜角速度的最大振荡值 $\omega_{x\max}$ 和偏航角速度的最大振幅值 $\omega_{x\max}$ 之比,即

$$\partial \lambda = \frac{|\omega_x|_{\max}}{|\omega_y|_{\max}}$$

在侧向荷兰滚运动中,这个判据比较重要。如果略去若干次要项,可以求得 $\partial \lambda$ 的简单表达式为

$$\partial \lambda = \frac{b_{14}}{b_{24}} \frac{1}{\sqrt{1 + \dfrac{b_{11}^2}{b_{24}}}}$$

一般规定 $\partial \lambda$ 值不大于某一数值(例如 3)。由 $\partial \lambda$ 的表达式可以直接看出,这实质上是要求 b_{24} 比 b_{14} 不要小得太多。

根据以上判据,实践表明一般面对称导弹为了获得较为良好的侧向动态特性,在稳定边界图上 b_{14} 和 b_{24} 组合参数的选择位置,往往是靠近 $A_4 = 0$ 这条边界线的,甚至有时可以允许使 A_4 稍小于零。这是由于即使有一点微小的螺旋不稳定性,但是发散得很缓慢,对稳定自动器的工作并没有任何不利的影响。由于 b_{14} 和 b_{24} 参数的选择使得远离振荡运动的边界,故对改善荷兰滚运动的动态特性是十分有利的。

9.4 导弹弹体的侧向扰动运动的传递函数

1. 在侧向扰动运动中导弹对副翼偏转角 $\Delta \delta_x$ 的传递函数

$$\left.\begin{aligned}
W_{\delta_x \omega_x}(s) &= \frac{b_{18}(s^3 + P_1 s^2 + P_2 s + P_3)}{G(s)} \\
W_{\delta_x \omega_y}(s) &= \frac{b_{18}(P_5 s^2 + P_6 s + P_7)}{G(s)} \\
W_{\delta_x \beta}(s) &= \frac{b_{18}(E_1 s^2 + E_2 s + E_3)}{G(s)} \\
W_{\delta_x \gamma}(s) &= \frac{b_{18}(s^2 + E_4 s + E_5)}{G(s)}
\end{aligned}\right\} \tag{9-34}$$

式中参数 P, E 的表达式为

$$\left.\begin{aligned}
P_1 &= (b_{34} + a_{33}) + b_{22} + b_{24}'(\alpha b_{56} - b_{36}) \\
P_2 &= b_{22}(b_{34} + a_{33}) - b_{24}' b_{35} b_{56} + b_{24}(\alpha b_{56} - b_{36}) \\
P_3 &= -b_{22} b_{35} b_{56}
\end{aligned}\right\} \tag{9-35}$$

$$\left.\begin{aligned}
P_5 &= -b_{21} - \alpha b_{24}' \\
P_6 &= -b_{21}(b_{34} + a_{33}) + b_{24}' b_{35} - \alpha b_{24} \\
P_7 &= b_{24} b_{35}
\end{aligned}\right\} \tag{9-36}$$

$$\left.\begin{aligned}
E_1 &= \alpha \\
E_2 &= b_{21}b_{36} - b_{35} - \alpha(b_{21}b_{56} - b_{22}) \\
E_3 &= b_{35}(b_{21}b_{56} - b_{22})
\end{aligned}\right\} \tag{9-37}$$

$$\left.\begin{aligned}
E_4 &= (b_{34} + a_{33}) - (b_{21}b_{56} - b_{22}) - b'_{24}b_{36} \\
E_5 &= -b_{24}b_3 - (b_{21}b_{56} - b_{22})(b_{34} + a_{33})
\end{aligned}\right\} \tag{9-38}$$

2. 导弹侧向扰动运动中对方向舵偏转角 $\Delta\delta_y$ 的传递函数

$$\left.\begin{aligned}
W_{\delta_y\omega_x}(s) &= \frac{R_1 s^3 + R_2 s^2 + R_3 s + R_4}{G(s)} \\[6pt]
W_{\delta_y\omega_y}(s) &= \frac{R_5 s^3 + R_6 s^2 + R_7 s + R_8}{G(s)} \\[6pt]
W_{\delta_y\beta}(s) &= \frac{T_1 s^3 + T_2 s^2 + T_3 s + T_4}{G(s)} \\[6pt]
W_{\delta_y\gamma}(s) &= \frac{T_5 s^2 + T_6 s + T_7}{G(s)}
\end{aligned}\right\} \tag{9-39}$$

式中,参数 R,T 的表达式为

$$\left.\begin{aligned}
R_1 =\ & b_{17} \\
R_2 =\ & b_{17}[(b_{34} + a_{33}) + b_{22} + b'_{24}(\alpha b_{56} - b_{36})] + b_{12}(b'_{24}b_{37} - b_{27}) - b_{37}b_{14} \\
R_3 =\ & b_{17}[b_{22}(b_{34} + a_{33}) - b'_{24}b_{35}b_{56} + \alpha b_{24}b_{56} - b_{24}b_{36}] + \\
& b_{12}[b_{24}b_{37} - b_{27}(b_{34} + a_{33})] + b_{14}[-b_{22}b_{37} - b_{27}(\alpha b_{56} - b_{36})] \\
R_4 =\ & -b_{24}b_{35}b_{56}b_{17} - b_{27}b_{35}b_{56}b_{14}
\end{aligned}\right\} \tag{9-40}$$

$$\left.\begin{aligned}
R_5 =\ & b_{27} - b'_{24}b_{37} \\
R_6 =\ & b_{17}(-b_{21} - \alpha b'_{24}) + b_{27}(b_{34} + a_{33}b_{11}) + b_{37}(-b_{24} - b'_{24}b_{11}) \\
R_7 =\ & b_{17}[-b_{21}(b_{34} + a_{33}) + b'_{24}b_{35} - \alpha b_{24}] + \\
& b_{27}[b_{11}(b_{34} + a_{33}) + \alpha b_{14}] + b_{37}(b'_{24}b_{14} - b_{24}b_{11}) \\
R_8 =\ & b_{35}(b_{24}b_{17} - b_{27}b_{14})
\end{aligned}\right\} \tag{9-41}$$

$$\left.\begin{aligned}
T_1 =\ & b_{37} \\
T_2 =\ & \alpha b_{17} + b_{27}(\alpha b_{56} - b_{36}) + b_{37}(b_{22} + b_{11}) \\
T_3 =\ & b_{17}[b_{21}b_{36} - b_{35} - \alpha(b_{21}b_{56} - b_{22})] + \\
& b_{27}[-\alpha b_{12} - b_{35}b_{56} + b_{11}(\alpha b_{56} - b_{36})] + b_{27}(b_{22}b_{11} - b_{21}b_{12})
\end{aligned}\right\} \tag{9-42}$$

$$T_4 = b_{17}b_{35}(b_{21}b_{56} - b_{22}) - b_{27}b_{35}(b_{56}b_{11} - b_{12})$$

$$T_5 = b_{17} + b_{27}b_{56} - b'_{24}b_{37}$$

$$T_6 = b_{17}[(b_{34} + a_{33}) - (b_{21}b_{56} - b_{22}) - b'_{24}b_{34}] + b_{27}[b_{56}(b_{34} + a_{33}) +$$

$$(b_{56}b_{11} - b_{12})] + b_{37}[-b_{14} - b_{24}b_{56} - b'_{24}(b_{56}b_{11} - b_{12})]$$

$$T_7 = b_{17}[-(b_{34} + a_{33})(b_{21}b_{56} - b_{22}) - b_{24}b_{36}] +$$

$$b_{18}[(b_{34} + a_{33})(b_{56}b_{11} - b_{12}) + b_{36}b_{14}] +$$

$$b_{37}[b_{14}(b_{21}b_{56} - b_{22}) - b_{24}(b_{56}b_{11} - b_{12})]$$

$$(9-43)$$

3. 导弹侧向扰动运动中对干扰力矩 ΔM_x 的传递函数

$$W_{M_x \omega_x}(s) = \frac{1}{J_x b_{18}} W_{\delta_x \omega_x}(s)$$

$$W_{M_x \omega_y}(s) = \frac{1}{J_x b_{18}} W_{\delta_x \omega_y}(s)$$

$$W_{M_x \beta}(s) = \frac{1}{J_x b_{18}} W_{\delta_x \beta}(s)$$

$$W_{M_x \gamma}(s) = \frac{1}{J_x b_{18}} W_{\delta_x \gamma}(s)$$

$$(9-43)$$

4. 导弹侧向扰动运动中对干扰力矩 ΔM_y 的传递函数

$$W_{M_y \omega_x}(s) = \frac{A_1^* s^2 + A_2^* s + A_3^*}{G(s)}$$

$$W_{M_y \omega_y}(s) = \frac{B_1^* s^3 + B_2^* s^2 + B_3^* s + B_4^*}{G(s)}$$

$$W_{M_y \gamma}(s) = \frac{D_1^* s^2 + D_2^* s + D_3^*}{G(s)}$$

$$W_{M_y \beta}(s) = \frac{E_1^* s^2 + E_2^* s + E_3^*}{G(s)}$$

$$(9-44)$$

式中,参数 A^*, B^*, D^*, E^* 的表达式分别为

$$A_1^* = b_{12} \frac{1}{J_y}$$

$$A_2^* = [b_{12}(b_{34} + a_{33}) - b_{14}(\alpha b_{56} + b_{36})] \frac{1}{J_y}$$

$$A_3^* = -b_{35} b_{56} b_{14} \frac{1}{J_y}$$

$$B_1^* = -\frac{1}{J_y}$$

$$B_2^* = -(b_{34} + a_{33} + b_{11}) \frac{1}{J_y}$$

$$B_3^* = -[b_{11}(b_{34} + a_{33}) - \alpha b_{14}] \frac{1}{J_y}$$

$$B_4^* = b_{14} b_{35} \frac{1}{J_y}$$

$$D_1^* = (\alpha b_{56} + b_{36}) \frac{1}{J_y}$$

$$D_2^* = -[\alpha b_{12} - b_{35} b_{56} + b_{11}(-\alpha b_{56} - b_{36})] \frac{1}{J_y}$$

$$D_3^* = b_{35}(b_{56} b_{11} - b_{12}) \frac{1}{J_y}$$

$$E_1^* = -b_{56} \frac{1}{J_y}$$

$$E_2^* = -[b_{56}(b_{34} + a_{33}) + (b_{56} b_{11} - b_{12})] \frac{1}{J_y}$$

$$E_3^* = -[(b_{34} + a_{33})(b_{56} b_{11} - b_{12}) + b_{36} b_{14}] \frac{1}{J_y}$$

$$(9-45)$$

5. 对干扰力 ΔF_z 的传递函数

侧向运动参数 $\Delta \omega_x, \Delta \omega_y, \Delta \beta, \Delta \gamma$ 与侧向干扰力 ΔF_z 之间的传递函数 $W_{F_z \omega_x}(s), W_{F_z \omega_y}(s),$ $W_{F_z \beta}(s), W_{F_z \gamma}(s)$ 分别为

$$W_{F_z \omega_x}(s) = \frac{A_1^{**} s^2 + A_2^{**} s}{G(s)}$$

$$W_{F_z \omega_y}(s) = \frac{B_1^{**} s^3 + B_2^{**} s^2 + B_3^{**} s}{G(s)}$$

$$W_{F_z \beta}(s) = \frac{D_1^{**} s^3 + D_2^{**} s^2 + D_3^{**} s}{G(s)}$$

$$W_{F_z \gamma}(s) = \frac{E_1^{**} s^3 + E_2^{**} s^2 + E_3^{**} s}{G(s)}$$

$$(9-46)$$

式中 $A^{**}, B^{**}, D^{**}, E^{**}$ 的表达式分别为

$$A_1^{**} = (b_{14} - b_{24}'b_{12})\frac{1}{mV}$$

$$A_2^{**} = (b_{22}b_{14} - b_{24}b_{12})\frac{1}{mV}$$

$$B_1^{**} = b_{24}'\frac{1}{mV}$$

$$B_2^{**} = (b_{24} + b_{24}'b_{11})\frac{1}{mV}$$

$$B_3^{**} = -(b_{21}b_{14} - b_{24}b_{11})\frac{1}{mV}$$

$$D_1^{**} = -\frac{1}{mV}$$

$$D_2^{**} = -(b_{22} + b_{11})\frac{1}{mV}$$

$$D_3^{**} = -(b_{22}b_{11} - b_{21}b_{12})\frac{1}{mV}$$

$$E_1^{**} = b_{24}'b_{56}\frac{1}{mV}$$

$$E_2^{**} = [b_{14} + b_{24}b_{56} + b_{24}'(b_{56}b_{11} - b_{12})]\frac{1}{mV}$$

$$E_3^{**} = -[b_{14}(b_{21}b_{56} - b_{22}) - b_{24}(b_{56}b_{11} - b_{12})]\frac{1}{mV}$$

$$(9-47)$$

如果在导弹上同时作用有方向舵偏角 $\Delta\delta_y$、副翼偏角 $\Delta\delta_x$、干扰力矩 ΔM_x 和 ΔM_y 及干扰力 ΔF_z,那么根据线性叠加原理可以用图9.8表示。从图中可以求出侧向扰动运动参数 ΔM_x,ΔM_y,$\Delta\beta$,$\Delta\gamma$ 解的拉普拉斯表达式为

$$
\begin{bmatrix} \Delta\omega_x(s) \\ \Delta\omega_y(s) \\ \Delta\beta(s) \\ \Delta\gamma(s) \end{bmatrix} = \begin{bmatrix} W_{\Delta\delta_y}^{\Delta\omega_x}(s) \\ W_{\Delta\delta_y}^{\Delta\omega_y}(s) \\ W_{\Delta\delta_y}^{\Delta\beta}(s) \\ W_{\Delta\delta_y}^{\Delta\gamma}(s) \end{bmatrix} \Delta\delta_y(s) + \begin{bmatrix} W_{\Delta\delta_x}^{\Delta\omega_x}(s) \\ W_{\Delta\delta_x}^{\Delta\omega_y}(s) \\ W_{\Delta\delta_x}^{\Delta\beta}(s) \\ W_{\Delta\delta_x}^{\Delta\gamma}(s) \end{bmatrix} \Delta\delta_x(s) +
$$

$$
\begin{bmatrix} W_{\Delta M_x}^{\Delta\omega_x}(s) \\ W_{\Delta M_x}^{\Delta\omega_y}(s) \\ W_{\Delta M_x}^{\Delta\beta}(s) \\ W_{\Delta M_x}^{\Delta\gamma}(s) \end{bmatrix} \Delta M_x(s) + \begin{bmatrix} W_{\Delta M_y}^{\Delta\omega_x}(s) \\ W_{\Delta M_y}^{\Delta\omega_y}(s) \\ W_{\Delta M_y}^{\Delta\beta}(s) \\ W_{\Delta M_y}^{\Delta\gamma}(s) \end{bmatrix} \Delta M_y(s) + \begin{bmatrix} W_{\Delta F_z}^{\Delta\omega_x}(s) \\ W_{\Delta F_z}^{\Delta\omega_y}(s) \\ W_{\Delta F_z}^{\Delta\beta}(s) \\ W_{\Delta F_z}^{\Delta\gamma}(s) \end{bmatrix} \Delta F_z(s)
$$

$$(9-48)$$

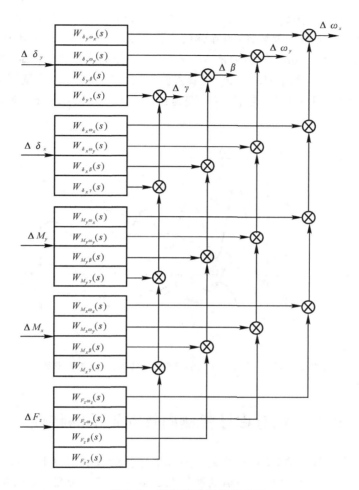

图 9.8 侧向扰动运动结构图

6. 侧向过渡过程举例

有了上述各种情况下的传递函数之后,只要已知 $\Delta\delta_y, \Delta\delta_x, \Delta M_x, \Delta M_y, \Delta F_z$ 的函数形式,就可以求解出各侧向扰动运动的参数 $\Delta\omega_x, \Delta\omega_y, \Delta\beta$ 和 $\Delta\gamma$ 的解。求解过渡过程的方法可以参考 7.1 节。

为了加深对侧向扰动运动的理解,现看一下所给出的导弹在方向舵作 0.1 rad 的阶跃偏转时的过渡过程。具体求解结果为

$$\Delta\omega_x = -0.008\,5\mathrm{e}^{-1.695t} + 0.088\,1\mathrm{e}^{0.001\,105t} + 0.102\,6\mathrm{e}^{-0.107\,5t}\cos(87.5t + 140.8°)$$

$$\Delta\omega_y = 3.520 - 0.000\,15\mathrm{e}^{-1.695t} - 3.510\mathrm{e}^{0.001\,105t} + 0.036\,4\mathrm{e}^{-0.107\,5t}\cos(87.5t + 92.5°)$$

$$\Delta\beta = -0.326\,1 + 0.001\,45\mathrm{e}^{-1.695t} + 0.292\,3\mathrm{e}^{0.001\,105t} + 0.035\,3\mathrm{e}^{-0.107\,5t}\cos(87.5t - 3.1°)$$

$$\Delta\gamma = -79.95 + 0.005\,0e^{-1.695t} + 79.85e^{0.001\,105t} + 0.066\,8e^{-0.107\,5t}\cos(87.5t + 47.5°)$$

这样的解可以作如下的物理解释:当导弹的方向舵偏转 $\Delta\delta_y = 0.1$ rad 时,就产生侧向力 $Z^{\delta_y} \cdot \Delta\delta_y$ 和偏航力矩 $M_y^{\delta_y} \cdot \Delta\delta_y$、倾斜力矩 $M_{x'}^{\delta_y} \cdot \Delta\delta_y$。在倾斜力矩 $M_{x'}^{\delta_y} \cdot \Delta\delta_y$ 的作用下导弹产生一 $\Delta\omega_x$,如图 9.9 所示。这时 $M_{x'}^{\delta_y} \cdot \Delta\delta_y$ 起着主要作用。后来因 $|\omega_y|$ 随时间增长而逐渐增大,因而 $M_{x'}^{\omega_y} \cdot \Delta\omega_y$ 将起主要作用,就使 $\Delta\omega_x$ 变为正值。$\Delta\omega_x$,$\Delta\omega_y$,$\Delta\beta$,$\Delta\gamma$ 随时间变化的曲线如图 9.9 所示。

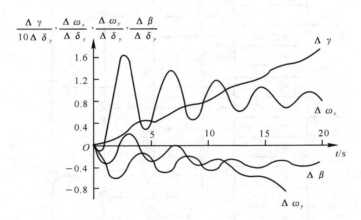

图 9.9　$\Delta\delta_y = 0.1$ rad 时的侧向扰动运动过渡过程曲线

9.5　轴对称导弹侧向扰动运动的特性

如果导弹的气动外形是轴对称的,那么一般说来导弹的倾斜运动和偏航运动又可以分开进行控制。这样,就可以将导弹的倾斜运动和偏航运动分开进行研究。这时由式(9-11)中可以得到描述偏航扰动运动的方程组为

$$\frac{\mathrm{d}\Delta\omega_y}{\mathrm{d}t} + b_{22}\Delta\omega_y + b_{24}\Delta\beta + b'_{24}\frac{\mathrm{d}\Delta\beta}{\mathrm{d}t} = -b_{27}\Delta\delta_y$$

$$b_{36}\Delta\omega_y + (b_{34} + a_{33})\Delta\beta + \frac{\mathrm{d}\Delta\beta}{\mathrm{d}t} = -b_{37}\Delta\delta_y$$

如果在理想弹道上攻角 α 比较小,这时可以认为 $\cos\vartheta = \cos\theta$,故 $b_{36} = -\dfrac{\cos\theta}{\cos\vartheta} = -1$。如果再忽略重力扰动量的影响(即 $a_{33} = 0$),这时上述方程可进一步改写为

$$\frac{\mathrm{d}\Delta\omega_y}{\mathrm{d}t} + b_{22}\Delta\omega_y + b_{24}\Delta\beta + b'_{24}\frac{\mathrm{d}\Delta\beta}{\mathrm{d}t} = -b_{27}\Delta\delta_y$$

$$-\Delta\omega_y + b_{34}\Delta\beta + \frac{\mathrm{d}\Delta\beta}{\mathrm{d}t} = -b_{37}\Delta\delta_y$$

在第 8 章已经讲过,在忽略重力影响的条件下($a_{33}=0$),导弹的纵向短周期扰动运动方程组为

$$\frac{\mathrm{d}\Delta\omega_z}{\mathrm{d}t} + a_{22}\Delta\omega_z + a_{24}\Delta\alpha + a'_{24}\frac{\mathrm{d}\Delta\alpha}{\mathrm{d}t} = -a_{25}\Delta\delta_z$$

$$\Delta\omega_z + a_{34}\Delta\alpha - \frac{\mathrm{d}\Delta\alpha}{\mathrm{d}t} = a_{35}\Delta\delta_z$$

由于导弹是轴对称外形,故纵向动力系数和侧向动力系数之间有如下的对应关系:

$$-a_{22} = b_{22}, \qquad -a_{24} = b_{24}$$
$$-a'_{24} = b'_{24}, \qquad a_{25} = b_{27}$$
$$a_{34} = b_{34}, \qquad a_{35} = b_{37}$$

这时导弹的纵向扰动运动参数 $\Delta\omega_z$,$\Delta\alpha$ 和航向扰动运动参数 $\Delta\omega_y$,$\Delta\beta$ 之间就有如下的对应关系:

$$\Delta\omega_z = \Delta\omega_y$$
$$\Delta\alpha = \Delta\beta$$

所以,轴对称外形导弹弹体的航向扰动运动的传递函数和纵向短周期阶段内最简形式的扰动运动的传递函数有如下的关系:

$$\left.\begin{array}{l} W_{\delta_z\omega_z}(s) = W_{\delta_y\omega_y}(s) \\ W_{\delta_z\alpha}(s) = W_{\delta_y\beta}(s) \end{array}\right\} \qquad (9-49)$$

这就说明,对轴对称气动外形来讲,航向扰动运动的动态品质和纵向短周期阶段内最简形式时的纵向扰动运动的品质是完全一样的。所以只要分析了纵向动态品质之后,航向动态品质就不需再单独进行研究了。

对于轴对称气动外形的导弹来讲,导弹弹体绕 Ox_1 轴的滚动扰动运动可以只用一个微分方程来描述,即

$$J_x\frac{\mathrm{d}\Delta\omega_x}{\mathrm{d}t} = M_x^{\omega_x}\Delta\omega_x + M_x^{\delta_x}\Delta\delta_x + \Delta M_x \qquad (9-50)$$

式中,ΔM_x 代表作用在弹体上的绕 Ox_1 轴的干扰力矩;$\Delta\delta_x$ 为副翼偏角;J_x 为导弹绕 Ox_1 轴的转动惯量;$\Delta\omega_x$ 为导弹绕 Ox_1 轴的转动角速度的增量。

由于 $\Delta\omega_x = \dfrac{\mathrm{d}\Delta\gamma}{\mathrm{d}t}$,所以式(9-50)还可以写成

$$J_x\frac{\mathrm{d}^2\Delta\gamma}{\mathrm{d}t^2} = M_x^{\omega_x}\frac{\mathrm{d}\Delta\gamma}{\mathrm{d}t} + M_x^{\delta_x}\Delta\delta_x + \Delta M_x \qquad (9-51)$$

根据 9.1 节中对侧向动力系数的定义,式(9-51)可以表示为

$$\frac{\mathrm{d}^2\Delta\gamma}{\mathrm{d}t^2} + b_{11}\frac{\mathrm{d}\Delta\gamma}{\mathrm{d}t} = -b_{18}\Delta\delta_x + \Delta M_x/J_x$$

将上式在零起始条件下进行拉普拉斯变换,求出拉普拉斯表达式为

$$s(s + b_{11})\Delta\gamma(s) = -b_{18}\Delta\delta_x(s) + \Delta M_x(s)\frac{1}{J_x}$$

由上式可以得出倾斜角偏量 $\Delta\gamma$ 和副翼偏角 $\Delta\delta_x$ 之间的传递函数为

$$W_{\delta_x\gamma}(s) = -\frac{b_{18}}{s(s + b_{11})}$$

这时倾斜扰动运动的特征方程为

$$s(s + b_{11}) = 0$$

所以特征根为一个零根和一个实根。实数根的值为

$$s = -b_{11} = \frac{M_x^{\omega_x}}{J_x}$$

由于 $M_x^{\omega_x} < 0$，所以此实数根为负数。负实根所对应的运动形态是一个稳定的非周期运动。

当副翼做一个正的单位脉冲偏转（即 $\Delta\delta_x(s) = 1$）时，可以根据拉普拉斯变换的终值定理求出 $\Delta\gamma$ 的稳态值为

$$\Delta\gamma_W = \lim_{t \to \infty}\Delta\gamma(t) = \lim_{t \to 0}s\Delta\gamma(s) = -\frac{M_x^{\delta_x}}{M_x^{\omega_x}}$$

由此看出，由于副翼做一个正的单位脉冲偏转，将使导弹的倾斜角带来一个稳态误差 $\Delta\gamma_W$。$\Delta\gamma_W$ 的值正比于副翼操纵效率 $M_x^{\delta_x}$，反比于阻尼力矩导数 $M_x^{\omega_x}$。$|M_x^{\delta_x}|$ 越大，$|\Delta\gamma_W|$ 也越大。$|M_x^{\omega_x}|$ 越大，$|\Delta\gamma_W|$ 越小。由于 $M_x^{\delta_x} < 0$ 和 $M_x^{\omega_x} < 0$，所以 $\Delta\gamma_W$ 值为负数。这时的过渡过程曲线如图 9.10 所示。

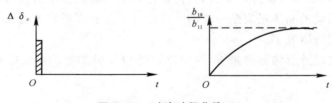

图 9.10　过渡过程曲线

如果副翼偏转规律为正单位阶跃偏转（即 $\Delta\delta_x(t) = 1$），这时 $\Delta\gamma$ 的稳态值 $\Delta\gamma_W$ 为

$$\Delta\gamma_W = -\lim_{s \to 0}s\frac{b_{18}}{s(s + b_{11})}\frac{1}{s} = \infty$$

这就表明，由于副翼偏转产生的滚动力矩 $M_x^{\delta_x}\Delta\delta_x$，将使导弹沿 Ox_1 轴一直旋转下去，而得不到稳态的 $\Delta\gamma$ 值。

为了研究导弹的倾斜角速度 $\Delta\omega_x$ 的动态特性，可将式（9-51）写为

$$\frac{\mathrm{d}\Delta\omega_x}{\mathrm{d}t} + b_{11}\Delta\omega_x = -b_{18}\Delta\delta_x + \Delta M_x/J_x$$

由此求出 $\Delta\omega_x$ 和 $\Delta\delta_x$ 之间的传递函数 $M_{\delta_x}^{\omega_x}(s)$ 为

$$W_{\delta_x\omega_x}(s) = -\frac{b_{18}}{s+b_{11}}$$

由于 b_{11} 总是一个正数,故可以认为此系统是稳定的。若化成典型形式则为

$$
\left.
\begin{aligned}
W_{\delta_x\omega_x}(s) &= -\frac{K_{\delta_x\omega_x}}{T_x s + 1} \\
T_x &= \frac{1}{b_{11}} \\
K_{\delta_x\omega_x} &= \frac{b_{18}}{b_{11}}
\end{aligned}
\right\}
\qquad (9-52)
$$

式中,T_x 为导弹滚动扰动运动的时间常数;$K_{\delta_x\omega_x}$ 为导弹滚动扰动运动的放大系数。

当副翼为正的单位脉冲(即 $\Delta\delta_x(s)=1$)时,$\Delta\omega_x$ 的稳态值为

$$\Delta\omega_{xw} = -\lim_{s\to 0} s \frac{b_{18}}{s+b_{11}} = 0$$

由此可见,在副翼发生单位脉冲式的偏转时,$\Delta\omega_x$ 的稳态值为零。

当副翼做正的单位阶跃偏转(即 $\Delta\delta_x(s)=\dfrac{1}{s}$)时,$\Delta\omega_x$ 的稳态值为

$$\Delta\omega_{xw} = -s \frac{b_{18}}{s+b_{11}} \frac{1}{s} = -\frac{b_{18}}{b_{11}}$$

这时导弹绕 Ox_1 轴的力矩 M_x 的平衡状态为

$$b_{11}\Delta\omega_{xw} = -b_{18}\Delta\delta_x$$

或

$$-M_x^{\omega_x}\Delta\omega_{xw} = M_x^{\delta_x}\Delta\delta_x$$

这就说明,副翼偏转产生的滚转力矩 $M_x^{\delta_x}\cdot\Delta\delta_x$ 和导弹稳态转动角速度 $\Delta\omega_{xw}$ 所产生的滚动阻尼力矩 $M_x^{\omega_x}\cdot\Delta\omega_{xw}$ 相平衡,即

$$M_x^{\delta_x}\cdot\Delta\delta_x + M_x^{\omega_x}\cdot\Delta\omega_{xw} = 0$$

显然,在零起始条件下,副翼作单位阶跃偏转情况时,$\Delta\omega_x$ 的解为

$$\Delta\omega_x(t) = \frac{b_{18}}{b_{11}}(e^{-b_{11}t} - 1)$$

此过渡过程曲线如图 9.11 所示。

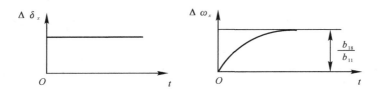

图 9.11　$\Delta\omega_x$ 过渡过程曲线

由图 9.11 可以看出,在副翼做阶跃偏转时,$\Delta\omega_x$ 的过渡过程是一个非周期的运动。过渡过程时间的长短,完全取决于时间常数 T_x。时间常数 T_x 越小,则过渡过程时间越短,T_x 越大,过渡过程时间越长。

因为时间常数 T_x 为

$$T_x = \frac{1}{b_{11}} = \frac{J_x}{-M_x^{\omega_x}}$$

故增大滚动阻尼力矩导数 $M_x^{\omega_x}$ 的绝对值(即 $|M_x^{\omega_x}|$ 增大),就可以使过渡过程时间缩短。另外,由于 $\Delta\omega_{xw}(t) = -\dfrac{b_{18}}{b_{11}}$,故当副翼为正的偏转角时,导弹滚动角速度 $\Delta\omega_{xw}$ 为负值。这就表明 $\Delta\omega_{xw}$ 极性和 $\Delta\delta_x$ 的极性正好相反。为了减小 $|\Delta\omega_{xw}|$,可以通过使 $|M_x^{\delta_x}|$(即副翼效率的绝对值)减小和 $|M_x^{\omega_x}|$ 增大的途径加以解决。

综上所述可以看出,对轴对称气动力外形的导弹,它的侧向扰动运动可以分为航向扰动运动和滚转扰动运动进行研究。而它们的运动形态又都比较简单,因而使侧向扰动运动的研究大大简化。

思 考 题 9

9.1 侧向扰动运动常呈现哪 3 种模态?简述其物理现象及原因。

9.2 侧向扰动运动从稳定性的角度与纵向短周期扰动运动有什么不同?为什么?其物理现象如何?

9.3 轴对称导弹的侧向扰动运动的特点是什么?

9.4 倾斜扰动运动的稳态值有什么特点?

9.5 轴对称飞行器航向动态特性有何特点?

第 10 章　　导弹扰动运动的自动稳定与控制

10.1　倾斜运动的自动稳定

一、导弹弹体的倾斜动态性质

在尚未讨论自动驾驶仪的动态性质对导弹倾斜扰动运动所起作用之前,在这里还要再详细分析一下弹体本身的倾斜动态品质,以便和自动驾驶仪工作后的动态性质相比较。

轴对称导弹的倾斜扰动运动(以下简称倾斜运动)可用式(9-51)描述,即

$$\Delta\ddot{\gamma} + b_{11}\Delta\dot{\gamma} = -b_{18}\Delta\delta_x + M_{xd} \tag{10-1}$$

式中,M_{xd} 代表经常作用于导弹上的相似干扰力矩。如果还有偶然干扰作用,在干扰作用的瞬时导弹还有起始倾斜角 $\Delta\gamma_0$ 和角速度 $\Delta\dot{\gamma}_0$。

由式(10-1)求解导弹在经常和偶然干扰作用下的过渡过程函数,如果自动驾驶仪不工作,即副翼没有偏转角($\Delta\delta_x = 0$),可得过渡过程函数的表达式为

$$\Delta\dot{\gamma}(t) = \Delta\dot{\gamma}_0 e^{-b_{11}t} + \frac{M_{xd}}{b_{11}}(1 - e^{-b_{11}t}) \tag{10-2}$$

式(10-2)右端第1项是由起始值 $\Delta\dot{\gamma}_0$ 引起的自由滚转,而第2项是由常值 M_{xd} 引起的强迫滚转。在倾斜运动中导弹的横向阻尼力矩,由式(10-2)可得

$$M_x^{\omega_x}\Delta\dot{\gamma}(t) = M_x^{\omega_x} \cdot \Delta\dot{\gamma}_0 \cdot e^{-b_{11}t} + M_x^{\omega_x}\frac{M_{xd}}{b_{11}}(1 - e^{-b_{11}t}) =$$
$$-J_x b_{11} \cdot \Delta\dot{\gamma}_0 \cdot e^{-b_{11}t} - J_x M_{xd}(1 - e^{-b_{11}t}) \tag{10-3}$$

按式(10-3)和式(10-2)所绘过渡过程曲线如图 10.1 所示。

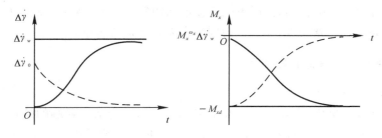

图 10.1　过渡过程曲线

图 10.1 中虚线为倾斜自由滚动,实线为倾斜强迫滚动。由图 10.1 可以看出,在偶然干扰作用下,导弹有初始倾斜角速度 $\Delta\dot{\gamma}_0$,因在滚转过程中受到气动阻尼力矩 $M_x^{\omega_x}\Delta\dot{\gamma}$ 的作用,滚动角速度是慢慢减小的,并最后衰减为零。在常值干扰力矩 M_{xd} 的作用下,过渡过程结束时,时间 $t\to\infty$,由式(10 - 2)可得倾斜角速度的稳态值 $\Delta\dot{\gamma}_w$ 为

$$\Delta\dot{\gamma}_w = \frac{M_{xd}}{b_{11}} \tag{10 - 4}$$

因此过渡过程结束后作用在导弹上的气动阻尼力矩等于 $M_x^{\omega_x}\Delta\dot{\gamma}_w$,它与干扰力矩 M_{xd} 的方向相反。这时导弹倾斜运动平衡的力矩关系为

$$M_x^{\omega_x}\Delta\dot{\gamma}_w + M'_{xd} = 0 \tag{10 - 5}$$

式中,$M'_{xd} = M_{xd}J_x$。

设计导弹时如果能增大它的气动阻尼,使力矩导数 $\left| M_x^{\omega_x} \right|$ 得到增加,即增加动力系数 b_{11},这样就可以减小稳态值 $\Delta\dot{\gamma}_w$,从而减小由干扰力矩值产生的影响。

增加动力系数 b_{11},还可以缩短过渡过程的时间。

导弹没有横向静稳定性,或横向静稳定性很小,即使没有经常干扰的作用($M_{xd}=0$),只有偶然干扰的作用,也要产生倾斜角偏差。这一点,只要积分式(10 - 2)就可得到证明。式(10 - 2)积分后的表达式为

$$\Delta\gamma(t) = \Delta\gamma_0 + \frac{\Delta\dot{\gamma}_0}{b_{11}}(1 - e^{-b_{11}t}) \tag{10 - 6}$$

当时间 $t\to\infty$ 时,导弹有倾斜角稳态误差 $\Delta\gamma_w$,其值等于

$$\Delta\gamma_w = \Delta\gamma_0 + \Delta\dot{\gamma}_0/b_{11} \tag{10 - 7}$$

以上分析说明,导弹受到任何形式的干扰作用,均有倾斜稳态误差而不能保持原有的"+"型或"×"型的发射状态。于是,错乱了升降舵和方向舵在空间的规定位置,使弹体坐标系与发射坐标系不能保持一致,因而影响自动操纵的精度,甚至不能按照导引方法的需要对导弹进行控制。因此,对于那些不是采用旋转稳定的导弹,应设法消除或减弱对倾斜角 $\Delta\gamma_w$ 产生的影响,而对于旋转稳定的导弹应减小倾斜角速度 $\Delta\dot{\gamma}_w$。

目前在技术上可以采用的办法有两种设计思想:一种是不采用倾斜自动驾驶仪,而是设法抵消或减弱外界干扰的作用,但因不能直接消除倾斜角,而称为无倾斜角稳定的设计方法;另一种是采用倾斜自动驾驶仪,通过偏转副翼来克服干扰的作用。

二、导弹无倾斜角稳定的分析

1. 采用气动陀螺舵

气动陀螺舵在某空-空导弹上已经采用,如图 10.2 所示。翼端的陀片同时兼做陀螺的外环,中间安装着由气流吹动的陀螺转子,其转速 Ω 角每分钟可达 $3\sim5$ 万转。

当导弹相对纵轴以 $\Delta\dot{\gamma}$ 角速度滚动时,对舵轴 $a—a$ 将形成陀螺力矩 M_t 为

$$M_t = J_t \Omega \Delta \dot{\gamma} \tag{10-8}$$

式中，J_t 为陀螺转子的惯性矩。

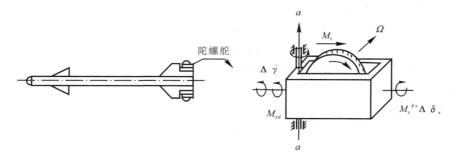

图 10.2　气动陀螺舵

在陀螺力矩 M_t 的作用下，舵面按图中箭头所示方向偏转，一直要偏转到与铰链力矩相平衡时为止。舵面铰链力矩为

$$M_g = M_g^{\delta_x} \Delta \delta_x$$

所以

$$M_g^{\delta_x} \Delta \delta_x = J_t \Omega \Delta \dot{\gamma} \tag{10-9}$$

陀螺舵转动后，在导弹上就产生了操纵力矩 $M_x^{\delta_x} \Delta \delta_x$，这个力矩与干扰力矩 M_{xd} 的方向相反，于是可减小倾斜角速度稳态误差 $\Delta \dot{\gamma}_w$。

由式（10-1）与式（10-9）相联，可得

$$\Delta \ddot{\gamma} + (b_{11} + J_t \Omega b_{18} / M_g^{\delta_x}) \Delta \dot{\gamma} = M_{xd} \tag{10-10}$$

当 M_{xd} 为常数时，式（10-10）的解为

$$\Delta \dot{\gamma}(t) = \Delta \dot{\gamma}_0 e^{-(b_{11} + J_t \Omega b_{18}/M_g^{\delta_x})t} + \frac{M_{xd}}{b_{11} + J_t \Omega b_{18}/M_g^{\delta_x}} (1 - e^{-(b_{11} + J_t \Omega b_{18}/M_g^{\delta_x})t}) \tag{10-11}$$

由式（10-11）可得

$$\Delta \dot{\gamma}_w = \frac{M_{xd}}{b_{11} + J_t \Omega b_{18}/M_g^{\delta_x}}$$

此结果同式（10-4）相比较，由于 $(b_{11} + J_t \Omega b_{18}/M_g^{\delta_x}) > b_{11}$，这就减小了 $\Delta \dot{\gamma}_w$。如果再增大陀螺转子的惯性矩 J_t 和转速 Ω，就能增大舵偏角 $\Delta \delta_x$，使稳态误差 $\Delta \dot{\gamma}_w$ 继续得到减小。

2. 应用坐标变换装置

当导弹具有倾斜角和角速度的稳态误差时，运用坐标变换的原理，可以消除这种误差产生的影响。

假定坐标系 $y_g O z_g$ 是某一惯性坐标系，弹体坐标系 $y_1 O z_1$ 则随导弹在 $y_g O z_g$ 平面内转动，转动角速度为 $\Delta \dot{\gamma}$（见图10.3）。假定导弹为"+"型（"×"型也一样），由升降舵产生的力矩为

$M_{z}^{\delta_z}\Delta\delta_z$,由方向舵产生的力矩为 $M_{y}^{\delta_y}\Delta\delta_y$。

假定控制系统是无惯性的且是线性的,由它给出直接偏转升降舵和方向舵的信号分别为 Δy 和 Δz,于是,可将操纵力矩写成

$$\left.\begin{aligned}M_{z}^{\delta_z}\Delta\delta_z &= K\Delta z\\ M_{y}^{\delta_y}\Delta\delta_y &= K\Delta y\end{aligned}\right\} \tag{10-12}$$

式中,K 为操纵力矩对控制信号的比例系数。

无倾斜角 $\Delta\gamma$ 时,

$$\left.\begin{aligned}M_{\delta_y} &= M_{y}^{\delta_y}\Delta\delta_y = K\Delta y\\ M_{\delta_z} &= M_{z}^{\delta_z}\Delta\delta_z = K\Delta z\end{aligned}\right\} \tag{10-13}$$

力矩的合成向量为 $\boldsymbol{M}$(见图 10.3(a))。

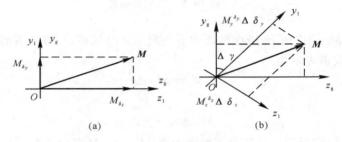

(a)   (b)

图 10.3　坐标转换

当导弹横滚有倾斜角 $\Delta\gamma$ 时,假设控制信号在 y_1Oz_1 坐标上固定不变,于是根据图 10.3(b) 可求出下列力矩:

$$M_{\delta_y} = M_{y}^{\delta_y}\Delta\delta_y \cdot \cos\Delta\gamma - M_{z}^{\delta_z}\Delta\delta_z \cdot \sin\Delta\gamma = K\Delta y \cdot \cos\Delta\gamma - K\Delta z \cdot \sin\Delta\gamma \tag{10-14}$$

$$M_{\delta_z} = M_{z}^{\delta_z}\Delta\delta_z \cdot \cos\Delta\gamma + M_{y}^{\delta_y}\Delta\delta_y \cdot \sin\Delta\gamma = K\Delta z \cdot \cos\Delta\gamma + K\Delta y \cdot \sin\Delta\gamma \tag{10-15}$$

可见,导弹有倾斜角 $\Delta\gamma$ 或倾斜角速度 $\Delta\dot\gamma$ 时,在惯性坐标上的力矩 M_{yg} 和 M_{zg} 将是任意的,这就意味着导弹此时的角运动状态已不同于"+"型所需要的操纵要求。

很显然对倾斜角不进行稳定时,为保证合成向量 $\boldsymbol{M}$ 不变,可以采用坐标变换装置,将控制信号 Δy 和 Δz 按倾斜角 $\Delta\gamma$ 的大小再适当分配为 $\Delta y'$ 和 $\Delta z'$(见图 10.4),于是

$$\left.\begin{aligned}M_{z}^{\delta_z}\Delta\delta_z &= K\Delta z'\\ M_{y}^{\delta_y}\Delta\delta_y &= K\Delta y'\end{aligned}\right\} \tag{10-16}$$

将此结果代入式(10-14)和式(10-15),得到

$$\left.\begin{aligned}M_{\delta_y} &= K\Delta y' \cdot \cos\Delta\gamma - K\Delta z' \cdot \sin\Delta\gamma\\ M_{\delta_z} &= K\Delta z' \cdot \cos\Delta\gamma + K\Delta y' \cdot \sin\Delta\gamma\end{aligned}\right\} \tag{10-17}$$

在有倾斜角 $\Delta\gamma$ 时,为保持合成向量 $\boldsymbol{M}$ 不变,式(10-17)应等于式(10-13),所以

$$\left.\begin{array}{l} \Delta y = \Delta y' \cos\Delta\gamma - \Delta z' \sin\Delta\gamma \\ \Delta z = \Delta z' \cos\Delta\gamma + \Delta y' \sin\Delta\gamma \end{array}\right\} \quad (10-18)$$

由此可以求出

$$\left.\begin{array}{l} \Delta y' = \Delta y \cos\Delta\gamma + \Delta z \sin\Delta\gamma \\ \Delta z' = -\Delta y \sin\Delta\gamma + \Delta z \cos\Delta\gamma \end{array}\right\} \quad (10-19)$$

为实现式(10-19)应采用坐标变换装置,它由正弦余弦电位计和陀螺仪表构成(见图 10.5)。图中电位计轴的转动依靠陀螺仪来实现,虚线代表机械连接。

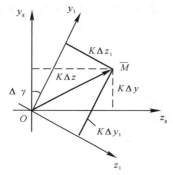

图 10.4 坐标变换

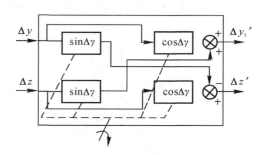

图 10.5 坐标变换装置

以上分析,虽然在一定程度上克服了倾斜角 $\Delta\gamma$ 的影响,但是不能最终消除在常值 M_{xd} 作用下的横滚。因此在这种情况下,可能出现倾斜运动与偏航运动的交感联系,特别是对于那些采用波束导引装置的导弹,倾斜角的存在将加剧弹体坐标系与测量坐标系的空间扭转。所以,对于这一类导弹,为了保证足够的倾斜稳定性,应采用倾斜自动驾驶仪,使导弹能够实现自动稳定。这样做虽然会增加导弹控制设备的复杂性,但是为了提高控制精度,减小脱靶量,这样做又是必要的。

三、倾斜稳定回路

1. 倾斜稳定回路的概念

前面讲到在倾斜运动中不能消除偶然或经常两种干扰,都是因为副翼没有偏转,或者是没有充分发挥副翼的作用。如果能够让副翼这样动作,当导弹正向倾斜时,副翼偏角也为正,此时由于横向操纵力矩导数 $M_{z'}^{\delta_x} < 0$,便产生了负向操纵力矩,从而可以使导弹纠正正倾斜,如图 10.6(a) 所示。反之,如果导弹反向倾斜,如图 10.6(b) 所示,副翼也是偏角为负,这时导弹也可同样消除负倾斜。换句话说,要使导弹能够消除倾斜,必须使副翼自动跟随倾斜角偏转。但是,副翼偏角不能同倾斜角一样大,譬如导弹倾斜角可以大于 $45°$,而副翼偏角一般都小于 $20°$,太大了就会产生气动分离,所以两者之间还要有一个小于 1 的比例系数。对副翼动作提出的这些要求,要靠倾斜自动驾驶仪来实现。

导弹自动驾驶仪一般都是由敏感元件、放大器、舵面执行机构三个基本部分所组成的,每一部分的功用如下:

　　(1)敏感元件分为测量角度的三自由度陀螺仪和测量角速度的二自由度陀螺仪(或称速度陀螺仪),在偏航和纵向运动中还包括测量过载和速度头的传感器等等。分析敏感元件自身的动态性质,可以用一个二阶振荡环节来表示。对于一个灵敏度比较高的陀螺来讲,它的时间常数约 0.01 s,要比导弹时间常数小得多。若不如此,陀螺就不能迅速指示出导弹姿态角的变化。因此初步分析时,可以不计敏感元件的时间常数,将它看成是一个单纯按比例放大的环节。但是,在回路分析中为选择元件参数,则必须尽可能准确地推写出敏感元件的传递函数。

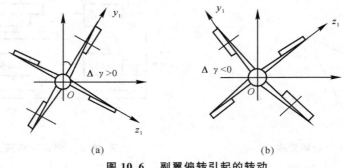

(a)　　　　　　　　　　　　　　(b)

图 10.6　副翼偏转引起的转动

　　(2)自动驾驶仪放大器的传递特性大部分虽然都具有非线性的特点,但适当选择它的放大范围则可在线性段工作,而将放大器看成是一个线性放大环节。

　　(3)舵机是自动驾驶仪的执行元件,它的结构形式是多种多样的,目前已经使用的舵机有气压、液压和电动等结构形式。大多数舵机传递特性是一个非周期的环节,它的时间常数在很大程度上决定着自动驾驶仪的惯性。

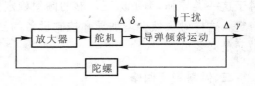

图 10.7　自动驾驶仪回路图

　　自动驾驶仪包括了上述的三个基本组成部分,就可以帮助导弹在飞行中实现具有稳定性的要求,例如,导弹倾斜时,陀螺地平仪能够敏感这种倾斜偏离,并将信号传递给放大器予以放大。信号放大后推动舵机工作,使副翼朝着消除倾斜的方向偏转,从而使导弹恢复到原有的姿态(见示意图 10.7)。

　　将图 10.7 中各环节用传递函数来表示,就组成了倾斜稳定回路框图。这时候研究导弹的倾斜运动,实际上是分析一个以 $\Delta\gamma$ 或 $\Delta\dot{\gamma}$ 为输出量的闭环系统的动态问题。

　　图 10.7 中所表示的自动驾驶仪的工作状态,可以是线性的,也可以是非线性的,一般说即使是线性的。也或多或少存在着非线性的因素。如果略去自动驾驶仪的非线性因素,对于所研

究的问题其影响程度小到可以不计,就可以把导弹的自动驾驶仪看成是线性的。

在自动驾驶仪中描述舵偏角随运动参量变化的动态方程,称为调节规律。

由于导弹所采用的制导系统不同,对导弹倾斜运动的要求也不同。如有些按指令控制的导弹,总是要求导弹在制导过程中倾斜角尽量接近于零。为了适应这个要求,在导弹的倾斜回路中稳定自动器要将副翼的偏转调节规律选为

$$\Delta \delta_x = K_\gamma \Delta \gamma + K_{\dot\gamma} \Delta \dot\gamma \qquad (10-20)$$

式中,K_γ 为自动驾驶仪放大倾斜角信号的放大系数,或称角传动比;$K_{\dot\gamma}$ 为倾斜角速度信号的放大系数,或称角速度传动比。

这时整个倾斜稳定回路的运动方程组为

$$\frac{\mathrm{d}^2 \Delta \gamma}{\mathrm{d}t^2} + b_{11} \frac{\mathrm{d}\Delta \gamma}{\mathrm{d}t} = -b_{18}\Delta \delta_x + \frac{M_{xd}}{J_x}$$

$$\Delta \delta_x = K_\gamma \gamma + K_{\dot\gamma} \frac{\mathrm{d}\Delta \gamma}{\mathrm{d}t}$$

两式合并后,求出

$$\frac{\mathrm{d}^2 \Delta \gamma}{\mathrm{d}t^2} + (b_{11} + b_{18}K_{\dot\gamma}) \frac{\mathrm{d}\Delta \gamma}{\mathrm{d}t} + b_{18}K_\gamma \Delta \gamma = \frac{M_{xd}}{J_x}$$

由此可见,要想保证倾斜稳定回路中运动参数 γ 是稳定的,那就要求两个不等式要成立。

$$b_{11} + b_{18}K_{\dot\gamma} > 0 \qquad (10-21)$$

$$b_{18}K_\gamma > 0 \qquad (10-22)$$

由于

$$b_{11} = -\frac{M_x^{\omega_x}}{J_x} > 0$$

$$b_{18} = -\frac{M_x^{\delta_x}}{J_x} > 0$$

所以式(10-21)和式(10-22)又可以改写为

$$K_{\dot\gamma} > -\frac{b_{11}}{b_{18}}$$

$$K_\gamma > 0$$

这个结果清楚地告诉我们,只要自动器的参数 $K_{\dot\gamma}$,K_γ 的选择满足上述不等式的约束,就可以保证稳定回路是稳定的。由式(10-21)和式(10-22)所作出的倾斜运动的稳定域如图10.8所示。其中具有阴影线的一侧是不稳定的。

如果倾斜稳定回路是稳定的,那么在常值倾斜干扰力矩 M_{xd} 的作用下,导弹倾斜角 $\Delta \gamma$ 的稳态值 $\Delta \gamma_w$ 为

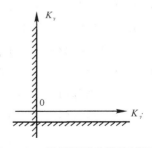

图 10.8 倾斜运动的稳定域图

$$\Delta\gamma_w = \frac{1}{b_{18}K_\gamma}\frac{M_{xd}}{J_x} = -\frac{1}{M_x^{\delta_x}K_\gamma}M_{xd}$$

副翼偏角的稳态值 $\Delta\delta_{xw}$ 为

$$\Delta\delta_{xw} = K_\gamma\Delta\gamma_w = -\frac{1}{M_x^{\delta_x}}M_{xd}$$

由此可见,倾斜角的稳态值 $\Delta\gamma_w$ 正比于干扰力矩 M_{xd},反比于副翼效率 $M_x^{\delta_x}$ 和自动器角位置反馈参数 K_γ。而副翼偏角的稳态值 $\Delta\delta_{xw}$,同样正比于倾斜干扰力矩 M_{xd},反比于副翼效率 $M_x^{\delta_x}$,而与自动器参数 K_γ 无关。从减小倾斜误差角值 $\Delta\gamma_w$ 的角度来讲,最好是把 K_γ 选择得大一些。$\Delta\gamma_w$ 和 $\Delta\delta_{xw}$ 的正负完全取决于干扰力矩 M_{xd} 的正负。

2. 倾斜运动在无惯性自动驾驶仪下的稳定性

无惯性自动驾驶仪的调节规律如式(10-20)所示,导弹在此驾驶仪工作下的倾斜运动应表示为

$$\left.\begin{array}{l}\Delta\ddot{\gamma} + b_{11}\Delta\dot{\gamma} = -b_{18}\Delta\delta_x + M_{xd}\\ \Delta\delta_x = K_\gamma\Delta\gamma + K_{\dot\gamma}\Delta\dot{\gamma}\end{array}\right\} \qquad (10-23)$$

方程组(10-23)的初始值为 $\Delta\gamma_0$ 和 $\Delta\dot{\gamma}_0$。两式合并后可得

$$\Delta\ddot{\gamma} + (b_{11}+b_{18}K_{\dot\gamma})\Delta\dot{\gamma} + b_{18}K_\gamma\Delta\gamma = M_{xd} \qquad (10-24)$$

式(10-24)与无自动驾驶仪的倾斜运动方程式(10-1)相比较,当放大系数 K_γ 和 $K_{\dot\gamma}$ 大于 0 时,方程式左边的系数都变大了。原来 $\Delta\gamma$ 的系数为零,现在等于 $b_{18}K_\gamma$,增补了 $b_{18}K_\gamma\Delta\gamma$ 这一项,表示副翼要随倾斜角变化而偏转,产生与倾斜角方向相反的横向操纵力矩 $M_x^{\delta_x}K_\gamma\Delta\gamma$,使导弹可以消除倾斜。例如可以消除初始倾斜角 $\Delta\gamma_0$(见图10.9)。因此,倾斜角放大系数 K_γ 的存在,从导弹动力学观点理解,它相当于增补了"横向静稳定性"。

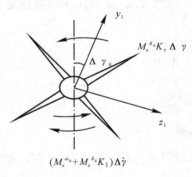

图 10.9　稳定性讨论

倾斜角速度 $\Delta\dot{\gamma}$ 的系数增大了,相当于增大了导弹阻尼动力系数,因此导弹的"阻尼"也得到了补偿。这是因为导弹横滚时,除了产生气动阻尼力矩 $M_x^{\omega_x}\Delta\dot{\gamma}$,副翼还要产生操纵力矩 $M_x^{\delta_x}K_{\dot\gamma}\Delta\dot{\gamma}$,这个力矩既与 $\Delta\dot{\gamma}$ 和 $K_{\dot\gamma}$ 成正比,又与 $\Delta\dot{\gamma}$ 的方向相反,与阻尼力矩的方向相同,所以这一部分操纵力矩起到了阻尼作用。因此从飞行力学的角度来讲,引入倾斜角速度的信号,放大系数 $K_{\dot\gamma}$ 的存在,类似于增大了导弹的横向"气动阻尼"。

下面再来分析一下放大系数 K_γ 和 $K_{\dot\gamma}$ 的大小对导弹倾斜运动过渡过程的影响。

微分方程式(10-24)的特征方程式为

$$s^2 + (b_{11}+b_{18}K_{\dot\gamma})s + b_{18}K_\gamma = 0 \qquad (10-25)$$

其根为

$$s_{1,2} = -\sigma \pm v = -\frac{b_{11} + b_{18}K_{\dot{\gamma}}}{2} \pm \frac{1}{2}\sqrt{(b_{11} + b_{18}K_{\dot{\gamma}})^2 - 4b_{18}K_{\gamma}} \qquad (10-26)$$

于是,倾斜运动式(10-25)的解等于

$$\Delta\gamma(t) = \Delta\gamma_0 e^{-\sigma t}\left(\frac{\sigma + v}{2v}e^{vt} + \frac{-\sigma + v}{2v}e^{-vt}\right) + \Delta\gamma_0 e^{-\sigma t}\frac{1}{2v}(e^{vt} - e^{-vt}) +$$

$$\frac{M_{xd}}{b_{18}K_{\gamma}}\left(1 - \frac{-\sigma + v}{2v}e^{-(\sigma+v)t} - \frac{\sigma + v}{2v}e^{(-\sigma+v)t}\right) \qquad (10-27)$$

副翼偏转角则为

$$\Delta\delta_x = \left(K_{\dot{\gamma}}\frac{d}{dt} + K_{\gamma}\right)\Delta\gamma(t) \qquad (10-28)$$

下面就根 $s_{1,2}$ 的形式,简单讨论一下倾斜自动稳定的过渡过程。如果自动驾驶仪没有引入倾斜角速度 $\Delta\dot{\gamma}$ 的信号,放大系数 $K_{\dot{\gamma}}=0$,横向气动阻尼也很小,即动力系数 b_{11} 很小,在式(10-26)中

$$4b_{18}K_{\gamma} > b_{11}^2 \qquad (10-29)$$

那么,$s_{1,2}$ 是一对共轭复根,倾斜角的自由扰动运动为振荡运动。根的实部因 $b_{11}>0$ 而为负,振荡运动是衰减的。

下面以导弹具有初始倾斜角 $\Delta\gamma_0$ 为例来说明。由初始值 $\Delta\gamma_0$ 引起副翼偏转,因存在着不等式(10-29),所以副翼偏转较大,在导弹上就产生了比较大的横向操纵力矩 $M_x^{\delta_x}K_{\gamma}\Delta\gamma_0$。在这个力矩的作用下导弹一开始就滚转得比较迅急,在达到原始平衡位置时,导弹还具有继续旋转的动能,角速度不为零,而冲过平衡位置向相反方向倾斜,形成振荡形式的倾斜运动(见图10.10)。由于在振荡中受到气动阻尼力矩的作用,振幅则是逐渐衰减的,于是经过几次振荡之后的运动就停止下来,使导弹回复到原有位置。

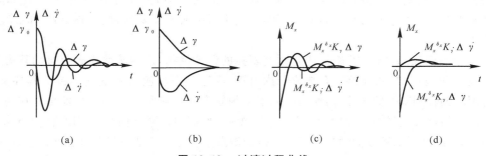

图 10.10　过渡过程曲线

这种情况与无自动驾驶仪相比较有很大的区别。本来在偶然干扰 $\Delta\gamma_0$ 作用下,导弹因无横向静稳定性要始终偏斜 $\Delta\gamma_0$ 角。有了自动驾驶仪,引入倾斜角 $\Delta\gamma$ 信号,导弹就可以消除 $\Delta\gamma_0$ 角而具有稳定性。所以说放大系数 K_{γ} 类似于增补了导弹的"横向静稳定性"。

在自动驾驶仪中引入了倾斜角速度 $\Delta\dot\gamma$ 信号,放大系数 $K_{\dot\gamma}$ 存在,在式(10-26)中就可能出现

$$(b_{11}+b_{18}K_{\dot\gamma})^2>4b_{18}K_\gamma \tag{10-30}$$

的情形。这时,$s_{1,2}$ 是两个小于零的实根,倾斜运动为非周期的形式(见图10.10(b))。这时在同样 $\Delta\gamma_0$ 作用下,不仅副翼随倾斜角而偏转,并且随倾斜角速度的存在而成比例地变动。因为消除 $\Delta\gamma_0$ 的倾斜运动角速度 $\Delta\dot\gamma$ 方向与 $\Delta\gamma$ 相反,这就减小了纯由 $\Delta\gamma$ 信号引起的副翼偏角,使操纵力矩相对地减小,或者说明阻尼力矩得到了增加,增加值为 $M_x^{\rho_x}K_{\dot\gamma}\Delta\dot\gamma$。所以,这时倾斜运动就有可能变成衰减的非周期运动。引入了 $\Delta\dot\gamma$ 信号,即使不能形成非周期的衰减运动,也可减小超调量。总之,根据设计导弹的需要,对副翼采取不同的调节规律,可以使倾斜运动自动稳定,并获得满意的动态品质。

在常值干扰作用下,即 M_{xd} 为常量,由式(10-27)和式(10-28)可得过渡过程结束后,$t\to\infty$ 时的稳态值为

$$\Delta\gamma_w=\frac{M_{xd}}{b_{18}K_\gamma} \tag{10-31}$$

以及

$$\Delta\delta_{xw}=\frac{M_{xd}}{b_{18}} \tag{10-32}$$

在过渡过程结束后,为什么还会出现稳态值,可解释如下:由常值相似干扰力矩 M_{xd} 引起倾斜运动,过渡过程结束后,它仍保持常量。要使导弹保持力矩平衡,副翼必须相应地偏转,其值等于 $\Delta\delta_{xw}$,以便产生可以抵消干扰力矩的横向操纵力矩。因为由驾驶仪来转动副翼,只有在出现 $\Delta\gamma$ 或 $\Delta\dot\gamma$ 的条件下才有可能,如果 $\Delta\dot\gamma$ 不等于零,导弹就要继续滚转,过渡过程就不会结束,所以只能是倾斜角有稳态值 $\Delta\gamma_w$。

以上说明,分析导弹的倾斜运动,考虑了自动驾驶仪的动态方程式(10-20),由于副翼偏转角得到了调节,就能在很大程度上改善倾斜动态品质。但是,在常值干扰力矩 M'_{xd} 作用下,导弹还要倾斜,其值等于 $\Delta\gamma_w$。而这种倾斜又是飞行中所不需要的,故又称 $\Delta\gamma_w$ 和 $\Delta\delta_{xw}$ 为稳态误差。

消除倾斜角误差 $\Delta\gamma_w$,其途径还是改变副翼的调节规律,这当然就要改变自动驾驶仪的结构。从动力学观点讲,在导弹上有常值干扰力矩,经过动态反应之后使它不再引起导弹横滚,必须将副翼偏转到某一固定位置,使力矩处于平衡状态。考虑到副翼的这个偏角是在动态过程中逐步形成的,可以想像它是时间 t 的积分值,同时按倾斜自动驾驶仪的工作原理,只有当再出现倾斜角时副翼才偏转,所以倾斜角可以作为被积函数来看待。于是调节规律也可表示为

$$\Delta\delta_x=\int K_\gamma\Delta\gamma\,\mathrm{d}t$$

这时候在常值干扰力矩 M'_{xd} 作用下导弹滚转时,副翼就按积分方式偏转,在过渡过程结束时,即使倾斜角 $\Delta\gamma$ 为零,副翼也有一个固定值,其过渡过程如图10.11所示,这时就不会产生稳态误差 $\Delta\gamma_w$。

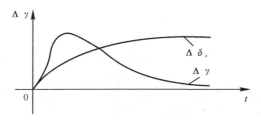

图 10.11　过渡过程曲线

由上式微分一次可得

$$\Delta \dot{\delta}_x = K_\gamma \Delta \gamma$$

如果在引入倾斜角 $\Delta \gamma$ 信号的同时还引入 $\Delta \dot{\gamma}$ 信号,最后可将这种调节规律写成

$$\Delta \dot{\delta}_x = K_\gamma \Delta \gamma + K_{\dot{\gamma}} \Delta \dot{\gamma} \qquad (10-32)$$

与式(10-20)相比,称它为无静差的调节规律。

四、导弹弹体的纵横向交感运动简介

如前所述,只有在一定的简化条件下,才能使导弹的纵向运动和侧向运动分开进行研究。如果这些简化条件不成立,那么纵向运动和侧向运动就必须合在一起进行分析。本节将要简略介绍的倾斜滚动惯性交感运动就是一个比较常见的例子。下面着重介绍这种纵横向交感运动产生的物理原因,并附带介绍一点经过简化后的解析处理方法。

1. 倾斜急滚惯性交感运动产生的物理原因

在将纵向扰动运动和侧向扰动运动分开研究时,曾用到了小扰动这样一个十分重要的假设,其中 ω_x 的值比较小也是其中的一个条件。在导弹作快速滚动时,滚动角速度 ω_x 就不能再作为小量了。一般弹体的弹身多为细长体,而且弹翼的展弦比又比较小,故其质量分布更加集中在 Ox_1 轴附近,因此绕 Ox_1 的转动惯量 J_x 比绕 Oy_1,Oz_1 轴的转动惯量 J_y,J_z 要小得多。这就使得$(J_y - J_x)$ 和 $(J_x - J_z)$ 的数值比较大,所以惯性交感力矩 $(J_y - J_x)\omega_x\omega_y$ 和 $(J_x - J_z)\omega_x\omega_z$ 就不能再忽略不计了。

下面进一步分析两个交感力矩项。假设导弹以角速度 ω_x 滚动时受到干扰,使导弹产生了绕 Oy_1 轴的转动角速度 $\omega_y < 0$(见图10.12)。这时的合成角速度矢量为 $\boldsymbol{\omega}$。导弹沿 x_1 轴的质量分布可用集中质量 A_1,A_2 表示;沿 y_1 轴的质量分布可用集中质量 B_1,B_2 表示。当有 $\boldsymbol{\omega}$ 存在时,作用在 A_1,A_2 上和 B_1,B_2 上的离心力分别如图10.12所示。

离心力 F_{A_1} 和 F_{A_2} 就会产生一个绕 Oz_1 轴的正的俯仰力矩,从而使攻角 α 增大。而作用在 B_1,B_2 上的离心力 F_{B_1},F_{B_2} 对 Oz_1 轴所产生的力矩则力图使攻角减小。显然,前一力矩远比后一力矩大,故合力矩是抬头力矩,这就是俯仰惯性交感力矩 $(J_y - J_x)\omega_x\omega_y$。如果静稳定性所产生的力矩 $M_z^\alpha\alpha$ 不能克服它,就有可能造成俯仰发散现象。

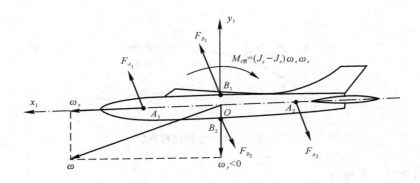

图 10.12　俯仰惯性交感力矩的产生

同样,由图 10.13 可以解释,当导弹以角速度 ω_x 滚动时,如受到干扰而使导弹产生俯仰角速度 ω_z,这时也必然会产生偏航惯性交感力矩 $(J_x - J_z)\omega_x\omega_z$。这一力矩力图增大侧滑角,如果 $M_y^\beta\beta$ 力矩不能克服它,就有可能造成偏航发散现象。

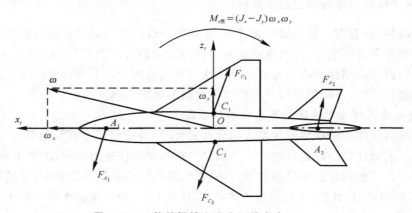

图 10.13　偏航惯性交感力矩的产生

2. 简化分析方法

根据理论力学中刚体动力学的知识知道,导弹相对弹体坐标系的重心运动动力学方程为

$$m\left(\frac{\mathrm{d}V_x}{\mathrm{d}t} - V_y\omega_z + V_z\omega_y\right) = F_x$$
$$m\left(\frac{\mathrm{d}V_y}{\mathrm{d}t} - V_z\omega_x + V_x\omega_z\right) = F_y \qquad (10-33)$$
$$m\left(\frac{\mathrm{d}V_z}{\mathrm{d}t} - V_x\omega_y + V_y\omega_x\right) = F_z$$

导弹相对重心转动的动力学关系为

$$
\left.
\begin{aligned}
&J_x \frac{\mathrm{d}\omega_x}{\mathrm{d}t} + (J_z - J_y)\omega_y\omega_z + J_{xy}\left(\omega_z\omega_x - \frac{\mathrm{d}\omega_y}{\mathrm{d}t}\right) = M_x \\
&J_y \frac{\mathrm{d}\omega_y}{\mathrm{d}t} + (J_x - J_z)\omega_z\omega_x + J_{xy}\left(\omega_y\omega_z - \frac{\mathrm{d}\omega_x}{\mathrm{d}t}\right) = M_y \\
&J_z \frac{\mathrm{d}\omega_z}{\mathrm{d}t} + (J_y - J_x)\omega_y\omega_x + J_{xy}(\omega_y^2 - \omega_x^2) = M_z
\end{aligned}
\right\}
\tag{10-34}
$$

从完整的导弹动力学方程组（10-33）和（10-34）出发，设导弹以不变的飞行速度 V 和不变的滚动角速度 ω_x 作定常直线滚转运动，研究此时受到小扰动后的扰动运动特性。

如果假设导弹受到扰动之后，ΔV_x 和 $\Delta\omega_x$ 的变化量都十分微小，可以忽略不计。另外，还假设导弹受到扰动之后的重力扰动量可以忽略不计。这时根据小扰动假设对方程组（10-33）和式（10-34）中的第 2,3 式进行线性化，并略去二次及二次以上的小量，求出其扰动线性化方程为

$$
\left.
\begin{aligned}
&m\left(\frac{\mathrm{d}\Delta V_y}{\mathrm{d}t} - \Delta V_z\omega_x + V_x\Delta\omega_z\right) = Y^\alpha\Delta\alpha \\
&m\left(\frac{\mathrm{d}\Delta V_z}{\mathrm{d}t} - V_x\Delta\omega_y + \Delta V_y\omega_x\right) = Z^\beta\Delta\beta \\
&J_y \frac{\mathrm{d}\Delta\omega_y}{\mathrm{d}t} + (J_x - J_z)\omega_x\Delta\omega_z = M_y^\beta\Delta\beta + M_y^{\omega_y}\Delta\omega_y \\
&J_z \frac{\mathrm{d}\Delta\omega_z}{\mathrm{d}t} + (J_y - J_x)\omega_x\Delta\omega_y = M_z^\alpha\Delta\alpha + M_z^{\omega_z}\Delta\omega_z
\end{aligned}
\right\}
\tag{10-35}
$$

在小攻角和小侧滑角的条件下，根据导弹的弹道坐标和弹体坐标之间的方向余弦关系求出

$$
V_x \approx V
$$
$$
V_y \approx -V\alpha
$$
$$
V_z \approx V\beta
$$

此处设推力作用方向是沿 Ox_1 轴。

在此基础上求出的 $\Delta V_y,\Delta V_z$ 线性化方程为

$$
\left.
\begin{aligned}
\Delta V_y &= -V\Delta\alpha \\
\Delta V_z &= V\Delta\beta
\end{aligned}
\right\}
\tag{10-36}
$$

将方程组（10-36）代入方程组（10-35）后，得

$$
\left\{
\begin{aligned}
&mV\left(-\frac{\mathrm{d}\Delta\alpha}{\mathrm{d}t} + \Delta\omega_z - \omega_x\Delta\beta\right) = Y^\alpha\Delta\alpha \\
&mV\left(\frac{\mathrm{d}\Delta\beta}{\mathrm{d}t} - \Delta\omega_y - \omega_x\Delta\alpha\right) = Z^\beta\Delta\beta \\
&J_y \frac{\mathrm{d}\Delta\omega_y}{\mathrm{d}t} + (J_x - J_z)\omega_x\Delta\omega_z = M_y^\beta\Delta\beta + M_y^{\omega_y}\Delta\omega_y \\
&J_z \frac{\mathrm{d}\Delta\omega_z}{\mathrm{d}t} + (J_y - J_x)\omega_x\Delta\omega_y = M_z^\alpha\Delta\alpha + M_z^{\omega_z}\Delta\omega_z
\end{aligned}
\right.
$$

为了更清楚地看出一些参数的影响，可以忽略气动阻尼力矩的影响以及由于 $\Delta\alpha, \Delta\beta$ 所产生的气动力 $Y^\alpha \Delta\alpha, Z^\beta \Delta\beta$ 的影响。这样一来上式就可以改写为

$$\left.\begin{aligned}
-\frac{\mathrm{d}\Delta\alpha}{\mathrm{d}t} - \omega_x \Delta\beta + \Delta\omega_z = 0 \\
\frac{\mathrm{d}\Delta\beta}{\mathrm{d}t} - \omega_x \Delta\alpha - \Delta\omega_y = 0 \\
\frac{\mathrm{d}\Delta\omega_y}{\mathrm{d}t} - J_1 \omega_x \Delta\omega_z - \frac{M_y^\beta}{J_y}\Delta\beta = 0 \\
\frac{\mathrm{d}\Delta\omega_z}{\mathrm{d}t} - J_2 \omega_x \Delta\omega_y - \frac{M_z^\alpha}{J_z}\Delta\alpha = 0
\end{aligned}\right\} \qquad (10-37)$$

式中

$$J_1 = \frac{J_z - J_x}{J_y}$$

$$J_2 = \frac{J_y - J_x}{J_y}$$

在这个扰动运动方程组中，只包含有 4 个扰动量，即 $\Delta\alpha, \Delta\beta, \Delta\omega_y$ 和 $\Delta\omega_z$。由方程组(10-37) 可以求出其特征方程式为

$$\Delta = \begin{vmatrix}
-\lambda & -\omega_x & 0 & 1 \\
-\omega_x & \lambda & -1 & 0 \\
0 & -\dfrac{M_y^\beta}{J_y} & \lambda & -J_1 \omega_x \\
-\dfrac{M_z^\alpha}{J_z} & 0 & J_2 \omega_x & \lambda
\end{vmatrix} = 0$$

将此行列式展开后，得

$$s^4 + A_1 s^2 + A_2 = 0 \qquad (10-38)$$

式中

$$A_1 = -\frac{M_y^\beta}{J_y} - \frac{M_z^\alpha}{J_z} + \omega_x^2(1 + J_1 J_2)$$

$$A_2 = \left(-\frac{M_z^\alpha}{J_z} - J_2 \omega_x^2\right)\left(-\frac{M_y^\beta}{J_y} - J_1 \omega_x^2\right)$$

由此可以看出，要使系统不发散的条件为 $A_1 > 0, A_2 > 0$，即

$$-\frac{M_y^\beta}{J_y} - \frac{M_z^\alpha}{J_z} + \omega_x^2(1 + J_1 J_2) > 0 \qquad (10-39)$$

$$\left(-\frac{M_z^\alpha}{J_z} - J_2 \omega_x^2\right)\left(-\frac{M_y^\beta}{J_y} - J_1 \omega_x^2\right) > 0 \qquad (10-40)$$

由式(10-39)和式(10-40)求出使纵侧向交感运动不发散的条件为

$$
\left.\begin{array}{l}
-\dfrac{M_y^{\beta}}{J_y} > -\left(-\dfrac{M_z^{\alpha}}{J_z}\right) - \omega_x^2(1+J_1J_2) \\[3mm]
-\dfrac{M_z^{\alpha}}{J_z} > \omega_x^2 J_2 \\[3mm]
-\dfrac{M_y^{\beta}}{J_y} > \omega_x^2 J_1
\end{array}\right\} \qquad (10-41)
$$

或

$$
\left.\begin{array}{l}
-\dfrac{M_y^{\beta}}{J_y} > -\left(-\dfrac{M_z^{\alpha}}{J_z}\right) - \omega_x^2(1+J_1J_2) \\[3mm]
-\dfrac{M_z^{\alpha}}{J_z} < \omega_x^2 J_2 \\[3mm]
-\dfrac{M_y^{\beta}}{J_y} < \omega_x^2 J_1
\end{array}\right\} \qquad (10-42)
$$

按式(10-41)和式(10-42)对 $-\dfrac{M_y^{\beta}}{J_y}$，$-\dfrac{M_z^{\alpha}}{J_z}$ 所组成的参数平面画出的不发散区域如图 10.14 所示。由图中可以看出,只有参数 $-\dfrac{M_z^{\alpha}}{J_z}$，$\dfrac{M_y^{\beta}}{J_y}$ 之间的匹配关系正好落在 Ⅰ 或 Ⅱ 区内时,才能保证导弹的纵侧向交感运动不会发散;同时还会发现,随着滚转角速度 ω_x 的提高,又会使得 Ⅱ 区扩大。

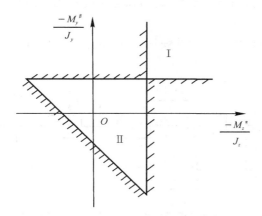

图 10.14　$-\dfrac{M_z^{\alpha}}{J_z}$，$\dfrac{M_y^{\beta}}{J_y}$ 所组成的参数域

10.2 纵向运动的自动稳定与控制

一、概述

如 10.1 节所述,导弹倾斜运动引入自动驾驶仪的作用后,能够在很大程度上改善倾斜运动的稳定性,并在某些弹道特性点上获得满意的动态品质。

导弹飞行时它的升降舵和方向舵也是依靠自动驾驶仪来转动的,因此在纵向运动中也必须同样研究自动驾驶仪所起的作用。

因为纵向运动不同于倾斜运动,自动驾驶仪在两种运动中所起的作用也就有所不同。一般地讲,倾斜自动驾驶仪的功用是消除导弹在干扰作用下的倾斜,使弹体坐标系与发射坐标系保持一致,使导弹自动稳定。若基准运动不受干扰作用,倾斜自动驾驶仪应保证副翼处于中立位置,否则由于副翼偏转而驱使导弹绕纵轴滚动。

在纵向运动中自动驾驶仪的作用,除保证导弹具有稳定性外,还有控制导弹飞行的作用,使导弹尽可能沿理想弹道飞行。因此要求自动驾驶仪能够迅速反应并控制信号,使导弹具备良好的操纵性。也就是说,基准运动没有干扰作用,自动驾驶仪也要转动升降舵,使导弹产生攻角以获得升力。这一点,与倾斜运动是不一样的。所以,纵向自动驾驶仪起着稳定和控制两种作用,而且控制作用还是主要的。

导弹的有控飞行可以分为两种基本状态:即稳定系统作用下的自动稳定飞行和制导系统作用下的导引飞行。

稳定系统由导弹的姿态运动和自动驾驶仪组成,常称之为小回路,其组成原理如图 10.15 所示。

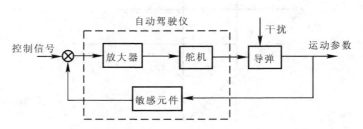

图 10.15 导弹的姿态运动和自动驾驶仪组成原理图

纵向自动驾驶仪也是由敏感元件、放大器和舵机三个基本部分组成的。其中敏感元件包括测量俯仰角的陀螺、测量俯仰角速度的陀螺以及加速度、动压头和攻角的测量装置等。应该采用哪种测量装置,由导弹对稳定性和操纵性提出的要求来决定。

自动驾驶仪的敏感元件测量导弹的运动参数,如姿态角或姿态角速度、飞行高度及过载等。

舵机是电气机械装置,按照传送来的电信号大小,相应地转动导弹的操纵面。舵机执行传送来的电信号所出现的惯性,决定了自动驾驶仪的反应速度。

导弹的运动可分为俯仰、偏航和滚动三个通道,可用扰动运动方程组成相应的传递函数来表示。

制导系统由导弹的导引装置和姿态稳定系统组成,常称为大回路,如图10.16所示的原理图,图中导引装置有主动和被动等多种形式,视具体导弹的制导体制而定。

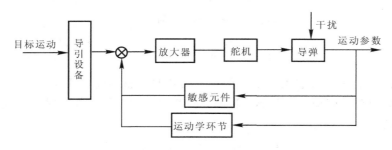

图 10.16　导弹的导引装置和姿态稳定系统组成原理图

制导系统也可分为俯仰与偏航两个通道。考虑到导弹气动外形的对称性,这里仅讨论纵向运动问题,按照纵向扰动运动与侧向扰动运动的对称性,也就能够理解偏航通道理论。

需要定高、定向飞行的导弹,要求对俯仰角 $\Delta\vartheta$ 或攻角 $\Delta\alpha$ 保持稳定。在程序信号控制下进行爬高或下滑飞行的导弹,或者是在水平面内按程序控制信号改变航向的导弹,为了提高飞行精度,也都是希望俯仰角或攻角不受干扰作用的影响。

纵向扰动运动中的干扰因素,主要是常值干扰力矩 M_{zd}。实践证明,分析纵向角运动采用短周期扰动运动方程可以得到满意的结果,在相似干扰力矩和升降舵偏转作用下的纵向短周期扰动运动方程组由式(8-27)可得

$$\begin{bmatrix} \Delta\dot{\omega}_z \\ \Delta\dot{\alpha} \\ \Delta\dot{\vartheta} \end{bmatrix} = \boldsymbol{A} \begin{bmatrix} \Delta\omega_z \\ \Delta\alpha \\ \Delta\vartheta \end{bmatrix} + \begin{bmatrix} -a_{25} + a'_{24}a_{35} \\ -a_{35} \\ 0 \end{bmatrix} \Delta\delta_z + \begin{bmatrix} M_{zd} \\ 0 \\ 0 \end{bmatrix} \qquad (10-43)$$

式中,方阵 $\boldsymbol{A}$ 由式(8-28)表达。这里先分析弹体对干扰力矩 M_{zd} 的反应,这时自动驾驶仪不工作,升降舵偏角 $\Delta\delta_z=0$;然后再引进自动驾驶仪的动态方程作对比说明。

在第8章已经得出结论,如果动力系数 $a_{24}+a_{22}a_{34}>0$,纵向角运动是稳定的。因此 M_{zd} 为常数时,导弹对它的反应也是稳定的。现在所关心的问题是稳定过程结束后,俯仰角或攻角有没有稳态误差。求稳态误差可用拉普拉斯变换的终值定律,式(10-43)不考虑初始值,拉普拉斯变换后变成

$$\begin{bmatrix} s\Delta\omega_z(s) \\ s\Delta\alpha(s) \\ s\Delta\vartheta(s) \end{bmatrix} = \boldsymbol{A} \begin{bmatrix} \Delta\omega_z(s) \\ \Delta\alpha(s) \\ \Delta\vartheta(s) \end{bmatrix} + \begin{bmatrix} -a_{25} + a'_{24}a_{35} \\ -a_{35} \\ 0 \end{bmatrix} \Delta\delta_z(s) + \begin{bmatrix} M_{zd}(s) \\ 0 \\ 0 \end{bmatrix} \qquad (10-44)$$

取 M_{zd} 为常数，$\Delta\delta_z = 0$，由终值定律并展开矩阵方程得到

$$\left. \begin{aligned} (a'_{24}a_{34} + a'_{24}a_{33} - a_{24})\Delta\alpha_w - a'_{24}a_{33}\Delta\vartheta_w &= -M_{zd} \\ -(a_{34} + a_{33})\Delta\alpha_w + a_{33}\Delta\vartheta_w &= 0 \end{aligned} \right\} \qquad (10-45)$$

$\Delta\alpha_w$，$\Delta\vartheta_w$ 分别为攻角和俯仰角的稳态误差，其值解由（10-45）可得

$$\left. \begin{aligned} \Delta\vartheta_w &= \frac{(a_{34} + a_{33})}{a_{24}a_{33}}M_{zd} \\ \Delta\alpha_w &= \frac{1}{a_{24}}M_{zd} \end{aligned} \right\} \qquad (10-46)$$

所得结果表明：由攻角稳态误差形成的恢复力矩与干扰力矩相平衡时，过渡过程才能结束。但是，随后因出现了附加升力 $Y^\alpha\Delta\alpha$，将使导弹改变它的飞行轨迹，引起弹道倾角出现稳态误差，其值由式（10-46）可得

$$\Delta\theta_w = \left(\frac{a_{34} + a_{33}}{a_{24}a_{33}} - \frac{1}{a_{24}} \right)M_{zd} = \frac{a_{34}}{a_{24}a_{33}}M_{zd} \qquad (10-47)$$

因此在干扰力矩的作用下，在力矩保持平衡后，导弹不是爬升就是下滑，并不能保持飞行弹道的稳定性。特别是未扰动运动作水平飞行时，其情况尤为严重。因为重力动力系数 $a_{33} = -\frac{g}{V}\sin\theta$，若基准运动为水平状态，则 $a_{33} = 0$，这就使 $\Delta\vartheta_w$ 和 $\Delta\theta_w$ 的数值变得很大。实际上这时候在常值干扰力矩 M_{zd} 的作用下，只能使俯仰角速度和弹道倾角速度保持稳态。证明如下：因 $a_{33} = 0$，方阵 $\boldsymbol{A}$ 简化成 $\boldsymbol{A}'$，即

$$\boldsymbol{A}' = \begin{bmatrix} -(a_{22} + a'_{24}) & (a'_{24}a_{34} - a_{24}) & 0 \\ 0 & -a_{34} & 0 \\ 1 & 0 & 0 \end{bmatrix} \qquad (10-48)$$

将矩阵 $\boldsymbol{A}'$ 代替式（10-44）的矩阵 $\boldsymbol{A}$，因像函数 $s\vartheta(s)$ 可以单独求解，且与第一、第二行无关，于是将矩阵方程展开后，由终值定律可得

$$\left. \begin{aligned} -(a_{22} + a'_{24})\Delta\omega_{zw} + (a'_{24}a_{34} - a_{24})\Delta\alpha_w &= -M_{zd} \\ \Delta\omega_{zw} - a_{34}\Delta\alpha_w &= 0 \end{aligned} \right\} \qquad (10-49)$$

因为 $\Delta\dot{\vartheta}_w = \Delta\omega_{zw}$，所以由式（10-49）求得

$$\left. \begin{aligned} \Delta\dot{\vartheta}_w &= \frac{a_{34}}{a_{24} + a_{22}a_{34}}M_{zd} \\ \Delta\alpha_w &= \frac{1}{a_{24} + a_{22}a_{34}}M_{zd} \\ \Delta\dot{\theta}_w &= \Delta\dot{\vartheta}_w \end{aligned} \right\} \qquad (10-50)$$

可见,导弹作水平飞行时,受到干扰力矩作用的结果,弹体的纵轴最后要定态转动,由此产生气动阻尼力矩 $M_z^{\omega_z}\Delta\dot{\vartheta}_w$ 与恢复力矩 $M_z^\alpha\Delta\alpha_w$ 一起来抵消干扰力矩,同时因为 $\Delta\dot{\theta}_w=a_{34}\Delta\alpha_w$,导弹将离开水平弹道而沿曲线飞行。

上述分析说明,由于干扰作用是不可避免的,如不转动升降舵来克服它所产生的影响,又无别的抑制干扰影响的措施,其后果是相当严重的。

对于无人驾驶的飞行器,要转动升降舵必须安装纵向自动驾驶仪。为了达到使俯仰角和弹道倾角保持稳定的目的,自动驾驶仪动态方程的最简单形式应该为

$$\Delta\delta_z = K_\vartheta\Delta\vartheta \qquad\qquad (10-51)$$

式中,K_ϑ 为自动驾驶仪对俯仰角的传递系数,或称角传动比。这时当导弹出现俯仰角的偏量时,因升降舵也与 $\Delta\vartheta$ 成比例偏转,从而产生了操纵力矩,即

$$M_z^{\delta_z}\Delta\delta_z = -J_z a_{25}K_\vartheta\Delta\vartheta \qquad\qquad (10-52)$$

当 $\Delta\vartheta$ 为正时,操纵力矩 $M_z^{\delta_z}\Delta\delta_z$ 为负,这就抑制了俯仰角的继续增加,并使导弹的纵轴恢复到原来的位置。这个作用类似于恢复力矩的效果,因而认为传递系数 K_ϑ 相当于补偿了导弹的"静稳定性"。当然,操纵动力系数 a_{25} 在这种意义上讲,也起着同样的作用。

需要进一步研究的问题是纵向自动稳定时,对自动驾驶仪传递系数 K_ϑ 有何要求,引入驾驶仪后又可否减小干扰作用产生的影响。

二、俯仰角的自动稳定

考虑了调节规律式(10-51),导弹在自动驾驶仪工作下的纵向短周期扰动运动应由式(10-44)和式(10-51)联立表示,将式(10-51)代入式(10-44),求得矩阵形式的运动方程为

$$\begin{bmatrix}\Delta\dot{\omega}_z\\\Delta\dot{\alpha}\\\Delta\dot{\vartheta}\end{bmatrix}=\boldsymbol{A}''\begin{bmatrix}\Delta\omega_z\\\Delta\alpha\\\Delta\vartheta\end{bmatrix}+\begin{bmatrix}M_{zd}\\0\\0\end{bmatrix} \qquad\qquad (10-53)$$

方阵 $\boldsymbol{A}''$ 为

$$\boldsymbol{A}''=\begin{bmatrix}-(a_{22}+a'_{24}) & (a'_{24}a_{34}+a_{22}a_{33}-a_{24}) & -a'_{24}a_{33}-a_{25}K_\vartheta+a'_{24}a_{35}K_\vartheta\\0 & -(a_{34}+a_{33}) & a_{33}-a_{35}K_\vartheta\\1 & 0 & 0\end{bmatrix}$$

$$(10-54)$$

与此对应的俯仰角自动稳定的特征方程为

$$\begin{aligned}|s\boldsymbol{I}-\boldsymbol{A}''|={} & s^3+(a_{22}+a_{34}+a_{33}+a'_{24})s^2+\\ & (a_{24}+a_{22}a_{34}+a_{22}a_{33}+a'_{24}a_{33}+a_{25}K_\vartheta-a'_{24}a_{35}K_\vartheta)s+\\ & a_{24}a_{33}+a_{25}(a_{33}+a_{34})K_\vartheta-a'_{24}a_{35}K_\vartheta=0 \qquad (10-55)\end{aligned}$$

如果可以略去动力系数 a_{33},式(10-55)变成

$$s^3+(a_{22}+a_{34}+a'_{24})s^2+(a_{24}+a_{22}a_{34}+a_{25}K_\vartheta-a'_{24}a_{35}K_\vartheta)s+$$

$$a_{25}a_{34}K_\vartheta - a_{24}a_{35}K_\vartheta = 0 \tag{10-56}$$

式(10-56)与弹体本身的特征方程 $|sI - A| = 0$ 相比较,因放大系数 K_ϑ 的存在,特征方程已没有了零根。为保证运动具有稳定性,要求特征方程的 3 个根均为负值,按照古尔维茨准则,除要求特征方程式(10-56)的系数都是正值外,还必须满足稳定的充分条件,即

$$(a_{24} + a_{22}a_{34} + a_{22}a_{33} + a'_{24}a_{33} + a_{25}K_\vartheta - a'_{24}a_{35}K_\vartheta)(a_{22} + a_{34} + a_{33} + a'_{24}) -$$
$$(a_{24}a_{33} + a_{25}a_{33}K_\vartheta + a_{25}a_{34}K_\vartheta - a_{24}a_{35}K_\vartheta) > 0 \tag{10-57}$$

这个不等式存在的条件,是自动驾驶仪的传递系数应满足

$$K_\vartheta > \frac{(a_{24} + a_{22}a_{34} + a_{22}a_{33} + a'_{24}a_{33})(a_{22} + a_{34} + a_{33} + a'_{24}) - a_{24}a_{33}}{(a_{25} - a'_{24}a_{35})(a_{22} + a_{34} + a_{33} + a'_{24}) + a_{24}a_{35} - a'_{24}a_{34}a_{35} - a_{25}a_{33}} \tag{10-58}$$

因为式(10-58)右端为负值,只要传递系数 $K_\vartheta > 0$,式(10-58)总是成立的,导弹的纵向运动就能够自动稳定。除要求传递系数 K_ϑ 为正值外,为了加快升降舵的偏转,更有效地抑制俯仰角的偏离,还希望传递系数 K_ϑ 大一点。但是 K_ϑ 值也不能太大,太大了会使导弹的反应过于剧烈,并容易使升降舵总是处于极限位置,这样就不可能再继续依靠偏转升降舵来操纵导弹的飞行。因此确定传递系数 K_ϑ,除保证导弹具有稳定性外,还要考虑操纵性和动态品质对它的要求。

相比之下,如果动力系数 a_{33} 和 a_{35} 都可以略去,式(10-57)就可以变成

$$\frac{K_\vartheta a_{25}(a_{22} + a'_{24})}{a_{22} + a_{34} + a'_{24}} + a_{22}a_{34} > -a_{24} \tag{10-59}$$

式(10-59)与没有自动驾驶仪的动态稳定条件 $a_{22}a_{34} > -a_{24}$ 相比较,因为 $K_\vartheta a_{25}(a_{22} + a'_{24})/(a'_{24} + a_{34})$ 是正值,可以允许 a_{24} 为负数的绝对值增大,即允许导弹可以有更大的静不稳定性。但是这样讲,不等于在设计导弹时只要采用式(10-51)调节规律,就可以不考虑导弹的静稳定性,因为动力系数 a_{24} 同时决定着弹体的传递系数 K_α、时间常数 T_α 和相对阻尼系数 ξ_α 以及自振频率等等,而这些参数不仅影响着稳定性,还决定着导弹整个纵向运动的动态品质。如果只从稳定性角度看,导弹当然可以是静不稳定的。

还应该指出的是,式(10-59)是俯仰角稳定的条件,而弹体动态稳定条件 $a_{24} > -a_{22}a_{34}$ 是指俯仰角速度的稳定。对俯仰角而讲,因只要存在着 $\Delta\dot\vartheta$,俯仰角就按积分方式 $\Delta\vartheta = \int \Delta\dot\vartheta dt$ 随时间而变化。

下面再来分析一下,引入自动驾驶仪后常值干扰力矩 M_{zd} 产生的影响。这时导弹在 M_{zd} 作用下绕重心转动,升降舵将随俯仰角一起偏转,当操纵力矩调节到等于干扰力矩时,如果俯仰角速度为零,过渡过程就可结束。我们所关心的问题是,这时候是否还存在着稳态误差?从力学观点看,为了使弹体保持力矩静态平衡,升降舵应有一个固定偏角。从调节规律看,因为 $\Delta\delta_z = K_\vartheta \Delta\vartheta$,所以,俯仰角这时存在着稳态误差,其值可由式(10-53)导出。式(10-53)经拉普拉斯变换后由终值定律可得

$$
\left.
\begin{aligned}
(a'_{24}a_{34} + a_{22}a_{33} - a_{24})\Delta\alpha_w + (-a'_{24}a_{33} - a_{25}K_\vartheta + a'_{24}a_{35}K_\vartheta)\Delta\vartheta_w &= -M_{zd} \\
-(a_{34} + a_{33})\Delta\alpha_w + (a_{33} - a_{35}K_\vartheta)\Delta\vartheta_w &= 0
\end{aligned}
\right\}
\quad (10-60)
$$

解此方程组求得

$$
\left.
\begin{aligned}
\Delta\vartheta_w &= \frac{a_{34} + a_{33}}{K_\vartheta[a_{24}(a_{34} + a_{33}) - a_{24}a_{35}] + a_{24}a_{33}} M_{zd} \\
\Delta\alpha_w &= \frac{a_{33} - a_{35}K_\vartheta}{K_\vartheta[a_{25}(a_{34} + a_{33}) - a_{24}a_{35}] + a_{24}a_{33}} M_{zd} \\
\Delta\delta_{zw} &= K_\vartheta\Delta\vartheta_w = \frac{K_\vartheta(a_{34} + a_{33})}{K_\vartheta[a_{25}(a_{34} + a_{33}) - a_{24}a_{35}] + a_{24}a_{33}} M_{zd} \\
\Delta\theta_w &= \Delta\vartheta_w - \Delta\alpha_w = \frac{a_{34} + a_{35}K_\vartheta}{K_\vartheta[a_{25}(a_{34} + a_{33}) - a_{24}a_{35}] + a_{24}a_{33}} M_{zd}
\end{aligned}
\right\}
\quad (10-61)
$$

攻角也有稳态误差,是因为舵偏角 $\Delta\delta_{zw}$ 产生了升力 $Y^{\delta_z}\cdot\Delta\delta_{zw}$ 和重力的法向分量发生了变化;为了在稳态飞行时使法向力处于平衡状态,就必须在过渡过程中调整攻角,以致最后形成了攻角稳态误差 $\Delta\alpha_w$。由于 $\Delta\alpha_w$ 的存在,实际上过渡过程结束后在导弹上除了操纵力矩和干扰力矩外,还有恢复力矩,其力矩平衡状态应为

$$
M_{zd} + M_z^{\delta_z}K_\vartheta\Delta\vartheta_w + M_z^\alpha\Delta\alpha_w = 0 \quad (10-62)
$$

例如,某导弹飞行时间 $t = 5$ s 时,基准状态近似水平飞行,$\Delta\theta_0 = 9.19°$,依靠弹体本身的自然稳定性在常值干扰 M_{zd} 作用下,出现稳态误差 $\Delta\vartheta_w = 0.035\ 6M_{zd}$,$\Delta\alpha_w = 0.057\ 2M_{zd}$。自动驾驶仪工作后,取升降舵调节规律为 $\Delta\delta_z = K_\vartheta\Delta\vartheta$,按式(10-61)计算稳态误差,则有 $\Delta\vartheta_w = 0.005\ 88M_{zd}$,$\Delta\alpha_w = -0.004\ 16M_{zd}$,$\Delta\delta_{zw} = 0.035\ 2M_{zd}$。比较两种计算结果,发现转动升降舵后,可以大大减小由 M_{zd} 产生的角度稳态误差。因此设计舵偏角时,应该留有一定的数值,以便低消干扰力矩的作用,而保证基准运动不受干扰作用的影响。

升降舵偏转后,要进一步消除稳态误差,就要在调节规律中引入俯仰角积分信号,或者采用位移测量装置通过控制信号对弹道进行修正。例如采用高度传感器就可自动消除由 $\Delta\theta_w$ 产生的高度偏差。

三、俯仰角的自动控制

在纵向运动中自动驾驶仪除保证飞行稳定性外,更主要的作用是执行控制信号操纵导弹飞行。

假设操纵导弹飞行所需的控制信号为 u_ϑ,它在控制系统中是电流或电压等的物理量,在这里代表一定的角度。如果操纵要求是改变导弹的俯仰角,那么控制信号 u_ϑ 就代表所需的俯仰角数值。

因为任何控制信号要对导弹的飞行发生作用,都是通过舵面偏转来实现的,因此对于那些既起稳定作用又起控制作用的自动驾驶仪,它的动态方程就包含了这两方面的因素。所以,升降舵调节规律应为

$$\Delta\delta_z = K_\vartheta\Delta\vartheta - K_\vartheta u_\vartheta/K_T \tag{10-63}$$

由式（10-63）可见，信号 $K_\vartheta\Delta\vartheta$ 与 $K_\vartheta u_\vartheta$ 的极性相反，其原因可解释如下：

对于正常式导弹来讲，如果控制信号 u_ϑ 与所要求的俯仰角值 $\Delta\vartheta^*$ 对应，当 $\Delta\vartheta < \Delta\vartheta^*$ 时，这时升降舵偏角为负值，从而产生正的俯仰操纵力矩，使导弹作抬头俯仰转动，从而使得俯仰角 $\Delta\vartheta$ 增加，达到 $\Delta\vartheta = \Delta\vartheta^*$ 的目的。反之，当 $\Delta\vartheta > \Delta\vartheta^*$ 时，这时升降舵偏角为正值，从而产生负的俯仰操纵力矩，使导弹作低头俯仰转动，从而使得俯仰角 $\Delta\vartheta$ 减小，达到 $\Delta\vartheta = \Delta\vartheta^*$ 的目的。

如果忽略自动驾驶仪的惯性，把其所有环节都视为理想环节，考虑到升降舵调节规律式（10-63），可组成纵向角运动的闭环回路（见图 10.17），在图 10.17 中，因为控制信号 u_ϑ 为正，俯仰角 $\Delta\vartheta$ 为负，所以闭合回路是负反馈信号。

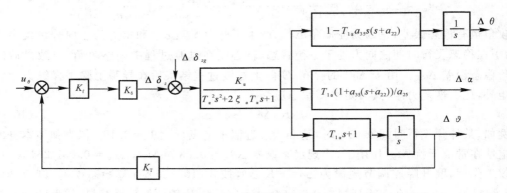

图 10.17　纵向角运动的闭环回路图

K_T，K_f 和 K_δ 分别为角度陀螺，放大器和舵机系统的传递系数，而 $K_\vartheta = K_T K_f K_\delta$。$\Delta\delta_z$ 为等效干扰舵偏角。

不难看出，导弹舵面偏角包含两个分量：一个分量是为了传递控制信号，有目的地改变导弹的飞行；另一个分量是为了克服干扰作用，使导弹不受其影响而保持原有的飞行状态。换句话说，一部分舵偏角是起操纵作用，这是主要的；而另一部分舵偏角则是起稳定作用。下面只讨论在控制信号 u_ϑ 作用下导弹的纵向运动。

按自动调节理论，这时导弹纵向运动参数应作为闭环系统输出量来对待，它们的动态特性可用系统开环传递函数来说明。例如可以采用根轨迹法进行分析。

以俯仰角 $\Delta\vartheta$ 为输出量，系统的开环传递函数为

$$W(s) = \frac{K_\vartheta K_\alpha (T_{1\alpha}s + 1)}{s[T_\alpha^2 s^2 + 2\xi_\alpha T_\alpha s + 1]} \tag{10-64}$$

开环系统的极点仍然是导弹短周期扰动运动的特征值，即

$$s_0 = 0, \qquad s_{1,2} = -\frac{\xi_\alpha}{T_\alpha} \pm j\frac{\sqrt{1-\xi_\alpha^2}}{T_\alpha}$$

而零点是

$$s_3 = -\frac{1}{T_{1\alpha}}$$

当阻尼系数 $\xi_\alpha < 1$ 时,对应于上列开环传递函数的根轨迹如图 10.18 所示。

从根轨迹来看,再一次证明了只要放大系数 $K_\vartheta > 0$,导弹的纵向角运动一定是稳定的。

为了提高动态品质,应该选取比较大的放大系数 $K_\vartheta K_\alpha$,使等于零的极点 s_0 向零点 $-\frac{1}{T_{1\alpha}}$ 靠近,否则系统的一个小实根将对控制过程起主要作用,动态反应的时间将会很长。

如果能够增大导弹的相对阻尼系数 ξ_α,就可以使从两个极点出发的根轨迹向左移动,而增大振荡分量的衰减程度。ξ_α 增加了,因为减小了复根 $s_{1,2}$ 的虚部,还可以降低振荡频率。这样就可以选取较大的放大系数 $K_\vartheta K_\alpha$,使根 $s_{1,2}$ 向零点靠近,而不致

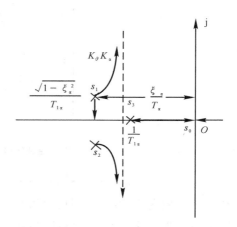

图 10.18　开环传递函数的根轨迹图

于因为提高了复根的虚部而加大导弹的振荡频率。如果不计下洗动力系数,可得

$$\frac{\xi_\alpha}{T_\alpha} = \frac{a_{22} + a_{34}}{2}$$

$$\frac{\sqrt{1 - \xi_\alpha^2}}{T_\alpha} = \sqrt{a_{24} + a_{22}a_{34} - (\frac{a_{22} + a_{34}}{2})^2}$$

由此可见,要提高振荡分量的衰减程度,减小振荡频率,必须增加动力系数 a_{22} 和 a_{34},并限制动力系数 a_{24} 的数值。

为了提高导弹对控制信号的反应速度,要求舵面一开始就有较大的偏角,而要求提高放大系数 K_ϑ。但因舵偏角不允许超过规定的最大值,提高放大系数 K_ϑ 也就有一定限制。在此情况下,为进一步提高导弹的反应能力,必须增大导弹的传递系数 K_α。由于

$$K_\alpha = \frac{a_{25}a_{34} - a_{24}a_{35}}{a_{24} + a_{22}a_{34}}$$

这就要求增大动力系数 a_{25},并同样希望降低动力系数 a_{24}。总而言之,提高了导弹作为开环状态的动态特性,考虑了自动驾驶仪后,导弹在闭环状态下飞行也就可以同样获得比较好的动态品质。

根据上述原则选择了导弹和驾驶仪的有关参数,控制信号为阶跃函数时比较理想的过渡过程如图 10.19 所示。

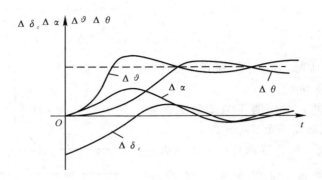

图 10.19　控制信号为阶跃函数时比较理想的过渡过程

由图 10.19 可见:过渡过程开始时,升降舵偏角与控制信号成正比,导弹在操纵力矩作用下俯仰角发生变化,接着出现攻角的变化。由攻角产生升力后,才能引起速度方向发生改变,所以弹道倾角的变化迟后于俯仰角,这是动态反应开始阶段的现象。

随着俯仰角的增大,通向驾驶仪的负反馈信号也加大,因此舵偏角逐渐减小。因为操纵力矩随着舵面的回收而减小,攻角产生的恢复力矩又要阻止弹体纵轴偏转,由此两个力矩共同作用的结果,使俯仰角随后只能慢慢地达到新的给定值。与此同时,由于弹道倾角不断地加大,攻角也就渐渐地减小到零。

当攻角和舵偏角又重新为零时,在弹体上也不再有不平衡的力和力矩的作用,过渡过程就告结束。

所说情况与导弹作为开环飞行的状态是完全不相同的,因为自动驾驶仪发挥作用后,舵面不再阶跃偏转,而是由控制信号和俯仰角反馈信号之差来决定舵偏角的大小,其差为零时舵偏角也就回收到原来的位置。

为了求出运动参数的过渡函数和稳态值,必须首先推导出它们对于控制信号 u_ϑ 的闭环传递函数。由纵向稳定回路框图(见图 10.17)可得导弹作为操纵对象的闭环传递函数为

$$\Phi_{\vartheta u_\vartheta}(s) = \frac{K_f K_\delta K_\alpha (T_{1\alpha}s + 1)}{T_\alpha^2 s^3 + 2\xi_\alpha T_\alpha s^2 + (K_\vartheta K_\alpha T_{1\alpha} + 1)s + K_\vartheta K_\alpha} \qquad (10-65)$$

$$\Phi_{\alpha u_\vartheta}(s) = \frac{K_f K_\delta K_\alpha T_{1\alpha}\left[1 + \dfrac{a_{35}}{a_{25}}(s + a_{22})\right]s}{T_\alpha^2 s^3 + 2\xi_\alpha T_\alpha s^2 + (K_\vartheta K_\alpha T_{1\alpha} + 1)s + K_\vartheta K_\alpha} \qquad (10-66)$$

舵面偏角 $\Delta\delta_z$ 这时候不仅是弹体的输入量,也是驾驶仪的输出量,应视为被调节参量,它对控制信号 u_ϑ 的闭环传递函数为

$$\Phi_{\delta_z u_\vartheta}(s) = \frac{K_f K_\delta (T_\alpha^2 s^2 + 2\xi_d T_d s + 1)s}{T_\alpha^2 s^3 + 2\xi_\alpha T_\alpha s^2 + (K_\vartheta K_\alpha T_{1\alpha} + 1)s + K_\vartheta K_\alpha} \qquad (10-67)$$

控制信号 u_ϑ 为常数,过渡过程结束后,按终值定律由闭环传递函数得到角运动参数的稳

态值为

$$\Delta\vartheta_w = \Delta\theta_w = \frac{1}{K_{\mathrm{T}}}u_\vartheta, \qquad \Delta\alpha_w = \Delta\delta_{zw} = 0 \qquad (10-68)$$

在常值控制信号 u_ϑ 的作用下,导弹飞行方向改变 $\Delta\theta_w = \frac{1}{K_{\mathrm{T}}}u_\vartheta$ 值。

应该补充说明一点,纵向稳定回路采用角度陀螺(垂直陀螺),对于那些机动性要求比较高的导弹是不合适的,因为这些导弹希望在控制信号的作用下,经过动态响应产生比较大的过载偏量稳态值,即

$$\Delta n_{yw} = \frac{V}{g}\Delta\dot{\theta}$$

根据以上推论,图 10.17 表示采用角度陀螺形成闭环回路,只能得到弹道倾角的稳态值 $\Delta\theta_w$,而 $\Delta\dot{\theta} = 0$,因此控制信号作用的结果得不到法向过载的增量。所以对于机动性要求比较高的导弹,不采用俯仰角作为闭环的反馈信号,而是将俯仰角速度作为闭环反馈信号,相应地使用微分和积分陀螺作为敏感元件。

四、引用俯仰角速度信号的作用

升降舵的变化规律为 $\Delta\delta_z = K_\vartheta\Delta\vartheta$,如果导弹的相对阻尼系数 ξ_a 很小,而时间常数 T_a 又很大,动态过程将衰减得很慢,其品质不理想。例如,某一个地对舰导弹 ξ_a 为 $0.264\,3 \sim 0.320\,8$,而 T_a 为 $0.145\,2 \sim 0.240\,2$ s,如果升降舵只随俯仰角变化,过渡过程将十分缓慢,动态品质很不好。

在这种情况下为了增大导弹的"阻尼"作用,与分析倾斜动态性质一样,在调节规律中引入俯仰角速度 $\Delta\dot{\vartheta}$ 的信号是必要的。

为了按导弹俯仰角速度 $\Delta\dot{\vartheta}$ 的大小成比例地转动升降舵,自动驾驶仪采用能测量角速度的二自由度陀螺仪。于是,调节规律为

$$\Delta\delta_z = K_f K_\delta(K_{\mathrm{T}}\Delta\vartheta + K_{\mathrm{T}}\Delta\dot{\vartheta}) - K_f K_\delta u_{\dot{\vartheta}} \qquad (10-69)$$

式中,K_{T} 为二自由度陀螺的放大系数。由此调节规律,联系导弹传递函数可以组成纵向稳定回路结构图(见图 10.20),图中 $u_{\dot{\vartheta}}$ 代表规定的弹道倾角角速度。

按照动力学观点,导弹纵轴偏转时,应是先具有俯仰角速度 $\Delta\dot{\vartheta}$,然后才有俯仰角 $\Delta\vartheta$ 的偏离。在调节规律中引进了俯仰角速度 $\Delta\dot{\vartheta}$ 信号,就可以在俯仰角偏离之前转动舵面,使舵面偏转超前俯仰角的变化。

自动驾驶仪按俯仰角速度 $\Delta\dot{\vartheta}$ 的大小偏转升降舵后,在导弹上就产生了与角速度 $\Delta\dot{\vartheta}$ 方向相反的操纵力矩 $M_z^{\delta_z}K_\vartheta\Delta\dot{\vartheta}$,这个力矩与气动阻尼力矩方向相同,因此它的作用就类似地起到了阻尼力矩的作用,好似导弹的气动阻尼得到了补偿。所以放大系数 K_{T} 的存在,增大了导弹的"气动阻尼",因而二自由度陀螺又称阻尼陀螺。

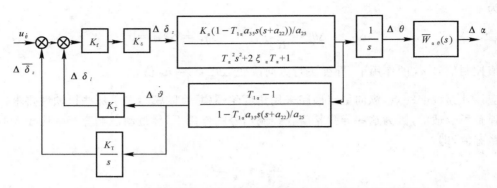

图 10.20　调节规律与导弹传递函数组成的纵向稳定回路结构图

在动态分析中确定放大系数 $K_{\uparrow}$ 的数值，可以首先分析传递俯仰角微分信号的支回路，使其动态性质比较理想。为此由图 10.20 先求出这个支回路的闭环传递函数 $\Phi_{\dot\vartheta_1}(s)$。

$$\Phi_{\dot\vartheta_1}(s) = \frac{K_f K_\delta K_\alpha (T_{1\alpha} s + 1)}{T_\alpha^2 s^2 + (2\xi_\alpha T_\alpha + K_f K_\delta K_{\uparrow} K_\alpha T_{1\alpha})s + K_f K_\delta K_{\uparrow} K_\alpha + 1} \tag{10-70}$$

这个闭环传递函数同样是一个二阶环节，但与弹体传递函数 $W_{\dot\vartheta_z}(s)$ 相比较，$(2\xi_\alpha T_\alpha + K_f K_\delta K_{\uparrow} K_\alpha T_{1\alpha}) > 2\xi_\alpha T_\alpha$，这就相当于增大了动态过程的阻尼。令

$$K_{\dot\vartheta} = K_f K_\delta K_{\uparrow}$$

$$K_V = \frac{K_f K_\delta K_\alpha}{K_{\dot\vartheta} K_\alpha + 1}$$

$$T_V = \frac{T_\alpha}{\sqrt{K_{\dot\vartheta} K_\alpha + 1}}$$

$$\xi_V = \frac{2\xi_\alpha T_\alpha + K_{\dot\vartheta} K_\alpha T_{1\alpha}}{2 T_\alpha \sqrt{K_{\dot\vartheta} K_\alpha + 1}}$$

$K_{\dot\vartheta}$ 称角速度传动比（或放大系数）。于是，式（10-70）可以变成

$$\Phi_{\dot\vartheta_1}(s) = \frac{K_V (T_{1\alpha} s + 1)}{T_V^2 s^2 + 2\xi_V T_V s + 1}$$

可见，当

$$\xi_V = \frac{2\xi_\alpha T_\alpha + K_{\dot\vartheta} K_\alpha T_{1\alpha}}{2 T_\alpha \sqrt{K_{\dot\vartheta} K_\alpha + 1}} \tag{10-71}$$

为 $\sqrt{2}/2$ 时，传递微分信号 $\Delta\dot\vartheta$ 的支路就具有最好的阻尼特性。将弹体传递参数与动力系数的关系表达式代入式（10-71）中，并使 ξ_V 等于 $\sqrt{2}/2$，经整理后可得

$$K_{\dot\vartheta} = \frac{1}{a_{25}}\left[\sqrt{2\left(a_{24} + \frac{a_{22} a_{24} a_{35}}{a_{25}} + \frac{a'_{24} a_{24} a_{35}}{a_{25}} - a'_{24} a_{34}\right) + \left(\frac{a_{24} a_{35}}{a_{25}}\right)^2 - a_{34}^2} - \left(a_{22} + a'_{24} + \frac{a_{24} a_{35}}{a_{25}}\right)\right]$$

$$\tag{10-72}$$

不计动力系数 a_{35},式(10-72)可以简化成

$$K_{\vartheta} = \frac{1}{a_{25}} \left[\sqrt{2(a_{24} - a'_{24}a_{34}) - a_{34}^2} - (a_{22} + a'_{24}) \right] \tag{10-73}$$

式(10-73)明确表示:当导弹的气动阻尼很小,而静稳定性又很大时,为了增大导弹的"阻尼",传递俯仰角速度的传动比 K_{ϑ} 就要增加。因为增大导弹的"阻尼"是依靠操纵力矩的作用,操纵动力系数 a_{25} 比较小时,为了保持操纵力矩不变,在同样角速度 $\Delta\dot{\vartheta}$ 下就要增大舵偏角,这就要求提高放大系数 K_{ϑ}。

10.3 自动驾驶仪惯性对纵向扰动运动的影响

一、自动驾驶仪具有惯性的调节规律

上一节讨论过的典型调节规律,没有考虑自动驾驶仪元件的惯性、非线性和无灵敏区等因素。这种近似处理方法,只适合于初步研究弹体气动外形设计、部位安排以及回路设计的情况。

根据自动驾驶仪的结构组成,它的工作惯性主要是舵机系统的惯性。由于这种惯性比导弹动态响应的惯性小得多,将它用一个惯性环节来表示,就能讨论自动驾驶仪惯性对纵向扰动运动的影响。因此,这时自动驾驶仪的传递函数可以写成

$$W_{\delta\vartheta}(s) = \frac{K_f K_{\delta} K_{\uparrow}}{s(T_{\delta}s + 1)} \tag{10-74}$$

或写成调节规律的形式

$$(T_{\delta}s + 1)\Delta\delta_z = \frac{1}{s}K_f K_{\delta} K_{\uparrow}\Delta\dot{\vartheta} \tag{10-75}$$

式中,T_{δ} 是舵机系统的时间常数,它的出现反应自动驾驶仪存在着惯性。

在此调节规律中若同时引入俯仰角二次微分信号 $\Delta\ddot{\vartheta}$,则有

$$(T_{\delta}s + 1)\Delta\delta_z = \frac{1}{s}K_f K_{\delta}(K_{\uparrow}\Delta\dot{\vartheta} + K_{\uparrow}\Delta\ddot{\vartheta}) = \frac{1}{s}K_{\vartheta}(K_1 s + 1)\Delta\dot{\vartheta} \tag{10-76}$$

式中,$K_1 = K_{\uparrow}/K_{\uparrow}$,$K_{\uparrow}$ 是测量 $\Delta\ddot{\vartheta}$ 信号的敏感元件传动比。

二、调节规律具有时间常数的纵向运动

现以式(10-76)调节规律为例,用频域法分析导弹的纵向运动。

由调节规律式(10-76)与弹体开环传递函数可以组成如图 10.21 所示的回路结构图。为简化起见,图中略去了动力系数 a_{35}。

按图 10.21 分析导弹的纵向运动,因系数阶次比较高,都是广泛应用对数频域法。

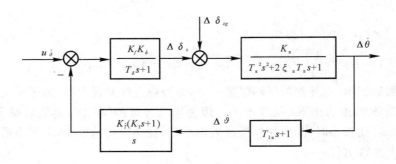

图 10.21   回路结构图

我们先求导弹的对数频率特性。由图 10.21 中传递函数可得其幅频特性为

$$A_d(\omega) = 20\lg K_a + 20\lg \sqrt{T_{1a}^2 \omega^2 + 1} - 20\lg \sqrt{(1 + T_a^2 \omega^2)^2 + (2\xi_a T_a \omega)^2} \qquad (10-77)$$

相频特性为

$$\varphi_d(\omega) = \arctan T_{1a}\omega - \arctan \frac{2\xi_a T_a \omega}{1 + T_a^2 \omega^2} \qquad (10-78)$$

一般情况下,导弹时间常数 $T_a < T_{1a}$,因此渐近线交点频率 $\dfrac{1}{T_{1a}} < \dfrac{1}{T_a}$。幅频特性则用渐近线近似表示为

$$A_d(\omega) = 20\lg K_a, \qquad \omega \leqslant \frac{1}{T_a}$$

$$A_d(\omega) = 20\lg K_a T_{1a}\omega, \qquad \frac{1}{T_{1a}} \leqslant \omega \leqslant \frac{1}{T_a} \qquad (10-79)$$

$$A_d(\omega) = 20\lg \frac{K_a T_{1a}}{T_a^2 \omega}, \qquad \omega \geqslant \frac{1}{T_a}$$

在交点频率附近应对 $A_d(\omega)$ 进行修正,在渐近线交点上修正量最大值按以下方法计算。

惯性环节和一阶导数环节的最大修正量 Δ 为

$$\Delta = \mp 20\lg \sqrt{2} = \mp 3 \text{ dB} \qquad (10-80)$$

振荡环节的最大修正量

$$\Delta = 20\lg \frac{1}{2\xi_a} \qquad (10-81)$$

在图 10.22(a)上绘出了导弹的对数幅相频率曲线,将图中的修正量与渐近线值相加,就可得到准确的特性曲线值。

自动驾驶仪的对数频率特性,可由式(10-76)分别求出幅频特性 $A_z(\omega)$ 和相频特性 $\varphi_z(\omega)$ 为

$$A_z(\omega) = 20\lg K_\vartheta - 20\lg \omega + 20\lg \sqrt{K_1^2 \omega^2 + 1} - 20\lg \sqrt{T_\delta^2 \omega^2 + 1} \qquad (10-82)$$

$$\varphi_z(\omega) = -\frac{\pi}{2} + \arctan K_1\omega - \arctan T_\delta\omega \qquad (10-83)$$

假设自动驾驶仪的参数能使它的交点频率 $\dfrac{1}{K_1} < \dfrac{1}{T_\delta}$，则 $A_z(\omega)$ 和 $\varphi_z(\omega)$ 如图 10.22(b) 所示。图中没有绘出幅频修正量。

纵向稳定回路中的全部开环对数频率特性为导弹与自动驾驶仪的对数频率特性之和（见图 10.22(c)）。分析图中对数幅相频率特性，可以得出下述结论：

(1) 在对数幅频特性 $A(\omega) = A_d(\omega) + A_z(\omega) > 0$ 的范围内，相频特性 $\varphi(\omega) = \varphi_d(\omega) + \varphi_z(\omega)$ 与 $-\pi$ 线的正负穿越之差等于零，且导弹和自动驾驶仪在开环状态下也无实部为正的根，那么，导弹带自动驾驶仪的纵向运动就具有稳定性。

调节规律包括积分环节，相频增加 $-\pi/2$，将对系统的稳定性不利。在调节规律中增加俯仰角二次微分信号 $\Delta\ddot{\vartheta}$，使开环传递函数串联一个一阶微分环节（见式（10-76）），使相位增加 $\pi/2$，这就有利于提高系统的稳定性。因为积分形式的调节规律中引入 $\Delta\ddot{\vartheta}$ 信号，实际上是起增加"气动阻尼"的作用，所以有利于提高稳定性。

(2) 在稳定的前提下，对数幅频特性曲线在截止频率 ω_c 处具有 -20 dB/ 倍频的斜率，因稳定余量较大，超调量就比较小。

假定自动驾驶仪时间常数 T_δ 很小，截止频率 $\omega_c < \dfrac{1}{T_\delta}$，而 $\omega_c > \dfrac{1}{T_a}$，因此在 $\dfrac{1}{T_a} \sim \dfrac{1}{T_\delta}$ 频率范围内，幅频特性之和为

$$A(\omega) = 20\lg\frac{K_a T_{1a}}{T_a^2\omega} + 20\lg K_\vartheta K_1 = 20\lg\frac{K_\vartheta K_1 K_a T_{1a}}{T_a^2\omega} \qquad (10-84)$$

因在 ω_c 处的斜率为 -20 dB/ 倍频，满足所提要求，所以这时过渡过程的超调量很小，而相频稳定余量 φ_1 可以大于或等于 $45°$。

如果自动驾驶仪某元件的时间常数 $T' < T_\delta$，因 $\dfrac{1}{T}$ 远在 ω_c 之后，故对截止频率余量没有什么影响，所以这个元件的时间常数 T' 可以不计。这就证明了小于 T_δ 的时间常数可以略去的理由是正确的。

(3) 由 $A(\omega) = 0$，从式（10-84）可得开环截止频率 ω_c 为

$$\omega_c = \frac{K_\vartheta K_1 K_a T_{1a}}{T_a^2} \qquad (10-85)$$

截止频率 ω_c 愈大，换句话说通频带愈宽，一般说过渡过程时间就越短，系统的反应就越快。因此要提高导弹的操纵性或动态品质，就必须增大自动驾驶仪放大系数 K_ϑ 和 K_1，或增大导弹的传递系数 K_a。但是，增大放大系数，将要提高幅频 $A(\omega)$ 的位置，使稳定余量减小，甚至在有些情况下还会不稳定。因此增加放大系数也是有限的，同时放大系数 $K_\vartheta K_1$ 的数值还要受到舵面最大偏角的限制。战术导弹一般要求截止频率 ω_c 不小于 10 rad/s。

减小导弹的时间常数 T_a 可以增大通频带,这是有利的。因此,这就要求导弹必须是静稳定的,且应有一定的静稳定度。但是静稳定度也不能太大,否则将因为增加静稳定度而减小了传递系数 K_a,反而使截止频率不能增大。所以一个导弹的静稳定度应该多大,必须进行动态分析后才能合理地确定。

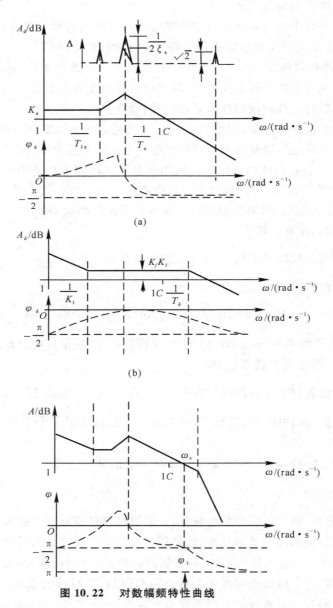

图 10.22　对数幅频特性曲线

如果增大自动驾驶仪时间常数 T_δ,例如增加到 T'_δ,即 $T_\delta < T'_\delta < T_\alpha$,那么,当 $\omega > \dfrac{1}{T'_\delta}$ 时,开环系统的幅频特性就等于

$$A(\omega) = 20\lg \frac{K_\alpha T_{1\alpha}}{T_\alpha^2 \omega} + 20\lg \frac{K_\delta K_1}{T_\delta \omega} = 20\lg \frac{K_\delta K_1 K_\alpha T_{1\alpha}}{T_\delta T_\alpha^2 \omega} \qquad (10-86)$$

这时在截止频率 ω_c 处的幅频特性斜率变为 -40 dB/ 倍频,而截止频率由式(10-86)等于零求得

$$\omega_c = \frac{K_\delta K_1 K_\alpha T_{1\alpha}}{T_\delta T_\alpha^2} \qquad (10-87)$$

这时对数幅相频率特性由图 10.23 表示,为便于比较,在图上同时绘制了时间常数为 T_δ 的频率特性。

由于增大了自动驾驶仪的时间常数,其结果使稳定余量减小,截止频率减小,幅频特性在 ω_c 处的斜率增大。总而言之,增大了过渡过程的时间,降低了导弹的反应能力,而且超调量很大,所以,希望自动驾驶仪的时间常数要尽可能小一些。

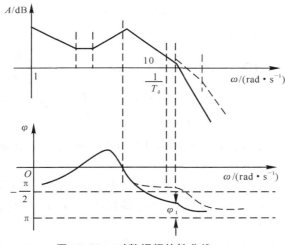

图 10.23　对数幅频特性曲线

10.4　纯积分形式的调节规律

鉴于升降舵偏角 $\Delta\delta_z$ 根据微分信号偏转,在常值干扰力矩作用下,因存在 $\Delta\vartheta_w$ 而出现稳态误差 $\Delta\delta_{zw}$,提出了舵偏角稳态误差与俯仰角及其角速率无关的设计思想。实现俯仰角及其速率无静差的方案,自动驾驶仪方程必须含有积分信号,使升降舵偏角在俯仰角或其速率的稳定变化过程中达到需要的数值,纯积分形式调节规律 最简形式的无静差自动驾驶仪方程为

$$\Delta\delta_z = \int K_{\dot\vartheta}\Delta\dot\vartheta \mathrm{d}t \qquad (10-88)$$

它与导弹传递函数组成的纵向回路如图 10.24 所示。

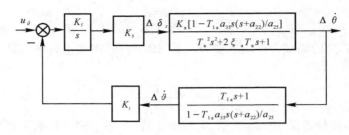

图 10.24 含积分角速率信号的纵向姿态运动

按图 10.24 写出闭环传递函数后,在过渡过程结束时,可以求出控制信号 u_ϑ 为常值下的稳态值

$$\Delta\dot\theta_w = \frac{1}{K_i}u_\vartheta$$

在常值相似干扰力矩 M_{zd} 作用下,稳态误差 $\Delta\dot\theta_w = 0$。

稳态值 $\Delta\dot\theta_w = \dfrac{1}{K_i}u_\vartheta$ 与微分式调节规律所得稳态值 $\Delta\dot\theta_w = \dfrac{K_f K_\delta K_\alpha}{1+K_{\dot\vartheta}K_\alpha}u_\vartheta$ 式相比较,因为

$$\frac{1}{K_i} > \frac{1}{\dfrac{1}{K_f K_\delta K_\alpha}+K_i} = \frac{K_f K_\delta K_\alpha}{1+K_{\dot\vartheta}K_\alpha} \qquad (10-89)$$

所以,在同样的 u_ϑ 值下,积分式调节规律能使导弹获得更大的弹道倾角速度 $\Delta\dot\theta_w$,这就提高了导弹的操纵性。

同时,使用积分陀螺后,在常值干扰力矩 M_{zd} 作用下,导弹没有弹道倾角速度的稳态误差 $\Delta\dot\theta_w$,所以积分式调节规律又可称为无静差的调节规律,它可以提高导弹克制干扰力矩的能力,从而获得更高的飞行精度。

由于这些优点,积分式自动驾驶仪在空-空和防空导弹上也得到了应用。但是,式(10-88)的这种调节规律不能补偿导弹的"阻尼",要求弹体本身的气动阻尼要比较好,这对于由低空到高空飞行的导弹是比较困难的。

无静差自动驾驶仪方程也可用俯仰角积分值表示,如

$$\Delta\delta_z = \int K_\vartheta\Delta\vartheta \mathrm{d}t \qquad (10-90)$$

或写成

$$\Delta\dot\delta_z = K_\vartheta\Delta\vartheta \qquad (10-91)$$

可见在积分式自动驾驶仪中俯仰角要经过积分之后才能使舵面转动,因此舵面偏转落后于俯

仰角的变化。当导弹俯仰角有了偏离时,舵面也就起不到抑制偏离的作用,这样的调节规律也就稳定不了导弹,为了使舵面反应提前,至少还要引入俯仰角速度 $\Delta\dot{\vartheta}$ 的信号,使调节规律变为

$$\Delta\dot{\delta}_z = K_\vartheta \Delta\vartheta + K_{\dot{\vartheta}} \Delta\dot{\vartheta} \tag{10-92}$$

在积分式调节规律中,引入了 $\Delta\dot{\vartheta}$ 的信号,虽使舵面反应加快了,但还不能超前俯仰角的偏离,这点只要对式(10-92)进行一次积分就可以看出

$$\Delta\dot{\delta}_z = K_\vartheta \int \Delta\vartheta \mathrm{d}t + K_{\dot{\vartheta}} \Delta\vartheta \tag{10-93}$$

这说明引入 $\Delta\dot{\vartheta}$ 后也只能使舵面跟随俯仰角一起变化,为了达到舵面转动在俯仰角偏离之前,在积分式调节规律中还要引入俯仰角加速度 $\Delta\ddot{\vartheta}$ 的信号,这时调节规律为

$$\Delta\dot{\delta}_z = K_{\ddot{\vartheta}} \Delta\ddot{\vartheta} + K_{\dot{\vartheta}} \Delta\dot{\vartheta} + K_\vartheta \Delta\vartheta \tag{10-94}$$

式中的 $K_{\ddot{\vartheta}}$ 为俯仰角加速度 $\Delta\ddot{\vartheta}$ 信号的放大系数,式(10-94)也可写成

$$\Delta\delta_z = K_\vartheta \int \Delta\vartheta \mathrm{d}t + K_{\dot{\vartheta}} \Delta\vartheta + K_{\ddot{\vartheta}} \Delta\dot{\vartheta} \tag{10-95}$$

由于调节规律引入了比较多的信号,这种自动驾驶仪的结构就很复杂,也就失去了简单轻巧的优点,使其应用受到了限制。

这里还要讲一下关于"提前偏舵"的概念。在建立式(10-95)的调节规律时,曾经提出过舵面反应提前的要求。在式(10-95)中不计积分信号,该式实际上是自动驾驶仪方程的一种形式,即

$$\Delta\delta_z = K_\vartheta \Delta\vartheta + K_{\dot{\vartheta}} \Delta\dot{\vartheta} \tag{10-96}$$

在这种情况下,导弹姿态运动既可从自动驾驶仪获得补偿"静稳定性"的益处,又可以增加"阻尼"。

假设偶然干扰使导弹出现俯仰角偏量初始值 $\Delta\vartheta_0$,由自动驾驶仪转动升降舵后在导弹上产生负值操纵力矩,如图10.25(a)所示。由低头力矩引起的俯仰角偏量及其速率的过渡过程由图10.25(b)表示。

在图10.25(c)上分别绘出了与俯仰角偏量及其速率成正比的升降舵偏转角的变化曲线,$\Delta\delta_1 = K_\vartheta\vartheta$ 由曲线1表示;$\Delta\delta_2 = K_{\dot{\vartheta}}\Delta\dot{\vartheta}$ 由曲线2表示;$\Delta\delta_z = \Delta\delta_1 + \Delta\delta_2$ 由曲线3表示。

由图10.25(c)可知,在俯仰角减小的过程中,时间 t_2 之前,$\Delta\delta_1$ 为正值。因为此时 $\Delta\dot{\vartheta}$ 为负,所以 $\Delta\delta_2$ 为负值,与 $\Delta\delta_1$ 相反。于是,在小于 t_2 的 t_1 时刻,当俯仰角 $\Delta\vartheta$ 为正时,升降舵 $\Delta\delta_z$ 已提前回到基准位置(见曲线3)。到了 t_2 时刻,在俯仰角 $\Delta\vartheta$ 还是零值时,舵偏角 $\Delta\delta_z$ 已处于负值,形成了抬头力矩,抑制导弹继续向下转动,或者说舵面偏转已出现超前于俯仰角的情形。这种现象被称为"提前偏舵",它是通过俯仰角速率反馈信号实现的。

因此,在类似于式(10-96)的自动驾驶仪方程中含有俯仰角微分信号时,据"提前偏舵"的概念,而称升降舵的相位超前于俯仰角。依此类推,含积分信号时,升降舵相位迟后于俯仰角。

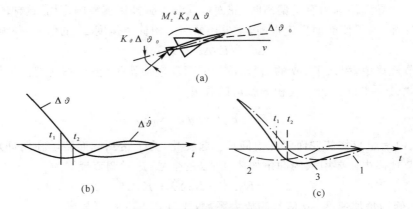

图 10.25　提前偏舵的概念

10.5　法向加速度反馈的纵向动态特性分析

纵向姿态运动的自动稳定与控制实际上也联系着飞行弹道倾角的稳定与控制。所以说，通过俯仰角及其速率的稳定与控制，也就实现了飞行弹道倾角的稳定与控制。

在导弹的稳定系统中引入法向加速度增量的反馈信号，就能直接改变导弹的法向加速度或法向过载，从而提高纵向动态特性的品质。

在升降舵调节规律中引进法向加速度或法向过载的信号，这时自动驾驶仪要增加测量加速度或过载的传感器。在过载传感器的后面一般还要附加一个低频滤波器，滤去弹体本身的振动以及大气湍流所造成的噪声干扰。

加速度或过载传感器附加低频滤波器后是一个惯性环节，因此升降舵调节规律同时引入俯仰角速度和法向加速度的表达式为

$$(T_\delta s + 1)\Delta\delta_z = K_{\dot\vartheta}\Delta\dot\vartheta + \frac{K_t K_\delta K_n V}{(T_n s + 1)g} \tag{10-97}$$

这是一个具有惯性的自动驾驶仪方程，并在反馈支路中含一个非周期环节，以示法向过载传感器具有工作惯性。K_n 为法向过载传感器的放大系数；T_n 为时间常数，实际上它是低频滤波器的时间常数。式中未计角速度陀螺本身的惯性影响。

由调节规律式（10-97）与弹体传递函数组成的纵向回路图，如图 10.26 所示。图中控制信号 u_ϑ 在式（10-97）内没有写出，它正比于弹道倾角角速率，也就正比于法向过载。图内限幅器是保证控制信号 u_ϑ 不超过某最大值，使导弹飞行在法向过载的允许范围内。

在图 10.26 内，两个反馈支路可改换成一个等效通道，其等效传递函数为

$$G_{u_\vartheta}(s) = K_i(T_{1\alpha}s + 1) + \frac{K_n}{(T_n s + 1)}\frac{V}{g} = \frac{K_i T_{1\alpha} T_n s^2 + K_i(T_{1\alpha} + T_n)s + K_i + K_n V/g}{T_n s + 1}$$

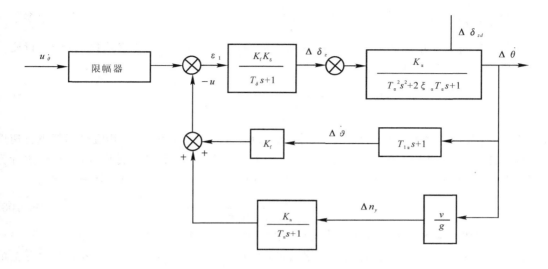

$$\text{图 10.26\quad 法向过载反馈的纵向姿态运动}$$

由此可得纵向姿态运动的开环传递函数为

$$G_{u\varepsilon_1}(s)=\frac{K_f K_\delta}{T_\delta s+1}\frac{K_a}{T_a^2 s^2+2\xi_a T_a s+1}\times\frac{K_i T_{1a} T_n s^2+K_i(T_{1a}+T_n)s+K_i+K_n V/g}{T_n s+1} \quad (10-98)$$

若能选择适当的法向过载传感器放大系数 K_n,使

$$\frac{K_i T_{1a} T_n}{K_i+K_n V/g}=T_a^2 \quad (10-99)$$

得以成立,就可以在开环传递函数式(10-98)中消除导弹时间常数 T_a 的影响,因为时间常数 $T_a > T_\delta$,T_n 消除了 T_a 的影响,等于法向过载信号补偿了弹体的动态延迟,减小了飞行状态对纵向动态特性的影响。

下面来分析一下,引入法向加速度信号或法向过载信号后,对导弹法向过载的变化和机动性将起什么作用。

因为 $\Delta\dot\theta$ 对 u_ϑ 的闭环传递函数,由图 10.26 可得

$$W_{\dot\theta u_\vartheta}(s)=\frac{K_f K_\delta K_a(T_n s+1)}{(T_a^2 s+2\xi_a T_a s+1)(T_\delta s+1)(T_n s+1)+C} \quad (10-100)$$

式中

$$C=K_f K_\delta K_a(K_i T_{1a} T_n s^2+K_i(T_{1a}+T_n)s+K_i+K_n V/g)$$

控制信号 u_ϑ 为单位阶跃函数。过渡过程结束时法向过载稳态值 Δn_{yw} 由式(10-100)可得

$$\Delta n_{yw}=\frac{K_f K_\delta K_a}{1+K_f K_\delta K_a(K_i+K_n\dfrac{V}{g})}\frac{V}{g}u_\vartheta \quad (10-101)$$

此结果与过载公式 $\Delta n_{yw} = \dfrac{V}{g}\Delta\dot{\vartheta}_w = \dfrac{V}{g}\dfrac{K_f K_\delta K_\alpha}{1 + K_\delta K_\alpha}u_{\dot{\vartheta}}$ 的差别,是在式(10-101)的分母中多了一个与飞行速度有关的项 $K_f K_\delta K_\alpha K_n V/g$,它所起的作用是抵消了导弹传递系数 K_α 随飞行速度 V 的变化,尽可能使闭环放大系数

$$K_{\varphi 1} = \frac{K_f K_\delta K_\alpha}{1 + K_f K_\delta K_\alpha (K_i + K_n \dfrac{V}{g})g}\frac{V}{g} \tag{10-102}$$

保持不变,这就有可能使法向过载 Δn_{yw} 在控制系统作用下,当 $u_{\dot{\vartheta}}$ 不变时,其值也不随飞行速度和高度而改变,从而提高导弹的机动性。这一点,用一个地-空导弹的飞行作为例子,经过计算就可得到证明,见表 10-1。表中,$K_{\varphi 2}$ 为无法向加速信号的闭环放大系数,其表达式为

$$K_{\varphi 2} = \frac{K_f K_\delta K_\alpha}{1 + K_f K_\delta K_\alpha K_i}\frac{V}{g} \tag{10-103}$$

由表中可以看出:自动驾驶仪增加了法向加速度反馈支路,闭环放大系数 $K_{\varphi 1}$ 比较平稳,飞行速度和高度对它的影响较小。就表中数据而言,当 $H = 22$ km 时,$K_{\varphi 1} = 0.756\ 7$ 约为低空的 72%。但是,若无法向加速度信号,这时在高空 22 km 时放大系数 $K_{\varphi 2}$ 仅为低空的 43%。因此,舵面随法向加速度偏转,可以在很大程度上提高导弹的高空机动性。

当飞行速度很大时,如果

$$K_i + K_n V/g \approx K_n V/g \tag{10-104}$$

则法向过载 Δn_{yw} 为

$$\Delta n_{yw} = \frac{K_f K_\delta K_\alpha}{1 + K_f K_\delta K_\alpha K_n V/g}\frac{V}{g}u_{\dot{\vartheta}} \tag{10-105}$$

表 10-1　某地-空导弹的参数变化

H/m	V/(m/s)	K_α/(1/s)	$K_{\dot{\vartheta}}$/s	$K_f K_\delta K_\alpha K_n$	$K_{\varphi 1}$	$K_{\varphi 2}$
5 027.84	605.23	0.515 3	0.363 4	2.625	1.051	3.556
9 187.2	696.89	0.355 3	0.395 5	1.970	1.018	3.201
13 098.9	792.64	0.232 7	0.445 5	1.453	0.969 6	2.767
16 174.1	871.91	0.144 0	0.504 2	1.018	0.890 2	2.205
19 668.6	951.33	0.089 45	0.602 3	0.755	0.823 6	1.812
22 000.0	994.52	0.069 59	0.620 9	0.605	0.756 7	1.534

如果在法向过载稳态值的分母中,出现

$$K_f K_\delta K_\alpha K_n V/g \gg 1$$

的情况,式(10-105)可简化为

$$\Delta n_{yw} = \frac{1}{K_n} u_\vartheta$$

这个结论说明,导弹的飞行速度很大时,在控制信号 u_ϑ 作用下,导弹将直接获得与它成正比的法向过载增量,且与飞行状态无关;因而采用限幅器使控制信号不超过某最大值是非常必要的。

事实上法向过载反馈支路的信号足够大时,由式(10-99)所得的结果已经说明,动态特性与飞行状态的关系也减弱了。甚至在对数幅频的低频段,过载传感器的频率特性成为主要组成部分,并可使纵向姿态运动获得较大的截止频率。例如,某空-空导弹,在调节规律中增补了法向过载的信号,就可以使截止频率 $\omega_c = 15.8$ rad/s,而相稳定余量为 $35°$。

10.6　飞行高度的稳定与控制

飞行控制的最终目的是使导弹沿着导引方法指定的弹道飞行,或者是以足够的精度保持在预定的轨迹上。飞行高度的稳定与控制就属于此类任务。例如,舰对舰或地对舰导弹都有很长一段射程要求作水平等高飞行。无人驾驶侦察机和靶机也需要保持一定的飞行高度。在这种情况下,飞行器必须具有对飞行高度的稳定性。

前几节所讲的关于纵向姿态运动的自动稳定与控制不能完成飞行高度稳定与控制的任务,其原因是将飞行高度的变化列为导弹的质点运动的范畴,已经超出了姿态运动的范围。同时根据小扰动的假设,在姿态运动中又不考虑由高度变化带来的空气密度之影响。所以,建立纵向扰动运动方程组时,将姿态运动和高度变化作了解耦处理,但是两者又有联系的,因为质点运动的控制依赖于姿态操纵,飞行高度也是如此。

一、稳定与控制飞行高度的原理

在纵向扰动运动中,飞行高度偏量由式(7-2)可表达为

$$\frac{\mathrm{d}\Delta y}{\mathrm{d}t} = \sin\theta \Delta V + V\cos\theta \Delta\theta \tag{10-106}$$

因短周期扰动运动阶段不考虑飞行速度偏量,式(10-106)变为

$$\dot{\Delta y} = a_{41}\Delta\theta \tag{10-107}$$

式中,动力系数 $a_{41} = V\cos\theta$。可见,弹道倾角 $\Delta\theta$ 的出现,改变了飞行速度在垂直地面方向上的大小,飞行高度就要发生变化。换句话说,控制飞行高度必须首先改变弹道倾角。因此,在俯仰角稳定与控制的过程中,由于 $\Delta\theta = \Delta\vartheta - \Delta\alpha$,飞行高度实际上也在发生变化。特别是,在常值干扰力矩作用下出现弹道倾角的稳态误差 $\Delta\theta_w$,在姿态运动结束后将使飞行高度一直处于变化之中,所以,保持飞行高度的稳定,或者有意改变飞行高度,对于某些导弹来讲也是非常重要

的。但是,纯姿态的稳定与控制系统则达不到此目的。

自动稳定和控制飞行高度必须安装测量相对于预定高度之偏差的敏感元件,如气压式高度表、无线电高度表或大气数据传感器。由高度敏感元件向姿态运动回路输送高度差信号,通过变化弹道倾角来调整飞行高度差,是实现自动稳定或控制高度的基本方法,其原理如图 10.27 所示。

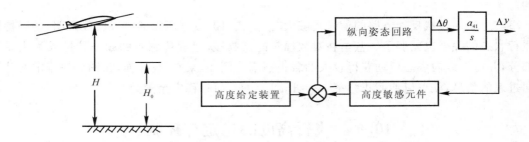

图 10.27　控制飞行高度的原理图

高度敏感元件一般能测出高度差及其变化率。高度差是指实际高度 H 和预定高度 H_0 之差(见图 10.27),因此高度偏差 ΔH 为

$$\Delta H = H - H_0 \qquad\qquad (10-108)$$

导弹高于预定高度,偏差 $\Delta H > 0$,导弹为消除此偏差,必须要获得作下滑飞行的负弹道倾角($-\Delta\theta$)。对于正常式导弹这时要求升降舵后缘下偏,$\Delta\delta_z > 0$,因此高度偏差 ΔH 与 $\Delta\delta_z$ 的极性是相同的。反之,导弹低于预定高度,$\Delta H < 0$,这时正常式导弹的 $\Delta\delta_z < 0$,极性也是相同的。

自动控制导弹的飞行高度是有意改变导弹的预定高度值,因此在式(10-108)中的 H_0 也可以是一个变量,其值由弹道设计确定。例如,地对舰导弹可以定高 10 m,也可以定高 30 m。

二、高度差反馈的动力学分析

综上所述,因纵向姿态运动含弹道倾角 $\Delta\theta$,必然引起飞行高度偏量,其值由式(10-107)计算为

$$\Delta y = \int a_{41} \Delta\theta \mathrm{d}t = h \qquad\qquad (10-109)$$

积分结果说明:即使在过渡过程结束后 $\Delta\theta = 0$,高度也存在着偏差。要使飞行器能够保持预定的高度,必须装置能够测量实际高度的敏感元件,并通过自动驾驶仪来操纵导弹修正高度偏量,因为高度控制系统通常是在俯仰角控制系统的基础上形成的,为了稳定或控制飞行高度,在原有自动驾驶仪方程中应包括反映高度偏量的信号。一种最简单的自动驾驶仪方程可以写成

$$(T_\delta s + 1)\Delta\delta_z = K_f K_\delta (K_\mathrm{T} \Delta\vartheta + K_h h) \qquad\qquad (10-110)$$

式中,K_h 为高度传感器的放大系数;h 为传感器实测的高度差。由式(10-110)调节规律和导弹纵向传递函数式(8-54)和式(8-55),令动力系数 $a'_{25}=0$,可组成结构方块图如图10.28所示。

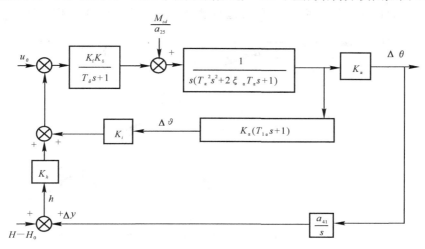

图 10.28　含高度差反馈的纵向扰动运动

值得指出的是,预定高度 H_0 为某规定值,高度稳定时 $H-H_0$ 代表高度的初始差值 ΔH_0。人为地改变预定高度 H_0,差值 $H-H_0$ 代表相应的高度控制信号。由图10.28和式(10-108)可以看出传感器的实测高度差 h 为

$$h=H-H_0+\Delta y \qquad (10-111)$$

式中的 H 应理解是开始扰动运动的实际高度。

按图10.28,当正常式导弹的实际高度 H 小于预定高度 H_0 时,在自动驾驶仪的作用下,关于导弹发生纵向姿态和弹道变化的动力学现象可作以下扼要的解释。

消除负高度差的全部动力学过程如图10.29所示,分为(a),(b),(c),(d)4种状况。

(a) 设计要求导弹在给定高度 H_0 上以攻角 $\Delta\alpha$ 作水平飞行,实际飞行高度则为 H,两者之差为 $H-H_0(H<H_0)$,舵偏角向上偏,其值为负,$\Delta\delta_z<0$,使导弹抬头转动,俯仰角 $\Delta\vartheta$ 和攻角 Δa 同时增大。攻角增加后,因升力大于重力,导弹开始爬升,高度偏量 Δy 增加,这时原有高度差减小到 $H+\Delta y-H_0$。

(b) 俯仰角偏离,出现高度偏量 Δy,其结果在放大器内就有两个信号进行综合,一个是已有的 $K_\vartheta\Delta\vartheta$ 正值,另一个是在减小的 $K_h h$ 负值,因此使原来向上偏的舵偏角减小。由于舵面回收,即舵偏角减小,以及弹道倾角的增加,攻角 $\Delta\alpha$ 也要减小。

(c) 导弹爬升后,因高度差 h 本身也在减小,当负信号 $K_h h$ 减小到恰好等于信号 $K_\vartheta\Delta\vartheta$ 时,舵偏角就等于零。但是由于弹道倾角不等于零,导弹还要继续爬升,从而使信号 $K_h h$ 小于 $K_\vartheta\Delta\vartheta$,使舵面再下偏转,俯仰角随之而减小。这样一来,攻角就会由正值变为负值,使升力小于

重力,飞行弹道向下弯曲,速度方向将逐渐转向水平。

(d) 到达位置(d)后,因高度差信号和俯仰角偏离信号均为零,飞行速度又重新回到水平方向,攻角和舵面也同时恢复原位,导弹经过自动稳定过程后又在给定高度 H_0 上继续飞行。

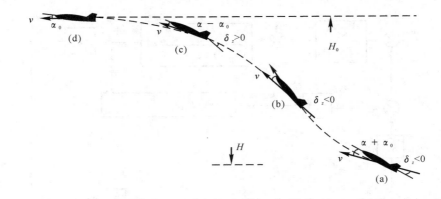

图 10.29　　高度稳定的飞行过程

由以上分析可以看出:所涉及的两个信号 h 和 $\Delta\vartheta$ 都是重要的。没有高度差 h 信号,就不能按误差进行调整;没有俯仰角 $\Delta\vartheta$ 信号,稳定高度的过程就会产生振荡。因无 $\Delta\vartheta$ 信号,在消除高度差 h 的过程中,舵面总是向上偏转,攻角 $\Delta\alpha > 0$,飞行弹道一直向上弯曲。当导弹达到给定高度 H_0 时,因飞行速度不在水平位置,导弹就将继续上升,冲过高度 H_0,而引起振荡。有了 $\Delta\vartheta$ 信号就不同了,它可以使导弹在未达到给定高度 H_0 时,先置舵面向下偏转,而避免发生振荡或减小振荡。因此,俯仰角 $\Delta\vartheta$ 信号对稳定高度来说起到了阻尼作用。

回顾已经讲过的纵向稳定回路,引入 $\Delta\dot\theta$ 信号,可以补偿"阻尼"。联想到对高度的稳定,引入 $\dot h$ 信号,也可起到增加阻尼的作用,在这个条件下,就不必强调一定要引进俯仰角 $\Delta\vartheta$ 信号了。这时,稳定高度的调节规律为

$$(T_\delta s+1)\Delta\delta_z=K_f K_\delta(K_h s+K_h)h \tag{10-112}$$

式中,K_h 是传递高度差的微分信号放大系数。

信号 $\Delta\vartheta$ 和 $\dot h$ 都能起到阻尼作用,因为飞行中这两个运动参数是相互关联的。这一点由式(10-107)很容易得到证明。式(10-107)可以变成

$$\Delta\dot y=a_{41}\Delta\theta=a_{41}(\Delta\vartheta-\Delta\alpha) \tag{10-113}$$

由于 $\Delta\dot y$ 和 $\Delta\vartheta$ 是正比关系,所以两者能起相同的作用。

三、典型外干扰对定高飞行的影响

导弹定高飞行时,若遇垂直上升气流,就要产生附加攻角(见图6.1)。上升气流速度为 u,导弹水平飞行时,其附加攻角 $\Delta\alpha$ 为

$$\Delta\alpha = \frac{u}{V} \tag{10-114}$$

在附加攻角 $\Delta\alpha$ 出现的情况下，导弹就要爬升，出现高度 h。若采用式(10-110)调节规律，信号 h 将使舵面向下偏转，引起导弹低头转动。

当俯仰角等于附加攻角 $\Delta\alpha$，动态过程结束时，出现稳态误差

$$\Delta\vartheta_w = -\frac{u}{V} \tag{10-115}$$

在导弹又重新进入水平飞行状态后，舵面必须回收到无上升气流前的位置，因此式(10-110)调节规律的右端必须等于零，即

$$K_T\Delta\vartheta_w + K_h h_w = 0 \tag{10-116}$$

所以

$$h_w = -\frac{K_T}{K_h}\Delta\vartheta_w = \frac{K_T}{K_h}\frac{u}{V} \tag{10-117}$$

所得结果说明，在上升气流中为了使导弹能够继续保持水平飞行，采用包括高度信号的调节规律式(10-110)，将产生高度误差 h_w。

如果利用 $\dot h$ 信号来抑制高度的振荡过程，并断开俯仰角偏离信号支路，那就可以保证导弹飞入垂直气流后，在高度方面不产生误差，这就是利用 $\dot h$ 信号的优点。但在结构上要有测量 $\dot h$ 信号的传感器。

采用上述稳定高度的调节规律，当导弹受到常值干扰力矩 M_{zd} 的作用后，要平衡这个干扰力矩，升降舵必须有一个常值舵偏角，这就要求有一个常值信号输给自动驾驶仪。这个信号不可能是俯仰角的偏离，因为这样导弹不是爬升就是下降，所以，只能是常值高度偏差。这个高度偏差可由下式求出。因为稳态时

$$\Delta\delta_{zw} = \frac{M_{zd}}{a_{25}} \tag{10-118}$$

于是按自动驾驶仪方程式(10-110)可以求出

$$\Delta\delta_{zw} = K_f K_\delta K_h h_w \tag{10-119}$$

所以高度误差为

$$h_w = \frac{M_{dz}}{K_f K_\delta K_h a_{25}} \tag{10-120}$$

对于超低空飞行的导弹，减小由干扰作用产生的误差是非常必要的，其措施就是要减小干扰作用和增大高度传感器的灵敏度，使放大系数 K_h 增大。当然，在调节规律中引入高度偏差的积分信号 $\int h dt$，也可达到在常值干扰作用下消除高度误差的目的。因为稳定飞行后，由积分值可以使舵面有一个固定偏角，产生操纵力矩来抵消干扰力矩，而不产生高度误差 h_w。

四、自动调整高度的稳定性分析

自动稳定高度的动力学关系，可由结构框图（见图 10.28）的闭环传递函数来表示，也可由动力学方程联立表示。在这里采用后一种方法，其中导弹的纵向短周期扰动运动不考虑动力系数 a'_{25} 和干扰力 F_{yd}，可将式（8−27）状态方程表示为

$$\begin{bmatrix} \Delta\dot\omega_z \\ \Delta\dot\alpha \\ \Delta\dot\vartheta \end{bmatrix} = \boldsymbol{A} \begin{bmatrix} \Delta\omega_z \\ \Delta\alpha \\ \Delta\vartheta \end{bmatrix} + \begin{bmatrix} -a_{25} + a'_{24}a_{35} \\ -a_{35} \\ 0 \end{bmatrix} \Delta\delta_z + \begin{bmatrix} M_{zd} \\ 0 \\ 0 \end{bmatrix} \tag{10−121}$$

动力系数矩阵 $\boldsymbol{A}$ 由式（8−28）表示。飞行高度变化方程由式（10−113）可得

$$\Delta\dot y = a_{41}(\Delta\vartheta - \Delta\alpha) \tag{10−122}$$

自动驾驶仪方程由式（10−110）和图 10.28 可以写成

$$\Delta\dot\delta_z = \frac{1}{T_\delta} K_f K_\delta (K_T \Delta\vartheta + K_h \Delta y + K_h(H - H_0)) - \frac{1}{T_\delta}\Delta\delta_z \tag{10−123}$$

将式（10−121）～式（10−123）3 个方程联立起来可以得到飞行高度自动稳定和控制的状态方程为

$$\begin{bmatrix} \Delta\dot\omega_z \\ \Delta\dot\alpha \\ \Delta\dot\vartheta \\ \Delta\dot\delta_z \\ \Delta\dot y \end{bmatrix} = \boldsymbol{A}_h \begin{bmatrix} \Delta\omega_z \\ \Delta\alpha \\ \Delta\vartheta \\ \Delta\delta_z \\ \Delta y \end{bmatrix} + \begin{bmatrix} M_{zd} \\ 0 \\ 0 \\ \dfrac{K_f K_\delta K_h}{T_\delta}(H - H_0) \\ 0 \end{bmatrix} \tag{10−124}$$

式中，矩阵 $\boldsymbol{A}_h$ 的表达式为

$$\boldsymbol{A}_h = \begin{bmatrix} & & & -a_{25} + a'_{24}a_{35} & 0 \\ & \boldsymbol{A} & & -a_{35} & 0 \\ & & & 0 & 0 \\ 0 & 0 & K_{\vartheta 1} & -1/T_\delta & K_{h1} \\ 0 & -a_{41} & -a_{41} & 0 & 0 \end{bmatrix} \tag{10−125}$$

式中

$$K_{\vartheta 1} = \frac{1}{T_\delta} K_f K_\delta K_T$$

$$K_{h1} = \frac{1}{T_\delta} K_f K_\delta K_h$$

自动稳定与控制飞行高度的特征方程式为

$$\begin{aligned} |s\boldsymbol{I} - \boldsymbol{A}_h| = s\big[&(s^3 + A_1 s^2 + A_2 s + A_3)(T_\delta s + 1) + \\ &K_f K_\delta K_T(A_4 s + A_5)\big] + K_f K_\delta K_h(A_6 s^2 + A_7 s + A_8) = 0 \end{aligned} \tag{10−126}$$

式中

$$A_4 = a_{25} - a'_{24}a_{35}$$
$$A_5 = a_{25}(a_{34} + a_{33}) - a_{24}a_{35}$$
$$A_6 = -a_{35}$$
$$A_7 = -a_{35}(a_{22} + a'_{24})$$
$$A_8 = a_{25}a_{34} - a_{24}a_{35}$$

分析特征方程式(10-126)很容易了解,其右端第1项是导弹引入自动驾驶仪后的角运动特征方程,只是引入高度信号后多乘以 s。而右端第2项则是反映高度信号 h 的作用。不难看出,自动驾驶仪不引进高度信号 h,即放大系数 $K_h = 0$,则导弹在自动驾驶仪工作下对高度 H_0 只能是中立稳定的。

引入高度信号 h 后,为保证导弹的纵向运动是稳定的,特征方程式(10-126)必须满足霍尔维茨稳定准则。当要求特征方程各系数大于零时,则必须

$$K_f K_\delta K_h A_8 = K_f K_\delta K_h (a_{25}a_{34} - a_{24}a_{33}) > 0 \tag{10-127}$$

因此保证导弹对于飞行高度具有稳定性,要求传递系数之积 $K_f K_\delta K_h > 0$,以及动力系数 $a_{25}a_{34} > a_{24}a_{35}$。

思 考 题 10

10.1　倾斜自动驾驶仪的作用是什么?

10.2　为什么要在倾斜自动驾驶仪调节规律中引入 $\Delta\gamma$ 和 $\Delta\dot{\gamma}$ 信号?

10.3　推导消除 $\Delta\gamma_w$,$\dot{\gamma}_w$ 对控制影响的坐标变换原理。

10.4　为什么引入调节规律 $\Delta\delta_x = K_\gamma\Delta\gamma + K_{\dot{\gamma}}\Delta\dot{\gamma}$ 后,在外干扰力矩 M_{xd} 作用下,还存在倾斜角的稳态误差 $\Delta\gamma_w$?

10.5　纵向自动驾驶仪的作用与倾斜自动驾驶仪的作用有什么不同?

10.6　在纵向自动驾驶仪中引入 $\Delta\vartheta$,$\Delta\dot{\vartheta}$ 以及法向加速度信号的作用是什么? 为什么?

10.7　为什么对纵向姿态运动的稳定与控制不能完成飞行高度的稳定与控制?

10.8　在高度稳定与控制自动驾驶仪中,引入 $\dot{h}$,$\Delta\vartheta$ 信号的作用是什么?

第 11 章　导引飞行的动态特性分析

11.1　自动导引飞行

导弹采用自动导引系统必须在弹体内安装导引装置,利用目标的主动辐射或被动反射,确定目标相对于导弹的空间位置。

自动导引系统可以采用不同的导引规律,从而决定了导引装置的结构和导引头灵敏轴在空间稳定的方式。下面介绍一种常见的相对目标线进行稳定的导引头及其结构图。假设图 11.1 中的 MT 线是目标视线;MX_1 是弹体纵轴;MX_c 线是导引头灵敏轴;q 为视角,虚线为分析参考线。

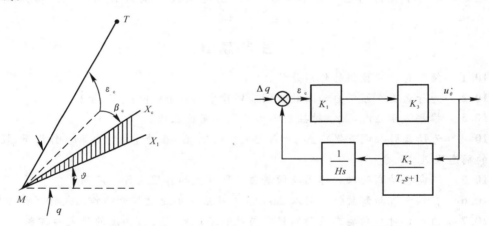

图 11.1　导引头灵敏轴的误差角　　　　图 11.2　比例导引的制导装置

导引头灵敏轴可以测出它对视线的误差角 ε_c。如果要求实现比例导引法,导引头应输出与 $\dot{q}$ 成比例的信号。

如果 ε_c 是导引头灵敏轴跟踪目标视线的纵向误差角,那么灵敏轴在空间的位置还有航向跟踪误差角 β_c,即具有两个自由度。实现导引头灵敏轴跟踪视线并稳定在视线上的方法,其操作原理可以采用双自由度陀螺仪的进动性和定轴性。对于轴对称的导弹,航向与纵向是对称的,所以下面只讲纵向导引问题。

一种比例导引制导装置的纵向典型结构图如图 11.2 所示。K_1 是光学调制盘和光敏元件的传递系数,它们的功用是产生仪表误差角 ε_c 和 β_c 幅值与相位的辐射热脉冲信号,并转换成电脉冲信号。

在图 11.2 中, H 为双自由度陀螺动量矩,$1/Hs$ 为陀螺传递特性;$K_2/(T_2s+1)$ 是操作系统的力矩传感器的传递函数;K_3 是变换放大器的传递系数,它的作用是放大电脉冲信号,并分解出纵向控制信号 u_θ 或航向控制信号。

由图 11.2,可得制导装置的传递函数为

$$W_c(s) = \frac{u_\theta}{\Delta q} = \frac{K_1 K_3}{1 + K_1 K_3 \dfrac{K_2}{T_2 s + 1} \dfrac{1}{Hs}} \tag{11-1}$$

式中,u_θ 为导引头输出的电压。如果不计时间常数 T_2,式(11-1)变为

$$W_c(s) = \frac{u_\theta}{\Delta q} = \frac{\dfrac{Hs}{K_2}}{\dfrac{Hs}{K_1 K_2 K_3} + 1} \tag{11-2}$$

所以

$$u_\theta = \frac{\dfrac{H}{K_2}}{\dfrac{Hs}{K_1 K_2 K_3} + 1} \Delta \dot{q} = \frac{K_q}{T_q s + 1} \Delta \dot{q} \tag{11-3}$$

其结果表示纵向控制信号 u_θ 正比于 $\Delta \dot{q}$。将 u_θ 输入纵向姿态控制系统,实现弹道倾角速度 $\Delta \dot{\theta}$ 与目标视线角速度 $\Delta \dot{q}$ 成比例的导引方法。

实现比例导引方法,参照自动驾驶仪包括舵回路的稳定系统,基于比例导引的制导装置图 11.2,纵向比例导引的制导系统原理如图 11.3 所示。

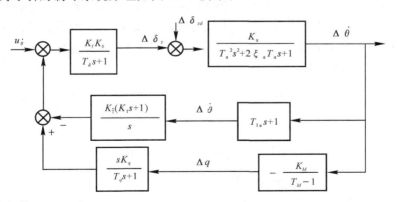

图 11.3　纵向自动比例导引

由于有些空-空导弹的飞行时间很短,为了提高信号 u_θ 的效率,在飞行过程中不因俯仰角

307

速度反馈信号而削弱,故不采用姿态稳定反馈支路。这就简化了自动导引系统的结构,而依靠导弹自身具有的良好气动阻尼。所以,图中俯仰角速度反馈支路专门用虚线表示,就说明了这个意思。

初步设计分析时,因放大器和舵机的时间常数 T_f,T_0 均很小,可以略而不计。同时,舵面的转动惯量是一个小值,也可略去与此有关的舵面时间常数 T_j;当然,在这种情况下也可忽略导引头操纵系统的力矩传感器的时间常数 T_2。如此简化的结果,就更加突出了各环节的主要传递特性,便于综合了解决定导弹自动导引特性的一些主要设计参数。

在图 11.3 中,右下两个环节分别是导弹和活动目标的运动学传递函数。

11.2　　自动导引的运动学传递函数

考虑到视线角 q 与弹道倾角 θ 之间的关系由导引相对运动学方程组表示,而纵向姿态运动的自动控制又不包含视线角 q,因此,为了形成自动导引控制回路的运动参数和控制信号之间的关系,还必须建立一个联系视线角 q 与弹道倾角 θ 的环节,即运动学环节,并由运动学传递函数来表示。

自动导引的运动学传递函数,要由相对运动学方程式来推导。根据图 11.4,导弹与目标相对运动的方程式在极坐标系内的形式为

$$\frac{\mathrm{d}R}{\mathrm{d}t} = V_\mathrm{T}\cos(q-\theta_\mathrm{T}) - V\cos(q-\theta) \tag{11-4}$$

$$R\frac{\mathrm{d}q}{\mathrm{d}t} = -V_\mathrm{T}\sin(q-\theta_\mathrm{T}) + V\sin(q-\theta) \tag{11-5}$$

在小扰动范围内,可以认为导弹对理想弹道的偏离是个小量,允许不计导弹和目标的速度偏量,因此也可不计斜距偏量 ΔR。于是,由相对运动方程,经线性化后获得视线角偏量 Δq 和弹道倾角偏量 $\Delta \theta$ 后,就可求得以 Δq 为输出量,$\Delta \theta$ 为输入量的运动学传递函数。

式(11-5)线性化的结果为

$$R\frac{\mathrm{d}\Delta q}{\mathrm{d}t} = -V_\mathrm{T}\cos(q-\theta_\mathrm{T})(\Delta q - \Delta\theta_\mathrm{T}) + V\cos(q-\theta)(\Delta q - \Delta\theta)$$

或写成

$$R\frac{\mathrm{d}\Delta q}{\mathrm{d}t} + (V_\mathrm{T}\cos(q-\theta_\mathrm{T}) - V\cos(q-\theta))\Delta q =$$
$$V_\mathrm{T}\cos(q-\theta_\mathrm{T})\Delta\theta_\mathrm{T} - V\cos(q-\theta)\Delta\theta \tag{11-6}$$

式(11-6)经过拉普拉斯变换后,得到以 $\Delta q(s)$ 为输出量,$\Delta\theta(s)$ 为输入量的导弹运动学传递函数为

$$G_M(s) = \frac{\Delta q(s)}{\Delta\theta(s)} = \frac{q}{\theta} =$$

$$\frac{-V\cos(q-\theta)}{Rs + V_T\cos(q-\theta_T) - V\cos(q-\theta)} = -\frac{K_M}{T_M s - 1} \tag{11-7}$$

式中

$$K_M = \frac{V\cos(q-\theta)}{-V_T\cos(q-\theta_T) + V\cos(q-\theta)} = \frac{V\cos(q-\theta)}{-\dot{R}} \tag{11-8}$$

$$T_M = \frac{R}{-V_T\cos(q-\theta_T) + V\cos(q-\theta)} = \frac{R}{-\dot{R}} \tag{11-9}$$

目标运动学传递函数也是一个不稳定的非周期环节,当目标飞行速度方向增量 $\Delta\theta_T > 0$ 时,视线角偏量 Δq 将不断地增大。

导弹运动学传递函数写成负值的意义在于:

(1) 弹道倾角偏量为负值 $\Delta\theta$(见图 11.5),导弹飞行速度在视线 MT 上的垂直分量增加从而加快了视线的旋转,其结果是视线角偏量 Δq 为正,即 $+\Delta q$ 对应 $-\Delta\theta$。

(2) 视线的距离是愈来愈短的,R 的变化率为负值,由式(11-9)可获得正的时间常数 T_M。运动学环节时间常数 T_M 的物理意义是从开始导引到停止导引的时间,它由某最大值单调地减小。

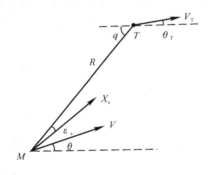

图 11.4 相对运动学关系

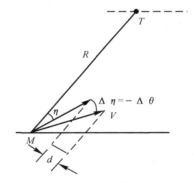

图 11.5 θ 与 q 的偏量关系

当弹道倾角偏量 $\Delta\theta$ 为阶跃函数时,视线角偏量 Δq 始终是增加的。这一点,也可由图 11.5 给出解释。当导弹的飞行速度方向对理论弹道产生一个负值偏量 $\Delta\theta$ 时,实际的弹道倾角减为 $\theta_0 - \Delta\theta$,类似于前置角出现增量 $\Delta\eta$。于是,速度 V 在视线上的垂直分量得到增加。设这个分量的增值为 d,根据图 11.5,其值为

$$d = V[\sin(\eta + \Delta\eta) - \sin\eta] \tag{11-10}$$

因 $\Delta\eta$ 为小量,当前置角 η 也为小量时,式(11-10)近似为

$$d = V(\sin\eta\cos\Delta\eta + \cos\eta\sin\Delta\eta - \sin\eta) \approx V\Delta\eta \tag{11-11}$$

视线在垂直分速 $V\Delta\eta$ 作用下,使 Δq 值不断增大。又因 $\Delta\theta = -\Delta\eta$,所以减小弹道倾角,$\Delta q$ 值始终是增加的,以致它们的偏量运动学关系成为一个非周期的不稳定环节。

以上基于"系数冻结法"的原理确定了运动学环节传递函数。一般地说,系数冻结法只是在过渡过程时间内,系数来不及发生显著变化的情况下,才能得到较好结果。若系统过渡过程时间为 t_p,在此时间内斜距的相对变化量 $\dot{R}\Delta t/R$ 很小时,假定 R 为常数所推导的运动学传递函数是许可的。但是当导弹接近目标时,由于 R 值本身很小,相对变化量增大,再继续假定斜距 R 为常数,就与实际情况不符。这时必须改用变系数方程式(11-9),在计算机上对自动导引回路进行变系数求解,或采用非定常系统广义传递函数的概念来分析运动学环节。

同理,由式(11-6)可得活动目标的运动学传递函数为

$$G_T(s) = \frac{q_T}{\theta_T} = \frac{V_T \cos(q - \theta_T)}{Rs + V_T \cos(q - \theta_T) - V \cos(q - \theta)} = -\frac{K_T}{T_T s - 1} \tag{11-12}$$

$$K_T = \frac{V_T \cos(q - \theta_T)}{-V_T \cos(q - \theta_T) + V \cos(q - \theta)} = \frac{V_T \cos(q - \theta_T)}{-\dot{R}} \tag{11-13}$$

$$T_T = T_M \tag{11-14}$$

目标运动学传递函数也是一个不稳定的非周期环节,它的飞行速度方向出现增量 $\Delta\theta_T > 0$,视线角偏量 Δq 将不断地增大。

已知运动学传递函数 $G_M(s)$ 和 $G_T(s)$,纵向自动比例导引原理图(见图 11.3),可以分析导弹纵向比例导引的动态特性。某空-空导弹不含俯仰角速度反馈,图中导引装置的传递函数 $G_c(s)$ 可以写成

$$G_c(s) = \frac{\dfrac{Hs}{K_2}}{\dfrac{Hs}{K_1 K_2 K_3} + 1} = \frac{K_q s}{T_q s + 1} \tag{11-15}$$

式中

$$K_q = \frac{H}{K_2} \tag{11-16}$$

$$T_q = \frac{H}{K_1 K_2 K_3} \tag{11-17}$$

若以控制信号 u_θ 为输入量,弹道倾角角速度 $\dot{\theta}$ 为输出量,不难求到局部闭环传递函数

$$W_a(s) = K_f K_0 K_i \frac{\dot{\theta}(s)}{M_j(s)} =$$

$$\frac{K_f K_0 K_i K_j K_a (1 - T_{1a} a_{35} s)(s + a_{22})/a_{25}}{(s + K_j M_j^\delta)(T_a^2 s^2 + 2\xi_a T_a s + 1) + K_j K_a M_j^\alpha W_{a\theta}(s) \dfrac{1}{s}(1 - T_{1a} a_{35} s)(s + a_{22}) a_{25}}$$

$$\tag{11-18}$$

据此再以 $\dot{q}$ 为输入量,$\dot{\theta}$ 为输出量,并用式(8-66)代替转换函数,可得自动导引开环传递函数为

$$G(s) = \frac{\dot{\theta}(s)}{\dot{q}(s)} = \frac{K_q}{T_q s + 1} W_a(s) =$$

$$\frac{K_q}{T_q s+1}\left[\frac{K_a K'_a(1-T_{1a}a_{35}s)(s+a_{22})/a_{25}}{(s+K_j M_j^\delta)(T_a^2 s^2+2\xi_a T_a s+1)+K_j K_a T_{1a}M_j^a(1+a_{35}(s+a_{22})/a_{25})}\right.$$

$$(11-19)$$

式中，$K'_a=K_f K_0 K_i K_j$。由式(11-19)可得 $G(s)$ 开环传递函数的放大系数 K 为

$$K=\frac{K_q K_a K'_a}{K_j M_j^\delta+K_j K_a T_{1a}M_j^a(1+a_{35}a_{22}/a_{25})}=$$

$$\frac{H}{K_2}\frac{K_f K_0 K_i K_a}{M_j^\delta+K_a T_{1a}M_j^a(1+a_{35}a_{22}/a_{25})}$$

$$(11-20)$$

此放大系数反映了导弹在自动导引飞行时，弹道倾角角速度 $\dot\theta$ 与视角角速度 $\dot q$ 之间的比例特性，也就是

$$\dot\theta=K\dot q$$

$$(11-21)$$

所以，比例导引系统的放大系数 K 与纯比例导引的比例系数是等值的。换句话说，比例导引系数就是系统的开环放大系数。

考虑到开环放大系数 K 与纵向传递系数 K_a，气动力时间常数 T_{1a} 以及铰链力矩系数 M_j^δ，M_j^a 等有关，而这些参数是随时间变化的，故比例导引时其比例系数实际上是一个时间函数。例如，所举空-空导弹导引装置等的放大系数为

$$\frac{H}{K_2}K_f K_0 K_i=3.9\ \mathrm{kgms/(°)}$$

于是自动导引系统的开环放大系数 K 值为

$$K=\frac{3.9K_a}{M_j^\delta+K_a T_{1a}M_j^a(1+a_{35}a_{22}/a_{25})}$$

$$(11-22)$$

在自动导引系统图11.3中，除纵向自动角运动和导引装置外，还包括一个不稳定的非周期的运动学环节。因此，在自动导引系统中要克服这个环节的不稳定性。由式(11-19)可得自动导引系统的开环传递函数为

$$G(s)=\frac{K_q K_a K'_a(1-T_{1a}a_{35}s)(s+a_{22})/a_{25}}{n_0 s^4+n_1 s^3+n_2 s^2+n_3 s+n_4}$$

$$(11-23)$$

式中

$$\left.\begin{array}{l}
n_0=T_a^2 T_q\\
n_1=T_a^2(1+T_q K_j M_j^\delta)+2\xi_a T_a T_q\\
n_2=T_a^2 K_j M_j^\delta+2\xi_a T_a(1+T_q K_j M_j^\delta)+T_q(1+K_j K_a T_{1a}M_j^a a_{35}/a_{25})\\
n_3=2\xi_a T_a K_j M_j^\delta+(1+T_q K_j M_j^\delta)+K_j K_a T_{1a}M_j^\delta(T_q a_{35}a_{22}/a_{25}+a_{35}/a_{25}+T_q)\\
n_4=K_j M_j^\delta+K_j K_a T_{1a}M_j^a(a_{35}a_{22}/a_{25}+1)
\end{array}\right\}$$

$$(11-24)$$

应用开环传递函数式(11-23)，不考虑俯仰角速度反馈支路，可以求出自动导引系统(见图11.3)的闭环传递函数。以目标机动引起的视角角速度偏量 $\dot q_T$ 为输入量，弹道倾角角速度 $\dot\theta$

311

为输出量的闭环传递函数为

$$W_{\vartheta \dot{q}_{\mathrm{T}}}(s) = \frac{(T_{\mathrm{M}}s - 1)G(s)}{(T_{\mathrm{M}}s - 1) + G(s)K_{\mathrm{M}}} \tag{11-25}$$

将式(11-23)代入式(11-25),又得

$$W_{\vartheta \dot{q}_{\mathrm{T}}}(s) =$$

$$\frac{(T_{\mathrm{M}}s - 1)K_{\mathrm{q}}K_{a}K_{a}'(1 - T_{1a}a_{35}s)(s + a_{22})/a_{25}}{(T_{\mathrm{M}}s - 1)(n_0 s^4 + n_1 s^3 + n_2 s^2 + n_3 s + n_4) + K_{\mathrm{q}}K_{a}K_{a}'K_{\mathrm{M}}(1 - T_{1a}a_{35}s(s + a_{22})/a_{25})}$$

$$\tag{11-26}$$

分母多项式的常数项为

$$-n_4 + K_{\mathrm{q}}K_{a}K_{a}'K_{\mathrm{M}} =$$

$$-K_j M_j^{\delta} - K_j K_a T_{1a} M_j^{\alpha}(a_{35}a_{22}/a_{25} + 1) + K_{\mathrm{q}}K_{a}K_{a}'K_{\mathrm{M}} \tag{11-27}$$

因此,为了消除不稳定运动学环节的影响,要求闭环传递函数式(11-26)的所有特征根小于零,至少要求由式(11-27)表示的常数项必须大于零,即

$$K_{\mathrm{q}}K_{a}K_{a}'K_{\mathrm{M}} - K_j M_j^{\delta} - K_j K_a T_{1a} M_j^{\alpha}(a_{35}a_{22}/a_{25} + 1) > 0 \tag{11-28}$$

所以

$$K_{\mathrm{q}}K_{\mathrm{f}}K_0 K_i K_j K_a K_{\mathrm{M}} > K_j M_j^{\delta} + K_j K_a T_{1a} M_j^{\alpha}(a_{35}a_{22}/a_{25} + 1) \tag{11-29}$$

或写成

$$K_{\mathrm{q}}K_{\mathrm{f}}K_0 K_i K_j K_a K_{\mathrm{M}} > M_j^{\delta} + K_a T_{1a} M_j^{\alpha}(a_{35}a_{22}/a_{25} + 1) \tag{11-30}$$

此不等式成立,有可能抵消不稳定运动学环节产生的不利影响。

如果导弹在接近目标之前出现发散现象,由于导弹一般都不是直接命中目标,而是要求脱靶量小于战斗部的杀伤半径,因此,选择系统参数时应尽可能推迟导引系统开始发散的时间。这就有可能使导引飞行刚趋于不稳定状态时,导弹与目标的相对距离已落入战斗部的杀伤范围内。

以上分析没有考虑图 11.3 中所示俯仰角速度的反馈支路。该支路的作用是补偿纵向姿态的"气动阻尼",它对自动导引飞行的影响如何可作以下分析。具有俯仰角速度反馈的纵向姿态运动,按图 11.3 所示,其闭环传递函数可表示为

$$W_{\mathrm{b}}(s) = \frac{W_a(s)\dfrac{K_a(T_{1a}s + 1)}{[1 - T_{1a}a_{35}s(s + a_{22})/a_{25}]}}{1 + W_a(s)} \tag{11-31}$$

由式(11-18),可将式(11-31)写成

$$W_{\mathrm{b}}(s) =$$

$$\frac{K_a K_a'[1 - T_{1a}a_{35}s(s + a_{22})a_{25}]}{\{(s + K_j M_j^{\delta})(T_a^2 s^2 + 2\xi_a T_a s + 1) + K_j K_a T_{1a} M_j^{\alpha}[1 + a_{35}(s + a_{22})/a_{25}] + K_a^2 K_a'(T_{1a}s + 1)\}}$$

$$\tag{11-32}$$

于是,引入俯仰角速度之后,在图 11.3 所示中,由输入量 $\dot{q}$ 到输出量 ϑ 的开环传递函数变成

$$G_b(s) = \frac{K_q}{T_q s + 1} W_b(s) =$$

$$\frac{K_q K_a K_a'(1 - T_{1a} a_{35} s)(s + a_{22})/a_{25}}{n_0 s^4 + n_1 s^3 + (n_2 + f_2)s^2 + (n_3 + f_3)s + n_4 + f_4} \tag{11-33}$$

式中,系数 $n_0 \sim n_4$ 由式(11-24)表示。系数 $f_2 \sim f_4$ 由式(11-32)和式(11-33)求出它们的表达式,其结果为

$$\left. \begin{aligned} f_2 &= K_a^2 K_a' T_{1a} T_q \\ f_3 &= K_a^2 K_a'(T_q + T_{1a}) \\ f_4 &= K_a^2 K_a' \end{aligned} \right\} \tag{11-34}$$

考虑到系数 n_0 和 n_1 比较小,简化处理可认为自动导引开环传递函数 $G_b(s)$ 类似于一个二阶环节,即

$$G_b(s) \approx \frac{K_q K_a K_a'(1 - T_{1a} a_{35} s)(s + a_{22})/a_{25}}{(n_2 + f_2)s^2 + (n_3 + f_3)s + n_4 + f_4} \tag{11-35}$$

它的放大系数 K_b 为

$$K_b = \frac{K_q K_a K_a'}{n_4 + f_4} \tag{11-36}$$

因为 $f_4 + n_4 > n_4$,所以俯仰角速度反馈的存在降低了自动导引的开环放大系数。换句话说,俯仰角速度信号可以补偿导弹的气动阻尼,但也同时降低了开环放大系数,或者说增大了开环固有频率。因此,在导弹具有足够气动阻尼的情况下,为了不降低自动导引的快速性,故不采用俯仰角速度反馈支路。

11.3 自动导引扭角计算和分析

自动导引时,如果导引头固连在弹体上,导引头坐标系 $Ox_c y_c z_c$ 与弹体坐标系 $Ox_1 y_1 z_1$ 始终重合在一起,两者之间无欧拉角,这是一种比较简单的坐标系相连的情况。实际上导引头搜索目标和跟踪目标时相对于弹体发生了运动,因此坐标系 $Ox_c y_c z_c$ 并不同 $Ox_1 y_1 z_1$ 相重合,两者之间存在着欧拉角,此现象称之为坐标系空间扭转。

计算和分析空间扭转的意义旨在提高制导精度和自动导引系统的稳定性。因为导弹的舵面设置无论是"+"型还是"×"型,都是相对弹体坐标系而言。而导引误差角 ε_c 和 β_c 由导引头坐标系 $Ox_c y_c z_c$ 来测量,两者经过换算之后才能提高舵面偏转的准确度。假设两坐标轴之间的欧拉角为 ξ, η 和 γ_1(见图11.6(a))。根据两坐标系统旋转欧拉角的三个基本转换矩阵,可以求出它们之间的关系。

假设在某飞行瞬时,导弹弹体体系的位置为 $Ox_{11} y_{11} z_{11}$,而导引头坐标系的位置为 $Ox_{c1} y_{c1} z_{c1}$。由前者到后者的转角次序是 γ_1, ξ, η,根据基本转换矩阵的排序相反的原则,可得转换方程为

$$\begin{bmatrix} x_{c1} \\ y_{c1} \\ z_{c1} \end{bmatrix} = \boldsymbol{L}_3(\eta)\boldsymbol{L}_2(\xi)\boldsymbol{L}_1(\gamma_1) \begin{bmatrix} x_{11} \\ y_{11} \\ z_{11} \end{bmatrix} =$$

$$\begin{bmatrix} \cos\eta\cos\xi & \cos\eta\sin\xi\sin\gamma_1 - \sin\eta\cos\gamma_1 & -\cos\eta\sin\xi\cos\gamma_1 + \sin\eta\sin\gamma_1 \\ \sin\eta\cos\xi & \sin\eta\sin\xi\sin\gamma_1 + \cos\eta\cos\gamma_1 & \sin\eta\sin\xi\cos\gamma_1 - \cos\eta\sin\gamma_1 \\ -\sin\xi & \cos\xi\sin\gamma_1 & \cos\xi\cos\gamma_1 \end{bmatrix} \begin{bmatrix} x_{11} \\ y_{11} \\ z_{11} \end{bmatrix}$$

$$(11-37)$$

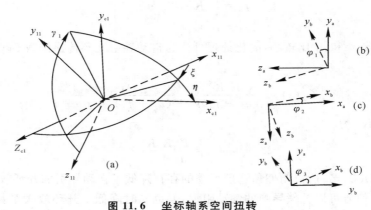

图 11.6　坐标轴系空间扭转

转动角 γ_1 处于弹体坐标系某瞬时的 $x_{11}Oz_{11}$ 平面内,此角称为自动导引的空间扭角。因无法单独由式(11-37)求出空间扭角 γ_1 的表达式,故有下述推论:

假设导引头捕捉到活动目标后,它的坐标系与弹体坐标系的夹角为 σ_1 和 σ_2(见图11.7)。从导引头跟踪目标起,经过时间 Δt,由于目标运动,导引头灵敏轴 Ox_c 发生了两个角自由度的变化,即角 φ_a 和 φ_b,于是导引头坐标系处于 $Ox_{c1}y_{c1}z_{c1}$ 的位置上。在图11.6中,由 $Ox_1y_1z_1$ 系变换到 $Ox_{c1}y_{c1}z_{c1}$ 系,根据欧拉角出现的先后次序,不难推得

$$\begin{bmatrix} x_{c1} \\ y_{c1} \\ z_{c1} \end{bmatrix} = \boldsymbol{L}_3(\varphi_b)\boldsymbol{L}_2(\varphi_a)\boldsymbol{L}_3(\sigma_2)\boldsymbol{L}_2(\sigma_1) \begin{bmatrix} x_1 \\ y_1 \\ z_1 \end{bmatrix} \qquad (11-38)$$

与此同时,弹体坐标系在时间 Δt 内也出现了转动,在图11.7所示坐标系 $Ox_1y_1z_1$ 位置上新增加了俯仰角 ϑ,航向角 ψ(即前述 ψ)和滚转角 γ,而处在新的位置 $Ox_{11}y_{11}z_{11}$ 上,图中没有标出。弹体坐标系在空间的这种转动,好似弹体坐标系相对于地面基准坐标系发生了转动。将坐标系 $Ox_1y_1z_1$ 看成是地面基准坐标系,不难求出在时间 Δt 内弹体坐标系自身的转换关系。考虑到

$$\boldsymbol{L}_2(\varphi_2)\boldsymbol{L}_3(\varphi_3)\boldsymbol{L}_1(\varphi_1) = \boldsymbol{L}_2(\psi)\boldsymbol{L}_3(\vartheta)\boldsymbol{L}_1(\gamma) \qquad (11-39)$$

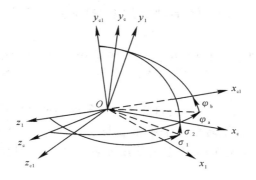

图 11.7　扭角的形成

所以

$$\begin{bmatrix} x_1 \\ y_1 \\ z_1 \end{bmatrix} = \boldsymbol{L}_2(\psi)\boldsymbol{L}_3(\vartheta)\boldsymbol{L}_1(\gamma) \begin{bmatrix} x_{11} \\ y_{11} \\ z_{11} \end{bmatrix} \tag{11-40}$$

考虑弹体坐标系自身的变动,将式(11-40)代入到式(11-38)中,经过展开又可以得到

$$\begin{bmatrix} x_{cl} \\ y_{cl} \\ z_{cl} \end{bmatrix} = \begin{bmatrix} \cos\varphi_b\cos\varphi_a & \sin\varphi_b & -\cos\varphi_b\sin\varphi_a \\ -\sin\varphi_b\cos\varphi_a & \cos\varphi_b & \sin\varphi_b\sin\varphi_a \\ \sin\varphi_a & 0 & \cos\varphi_a \end{bmatrix} \times \begin{bmatrix} \cos\sigma_2\cos\sigma_1 & \sin\sigma_2 & -\cos\sigma_2\sin\sigma_1 \\ -\sin\sigma_2\cos\sigma_1 & \cos\sigma_2 & \sin\sigma_2\sin\sigma_1 \\ \sin\sigma_1 & 0 & \cos\sigma_1 \end{bmatrix} \times$$

$$\begin{bmatrix} \cos\vartheta\cos\psi & -\sin\vartheta\cos\psi\cos\gamma + \sin\psi\sin\gamma & \sin\vartheta\cos\psi\sin\gamma + \sin\psi\cos\gamma \\ \sin\vartheta & \cos\vartheta\cos\gamma & -\cos\vartheta\sin\gamma \\ -\cos\vartheta\sin\psi & -\sin\vartheta\sin\psi\cos\gamma + \cos\psi\sin\gamma & -\sin\vartheta\sin\psi\sin\gamma + \cos\psi\cos\gamma \end{bmatrix} \begin{bmatrix} x_{11} \\ y_{11} \\ z_{11} \end{bmatrix}$$

$$\tag{11-41}$$

弹体坐标系和导引头坐标系在时间 Δt 内各自转动后,两坐标系之间的转换关系式(11-41)和式(11-37)是等价的。将式(11-41)各转换矩阵乘开之后,因各元素与式(11-37)对应的元素相等,由此使以下两个等式成立:

$$\cos\xi\sin\gamma_1 = e_1(-\sin\vartheta\cos\psi\cos\gamma + \sin\psi\sin\gamma) + e_2(\cos\vartheta\cos\gamma) + e_3(\cos\psi\sin\gamma + \sin\vartheta\sin\psi\cos\gamma) \tag{11-42}$$

$$\cos\xi\sin\gamma_1 = e_1(\sin\vartheta\cos\psi\sin\gamma + \sin\psi\sin\gamma) + e_2(-\cos\vartheta\sin\gamma) + e_3(\cos\psi\cos\gamma - \sin\vartheta\sin\psi\sin\gamma) \tag{11-43}$$

式中

$$e_1 = -\sin\varphi_a\cos\sigma_1\cos\sigma_2 + \cos\varphi_2\sin\sigma_1$$

$$e_2 = \sin\varphi_a\sin\sigma_2$$

$$e_3 = -\sin\varphi_a\sin\sigma_1\cos\sigma_2 + \cos\varphi_2\cos\sigma_1$$

315

将式(11-43)除以式(11-42)，可得自动导引空间扭角 γ_1 的表达式

$$\tan\gamma_1 =$$

$$\frac{e_1(-\sin\vartheta\cos\psi\cos\gamma + \sin\psi\sin\gamma) + e_2(\cos\vartheta\cos\gamma) + e_3(\cos\psi\sin\gamma + \sin\vartheta\sin\psi\cos\gamma)}{e_1(\sin\vartheta\cos\psi\sin\gamma + \sin\psi\cos\gamma) + e_2(-\cos\vartheta\sin\gamma) + e_3(\cos\psi\cos\gamma - \sin\vartheta\sin\psi\sin\gamma)}$$

$$(11-44)$$

可见，弹体坐标系 $Ox_1y_1z_1$ 在捕捉目标瞬时与地面基准坐标系重合时，空间扭角 γ_1 不仅与导弹俯仰角 ϑ，航向角 ψ 和滚转角 γ 有关，而且与导引头坐标系本身的转动有关。所以，要准确计算出扭角 γ_1，还是相当复杂的，并且要采用许多技术措施测量有关角度。

11.4　遥控飞行

前两节介绍了飞行导引系统与飞行力学紧密相关的一些内容，从本节开始将在此基础上讨论遥控导弹的一些飞行力学问题。

一般讲，遥控系统的有效作用距离要比红外导引头或雷达导引头远得多。因此，地-空导弹可采用遥控的导引方式。例如，某地-空导弹的稳定回路采用微分陀螺和线加速度传感器，遥控装置采用波束导引的指令控制，略去校正环节和有关元件的小时间常数，则纵向控制（制导）系统如图11.8所示。这是一个遥控系统的典型结构框图。图中传递函数代表了舵回路的动态特性，即

$$W_\delta(s) = \frac{K_f K_\delta}{T_\delta s + 1} \tag{11-45}$$

在图11.8中含有法向加速度的敏感元件，其传递函数 $W_n(s)$ 可表示为

$$W_n(s) = \frac{K_n}{T_n s + 1} \tag{11-46}$$

限幅放大器的作用是限制控制信号 u_θ 和过载传感器的输出信号不超过某一数值，使舵面转角达不到最大值，而留有适当的余量。这个余量的确定应考虑导弹受到干扰作用后，保证微分陀螺信号能通过舵机，使舵面偏转来补偿导弹的"气动阻尼"，减小干扰作用的影响。如取最大舵偏角 $\delta_{max} = 20°$，当限幅放大器输出电流达饱和值 $1.4\ mA$ 时，相应的舵偏角为 $\delta = 18°$，而留有 $2°$ 余量来克服干扰作用。

地面制导站的雷达测角装置跟随目标一起运动。雷达的波束中心线就是目标与地面制导站的连线（简称目标线），如图11.9所示。图中 $Ox_4y_4z_4$ 为雷达坐标系。

雷达坐标系可以测出导弹与目标高低角之差。

$$\Delta\varepsilon_1 = \varepsilon - \varepsilon_T \tag{11-47}$$

式中，ε 为导弹的高低角；ε_T 为目标高低角，可以近似认为 ε，ε_T 和 θ 在同一垂直平面内。同理，雷达坐标系也可测出方位角之差。

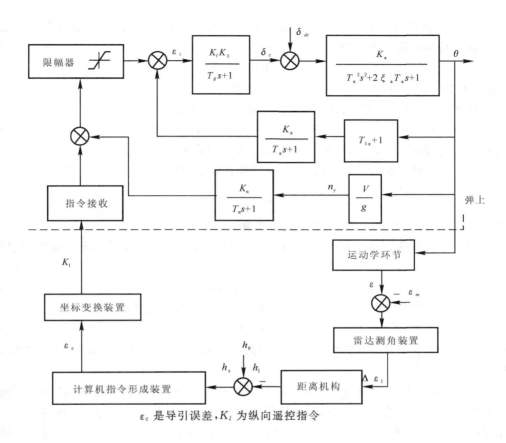

ε_c 是导引误差，K_l 为纵向遥控指令

图 11.8   遥控遥测的纵向控制系统

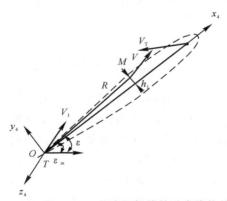

图 11.9   偏离目标线的垂直线偏差

距离机构可以实测导弹对制导站的距离 $R(t)$，也可测出导弹与目标距离之差 ΔR。导弹相对制导站的距离可由函数

$$R(t) = a + bt \tag{11-48}$$

给出，式中参数 a 和 b 由大量弹道计算，按统计特性给定。

导弹偏离目标线的垂直线偏差 h_1（见图 11.9）表达式为

$$h_1 = \Delta\varepsilon_1 R(t) \tag{11-49}$$

当采用三点法导引时，要求高低角之差 $\Delta\varepsilon_1$ 或线偏差 h_1 等于零。

若用半前置量法，并减小目标机动对导弹的影响，前置角可取为

$$\Delta\varepsilon_0 = -\frac{\Delta R}{2\Delta\dot{R}}\dot{\varepsilon}_{\mathrm{T}} \tag{11-50}$$

式中，$\dot{\varepsilon}_{\mathrm{T}}$ 为目标高低角速度，由雷达测角装置确定。

按半前置量法导引时，在实际系统中应把前置角 $\Delta\varepsilon_0$ 表示成导弹至目标线的前置线偏量 h_0，其值应为

$$h_0 = R(t)\Delta\varepsilon_0 \tag{11-51}$$

因此，按半前置量法导引，导弹实际偏离波束中心线的偏差 h_ε 为

$$h_\varepsilon = h_1 - h_0 \tag{11-52}$$

所以，在图 11.8 中输入计算机指令形成装置的信号为 h_ε。当用三点法导引时，线偏差 $h_0 = 0$，则 $h_\varepsilon = h_1$。

如上所述，某地-空导弹的控制系统是根据高低角偏差 $\Delta\varepsilon_1$ 或是按线偏差 h_ε 对导弹的飞行进行自动操纵。从物理意义上讲，如果仅由偏差 h_ε（或 $\Delta\varepsilon_1$）本身作为舵面偏转信号，由于控制系统有惯性，导弹实际上执行转动舵面的信号，在时间上要迟后于偏差 h_ε 的出现。因此，为了提高舵面偏转的快速性，应该引入偏差 h_ε 的一次微分，甚至还要引入二次微分的信号，即引入产生位移偏差的速度和加速度信号。但是引入高于二次微分的信号，在测量高低角出现起伏误差时，信号本身就会出现较大的误差，因而一般只取二次导数。所以，计算机指令形成装置的传递函数可以采用的表达式为

$$W_{\mathrm{c}}(s) = \frac{\varepsilon_{\mathrm{c}}}{h_{\mathrm{c}}} = \frac{k_{\mathrm{k}}(T_1 s + 1)(T_3 s + 1)}{(T_2 s + 1)(T_4 s + 1)} \tag{11-53}$$

式中，ε_{c} 称为导引误差信号；k_{k} 为放大系数；T_1，T_2 和 T_3，T_4 为时间常数。这是一个串联微积分校正网络，它同时对大回路起着校正作用。因微分信号 h_ε 在回路中作用与小回路微分信号 $\dot{\vartheta}$ 所起的物理作用是一样的，所以引入 $\dot{h}_\varepsilon$ 信号可以增大导弹的"阻尼"，减小导弹为消除线偏差 h_ε 围绕理想弹道产生的振荡，从而提高系统的稳定裕量，并使开环截止频率增大到适当的数值。为满足这些要求，所列举的地-空导弹选择 $T_1 < T_2$，而 $T_4 > T_3$。

坐标变换机构是将误差信号 ε_{c} 经过坐标变换后，变成纵向通道指令 K_1，经天线传送至导弹，弹上指令接收装置接收指令 K_1，并形成控制信号 u_θ，通过自动驾驶仪使舵面作相应的偏

转,从而改变导弹的运动状态,消除线偏差 h_ε。

在遥控控制系统中,将弹道倾角 θ 变换为高低角 ε,也需要运动学环节,并建立运动学传递函数(见图 11.8)。

11.5　遥控的运动学传递函数

一、制导站固定时导弹运动学传递函数

运动学传递函数要由运动学方程式来推导。下面首先介绍导弹在垂直平面内的运动学方程。由图 11.9 可得出运动学方程

$$\frac{\mathrm{d}R}{\mathrm{d}t} = V\cos(\theta - \varepsilon) \tag{11-54}$$

$$R\frac{\mathrm{d}\varepsilon}{\mathrm{d}t} = V\sin(\theta - \varepsilon) \tag{11-55}$$

导弹的传递函数是由运动方程线性化后,对运动参数的偏量建立的。因此,在制导系统中,运动学环节的传递函数也是以参数偏量作为输入值和输出值。

为了寻求运动学参数偏量 $\Delta\varepsilon$ 和 $\Delta\theta$ 间的关系,对式(11-55)进行线性化,其结果为

$$R\Delta\dot{\varepsilon} = V\cos(\theta - \varepsilon)(\Delta\theta - \Delta\varepsilon) \tag{11-56}$$

或者写成

$$R\Delta\dot{\varepsilon} + \dot{R}\Delta\varepsilon = \dot{R}\Delta\theta \tag{11-57}$$

式(11-57)进行拉普拉斯变换后,以弹道倾角偏量 $\Delta\theta$ 为输入量,以高低角偏量 $\Delta\varepsilon$ 为输出量,可得运动学传递函数为

$$W_{\theta\varepsilon}(s) = \frac{\Delta\varepsilon(s)}{\Delta\theta(s)} = \frac{\dot{R}}{Rs + \dot{R}} \tag{11-58}$$

由式(11-57)还可推出其他形式的运动学传递函数。将此式写成

$$\frac{\mathrm{d}(R\Delta\varepsilon)}{\mathrm{d}t} = \dot{R}\Delta\theta \tag{11-59}$$

再对它进行一次微分,得到

$$\frac{\mathrm{d}^2(R\Delta\varepsilon)}{\mathrm{d}t^2} = \ddot{R}\Delta\theta + \dot{R}\Delta\dot{\theta} \tag{11-60}$$

因为弧长 $\Delta\lambda = R\Delta\varepsilon$,法向加速度 $\Delta a_{y4} = V\Delta\dot{\theta}$,又因 $\Delta\theta = \Delta\dot{\lambda}/\dot{R}$,于是式(11-60)可以写成

$$\Delta\ddot{\lambda} - \frac{\ddot{R}}{\dot{R}}\Delta\dot{\lambda} = \frac{\dot{R}}{V}a_{y4} \tag{11-61}$$

经拉普拉斯变换后,以弧长 $\Delta\lambda$ 为输出量,法向加速度为输入量的运动学传递函数的一种形式为

$$W_\varepsilon(s) = \frac{\Delta\lambda(s)}{\Delta a_{y4}(s)} = \frac{\dot{R}/V}{s(s - \dot{R}/R)} \tag{11-62}$$

因为视线的变化率 $\dot{R}$ 为正值,如果 R 也大于零,则有 $\dot{R}/R > 0$。在这种情况下,式(11-62)表示的运动学传递函数由一个积分环节和一个不稳定的非周期环节组成。

如果视线变化率 $\dot{R} \approx V$,并且飞行速度 V 远大于自身的变化率 $\dot{V}$,又因 $\dot{V} \approx \dot{R}$,则有 $\dot{R}/R \approx \dot{V}/V \approx 0$,式(11-62)可进一步简化成

$$W_\varepsilon(s) = \frac{\Delta\lambda(s)}{\Delta a_{y4}(s)} = \frac{1}{s^2} \tag{11-63}$$

这时导弹的运动学环节相当于双积分环节。

严格地讲,运动学传递函数中的加速度是对雷达坐标系而言的,它与沿弹道坐标系的加速度 a_y 和 a_z 并不完全一样,但两者可以通过两坐标系竖轴之间的夹角 γ_2 来联系,由图 11.10 和图 11.11 得出其变换关系式为

$$\left. \begin{array}{l} a_{y4} = a_y\cos\gamma_2 - a_z\sin\gamma_2 \\ a_{z4} = a_y\sin\gamma_2 + a_z\cos\gamma_2 \end{array} \right\} \tag{11-64}$$

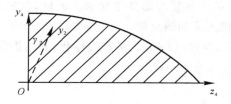

图 11.10　偏斜角 γ_2 示意图

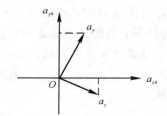

图 11.11　加速度变换图

对于轴对称导弹,因为由偏转偏航舵 δ_y 到产生侧向加速度 a_z 的航向扰动运动,其形式与纵向短周期扰动运动基本一致,所以,航向与纵向的运动学传递函数也具有相同的形式,即

$$W_{\theta\varepsilon}(s) = W_{\psi\beta}(s) = \frac{\Delta\beta(s)}{\Delta\psi(s)} - W_\varepsilon(s) = W_\beta(s) \tag{11-65}$$

式中,下标"ψ"代表弹道偏角 ψ_V。

加速度变换关系式(11-64)反映了一种运动交联现象,在图 11.9 中相对于雷达坐标系,由运动学传递函数式(11-63)和式(11-64)可得

$$\left. \begin{array}{l} \varepsilon = \frac{1}{R}W_\varepsilon(s)a_{y4} = \frac{1}{R}W_\varepsilon(s)(a_y\cos\gamma_2 - a_z\sin\gamma_2) \\ \beta = \frac{1}{R}W_\beta(s)a_{z4} = \frac{1}{R}W_\beta(s)(a_y\cos\gamma_2 + a_z\sin\gamma_2) \end{array} \right\} \tag{11-66}$$

由式(11-66)中,可写出以下两式(升降舵和方向舵均为阶跃偏转)

$$\left.\begin{aligned}\varepsilon &= \frac{1}{R}W_{\varepsilon}(s)\big[-V\cos\gamma_{2}W_{\vartheta\vartheta}(s)\delta_{z}-V\cos\theta\sin\gamma_{2}W_{\delta\psi}(s)\delta_{y}\big]\\\beta &= \frac{1}{R}W_{\beta}(s)\big[-V\sin\gamma_{2}W_{\vartheta\vartheta}(s)\delta_{z}+V\cos\theta\cos\gamma_{2}W_{\delta\psi}(s)\delta_{y}\big]\end{aligned}\right\} \tag{11-67}$$

由此可以得出结论,当偏斜角 γ_{2} 存在时,为消除高低角偏差 ε(或线偏差 h_{1}),或者方位角偏差 β,必须同时偏转升降舵 δ_{z} 和方向舵 δ_{y},即俯仰和偏航两个通道的运动是相互交联的。

二、制导站运动时导弹运动学传递函数

当导弹在飞机、舰艇和车辆上发射,并采用遥控系统时,制导站是运动的。即使假定目标、导弹和制导站的运动处于同一个平面内,相互间的运动学关系也是相当复杂的。在图 11.9 中 V_{1} 为制导站的运动速度,为具有普遍性假定速度 V_{1} 与水平面成 θ_{1} 角,由图 11.9 可以得出运动学方程组

$$\left.\begin{aligned}\frac{\mathrm{d}R}{\mathrm{d}t} &= -V_{1}\cos(\theta_{1}-\varepsilon)+V\cos(\theta-\varepsilon)\\R\frac{\mathrm{d}\varepsilon}{\mathrm{d}t} &= -V_{1}\sin(\theta_{1}-\varepsilon)+V\sin(\theta-\varepsilon)\end{aligned}\right\} \tag{11-68}$$

同样认为 V,V_{1} 和 R 均为已知时间函数,线性化后可得运动学传递函数

$$\left.\begin{aligned}W_{\theta\varepsilon}(s) &= \frac{V\cos(\theta-\varepsilon)}{Rs+\dot{R}}\\W_{\theta_{1}\varepsilon}(s) &= \frac{-V_{1}\cos(\theta_{1}-\varepsilon)}{Rs+\dot{R}}\end{aligned}\right\} \tag{11-69}$$

如果制导站作水平直线运动,则式(11-69)中 $\theta_{1}=0$。

导弹采用遥控系统,更为复杂的运动学状态如图 11.12 所示,图中地面坐标系 $Oxyz$ 为参考系,假设制导站作水平面运动,速度为 V_{1},航向角为 ψ_{1};制导站雷达高低角为 ε_{1},方位角为 β_{1}。

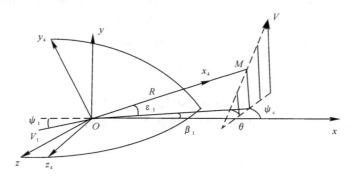

图 11.12 制导站运动的飞行状态

由图 11.12 可得导弹向径 R 的变化率为

$$\dot{R}=V\cos\eta - V_1\cos\varepsilon_1\cos(\psi_1-\beta_1) \tag{11-70}$$

式中，η 为向量 V 和 R 的夹角。

因向量 V 和 R 在 $Oxyz$ 上的方向余弦分别为

$$\left.\begin{array}{l}\cos\theta\cos\psi_c,\ \sin\varepsilon_1,\ -\cos\theta\sin\psi_c\\ \cos\varepsilon_1\cos\beta_1,\ \sin\varepsilon_1,\ -\cos\varepsilon_1\sin\beta_1\end{array}\right\} \tag{11-71}$$

所以

$$\begin{aligned}\cos\eta &= \cos\theta\cos\psi_c\cos\varepsilon_1\cos\beta_1 + \sin\theta\sin\varepsilon_1 - \cos\theta\sin\psi_c\cos\varepsilon_1\sin\beta =\\ &\cos\theta\cos\varepsilon_1\cos(\psi_1-\beta_1)+\sin\theta\sin\varepsilon_1\end{aligned} \tag{11-72}$$

由速度 V 和 V_1 在 $R\cos\varepsilon_1$ 上的垂直分量，可得到

$$(R\cos\varepsilon_1)\dot{\beta}_1 = V\cos\theta\sin(\psi_c-\beta_1)-V_1\sin(\psi_1-\beta_1) \tag{11-73}$$

下面再来求高低角 ε_1 变化的微分方程。雷达坐标系 $Ox_4y_4z_4$ 与地面坐标系 $Oxyz$ 的转换矩阵式(11-37) ～ 式(11-39) 可以写成

$$[x_4\quad y_4\quad z_4]^T = \boldsymbol{L}_3(\varepsilon_1)\boldsymbol{L}_2(\beta_1)[x\quad y\quad z]^T \tag{11-74}$$

式(11-74) 展开后变为

$$\begin{bmatrix}x_4\\y_4\\z_4\end{bmatrix}=\begin{bmatrix}\cos\varepsilon_1\cos\beta_1 & \sin\varepsilon_1 & -\cos\varepsilon_1\sin\beta_1\\ -\sin\varepsilon_1\cos\beta_1 & \cos\varepsilon_1 & \sin\varepsilon_1\sin\beta\\ \sin\beta_1 & 0 & \cos\beta_1\end{bmatrix}\begin{bmatrix}x\\y\\z\end{bmatrix} \tag{11-75}$$

导弹相对制导站的合成速度为 $\Delta V=V-V_1$，它在坐标系 $Oxyz$ 三个轴上的分量为

$$[\Delta V_x\quad \Delta V_y\quad \Delta V_z]^T=[V\cos\theta\cos\psi_c - V_1\cos\psi_1\quad V\sin\theta\quad -V\cos\theta\sin\psi_c+V_1\sin\psi_1]^T \tag{11-76}$$

所以由矩阵方程式(11-76)，得速度 V 和 V_1 在 Oy_4 轴上的分量为

$$\begin{aligned}\dot{y} &= -V\cos\theta\cos\psi_V\sin\varepsilon_1\cos\beta_1 + V\sin\theta\cos\varepsilon_1 - V\cos\theta\sin\psi_V\sin\varepsilon_1\sin\beta_1 +\\ &V_1\cos\psi_1\sin\varepsilon_1\cos\beta_1 + V_1\sin\psi_1\sin\varepsilon_1\sin\beta_1 =\\ &V\sin\theta\cos\varepsilon_1 - V\cos\theta\sin\varepsilon_1(\cos\psi_1\cos\beta_1 + \sin\psi_1\sin\beta_1) +\\ &V_1\sin\varepsilon_1(\cos\psi_1\cos\beta_1 + \sin\psi_1\sin\beta_1)\end{aligned} \tag{11-77}$$

由此可得

$$R\dot{\varepsilon}_1 = V\sin\theta\cos\varepsilon_1 - V\cos\theta\sin\varepsilon_1\cos(\psi_c-\beta_1) + V_1\sin\varepsilon_1\cos(\psi_1-\beta_1) \tag{11-78}$$

式(11-70)、式(11-73) 和式(11-78) 是导弹对于活动制导站的一般运动学方程组，可归纳为

$$\left.\begin{array}{l}\dot{R}=V\cos\eta - V_1\cos\varepsilon_1\cos(\psi_1-\beta_1)\\ (R\cos\varepsilon_1)\dot{\beta}_1 = V\cos\theta\sin(\psi_c-\beta_1)-V_1\sin(\psi_1-\beta_1)\\ R\dot{\varepsilon}_1 = V\sin\theta\cos\varepsilon_1 - V\cos\theta\sin\varepsilon_1\cos(\psi_c-\beta_1) + V_1\sin\varepsilon_1\cos(\psi_1-\beta_1)\end{array}\right\} \tag{11-79}$$

这一组运动学方程式是比较复杂的，但是根据线性化方法可求出运动学传递函数，这里就

不再进行繁琐的推导。

如果制导站是固定的,移动速度 $V_1 = 0$,同时不以地面坐标系为基准,而是采用倾斜坐标来测量角度 ε_1 和 β_1 等,即以倾斜平面作为度量的基准;此外,还认为导弹的 Ox_1 轴大体上指向导弹飞行的平均方向,则可以简化运动学方程组(11-79)。实际上选择导引方法,为了减小动态误差,无论是 ε_1 和 β_1,还是 ψ_c 和 θ 都是较小的量,因此式(11-79)可以简化为

$$
\left.
\begin{aligned}
\dot{R} &\approx V\cos\theta \approx V \\
R\dot{\beta}_1 &\approx V(\psi_c - \beta_1) \\
R\dot{\varepsilon}_1 &\approx V\sin\theta - V\sin\varepsilon_1 \approx V(\theta - \varepsilon_1)
\end{aligned}
\right\}
\tag{11-80}
$$

式中,所用角度符号虽同方程组(11-79)一样,但它们是在倾斜坐标系内测量的。这里只是为了书写方便,而没有改用新的符号。

当取 θ 和 ψ_c 作为运动学环节的输入量,取 ε_1 和 β_1 为输出量时,由方程组(11-80)线性化很易求出相应的运动学传递函数。线性化方程组(11-80)第3式,设 ε_1 的偏量为 $\Delta\varepsilon_1$,其结果为

$$
\begin{aligned}
R\Delta\dot{\varepsilon}_1 &= V(\Delta\theta - \Delta\varepsilon_1) \\
R\Delta\dot{\varepsilon}_1 + \dot{R}\Delta\varepsilon_1 &= \dot{R}\Delta\theta
\end{aligned}
\tag{11-81}
$$

于是运动学传递函数为

$$
W_{\theta\varepsilon}(s) = \frac{\Delta\varepsilon_1(s)}{\Delta\theta(s)} = \frac{\dot{R}}{Rs + \dot{R}} = \frac{1}{\dfrac{R}{\dot{R}}s + 1}
\tag{11-82}
$$

同理可得

$$
W_{\psi_c\beta}(s) = \frac{\Delta\beta_1(s)}{\Delta\psi_c(s)} = \frac{1}{\dfrac{R}{\dot{R}}s + 1}
\tag{11-83}
$$

所得运动学传递函数也是一个非周期的环节。

11.6 遥控空间扭角的计算和动态分析

一、遥控空间扭角

弹体坐标系 $Ox_1y_1z_1$ 与雷达坐标系 $Ox_4y_4z_4$ 不重合时,在 y_4Oz_4 平面内形成角 γ_3,称之为遥控空间扭角(见图 11.13)。其方向的确定:Oy_1 的投影转向 Oy_4,符合右手规则的扭角为正。

由于弹体坐标系和雷达坐标系之间存在着扭角 γ_3,在图 11.13 中由雷达测出高低角之差,形成导引误差信号 ε_c 后,还必须计算空间扭角 γ_3。如果雷达坐标系还给出方位角之差,形成导引误差信号 β_c 后,同样也要考虑空间扭角的影响,因为它关系着导弹的控制精度和系统的稳定性。

考虑空间扭角的情况下,由导引误差信号 ε_c 和 β_c 变换成纵向遥控指令 K_1 及航向遥控指令

K_2 时,参照图 11.14 可得变换公式

$$\left.\begin{array}{l} K_1 = \varepsilon_c \cos\gamma_3 + \beta_c \sin\gamma_3 \\ K_2 = \varepsilon_c \sin\gamma_3 + \beta_c \cos\gamma_3 \end{array}\right\} \tag{11-84}$$

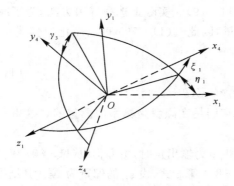

图 11.13 雷达坐标系与弹体坐标系

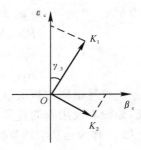

图 11.14 空间扭角

值得提出的是,遥控空间扭角 γ_3 不同于式(11-64)中的偏斜角 γ_2,后者是弹道坐标系 Oy_2 轴投影与雷达坐标系 Oy_4 轴之间在 $y_4 O z_4$ 平面内的夹角。

为计算遥控空间扭角 γ_3 可进行坐标变换。假定弹体坐标系与雷达坐标系在发射 Δt 时间后,相互关系如图 11.13 所示,则

$$\begin{bmatrix} x_1 \\ y_1 \\ z_1 \end{bmatrix} = \boldsymbol{L}_3(\eta_1)\boldsymbol{L}_2(\xi_1)\boldsymbol{L}_1(\gamma_3) \begin{bmatrix} x_4 \\ y_4 \\ z_4 \end{bmatrix} \tag{11-85}$$

$$\begin{bmatrix} x_1 \\ y_1 \\ z_1 \end{bmatrix} = \begin{bmatrix} \cos\eta_1\cos\xi_1 & \sin\eta_1\cos\xi_1 & -\sin\xi_1 \\ \cos\eta_1\sin\xi_1\sin\gamma_3 - \sin\eta_1\cos\gamma_3 & \cos\eta_1\cos\gamma_3 + \sin\eta_1\sin\xi_1\sin\gamma_3 & \cos\xi_1\sin\gamma_3 \\ \cos\eta_1\sin\xi_1\cos\gamma_3 + \sin\eta_1\sin\gamma_3 & \sin\eta_1\sin\xi_1\cos\gamma_3 - \cos\eta_1\sin\gamma_3 & \cos\xi_1\cos\gamma_3 \end{bmatrix} \begin{bmatrix} x_4 \\ y_4 \\ z_4 \end{bmatrix}$$
$$\tag{11-86}$$

在飞行中,实际上 η_1,ξ_1,γ_3 都很小,可近似认为 $\sin\eta_1 \approx \eta_1, \sin\xi_1 \approx \xi_1, \sin\gamma_3 \approx \gamma_3, \cos\eta_1 \approx 1, \cos\xi_1 \approx 1, \cos\gamma_3 \approx 1$,并略去二阶小量,于是式(11-86)简化成

$$\begin{bmatrix} x_1 \\ y_1 \\ z_1 \end{bmatrix} = \begin{bmatrix} 1 & \eta_1 & -\xi_1 \\ -\eta_1 & 1 & \gamma_3 \\ \xi_1 & -\gamma_3 & 1 \end{bmatrix} \begin{bmatrix} x_4 \\ y_4 \\ z_4 \end{bmatrix} \tag{11-87}$$

假设导弹在时间 t_1 受控,这时弹体坐标系 $Ox_1y_1z_1$、雷达坐标系 $Ox_4y_4z_4$ 和发射坐标系 $Ox_5y_5z_5$ 相重合。导弹发射后,发射坐标系 $Ox_5y_5z_5$ 的位置不变,ε_f 为常值(见图11.15)。飞行到时间 t_2,$\Delta t = t_2 - t_1$,弹体坐标系相对于发射坐标系形成了 σ_3 和 σ_4 角,坐标转换矩阵方程为

$$\begin{bmatrix} x_1 \\ y_1 \\ z_1 \end{bmatrix} = \begin{bmatrix} \cos\sigma_3\cos\sigma_4 & \sin\sigma_3 & -\sin\sigma_3\cos\sigma_4 \\ -\cos\sigma_3\sin\sigma_4 & \cos\sigma_4 & \sin\sigma_3\sin\sigma_4 \\ \sin\sigma_3 & 0 & \cos\sigma_3 \end{bmatrix} \begin{bmatrix} x_5 \\ y_5 \\ z_5 \end{bmatrix} \tag{11-88}$$

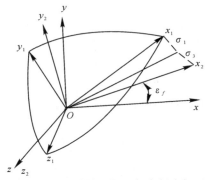

图 11.15　弹体坐标系与发射坐标系

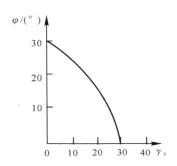

图 11.16　相稳定余量

若将式（11-87）的坐标向量 $\begin{bmatrix} x_4 & y_4 & z_4 \end{bmatrix}^T$ 也变换成由坐标向量 $\begin{bmatrix} x_5 & y_5 & z_5 \end{bmatrix}^T$ 表示，按照已定义的几种坐标系，必须先将发射坐标系变换到地面坐标系，再转换到雷达坐标系，其关系为

$$\begin{bmatrix} x_4 \\ y_4 \\ z_4 \end{bmatrix} = \begin{bmatrix} \cos\varepsilon_1\cos\beta_1 & \sin\varepsilon_1 & -\cos\varepsilon_1\sin\beta_1 \\ -\sin\varepsilon_1\cos\beta_1 & \cos\varepsilon_1 & \sin\varepsilon_1\sin\beta_1 \\ \sin\beta_1 & 0 & \cos\beta_1 \end{bmatrix} \begin{bmatrix} \cos\varepsilon_f & -\sin\varepsilon_f & 0 \\ \sin\varepsilon_f & \cos\varepsilon_f & 0 \\ 0 & 0 & 1 \end{bmatrix} \begin{bmatrix} x_5 \\ y_5 \\ z_5 \end{bmatrix} \tag{11-89}$$

将式（11-89）结果代入式（11-87），得到

$$\begin{bmatrix} x_1 \\ y_1 \\ z_1 \end{bmatrix} = \begin{bmatrix} 1 & \eta_1 & -\xi_1 \\ -\eta_1 & 1 & \gamma_3 \\ \xi_1 & -\gamma_3 & 1 \end{bmatrix} \begin{bmatrix} \cos\varepsilon_1\cos\beta_1 & \sin\varepsilon_1 & -\cos\varepsilon_1\sin\beta_1 \\ -\sin\varepsilon_1\cos\beta_1 & \cos\varepsilon_1 & \sin\varepsilon_1\sin\beta_1 \\ \sin\beta_1 & 0 & \cos\beta_1 \end{bmatrix} \times$$

$$\begin{bmatrix} \cos\varepsilon_f & -\sin\varepsilon_f & 0 \\ \sin\varepsilon_f & \cos\varepsilon_f & 0 \\ 0 & 0 & 1 \end{bmatrix} \begin{bmatrix} x_5 \\ y_5 \\ z_5 \end{bmatrix} \tag{11-90}$$

所以，在坐标转换中下列等式成立：

$$\boldsymbol{L}_3(\sigma_4)\boldsymbol{L}_2(\sigma_3) = \boldsymbol{L}_3(\eta_1)\boldsymbol{L}_2(\xi_1)\boldsymbol{L}_1(\gamma_3)\boldsymbol{L}_3(\varepsilon_1)\boldsymbol{L}_2(\beta_1)\boldsymbol{L}_3(\varepsilon_f)$$

解矩阵方程并令等式两端对应元素项相等，可以写出关系式为

$$\left. \begin{array}{l} \sin\sigma_3 = e_{11} + e_{12}\xi_1 + e_{13}\gamma_3 \\ \sin\sigma_4 = e_{21} + e_{22}\eta_1 + e_{23}\xi_1 \\ \cos\sigma_3 = e_{31} + e_{32}\xi_1 + e_{33}\gamma_3 \\ \cos\sigma_4 = e_{41} + e_{42}\eta_1 + e_{43}\gamma_3 \end{array} \right\} \tag{11-91}$$

$$-\sin\sigma_3\cos\sigma_4 = e_{51} + e_{52}\eta_1 + e_{53}\xi_1$$
$$-\sin\sigma_4\cos\sigma_3 = e_{61} + e_{62}\eta_1 + e_{63}\gamma_3 \left.\right\}$$
$$0 = e_{71} + e_{72}\xi_1 + e_{73}\gamma_3$$

$$(11-92)$$

式中,各系数分别为

$$e_{11} = \cos\varepsilon_f\sin\beta_1$$

$$e_{12} = \cos\varepsilon_f\cos\beta_1\cos\varepsilon_f + \sin\varepsilon_f\sin\varepsilon_1$$

$$e_{13} = \cos\beta_1\sin\varepsilon_1 - \sin\varepsilon_f\cos\varepsilon_1$$

$$e_{21} = \cos\varepsilon_f\sin\varepsilon_1 - \sin\varepsilon_f\cos\beta_1\cos\varepsilon_1$$

$$e_{22} = \sin\varepsilon_f\cos\beta_1\sin\varepsilon_1 + \cos\varepsilon_f\cos\varepsilon_1$$

$$e_{23} = \sin\varepsilon_f\sin\beta_1$$

$$e_{31} = \cos\beta_1$$

$$e_{32} = -\sin\beta_1\cos\varepsilon_1$$

$$e_{33} = -\sin\beta_1\sin\varepsilon_1$$

$$e_{41} = \sin\varepsilon_f\cos\beta_1\sin\varepsilon_1 + \cos\varepsilon_f\cos\varepsilon_1$$

$$e_{42} = \sin\varepsilon_f\cos\beta_1\cos\varepsilon_1 - \cos\varepsilon_f\sin\varepsilon_1$$

$$e_{43} = -\sin\varepsilon_f\sin\beta_1$$

$$e_{51} = -\sin\beta_1\cos\varepsilon_1$$

$$e_{52} = \sin\beta_1\cos\varepsilon_1$$

$$e_{53} = -\cos\beta_1$$

$$e_{61} = -\cos\varepsilon_f\cos\beta_1\sin\varepsilon_1 + \sin\varepsilon_f\cos\varepsilon_1$$

$$e_{62} = -\cos\varepsilon_f\cos\beta_1\cos\varepsilon_1 - \sin\varepsilon_f\sin\varepsilon_1$$

$$e_{63} = \cos\varepsilon_f\sin\beta_1$$

$$e_{71} = -\sin\varepsilon_f\sin\beta_1$$

$$e_{72} = \cos\varepsilon_f\sin\varepsilon_1 - \sin\varepsilon_f\cos\varepsilon_1\cos\beta_1$$

$$e_{73} = -\sin\varepsilon_f\cos\beta_1\sin\varepsilon_1 - \cos\varepsilon_f\cos\varepsilon_1$$

导弹飞行时发射高低角 ε_f 为常数,在雷达测出高低角 ε_1 和方位角 β_1 后,上列各系数为已知值。因此,由方程组(11-92)可以计算出扭角 γ_3。

按此方法求得的扭角 γ_3,其数值比较精确,但是计算过程比较复杂,必须设置专用的计算机程序。

为了简化控制(制导)系统的结构,若不采用专门计算机程序计算扭角时,可以采用以下近似方法。如果导弹的飞行时间很短,不考虑弹体坐标系的变动,同时认为雷达天线跟随目标一起运动,并绕地面基准坐标系的 Oy_0 轴旋转,角速度为方位角导数 $\dot\beta_1$,它在 Ox_1 轴上的角速度分量 $-\dot\beta\sin\varepsilon_f$,从而产生扭角 γ_3,由时间 t_1 到时间 t_2,其值为

$$\gamma_3 = -\int_{t_1}^{t_2} \dot{\beta}_1 \sin\epsilon_f \, \mathrm{d}t \tag{11-93}$$

但是,这种计算扭角的方法是近似的,因为雷达坐标系的位置由目标状态来决定,而弹体坐标系的位置由力矩作用来决定。由于坐标系转动的原因不一样,计算空间扭角 γ_3 时就应考虑这些因素,按上述坐标转换方法确定遥控空间扭角。

二、遥控空间扭角对动态性能的影响

设计实践说明:给坐标变换机构输送扭角 γ_3 值,可以减小导引误差,提高控制精度。因此,考虑空间扭角 γ_3,可以起到补偿控制精度的作用。此外,当导弹有偏斜角 γ_2,且纵向运动和航向运动有交联时,采用空间扭角补偿在一定程度上还可提高系统的稳定性。为此,在遥控的纵向控制系统中(见图 11.8),先定义几个开环传递函数。

以导弹在雷达坐标系内的高低角 $\Delta\epsilon_1$ 为输入量,导引误差 $\Delta\epsilon_c$ 为输出量,则有传递函数 $W_1(s) = \Delta\epsilon_c / \Delta\epsilon_1$。

首先,讨论偏斜角 γ_2 等于零的情况。这里有运动交联现象,根据式(11-64),加速度 $a_{y4} = a_y$。作为近似处理,也无须计算空间扭角 γ_3,于是遥控指令 $K_1 = \epsilon_c$(见式(11-84))。因此,以加速度 a_{y4} 为输入量,导弹的高低角偏量 ϵ 为输出量,又可获得一个开环传递函数 $W_{a\epsilon}(s) = \epsilon / a_{y4}$。

综上所述,在图 11.8 所示中由 $\Delta\epsilon_1$ 到 ϵ 的像函数之比,也就是遥控的纵向开环传递函数为

$$W(s) = W_{a\epsilon}(s)W_{ka}(s)W_1(s) \tag{11-94}$$

问题是偏斜角 γ_2 不可能恒等于零,运动交联现象是必然存在的。由于加速度 $a_{y4} \neq a_y$,导弹遥控的纵向开环传递函数也就不同于式(11-94)。在偏斜角 $\gamma_2 \neq 0$,且存在空间扭角 γ_3 的情况下,为了与上述高低角偏量 ϵ 相区别,此时由加速度 a_{y4} 产生的高低角偏量用 ϵ_d 表示。导弹的 ϵ_d 角为

$$\epsilon_d = W_{a\epsilon}(s)a_{y4} = W_{a\epsilon}(s)(a_y\cos\gamma_2 - a_z\sin\gamma_2) \tag{11-95}$$

根据式(11-84),纵向加速度 a_y 又可写成

$$a_y = W_{ka}(s)K_1 = W_{ka}(s)(\epsilon_c\cos\gamma_3 + \beta_c\sin\gamma_3)$$

同理

$$a_z = W_{ka}(s)K_2 = W_{ka}(s)(-\epsilon_c\sin\gamma_3 + \beta_c\cos\gamma_3)$$

由于纵向扰动运动和航向扰动运动具有相同模式,不仅两者 $W_{ka}(s)$ 相同,传递函数 $W_1(s)$ 也是一样的,因此纵向和航向加速度又可写成

$$a_y = W_{ka}(s)W_1(s)(\Delta\epsilon_1\cos\gamma_3 + \Delta\beta_1\sin\gamma_3) \tag{11-96}$$

$$a_z = W_{ka}(s)W_1(s)(-\Delta\epsilon_1\sin\gamma_3 + \Delta\beta_1\cos\gamma_3) \tag{11-97}$$

将式(11-96)和式(11-97)代入式(11-95),得到

$$\epsilon_d = W_{a\epsilon}(s)W_{ka}(s)W_1(s)(\Delta\epsilon_1\cos\gamma_2\cos\gamma_3 + \Delta\beta_1\cos\gamma_2\sin\gamma_3 + \Delta\epsilon_1\sin\gamma_2\sin\gamma_3 - \Delta\beta_1\sin\gamma_2\cos\gamma_3) =$$
$$W(s)(\Delta\epsilon_1\cos(\gamma_2 - \gamma_3) - \Delta\beta_1\sin(\gamma_2 - \gamma_3)) \tag{11-98}$$

式中，$W(s)$ 由式 (11-94) 表示。同理，可以推得方位偏角 β_d 为

$$\beta_d = -W(s)(\Delta\varepsilon_1 \sin(\gamma_2 - \gamma_3) + \Delta\beta_1 \cos(\gamma_2 - \gamma_3)) \tag{11-99}$$

实际上两偏量 β_d 和 $\Delta\beta_1$ 可以相同，因此，由式 (11-99) 可将 β_d 表示成

$$\beta_d = -\frac{W(s)\sin(\gamma_2 - \gamma_3)\Delta\varepsilon_1}{1 + W(s)\cos(\gamma_2 - \gamma_3)} \tag{11-100}$$

将式 (11-100) 代入式 (11-98)，求得高低角偏量为

$$\varepsilon_d = W(s)(\cos(\gamma_2 - \gamma_3) + \frac{W(s)\sin^2(\gamma_2 - \gamma_3)}{1 + W(s)\cos(\gamma_2 - \gamma_3)}\Delta\varepsilon_1 =$$

$$W(s)\left[\frac{\cos(\gamma_2 - \gamma_3) + W(s)}{1 + \cos(\gamma_2 - \gamma_3)W(s)}\right]\Delta\varepsilon_1 \tag{11-101}$$

式 (11-101) 说明，存在空间扭角 γ_3，即发生运动交联现象后，一个新的导弹遥控的纵向开环传递函数 $W_\gamma(s)$ 应为

$$W_\gamma(s) = \frac{\varepsilon_d}{\Delta\varepsilon_1} = W(s)\left[\frac{\cos(\gamma_2 - \gamma_3) + W(s)}{1 + \cos(\gamma_2 - \gamma_3)W(s)}\right] \tag{11-102}$$

由此可以看出 $W_\gamma(s)$ 与 $W(s)$ 的区别。借助开环传递函数 $W_\gamma(s)$ 说明闭环情况下导弹纵向扰动运动的动态性质，就可显示遥控空间扭角 γ_3 所产生的影响。这里按 3 种情况分别简述如下：

(1) 如果导弹无偏斜角，$\gamma_2 = 0$，可以不进行空间扭角补偿，$\gamma_3 = 0$，于是，$W_\gamma(s) = W(s)$ 证明导弹没有运动交联现象。

(2) 如果导弹有偏斜角 γ_2，但不进行扭角补偿，$\gamma_3 = 0$，因而式 (11-102) 变为

$$W_\gamma(s) = W(s)\left[\frac{\cos\gamma_2 + W(s)}{1 + \cos\gamma_2 W(s)}\right] \tag{11-103}$$

假设 $W_\gamma(s)$ 的幅频等于 1，截止频率为 ω_1，相稳定余量为 φ_1，于是可得

$$W_\gamma(j\omega_1) = e^{-j(\pi - \varphi_1)} = He^{j\varphi}\left[\frac{\cos\gamma_2 + He^{j\varphi}}{1 + \cos\gamma_2 He^{j\varphi}}\right] \tag{11-104}$$

式中，$He^{j\varphi} = W(j\omega_1)$，即 $W(s)$ 在 ω_1 下的幅相特性。将式 (11-104) 分解为虚部和实部。因等号两边虚部等于虚部，实部等于实部，可得

$$-\cos\varphi_1(1 + H\cos\gamma_2\cos\varphi) + H\sin\varphi_1\cos\gamma_2\sin\varphi =$$

$$H\cos\varphi(\cos\gamma_2 + H\cos\varphi) - H^2\sin^2\varphi - H\cos\gamma_2\sin\varphi\cos\varphi_1 - \sin\varphi_1(1 + H\cos\gamma_2\cos\varphi) =$$

$$H\sin\varphi(\cos\gamma_2 + H\cos\varphi) + H^2\sin\varphi\cos\varphi \tag{11-105}$$

取平方后相加，则有

$$(1 + H^2 + 2H\cos\gamma_2\cos\varphi)(1 - H^2) = 0 \tag{11-106}$$

由于

$$(1 + H^2 + 2H\cos\gamma_2\cos\varphi) \neq 0 \tag{11-107}$$

所以

$$1 - H^2 = 0, \qquad H = 1 \tag{11-108}$$

所得结果说明，$W_\gamma(\mathrm{j}\omega_1)$ 的幅频为 1 时，$W(\mathrm{j}\omega_1)$ 的幅频 H 也等于 1，运动交联时截止频率不变。

在式(11-105)中消去 $\cos\varphi_1$，取 $\varphi = -(\pi - \varphi_2)$ 可得

$$\sin\varphi_1 = \sin\varphi_2 \frac{2(\cos\gamma_2 + \cos\varphi_2)}{1 + \cos^2\gamma_2 - 2\cos\gamma_2\cos\varphi_2} \tag{11-109}$$

式中，φ_1 为无运动交联时 $W(\mathrm{j}\omega_1)$ 相稳定余量。

若取无通道联系的相稳定余量 $\varphi_2 = 30°$，按式(11-109)可以找到 φ_1 与 γ_3 的关系(见图11.16)。从图中可以看出 φ_1 始终小于 $30°$。空间扭角 γ_3 愈大，相稳定余量 φ_1 愈小。因此，交联现象减小了系统的相稳定余量，甚至使系统不稳定。

(3) 由于导弹在飞行中将不可避免地出现偏角 γ_2，为了提高控制精度和相稳定余量，必须进行扭角 γ_3 补偿。

因为导弹的迎角和侧滑角不大，近似分析可以认为偏角 γ_2 即为扭角 γ_3。因此，采用补偿扭角 γ_3 后，在式(11-102)中就有可能使 $W_\gamma(s) = W(s)$。但是，通常扭角补偿只是在一定范围内进行，例如式(11-93)近似计算，补偿不足之量对系统将有一定的影响。如果影响很小，导弹虽有偏斜角，其动态性能与无偏斜情况相似。

11.7　遥控导引的重力影响和动态误差

没有控制时导弹沿着自由弹道飞行。为了使导弹从自由弹道转向理想弹道飞行，必须对导弹进行控制。以某地-空导弹为例，如图 11.17 所示，只有在出现高低角偏差 $\Delta\varepsilon_1$，或线偏差 h_ε 之后，导弹才能通过舵面偏转来改变它的飞行弹道。

为了便于计算重力影响和动态误差，略去控制系统的惯性，由线偏差 h_ε 到舵偏角 δ_z 可由简单关系式表示为

$$\delta_z = K_y h_\varepsilon \tag{11-110}$$

式中，K_y 为控制系统有关部分的放大系数。

控制的目的是要在导弹上产生一定的法向加速度，使导弹转向沿着有控情况下的实际弹道飞行。在稳定的情况下，所需法向加速度为

$$W_y = V \frac{\mathrm{d}\theta}{\mathrm{d}t} = (P + Y^\alpha)\frac{\alpha}{m} - g\cos\theta \tag{11-111}$$

因为

$$\alpha = -\frac{m_z^{\delta_z}}{m_z^\alpha}\delta_z = -\frac{m_z^{\delta_z}}{m_z^\alpha}K_y h_\varepsilon \tag{11-112}$$

所以

$$W_y = -(P + Y^\alpha) \frac{1}{m} \frac{m_z^{\delta_z}}{m_z^\alpha} K_y h_\varepsilon - g\cos\theta \tag{11-113}$$

可见,在有控的情况下,为了产生法向加速度而必须存在线偏差。因此,导弹飞行的实际弹道将偏离于理想弹道。

再令

$$h_\varepsilon = h_{\varepsilon_1} + h_{\varepsilon_2} \tag{11-114}$$

并代入式(11-113)中,得到

$$W_y = \left[-(P + Y^\alpha) \frac{1}{m} \frac{m_z^{\delta_z}}{m_z^\alpha} K_y h_{\varepsilon_2} \right] + \left[-(P + Y^\alpha) \frac{1}{m} \frac{m_z^{\delta_z}}{m_z^\alpha} K_y h_{\varepsilon_1} - g\cos\theta \right] \tag{11-115}$$

若式(11-115)右端第 2 项为零,则有

$$h_{\varepsilon_1} \left[-\frac{m_z^{\delta_z}}{m_z^\alpha} \frac{P + Y^\alpha}{mV} V K_y \right] = g\cos\theta \tag{11-116}$$

所以

$$h_{\varepsilon_1} = \frac{1}{K_a K_y V} g\cos\theta \tag{11-117}$$

式中,h_{ε_1} 为重力影响误差,它说明由于重力法向分量的存在,使实际弹道偏离了理想弹道。由于该误差的存在,就迫使舵面偏转,力图克服重力法向分量的影响。

如果能够按照式(11-117)预先给控制系统送入一个相当于 h_{ε_1} 的信号(见图11.17),图中 $W_1(s)$ 为所有控制部分与导弹动力学、运动学环节串联后的开环传递函数,那么,这就有可能使舵面转动 δ_{ε_1} 角,而不出现上述误差,并使导弹沿理想弹道飞行。换句话说,信号 h_{ε_1} 起到了补偿重力影响误差的作用,并称 h_{ε_1} 为重力影响补偿信号。

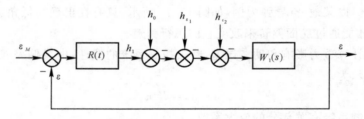

图 11.17 误差及补偿

对于地-空导弹来讲,要对所有飞行情况进行准确补偿是有困难的,一般只能在目标遭遇区进行比较足够的补偿。

由式(11-116)右端第 1 项可得

$$h_{\varepsilon_2} = \frac{1}{K_a K_y V} W_y \tag{11-118}$$

对于三点导引法,当目标直线飞行时,法向加速度 W_y 为

$$W_y = \left[2V - 2V \frac{R \dot{R}_T}{\dot{R} R_T} - \frac{R \dot{V}}{\dot{R} V} \right] \dot{\varepsilon}_T \qquad (11-119)$$

式中，R_T 为目标斜距；ε_T 为目标高低角。命中目标时，$R = R_T$，于是

$$W_y = \left[2V - 2V \frac{\dot{R}_T}{\dot{R}} - \frac{R \dot{V}}{\dot{R} V} \right] \dot{\varepsilon}_T \qquad (11-120)$$

半前置量法命中目标时的法向加速度为

$$W_y = \left[V - \frac{R \dot{V}}{2 \dot{R}} + \frac{R \Delta R_V}{2 \dot{R} \Delta \dot{R}} \right] \dot{\varepsilon}_T \qquad (11-121)$$

可见动态误差 h_{ε_2} 与 $\dot{\varepsilon}_T$ 成正比，其比例系数是一个与时间 t 有关的函数，即

$$h_{\varepsilon_2} = X(t) \dot{\varepsilon}_T \qquad (11-122)$$

　　如果在控制系统图 11.17 上事先附加动态误差补偿信号 h_{ε_2}，就有可能消除动态误差。当补偿信号完全等于动态误差 h_{ε_2} 时，导弹就有可能沿着理想弹道飞行。由于 $X(t)$ 是一个任意的时间函数，而工程设计只能确定 $X(t)$ 的一个近似表达式，所以补偿动态误差也是有限的。

参 考 文 献

1 陈士橹,吕学富. 导弹飞行力学. 北京:航空专业教材编审组,1983

2 曾颖超,陆毓峰等. 战术导弹弹道与姿态动力学. 西安:西北工业大学出版社,1991

3 钱杏芳,林瑞雄,赵亚男. 导弹飞行力学. 北京:北京理工大学出版社,2000

4 吕学富. 飞行器飞行力学. 西安:西北工业大学出版社,1995

5 肖业伦. 飞行器运动方程. 北京:航空工业出版社,1987

6 张有济. 战术导弹飞行力学设计(上、下册). 北京:宇航出版社,1996

7 周慧钟,李忠应. 有翼导弹飞行动力学(上、下册). 北京:航空专业教材编审组,1983

8 严恒元. 飞行器气动特性分析与工程估算. 西安:西北工业大学出版社,1990

9 娄寿春. 导弹制导技术. 北京:宇航出版社,1989

10 陈佳实. 导弹制导和控制系统的分析与设计. 北京:宇航出版社,1989

11 李廷杰. 导弹武器系统的效能及其分析. 北京:国防工业出版社,2000

12 袁子怀,钱杏芳. 有控飞行力学与计算机仿真. 北京:国防工业出版社,2001

13 文仲辉. 战术导弹系统分析. 北京:国防工业出版社,2000

14 黄柯棣. 先进仿真技术与仿真环境. 北京:国防科技大学出版社,1998

15 熊光楞,彭毅. 系统仿真技术. 北京:国防工业出版社,1997

16 刘藻珍,魏华梁. 系统仿真. 北京:北京理工大学出版社,1988

17 方再根. 计算机模拟和蒙特卡洛方法. 北京:北京工业学院出版社,1988

18 陈宗基. 虚拟原型技术及其应用. 测控技术,1998,17(1)

19 王行仁. 先进仿真技术. 测控技术,1998,18(6)

20 关世义. 计算飞行力学引论. 战术导弹技术,1998.3

21 李新国,曾颖超. 寻的导弹的微分几何导引律. 空气动力学研究文集,1998,8

22 李新国,陈士橹. 非线性鲁棒制导律设计. 宇航学报 2000 增刊,21(48~51)

23 韦有双等. 虚拟现实与系统仿真. 计算机仿真,1999,16(2)

24 莫怀才等. 虚拟战场视景仿真. 测控技术,1999,18(6)

25 胡骏. 面向对象的仿真方法. 系统仿真学报,1991(3)

26 熊光楞. 仿真操作系统的概念与实现. 信息与控制,1990(3)

27 赵建卫. 虚拟样机设计与仿真环境研究. 西北工业大学航天工程学院硕士论文,1999

28 汪为成等. 灵境(虚拟现实)技术的理论、实现及其应用. 北京:清华大学出版社,1996

29 肖业伦. 航空航天器运动的建模——飞行动力学的理论基础. 北京:北京航空航天大学出版社,2003

30 Carlas. A. Liceage, A Functional Simulator of Space Station Resource, NANA Larc, 1998

31 Oren T,GEST—A Modeling and Simulation Language Based on System Theoretic Concepts in Simulation and Model—based Methodologies:An Integrative View. New York,1984

32 Oren T I,Zeigler B P. Concepts for Advanced Simulation Methodologies. Simulation,1979

33 Gnasch A, Huntsinger R C. Object—oriented Continuous System Simulation. Proc. 1989 SCSC

34 JamesD. Applied numerical linear algebra[M],Philadelphia:SIAM,1997